高职高专汽车专业教材

Qiche Zidong Biansuqi Weixiu Shixun Jiaocheng

汽车自动变速器维修实训教程

沈　沉　张立新　虞耀君　主编

人民交通出版社

内 容 提 要

本书以国产典型车型为基础，系统地介绍了辛普森式自动变速器、拉威挪式自动变速器、平行轴式自动变速器、无级变速器的拆卸与安装方法、检查与维修方法。

本书可作为高职高专及中职学校相关专业的实训教材，也可作为广大汽车维修从业人员的培训指导用书。

图书在版编目（CIP）数据

汽车自动变速器维修实训教程／沈沉等主编. —北京：人民交通出版社，2009.8

ISBN 978－7－114－07861－3

Ⅰ.汽… Ⅱ.沈… Ⅲ.汽车－自动变速装置－维修－教材 Ⅳ.U472.41

中国版本图书馆 CIP 数据核字(2009)第 110565 号

高职高专汽车专业教材

书　　名：汽车自动变速器维修实训教程

著 作 者：沈　沉　张立新　虞耀君

责任编辑：白　峭

出版发行：人民交通出版社

地　　址：（100011）北京市朝阳区安定门外外馆斜街 3 号

网　　址：http://www.ccpress.com.cn

销售电话：（010）59757969，59757973

总 经 销：北京中交盛世书刊有限公司

经　　销：各地新华书店

印　　刷：廊坊市长虹印刷有限公司

开　　本：787 × 1092　1/16

印　　张：15.5

字　　数：354 千

版　　次：2009 年 8 月第 1 版

印　　次：2009 年 8 月第 1 次印刷

书　　号：ISBN 978－7－114－07861－3

定　　价：28.00 元

前言

随着我国汽车工业的迅速发展，汽车已经进入千家万户，社会汽车保有量迅速增加，社会迫切需要大量从事汽车维修服务的专业人员，迫切需要提高这些从业人员的实践操作能力。目前，我国汽车及相关专业职业技术教育、汽车维修培训工作处于快速发展阶段，为社会输送了大量的汽车维修技术人员。

汽车培训理论教材很多，但适合教学的汽车类实践指导书却很少，造成了职业技能培训工作中的理论和实践的脱节。为了满足各职业技术院校、培训机构以及广大维修从业人员的迫切要求，同时使汽车维修的职业培训更贴近市场，我们精心组织编写了这本书。

本书共分4个单元，主要包括辛普森式自动变速器、拉威挪式自动变速器、平行轴式自动变速器、无级变速器的拆卸与安装方法、检查与维修方法。

本书图文并茂，通俗易懂，内容编排新颖，具有较强的可操作性，既可作高职高专及中职学校相关专业的实训教材，也可作为广大汽车维修从业人员的培训指导用书。

本书由沈沉、张立新、虞耀君主编，杨艳芬、卢学光、颜国光、安宏副主编，参加编写的还有侯建党、韩希国、郑宏军、李培军、冷兵、马选刚、李晗、高元伟、黄艳玲、张义、李泰然、张丽丽、郭大民、曲昌辉、卢中德、李建华。由于编者水平有限，书中难免有不足之处，敬请广大读者批评指正。

编　者

目　　录

单元1 辛普森式自动变速器

项目1 故障诊断

·2 学时·

目　　　　的:学习 AL4 型自动变速器故障诊断方法。
自动变速器型号:东风雪铁龙轿车 AL4 型自动变速器。
设 备 与 工 具:ELIT 检测仪 4125—T 或 PROXIA 检测仪。

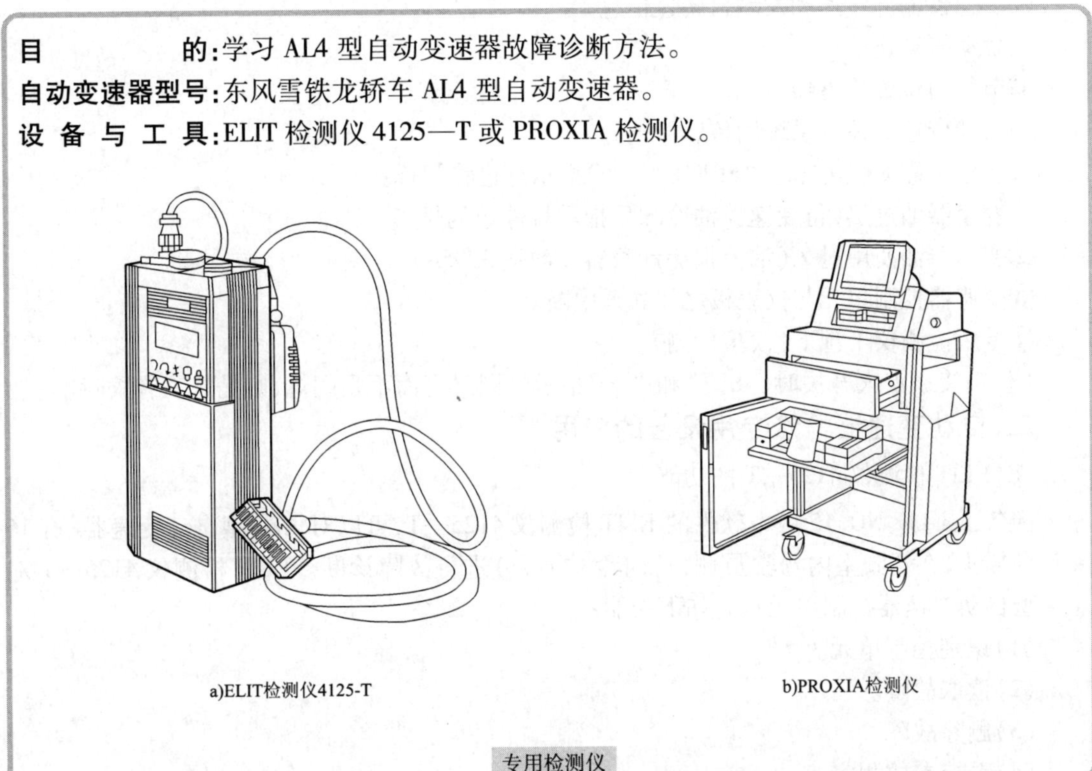

a)ELIT检测仪4125-T　　b)PROXIA检测仪

专用检测仪

一、故障自诊断

当 AL4 型自动变速器电子控制系统出现某些故障(信号错误或无信号)时,自诊断系统将储存故障码,并可通过专用检测仪(如 ELIT、PROXIA 检测仪)读取。自动变速器电子控制系统有故障时,“SPT”和“ * ”指示灯将交替闪烁,但不能从闪烁中读取故障码。

(1)当自动变速器电子控制系统以下部件或其线路出现故障时,“SPT”和“ * ”指示灯将闪烁:

①自动变速器控制单元或自动变速器控制单元的电源。

②油压传感器。

③换挡电磁阀的电源(EVS1 ~ EVS6 为同一电源)。

④主油路压力调节故障。
⑤挡位开关。
⑥换挡电磁阀。
⑦主油路压力调节电磁阀。
⑧变矩器锁止电磁阀。
⑨变速器油流量电磁阀。
⑩加速踏板未初始化。
⑪变速器输入转速和输出转速信息。
⑫变速器输入转速和发动机转速信息。
⑬变速器输出转速和发动机转速信息。
⑭发动机转速信息。
⑮节气门位置传感器。
⑯自动变速器控制系统用传感器电源。

(2)当出现以下情况时,"SPT"和"＊"指示灯也将闪烁:
①变速器油过热(待变速器油冷却后指示灯停止闪烁)。
②变速器油使用过久(油液损耗计数器读数达32958)。
③变速器控制单元与仪表板之间联系中断。
④专用检测仪干预下(模拟检测)。

(3)当接通点火开关时,"SPT"和"＊"指示灯同时亮而不是闪烁,则是仪表有故障。

二、自动变速器检修专用设备的使用

1 ELIT检测仪4125—T的功能

配备了ELIT NO.15版本软件的ELIT检测仪4125—T,可以对AL4型自动变速器(有16路诊断插头,在驾驶室内驾驶员侧,转向盘左下方)进行故障诊断。ELIT检测仪4125—T对AL4型自动变速器控制单元具有如下功能:

(1)识别控制单元。
(2)读取故障。
(3)删除故障。
(4)系统参数测定。
(5)模拟检测执行机构。
(6)加速踏板初始化。
(7)控制单元系统初始化。
(8)对控制单元程序升级。

2 ELIT检测仪4125—T操作方法简介

(1)选择功能前的操作。将ELIT与诊断插头连接,如果16路诊断插头无电源线(只有4根连接线),则需另接一线将蓄电池正极与诊断插头的16号端子连接,以接入电源。

接通电源后,ELIT检测仪首先进行自检,如果屏幕显示"ERREUR SYSTIME",则表明仪器本身有故障。如果屏幕无此显示,则可进行正常的故障检测操作。

操作与显示	中 译 文	说 明
（接通电源）		
ACTIA CD15 →DIAGNOSTIC TELECHARGEMENT MISE A JOOR K7	ACTIA CD15 →故障诊断 加载 版本升级	“加载”是由 ELIT 对电脑程序重写，“版本升级”则是指对 ELIT 软件升级
↓按“ * ”键确认		
CHOIX DU VEHICULE →SAXO EVASION XANTIA	车型选择 →SAXO EVASION XANTIA	通过 ELIT 检测仪上的“▼”键选择被检测的车型
↓按“▼”键选车型		
CHOIX DU VEHICULE EVASION ZX →ZX CHINA	车型选择 EVASION ZX →ZX CHINA	选择了“ZX CHINA”车型
↓按“ * ”键确认		
* * * ZX CHINA * * * TEST PRISE 2VOIES →TEST PRISE 16VOIES	* * * ZX CHINA * * * 通过 2 路诊断口检测 →通过 16 路诊断口检测	AL4、ABS 选择 16 路诊断插头，电喷发动机选择 2 路诊断插头
↓按“ * ”键确认		
* * * ZX CHINA * * * TEST GLOBAL →TEST PRA FONCTION	* * * ZX CHINA * * * 总体测试 →系统独立测试	总体测试只对车上有两个以上控制单元且诊断口集中为一个的系统才有意义
↓按“ * ”键确认		
* * * ZX CHINA * * * ALLUMAGE →INJECTION BOITE VITESSE AUTO ABR	* * * ZX CHINA * * * 点火系统 →喷射系统 自动变速器 ABS	已进入系统独立测试菜单，按“▼”键选择所需要项目
↓按“▼”键选项		
* * * ZX CHINA * * * ALLUMAGE INJECTION →BOITE VITESSE AUTO ABR	* * * ZX CHINA * * * 点火系统 喷射系统 →自动变速器 ABS	
↓按“ * ”键确认		
BOITE VITESSE AUTO →BVA AL4? - - - FIN DE DAGE - - -	自动变速器 →AL4 自动变速器? - - - 结束 - - -	

操作与显示	中译文	说明
按“＊”键确认		
＊＊＊ BVA ＊＊＊ Coupez et Remettez le contact Validez: > *	＊＊＊ BVA ＊＊＊ 结束 联接后 按“＊”键执行	
↓按“＊”键确认		
＊＊＊ BVA ＊＊＊ init. en cours	＊＊＊ BVA ＊＊＊ 正在识别系统	ELIT检测仪正在进行系统识别，等待其识别后自动进入下一屏
↓按“＊”键确认		
＊＊＊BVA＊＊＊ Calculateur reconnu	＊＊＊BVA＊＊＊ 系统已识别	
↓按“＊”键确认		
＊＊＊BVA＊＊＊ → Identification Lecture defauts Effacement defauts Mesure parametres Apprentissage? Test actionneurs Compteurd'huile Initialisation? - - - FIN DE DAGE - - -	＊＊＊BVA＊＊＊ →系统识别 故障阅读 删除故障 参数测量 加速踏板初始化? 激活检测 油液损耗计数器 系统初始化? - - - 结束 - - -	

至此，已进入AL4型自动变速器功能菜单，可对AL4型自动变速器进行各项操作。

(2)阅读故障。在AL4型自动变速器功能菜单中选择“Lecture defauts”（阅读故障），并按“＊”键确认后，ELIT检测仪即可读出系统中的故障。系统存在制动开关故障信息的显示示例如下：

操作与显示	中译文	说明
＊LECTURE DEFAUT＊ Defsut perm/fug Contacteurs de stop PAPAMETRES ASSOCIES Etat du CMF: Alim Calc:V raport engage: defaut appatu:	＊故障阅读＊ 永久／临时故障 制动开关 相关参数: 挡位开关状态: 控制单元输入电压:V 挡位: 故障出现次数:	此例显示制动开关故障，同时还显示与故障相关的参数。 按“?”将显示该故障的检查与维修
↓按“?”键		
VERIFIEZ/REPAPEZ Bornes n. 16,43 Cablage ou capteur	检查／维修 16、43号端子 电缆或传感器	显示制动开关故障应检查与维修的端子和部件

如果AL4型自动变速器自诊断系统还储存有其他故障信息，重复上述操作即可。其他故障的显示方式与上例相同，ELIT可能显示的故障名称见下表。

ELIT 显示的 AL4 型自动变速器故障名称

序号	故障法文名称	故障中文名称
1	Alim capteurs temp,press,position accel	油温传感器、油压传感器、节气门位置传感器电源故障
2	Alim. EVS:circuit ouvert.	换挡电磁阀电源断路
3	Alim. EVS:court-circuit	换挡电磁阀电源短路
4	Blocage levier en P:court circuit +12V	P 挡锁止驱动器 +12V 短路
5	Blocage levier en P:circuit ouvert ou court circuit masse	P 挡锁止驱动器线断路或短路
6	Claculateur	控制单元
7	CMF position incoherente	挡位开关位置不相符
8	CMF position intermediaire	挡位开关处于中间位置
9	Contacteurs de stop	制动开关
10	Coupure refri:court-circuit +12V	制冷停止信号 +12V 短路
11	Coupure refri:circuit ouvertou court-circuit masse	制冷停止信号搭铁线断路或短路
12	Electrovanne EVS1 co ou cc masse	换挡电磁阀 EVS1 搭铁线断路或短路
13	Electrovanne EVS1 court-circuit +12V	换挡电磁阀 EVS1 +12V 短路
14	Electrovanne EVS2 co ou cc masse	换挡电磁阀 EVS2 搭铁线断路或短路
15	Electrovanne EVS2 court-circuit +12V	换挡电磁阀 EVS2 +12V 短路
16	Electrovanne EVS3 co ou cc masse	换挡电磁阀 EVS3 搭铁线断路或短路
17	Electrovanne EVS3 court-circuit +12V	换挡电磁阀 EVS3 +12V 短路
18	Electrovanne EVS4 co ou cc masse	换挡电磁阀 EVS4 搭铁线断路或短路
19	Electrovanne EVS4 court-circuit +12V	换挡电磁阀 EVS4 +12V 短路
20	Electrovanne EVS5 co ou cc masse	换挡电磁阀 EVS5 搭铁线断路或短路
21	Electrovanne EVS5 court-circuit +12V	换挡电磁阀 EVS5 +12V 短路
22	Electrovanne EVS6 co ou cc masse	换挡电磁阀 EVS6 搭铁线断路或短路
23	Electrovanne EVS6 court-circuit +12V	换挡电磁阀 EVS6 +12V 短路
24	Electrovanne pontage:circuit ouvert ou court circuit masse	变矩器锁止电磁阀搭铁线断路或短路
25	Electrovanne pontage:court-circuit +12V	变矩器锁止电磁阀 +12V 短路
26	Electrovanne de couple:circuit ouvert	转矩减小:断路
27	Electrovanne de couple:court circuit	转矩减小:短路
28	EV debit echageur. circuit ouvert ou court circuit masse	热交换器流量电磁阀搭铁线断路或短路
29	EV debit dchangeur court circuit +12V	热交换器流量电磁阀 +12V 短路
30	EVM pression:circuit ouvert or court-circuit masse	主油路压力调节电磁阀搭铁线断路或短路
31	EVM pression:court circuit +12V	主油路压力调节电磁阀 +12V 短路
32	Ligne afficheur:circuit ouvert ou court circuit masse	显示信号搭铁线断路或短路
33	Ligne afficheur:court-circuit +12V	显示信号 +12V 短路
34	Potentionmetre accelerateur INJ	电喷发动机节气门位置传感器
35	Potentionmetre accelerateur BVA	变速器节气门位置传感器
36	Pression d'huile	变速器油压力

续上表

序号	故障法文名称	故障中文名称
37	Regime moteur	发动机转速
38	Regulation pression	主油路压力调节
39	Signal vitesse entree BVA parasite	变速器输入转速信号干扰
40	Signal vitesse sortie BVA parasite	变速器输出转速信号干扰
41	Temp d'entree BVA	变速器油温度
42	Vitesse d'entree BVA	变速器输入转速
43	Vitesse sortie BVA	变速器输出转速

(3)删除故障。在 AL4 型自动变速器功能菜单中选择“Effacement defauts”(删除故障),并按“＊”键确认后,ELIT 检测仪即可删除系统中的故障。

(4)参数测量。在 AL4 型自动变速器功能菜单中选择“Mesute parametres”(参数测量),并按“＊”键确认后,ELIT 检测仪即可对系统有关的参数进行测量。参数测量应在发动机怠速、变速器操纵杆置于 P 挡时进行。

(5)加速踏板初始化。有以下情况需进行加速踏板初始化:

①更换了自动变速器控制单元。

②更换了自动变速器。

③控制单元版本升级。

④更换或调整了加速踏板的拉索。

⑤更换了节气门位置传感器。

在 AL4 型自动变速器功能菜单中选择“Apprentissage”(加速踏板初始化),并按“＊”确认后,ELIT 检测仪即可进行加速踏板初始化操作:

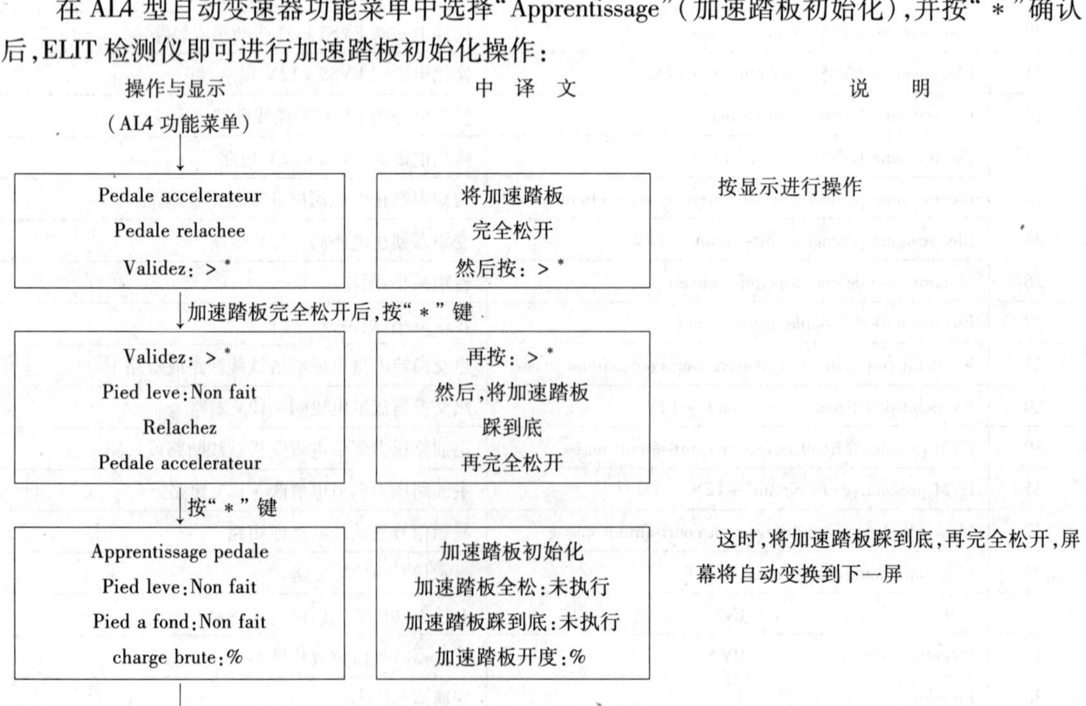

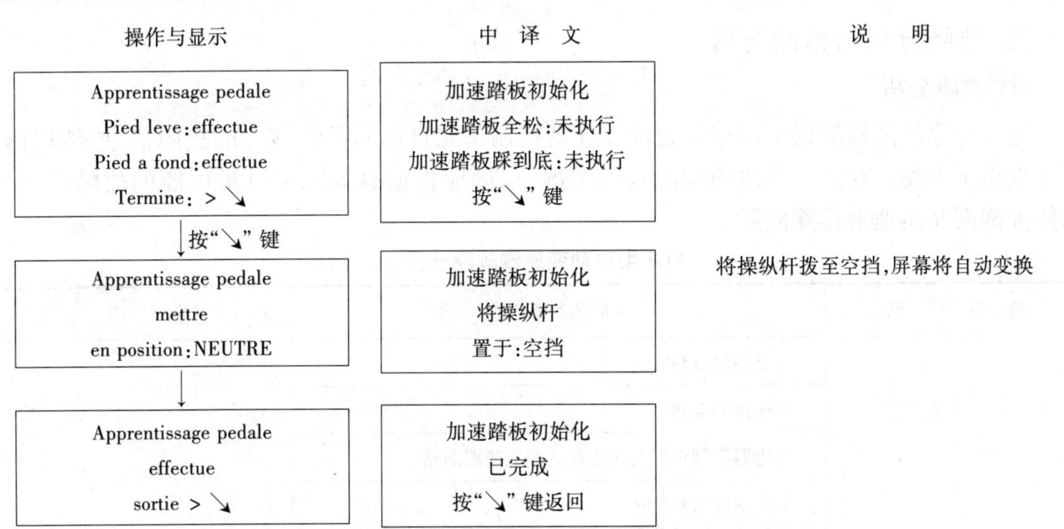

按"↘"键,返回到AL4型自动变速器功能菜单。

(6)油液损耗计数器。油液损耗计数器记录了变速器油的损耗情况,有以下情况需进行油液损耗计数器的读写操作:

①更换变速器控制单元时,需将原控制单元油液损耗数值读出并输入新的控制单元。

②更换变速器时,需将油液损耗计数器置于0。

③添加部分变速器油时,每添加0.5L新油,就应将计数器数值减去2750个单位。

在AL4自动变速器功能菜单中选择"Compteur d'huile"(油液损耗计数器),并按"*"确认后,ELIT检测仪即可进行油液损耗计数器的操作:

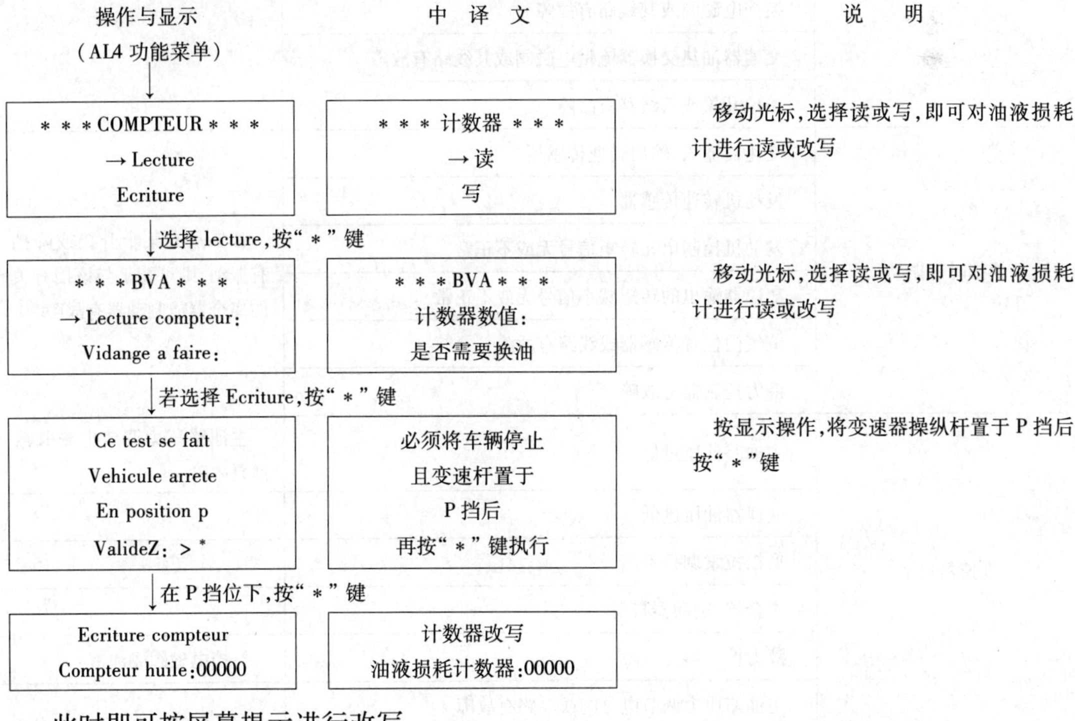

此时即可按屏幕提示进行改写。

三、故障分析与诊断方法

1 故障分析

通过专用故障检测仪可以读取自动变速器控制单元自诊断系统储存的故障信息，给检修故障提供了方便。在无专用故障检测仪的情况下，则应根据故障现象分析可能的故障原因，以便准确而又迅速地排除故障。

AL4 型自动变速器故障分析

故障症状	可能的故障原因	说明
"SPT"和"＊"指示闪烁	变速器油过热	可能有换挡振动、打滑、不能换挡等故障现象
	变速器油老化	
	变速器控制单元与仪表板之间的线路断路	
	加速踏板未初始化	
	变速器无电源电压或控制单元损坏	
	变速器输入、输出转速传感器或线路有故障	
	发动机转速传感器或其线路有故障	
	油压传感器或其线路有故障	
	节气门位置传感器或其线路有故障	
	主油路压力调节电磁阀或其线路有故障	
	变矩器锁止电磁阀或其线路有故障	
	换挡电磁阀或其线路有故障	
	变速器油热交换器流量电磁阀或其线路有故障	
	挡位开关或其线路有故障	
换挡时有振动	变速器输入、输出转速传感器	如果只有某个升挡或降挡有振动，则可能是与该挡有关的离合器或制动器有故障
	发动机转速传感器	
	发动机控制单元转矩信号无或不正常	
	变速器输出的转矩减小信号无或不正常	
	节气门位置传感器或线路有故障	
	液力控制器有故障	
变速器打滑	主油路油压过低	主油路压力调节电磁阀或油泵故障
	变速器油压过低	
	换挡拉索调整不当	
	离合器、制动器打滑	
	液力控制器有故障	换挡电磁阀或油道
	主油路压力调节电磁阀或电路有故障	

续上表

<table>
<tr><th colspan="2">故 障 症 状</th><th>可能的故障原因</th><th>说 明</th></tr>
<tr><td colspan="2" rowspan="4">行驶平顺性下降</td><td>变速器油热交换器流动控制信号不正常</td><td rowspan="4">无太明显的故障症状,但油耗增大,乘坐舒适性下降等</td></tr>
<tr><td>强制降挡信号不正常</td></tr>
<tr><td>变矩器锁止控制不正常</td></tr>
<tr><td>变速器油温信号不正常</td></tr>
<tr><td rowspan="10">只有3挡和倒挡可使用,起动时离合器打滑</td><td rowspan="7">变矩器可以锁止</td><td>换挡电磁阀故障或其线路有短路或断路</td><td rowspan="10">自动变速器在应急模式下运行,换挡时可能有冲击</td></tr>
<tr><td>节气门位置传感器或其线路有故障</td></tr>
<tr><td>主油路压力调节电磁阀或其线路有故障</td></tr>
<tr><td>挡位开关有故障</td></tr>
<tr><td>变速器油热交换器流量调节电磁阀有故障</td></tr>
<tr><td>主油路压力调节阀有故障</td></tr>
<tr><td>加速踏板未初始化</td></tr>
<tr><td rowspan="3">变矩器不能锁止</td><td>变速器输入转速信号不正常,伴随发动机转速或变速器输出转速信号不正常</td></tr>
<tr><td>变速器输出转速信号不正常,伴随发动机转速或变速器输入转速信号不正常</td></tr>
<tr><td>自动变速器控制单元故障</td></tr>
<tr><td colspan="2" rowspan="2">踩制动踏板时,变速器操纵杆P挡位置锁止不能松开</td><td>制动开关故障或其线路有断路或短路</td><td rowspan="2"></td></tr>
<tr><td>变速器锁止继电器有故障</td></tr>
</table>

2 故障诊断

通过ELIT检测仪可读出AL4型自动变速器自诊断系统储存的故障信息,并指示检修的端子和部件,给故障的排除提供了极大的方便。在无ELIT检测仪的情况下,对AL4型自动变速器电子控制系统进行故障检修,则需根据故障现象分析可能的故障原因,然后用直流电压表和欧姆表检测自动变速器控制单元有关端子的电压和电阻来确定故障所在。

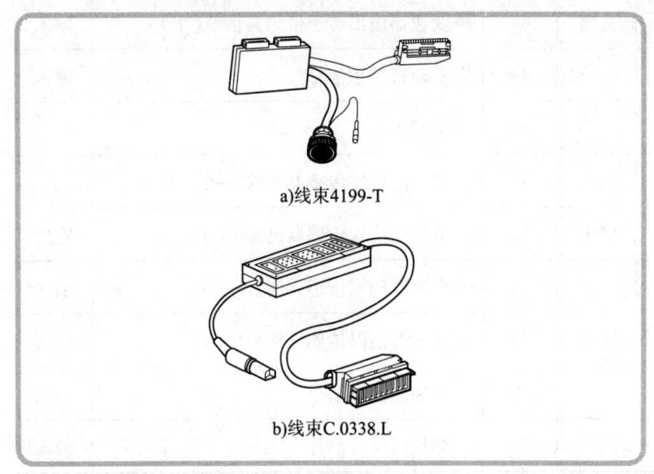
a)线束4199-T

b)线束C.0338.L

AL4型自动变速器也可使用故障检测盒4109-T来检测各有关端子。故障检测盒4109-T用于AL4型自动变速器检测的线束有两种,4199-T线束用于对自动变速器传感器、电磁阀及相关线路的电压和电阻的检测,C.0338.L线束用于对挡位开关、电磁阀、变速器温度传感器和变速器输入转速传感器电阻的测量。

AL4 型自动变速器控制单元各端子的连接说明

端子号	接连的部件	说明	端子号	接连的部件	说明
1	换挡电磁阀(EVS1～EVS6)电源	输出	29	空端子	
2	热交换器流量控制电磁阀电源	输出	30	空端子	
3	空调压缩机切断控制	输出	31	挡位开关 S2 触点	输入
4	仪表显示屏	输出	32	挡位开关 S3 触点	输入
5	减小发动机转矩＋发动机怠速信号	输出	33	挡位开关 S4 触点	输入
6	空端子		34	挡位开关 N/P 触点	输入
7	换挡电磁阀 EVS3 控制端(搭铁)	输出	35	空端子	
8	换挡电磁阀 EVS4 控制端(搭铁)	输出	36	程序选择器"1"按键	输入
9	换挡电磁阀 EVS2 控制端(搭铁)	输出	37	挡位开关 S1 触点	输入
10	换挡电磁阀 EVS1 控制端(搭铁)	输出	38	空端子	
11	P 挡锁止驱动器控制端	输出	39	空端子	
12	热交换器流量控制电磁阀控制端	输出	40	程序选择器"＊"按键	输入
13	换挡电磁阀 EVS5 控制端(搭铁)	输出	41	程序选择器"SPT"按键	输入
14	换挡电磁阀 EVS6 控制端(搭铁)	输出	42	挡位开关搭铁	
15	强制降挡开关	无	43	空端子	
16	制动开关	输入	44	空端子	
17	自诊断线:L		45	变矩器涡轮转速传感器信号(＋)	输入
18	自诊断线:K		46	变矩器涡轮转速传感器信号(－)	输入
19	变矩器锁止电磁阀控制端	输出	47	变速器输出转速传感器信号(－)	输入
20	主油路压力调节电磁阀控制端	输出	48	变速器输出转速传感器信号(＋)	输入
21	空端子		49	发动机转速信号	输入
22	空端子		50	空端子	
23	空端子		51	节气门位置传感器搭铁(－)	
24	油压传感器电源(＋)	输出	52	节气门位置传感器电源(＋)	输出
25	油压传感器电源(－)		53	变速器油温传感器信号(－)	输入
26	主油路压力调节电磁阀电源(＋)	输出	54	变速器油温传感器信号(＋)	输入
27	控制单元电源(＋)		55	主油路压力信号	输入
28	控制单元电源(－)		56	节气门位置信号	输入

AL4 型自动变速器电子控制系统故障诊断方法

检测的端子	检测条件/检测参数		正常参数	不正常时需检修的部件
27-28	点火开关断开/测直流电压		0V	自动变速器控制单元电源线路 自动变速器控制单元搭铁线路
	点火开关接通/测直流电压		蓄电池电压	
45-46	发动机转动/测电压脉冲		脉冲电压①	变矩器涡轮(变速器输入)转速传感器 变速器输入转速传感器至控制单元线路
	拔开插接器/测线束侧电阻		300Ω	
48-47	发动机转动/测电压脉冲		脉冲电压①	变速器输出转速传感器 变速器输出转速传感器至控制单元线路
	拔开插接器/测线束侧电阻		1200Ω	
49-28	发动机转动/测电压脉冲		脉冲电压①	自动变速器控制单元至发动机控制单元线路 自动变速器控制单元搭铁线路
	点火开关断开/测直流电压		0V	
	点火开关接通/测直流电压		11V	
	发动机转动/测直流电压		6.6V	
16-28	点火开关接通、制动踏板松开/测直流电压		0V	制动踏板开关 制动踏板开关至控制单元线路
	点火开关接通、制动踏板踩下/测直流电压		蓄电池电压	
54-53	点火开关接通/测直流电压	20℃时	3.6V	油温传感器 油温传感器至控制单元线路 自动变速器控制单元
		40℃时	2.8V	
		60℃时	2.0V	
		100℃时	>4.5V(断路)	
	拔开插接器/测线束侧电阻	20℃时	2500Ω	
		40℃时	1200Ω	
		60℃时	600Ω	
55-25	点火开关接通/测直流电压		>4.5V	油压传感器 油压传感器至控制单元线路 自动变速器控制单元
	发动机转动,N、P 挡,变速器油温 >15℃,油压 =250kPa/测直流电压		≈1.5V	
4-28	点火开关接通/测直流电压		5.3 ~ 7.8V	自动变速器控制单元至组合仪表线路 自动变速器控制单元
52-51	点火开关接通/测直流电压		>4.5V	节气门位置传感器 节气门位置传感器至控制单元线路 自动变速器控制单元
56-51	点火开关接通/测直流电压	踏下加速踏板	4.4V	
		松开加速踏板	0.5V	
52-51	拔开插接器/测线束侧电阻		≈600Ω	

续上表

检测的端子	检测条件/检测参数		正常参数	不正常时需检修的部件
56-51	拔开插接器/测线束侧电阻	松开加速踏板	≈1100Ω	节气门位置传感器 节气门位置传感器至控制单元线路
56-52			≈1500Ω	
56-51		踩下加速踏板	≈1500Ω	
56-52			≈1100Ω	
26-28	点火开关接通/测直流电压		蓄电池电压	自动变速器控制单元 自动变速器控制单元搭铁线路
26-20	点火开关接通/测直流电压		0V	变速器油压调节电磁阀 变速器油压调节电磁阀至控制单元线路 自动变速器控制单元
	发动机转动，N 挡/测直流电压		≈1.4V	
26-19	点火开关接通/测直流电压		0V	变矩器锁止电磁阀 变矩器锁止电磁阀至控制单元线路 自动变速器控制单元
	发动机转动，N 挡/测直流电压		≈4.5V	
1-28	点火开关接通/测直流电压		蓄电池电压	自动变速器控制单元 自动变速器控制单元搭铁线路
1-10	变速器在 4 挡/测直流电压		蓄电池电压	换挡电磁阀 EVS1 换挡电磁阀 EVS1 至控制单元线路 自动变速器控制单元
	变速器在其他挡/测直流电压		0V	
	拔开插接器/测线束侧电阻		≈40Ω	
1-9	变速器在 2、4 挡/测直流电压		蓄电池电压	换挡电磁阀 EVS2 换挡电磁阀 EVS2 至控制单元线路 自动变速器控制单元
	变速器在其他挡/测直流电压		0V	
	拔开插接器/测线束侧电阻		≈40Ω	
1-7	变速器在 1、N、P 挡/测直流电压		蓄电池电压	换挡电磁阀 EVS3 换挡电磁阀 EVS3 至控制单元线路 自动变速器控制单元
	变速器在其他挡/测直流电压		0V	
	拔开插接器/测线束侧电阻		≈40Ω	
1-8	变速器在 1、2 挡/测直流电压		蓄电池电压	换挡电磁阀 EVS4 换挡电磁阀 EVS4 至控制单元线路 自动变速器控制单元
	变速器在其他挡/测直流电压		0V	
	拔开插接器/测线束侧电阻		≈40Ω	
1-13	拔开插接器/测线束侧电阻		≈40Ω	换挡电磁阀 EVS5 换挡电磁阀 EVS5 至控制单元线路
1-14	拔开插接器/测线束侧电阻		≈40Ω	换挡电磁阀 EVS6 换挡电磁阀 EVS6 至控制单元线路
12-2	变速器油温 > 108℃，发动机转速 > 2000r/min		蓄电池电压	热交换器流量控制电磁阀 热交换器流量控制电磁阀至控制单元线路 自动变速器控制单元
	其他情况下		0V	

续上表

<table>
<tr><th>检测的端子</th><th colspan="2">检测条件/检测参数</th><th>正常参数</th><th>不正常时需检修的部件</th></tr>
<tr><td rowspan="2">11-28</td><td colspan="2">点火开关接通,P 挡/测直流电压</td><td>蓄电池电压</td><td rowspan="2">变速器杆锁止继电器
变速器杆锁止继电器至控制单元线路
自动变速器控制单元</td></tr>
<tr><td colspan="2">点火开关接通,踩下制动踏板/测直流电压</td><td>0V</td></tr>
<tr><td rowspan="2">37-42</td><td colspan="2">变速器在 P、R、N、D 挡/测直流电压</td><td>蓄电池电压</td><td rowspan="2">挡位开关 S1
挡位开关至控制单元线路</td></tr>
<tr><td colspan="2">变速器在其他位置/测直流电压</td><td>0V</td></tr>
<tr><td rowspan="2">31-42</td><td colspan="2">变速器在 N、D、3 挡/测直流电压</td><td>蓄电池电压</td><td rowspan="2">挡位开关 S2
挡位开关至控制单元线路</td></tr>
<tr><td colspan="2">变速器在其他挡/测直流电压</td><td>0V</td></tr>
<tr><td rowspan="2">32-42</td><td colspan="2">变速器在 P、D 挡/测直流电压</td><td>蓄电池电压</td><td rowspan="2">挡位开关 S3
挡位开关至控制单元线路</td></tr>
<tr><td colspan="2">变速器在其他挡/测直流电压</td><td>0V</td></tr>
<tr><td rowspan="2">33-42</td><td colspan="2">变速器在 N、2 挡/测直流电压</td><td>蓄电池电压</td><td rowspan="2">挡位开关 S4
挡位开关至控制单元线路</td></tr>
<tr><td colspan="2">变速器在其他挡/测直流电压</td><td>0V</td></tr>
<tr><td rowspan="2">34-42</td><td colspan="2">变速器在 R、D、3、2 挡/测直流电压</td><td>蓄电池电压</td><td rowspan="2">挡位开关 P/N
挡位开关至控制单元线路</td></tr>
<tr><td colspan="2">变速器在其他挡/测直流电压</td><td>0V</td></tr>
<tr><td rowspan="2">40-28</td><td rowspan="2">点火开关接通</td><td>“＊”键按下</td><td>0V</td><td rowspan="2">程序选择器“＊”键触点
程序选择器至控制单元线路</td></tr>
<tr><td>“＊”键断开</td><td>蓄电池电压</td></tr>
<tr><td rowspan="2">41-28</td><td rowspan="2">点火开关接通</td><td>“SPT”键按下</td><td>0V</td><td rowspan="2">程序选择器“SPT”键触点
程序选择器至控制单元线路</td></tr>
<tr><td>“SPT”键断开</td><td>蓄电池电压</td></tr>
<tr><td rowspan="2">36-28</td><td rowspan="2">点火开关接通,2 挡</td><td>“1”键按下</td><td>0V</td><td rowspan="2">程序选择器“1”键触点
程序选择器至控制单元线路</td></tr>
<tr><td>“1”键断开</td><td>蓄电池电压</td></tr>
</table>

①:测量值随发动机转速的上升而增大。

项目2 液面检查与加、放油程序

·0.5 学时·

目　　　的: 学习 AL4 型自动变速器油的液面高度、品质的检查方法以及油液的排放与添加方法。

自动变速器型号: 东风雪铁龙轿车 AL4 型自动变速器。

设 备 与 工 具: 扳手,扭力扳手,盛油容器。

一、液面的检查

1 变速器油面过高、过低的影响

变速器油面过高,容易造成变速器油异常发热或泄漏,过多的油还容易引起控制阀体上排油孔阻塞而造成排油不畅,影响离合器和制动器平顺分离,换挡不稳定;变速器油面过低,变速器中的离合器和制动器容易打滑,加速性能变坏,且会使行星齿轮润滑不良而容易损坏。车辆在使用过程中,有以下情况需要对自动变速器油液面进行检查:

(1)当变速器出现了打滑、油液温度过高、变速器油泄漏等故障时。

(2)更换、添加了变速器油以后。

(3)车辆行驶了60000km。

2 检查变速器油液面的准备工作

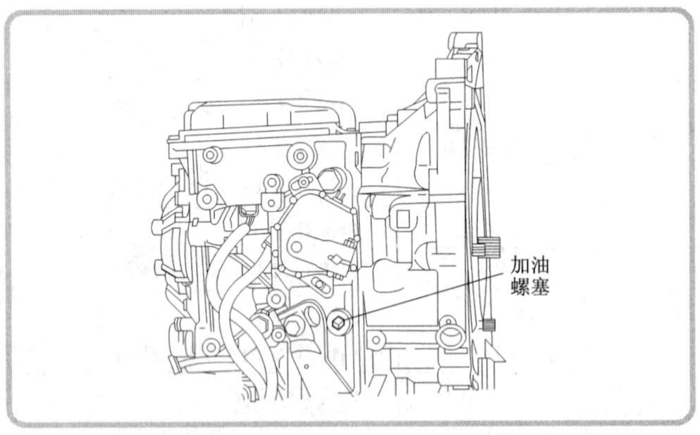

(1)将车辆水平放置。

(2)确认自动变速器未处于备用模式,即自动变速器电子控制系统无故障存在。

◀(3)拧下自动变速器加油螺塞。

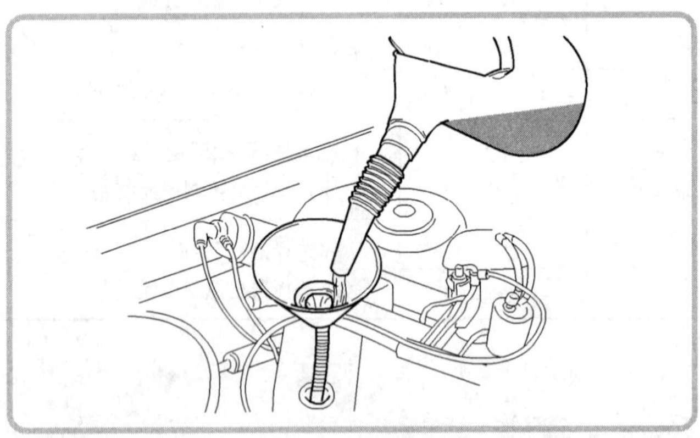

◀(4)加入0.5L变速器油后,再拧上加油螺塞。

(5)踩下制动踏板,拨动变速器操纵杆,在所有挡位上都停留片刻。

(6)将变速器操纵杆再拨至P挡,起动发动机并使发动机怠速运转,直到变速器的油温上升至58~68℃。

3 变速器油液面检查方法

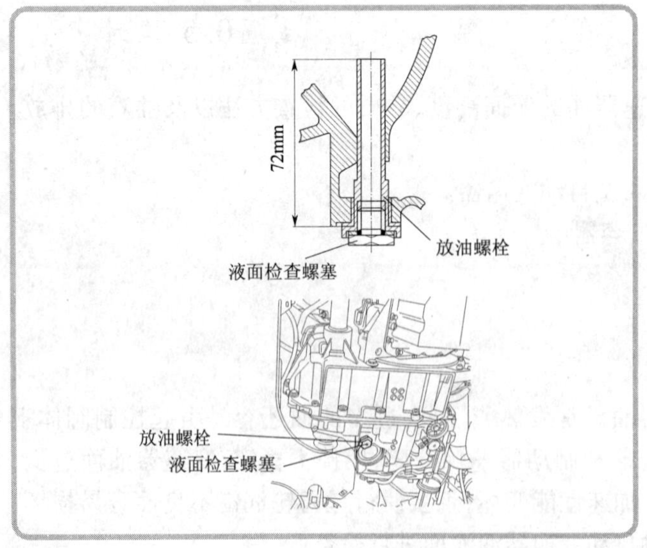

在保持发动机运转的情况下,拧下自动变速器液面检查螺塞,从螺塞孔油液的流出情况判断液面是否正常:

(1)变速器油缓慢流出,并形成油滴,一滴一滴往下滴,则说明液面适当,重新拧上液面检查螺塞即可(拧紧力矩为24N·m)。

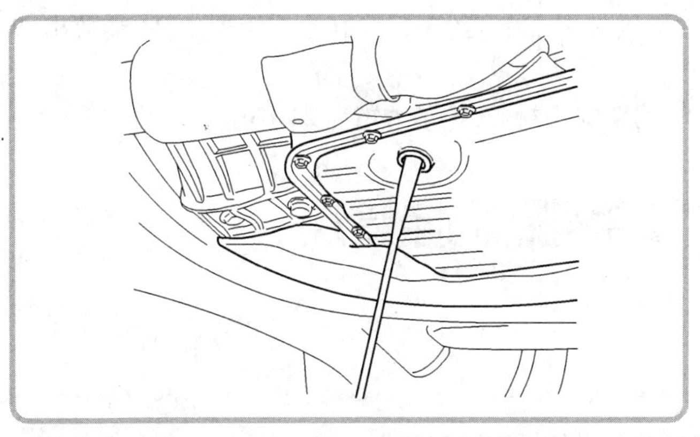

◀(2)变速器油流出很多,则说明液面过高,应让过多的油流出,待变速器油一滴一滴往下滴时,再拧紧液面检查螺塞。

(3)变速器无油流出,则说明液面过低,这时,应拧上液面检查螺塞,关闭点火开关,使发动机熄火后,再添加0.5L变速器油,然后再起动发动机,重新检查油面高度。

注意:检查液面后,加油螺塞和液面检查螺塞都应更换新的密封垫圈,并用24N·m的力矩拧紧。

二、变速器油品质的检查

变速器油品质变差将会使自动变速器不能正常工作和导致变速器损坏。此外,根据变速器油品质的变化情况,可判断变速器是否有故障。检查方法是:仔细观察从液面检查螺塞孔流出的变速器油的颜色,闻一下油液的气味,用手指捻一下油液。正常的变速器油应清洁并呈橘红色,如果有如下情况则为异常:

(1)油液中有金属颗粒,说明变速器齿轮、离合器或制动器有严重磨损,应拆检变速器。

(2)变速器油有烧焦味,则说明变速器工作时,油液的温度太高,应检查油面是否过高或过低、油液热交换器管路有无堵塞、热交换器流量控制电磁阀是否失效、变速器离合器和制动器是否打滑等。

变速器油中金属颗粒多、油烧焦较为严重,均应更换变速器总成。

三、变速器油的排放与添加

在拆卸左右传动轴油封、油温传感器、液力控制器时需放油和加油,但拆卸左右传动轴、车速传感器、油压传感器及热交换器流量电磁阀时则无须放油。

1 放油方法

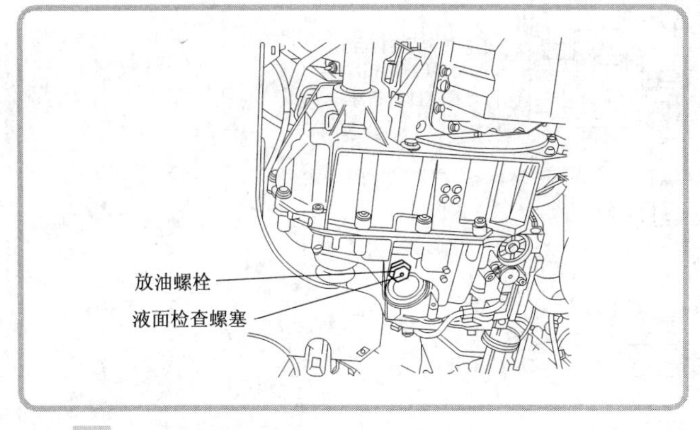

(1)起动发动机,在P挡下怠速运转。

(2)当变速器油温达到58～68℃时进行放油操作,以便将油液中悬浮物排放掉。

◀(3)拧下变速器放油螺栓,变速器油即可放出。

2 加油方法

(1)重新安装放油螺栓,要用新的密封圈,拧紧力矩为33N·m。

(2)拧下变速器加油螺塞,用加注桶将放出的变速器油重新加入,或加入等量的新变速器油。变速器油容量为6L,但能放出的油量约为3L,另有约3L的油(在变矩器中)不能放出,因此加入新油的油量约为3L。

(3)重新拧上自动变速器加油螺塞,用新的密封圈,拧紧力矩为24N·m。

项目3　总成的拆卸和安装

·1 学时·

目　　　　的:学习AL4型自动变速器总成的拆卸与安装方法。

自动变速器型号:东风雪铁龙轿车AL4型自动变速器。

设 备 与 工 具:组合扳手,扭力扳手,螺丝刀,钳子,锤子,盛油容器,专用拆装工具,吊车,变矩器拆装导向销,检测仪。

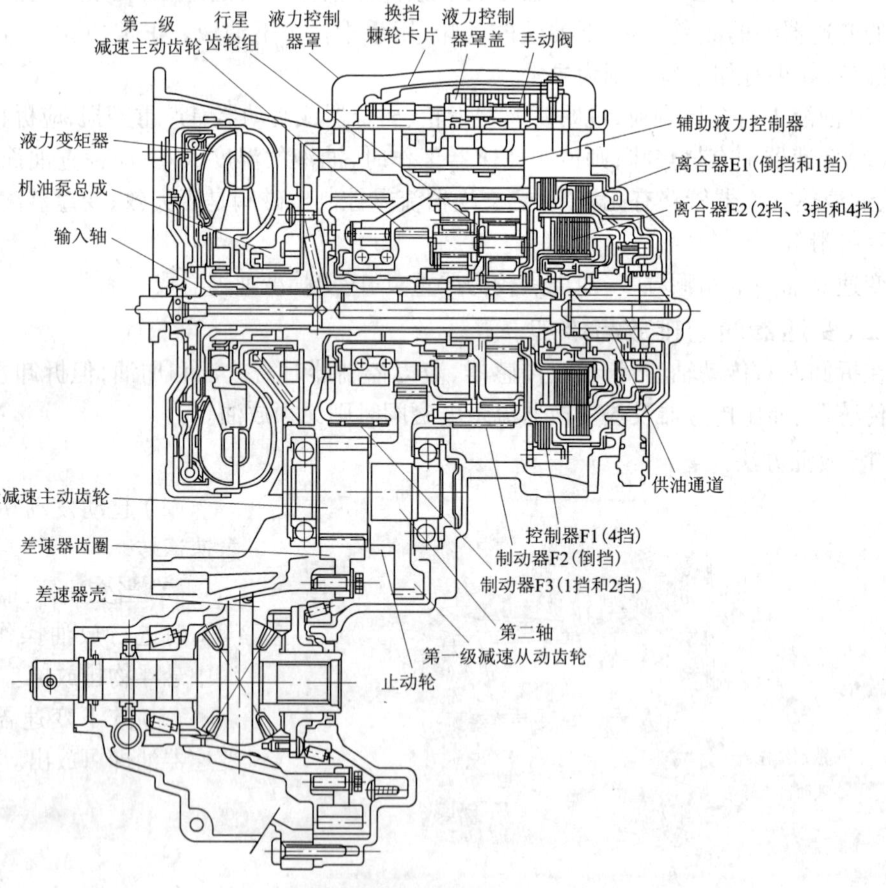

AL4型自动变速器的结构

一、拆卸

AL4型自动变速器必须与发动机一起从车上拆下,拆卸顺序与方法如下:

(1)拆卸蓄电池及支架:

①先拆下蓄电池负极电缆,然后拆下正极电缆。

②卸下蓄电池紧固螺母和压板后,折下蓄电池。

③拆卸发动机控制单元,然后拆下蓄电池盒。

④卸下蓄电池支架的4个紧固螺栓后,拆下蓄电池支架。

(2)拆卸空气滤清器进气管。

(3)拆卸前轮与发动机下护板:

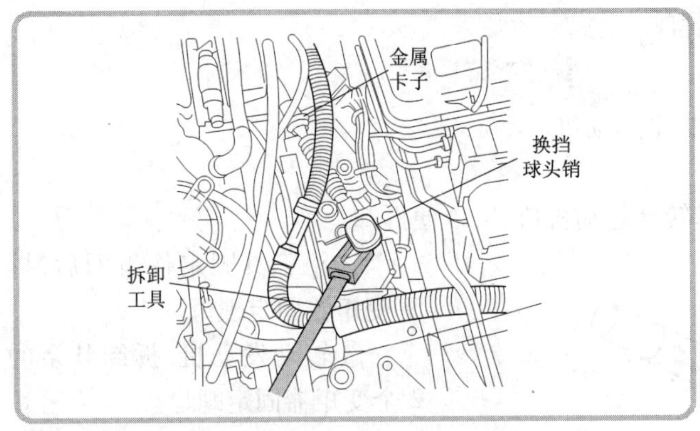

①拉紧驻车制动器杆,将车辆抬起后加上垫块,使车轮水平悬空,然后拆下两前轮。

②拆卸发动机下护板。

③放空发动机冷却液和发动机油。

(4)拆除与发动机和变速器连接部件:

◀①用拆卸工具分离换挡球头销后,拆下金属卡子。

②拆卸节气门拉索。

③拆卸进气压力传感器取气管。

④将进油管和回油管拆下后,再拆下炭罐排放管。注意:油管中有剩余的压力油,拆卸油管时不要让油飞溅到眼睛和明火上。

⑤拆卸动力转向器进油管和出油管。

⑥拔下进气压力传感器插头、空调压力开关插头及炭罐排放控制阀插头。

⑦拆卸散热器下水管和上水管。

⑧拆卸熔断丝盒。

⑨拆卸自动变速器控制单元支架。

⑩拆卸真空管接头。

⑪按住卡子,向外拔出暖风水管,然后拆卸空气滤清器。

⑫拆卸盖板上的2个固定螺栓。

⑬拆下排气管的3个固定螺母。

(5)拆卸压缩机:

①卸下压缩机传动带。

②用工具拆卸发动机油滤清器。

③卸下压缩机与支架相连接的4个固定螺栓后,拆下压缩机。

注意:在散热器后面应盖上适当大小的纸壳,以保护散热器不被碰坏;拆下压缩机后,应用绳子将压缩机吊住,以避免压缩机本身的重力压坏制冷系统管路。

(6)拆开与车架的连接:

①拆下发动机下支架固定螺栓。

②用工具拆卸发动机右支架固定螺母。

③将吊车的起重钩钩住发动机汽缸盖上的2个起重吊耳上,并吊至承重为止。

④松开并拆下发动机的左侧支架固定螺母。

⑤拆卸发动机左支架螺母后,拆下发动机左弹性垫块。

⑥适当降低吊架,卸下支架。

⑦仔细检查确认所有连接发动机与变速器的部件都已拆除后,将发动机与变速器慢慢从发动机舱盖前端吊离车架,并将其轻轻放在地上或架子上。

二、变速器与发动机的分离、装配

1 分离

(1)卸下起动机的3个固定螺栓,拆下起动机。

(2)拆卸变矩器固定螺母:

①转动发动机,将变矩器固定螺母转至起动机口处,以便拆卸。

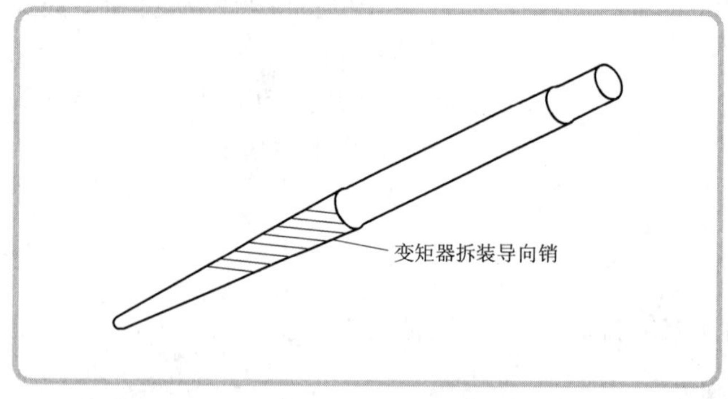

②用工具固定住齿圈后,拆下变矩器固定螺母。

③转动发动机,拆卸其余的2个变矩器固定螺母。

(3)变速器与发动机分离:

◀①用变矩器拆装导向销拧入变矩器螺栓,以便拆卸时向外推变矩器。

②吊住变速器,卸下发动机与变速器的4个连接螺栓。

③在向外推变矩器的同时(避免变矩器在变速器与发动机分离时从变速器上脱落下来),将发动机与变速器分离。

2 装配

(1)在变矩器中心支撑点处涂上润滑脂,并装上变矩器拆装导向销。

(2)将传动凸缘、起动齿圈等穿过变矩器拆装导向销,进行对位安装,并注意不要让变矩器脱出。

(3)装上变速器与发动机的4个连接螺栓,并将其拧紧(拧紧力矩为52N·m)。

(4)拆下变矩器拆装导向销,安装连接变速器与起动齿圈、传动凸缘的3个螺母,先用10N·m的力矩将3个螺母预紧,然后再将其拧紧(拧紧力矩为30N·m)。

三、安装

(1)将起动机装上后,按与拆卸相反的顺序安装发动机与变速器。规定的紧固力矩:左支架固定螺栓为24N·m,弹性垫块螺母为65N·m,右支架固定螺栓为45N·m,下支架固定螺栓为50N·m,排气管固定螺栓为30N·m,盖板固定螺栓为30N·m。

(2)按与拆卸相反的顺序安装与发动机、变速器连接的管路、插头及拉索等。

(3)安装蓄电池盒托板、蓄电池盒、发动机控制单元及蓄电池等。

(4)加注发动机机油、冷却液,并对冷却系统进行排气操作。

(5)用专用检测仪对自动变速器进行初始化。

(6)检查变速器液面。

(7)安装发动机下护板、挡泥板、车轮等。

(8)对车辆进行道路试验,以检验安装及自动变速器的性能。

项目4　零部件的检修

·4学时·

目　　的:学习AL4型自动变速器零部件的检修方法。

车　　型:东风雪铁龙轿车AL4型自动变速器。

设备与工具:组合扳手,螺丝刀,钳子,扭力扳手,锤子,万用表,变矩器油封拉拔器,专用拆装工具,油封切割工具,温度计等。

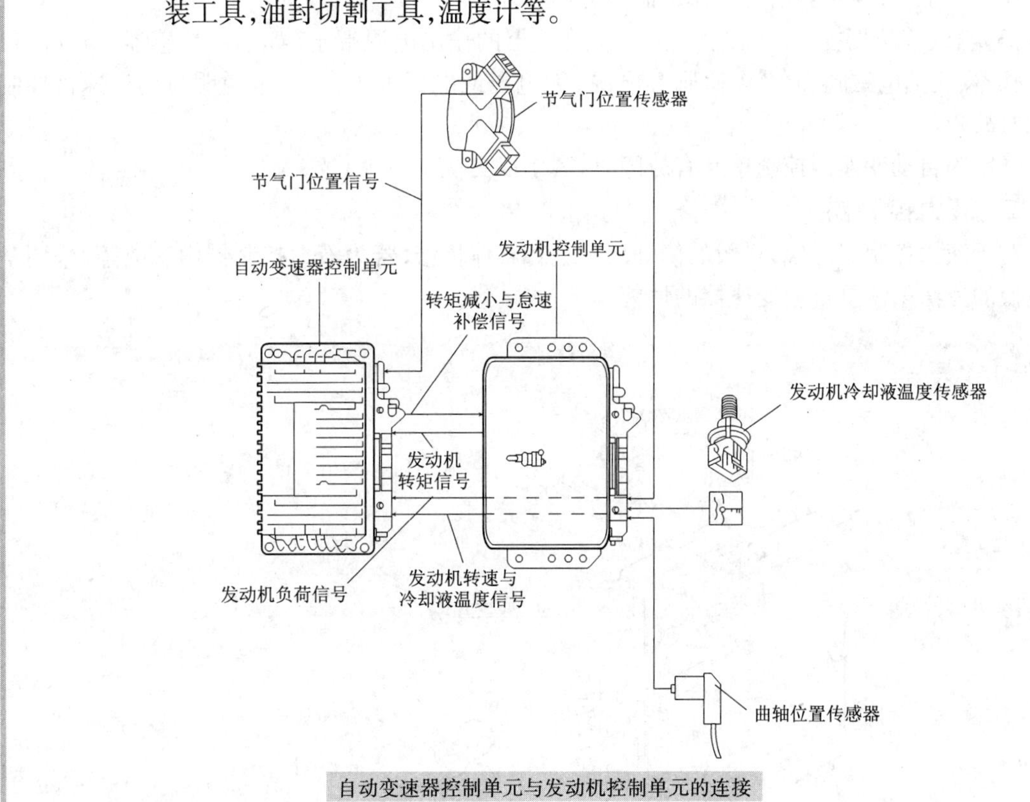

自动变速器控制单元与发动机控制单元的连接

一、自动变速器控制单元

1　拆卸

当专用检测仪显示控制单元故障,或通过专用故障检测仪确定控制单元已损坏时,需拆卸控制单元并更换新件。

(1)拆卸蓄电池。

(2)拆下发动机控制单元后,卸下蓄电池盒。

(3)向右拉卡子,拔下控制单元线束插头。

(4)拧下自动变速器控制单元的4个螺栓和螺母,卸下控制单元。

2 安装

按与拆卸相反的顺序安装AL4型自动变速器控制单元。

3 检修

自动变速器控制单元是变速器电子控制系统的控制核心,自动变速器的许多故障现象都与之有关,但相对而言,控制单元的故障率是比较低的。当AL4型自动变速器控制单元本身有故障时,“*”和“SPT”指示灯闪烁。确定控制单元故障的方法如下:

(1)专用检测仪指示为自动变速器控制单元故障。

(2)自动变速器控制单元电源及其所连接的部件与线路均正常,但变速器电子控制系统不能正常工作(变速器工作不正常、“*”和“SPT”灯闪烁),而更换一个自动变速器控制单元后则能正常工作,则原自动变速器控制单元已损坏。

(3)自动变速器控制单元电源正常,但变速器的输出电源端子(如油压传感器、节气门位置传感器、换挡电磁阀、调节电磁阀等电源)无电压或电压不正常,则也说明自动变速器控制单元有故障。

确定为自动变速器控制单元有故障时,需予以更换。

二、液力控制器

对于液力控制器总成,一般的修理厂不进行解体检修,若为液力控制器内有故障,采用整体更换的方法来恢复自动变速器的性能。

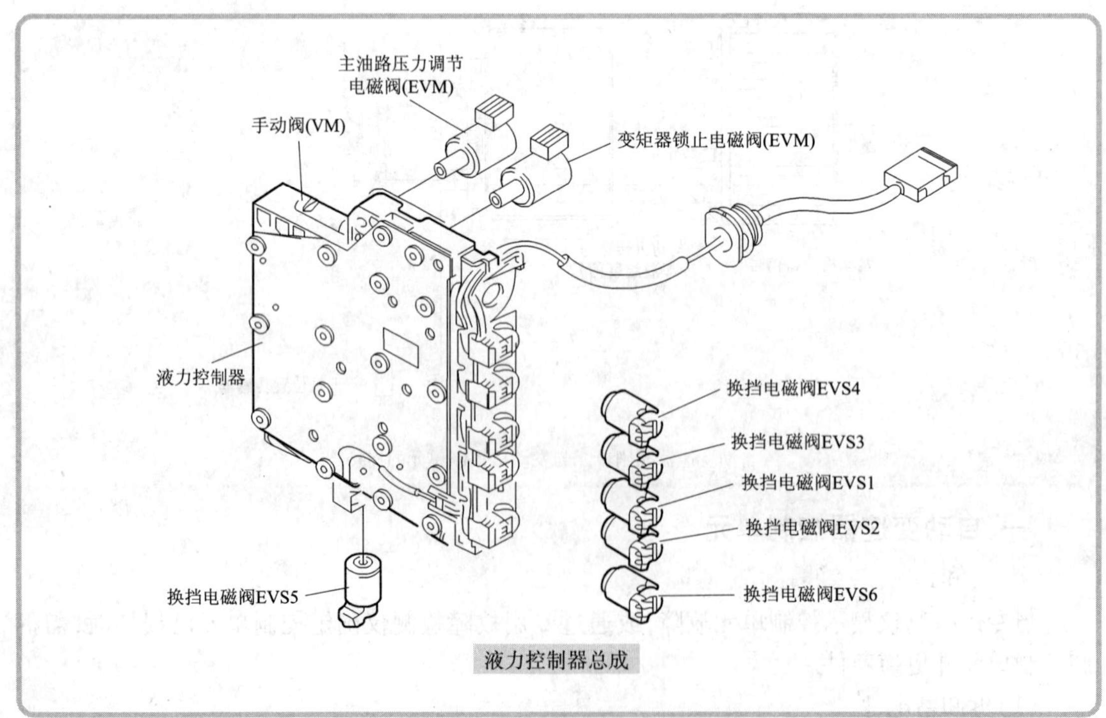

液力控制器总成

1 拆卸

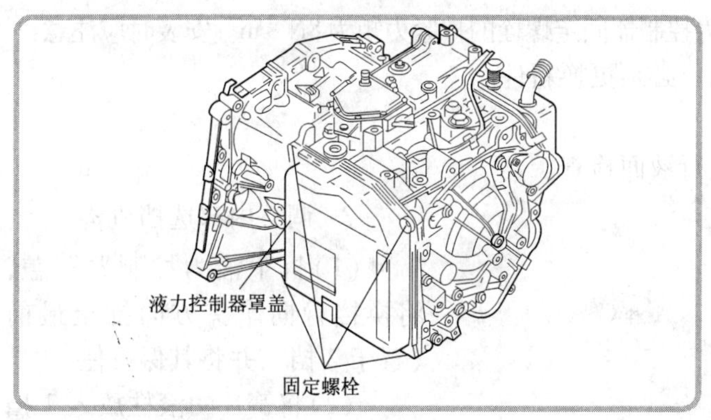

(1)拆下蓄电池负极电缆。

(2)拆掉空气滤清器进气管。

(3)卸下发动机下护板。

◀(4)拧下液力控制器罩盖的4个固定螺栓，然后拆下罩盖。

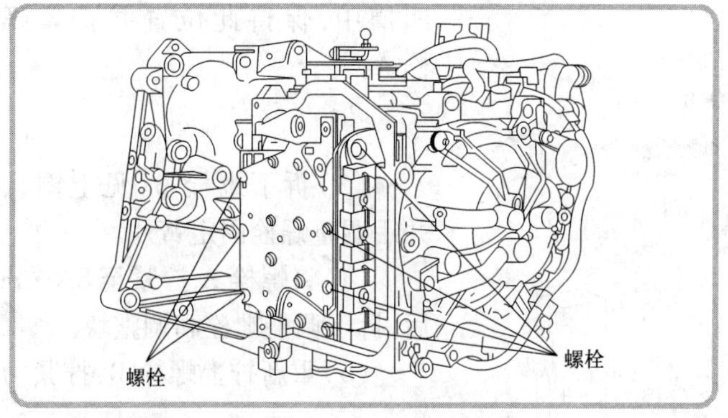

(5)拧下液力控制器上的7个螺栓。

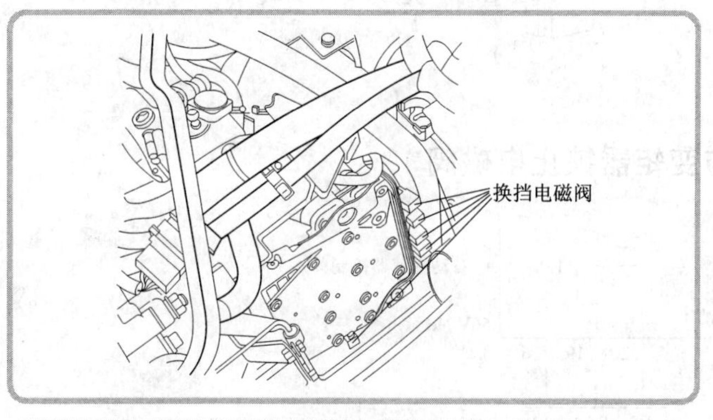

(6)拔下6个换挡电磁阀插头。

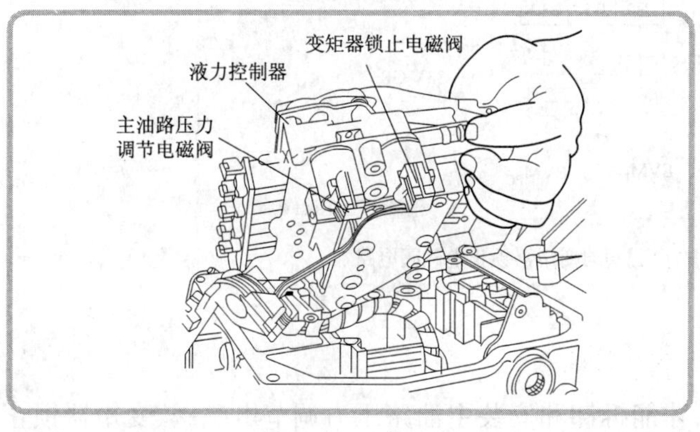

(7)拆下液力控制器，拔下主油路压力调节电磁阀和变矩器锁止电磁阀插头。

2 安装

按拆卸相反的顺序安装,罩盖和液力控制器固定螺栓的拧紧力矩为8N·m。安装时应注意:

(1)不要漏装了电磁阀的油封,油封必须更换新件。

(2)必须调整好内部选挡机构。

(3)安装后须加注变速器油,并进行液面检查。

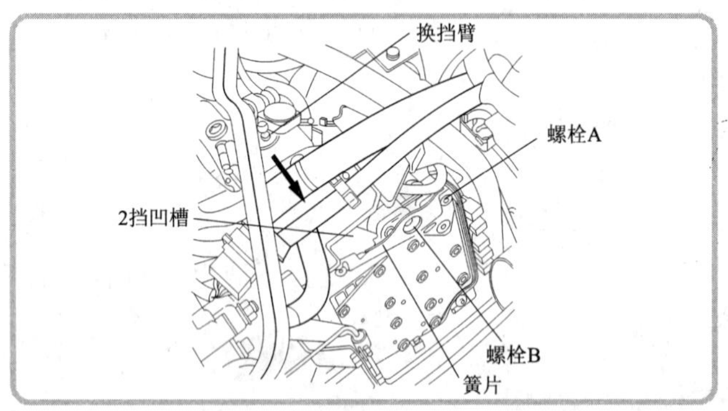

3 调整内部选挡机构

◀(1)拆下液力控制器罩盖,将换挡臂向车头方向推至最前(置于2挡),并将其保持住。

(2)将簧片的滚柱放入2挡凹槽中,保持此位置并拧紧螺栓A。

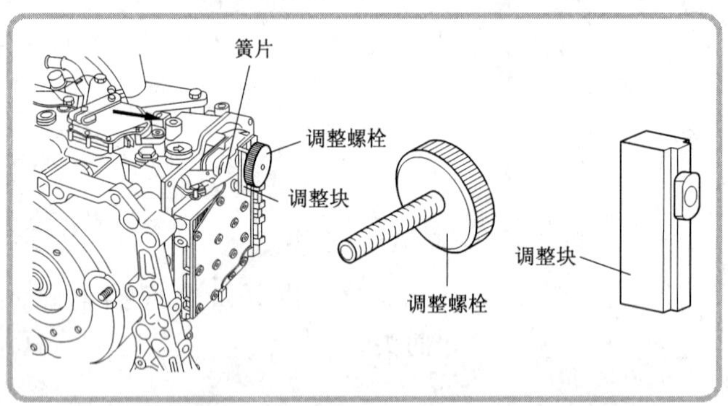

◀(3)拆下螺栓B(见上图),并用调整螺栓固定簧片。

(4)将螺栓A拧紧至8N·m后,拆下调整螺栓和调整块。

(5)重新拧上螺栓B,拧紧力矩为8N·m。

三、主油路压力调节电磁阀与变矩器锁止电磁阀

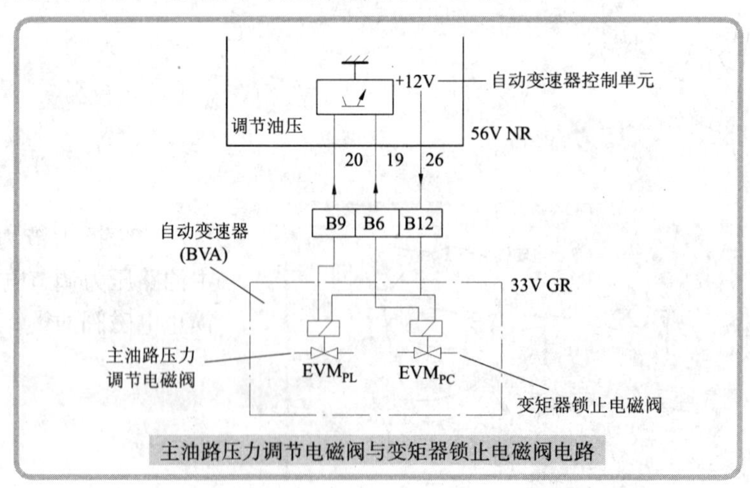

主油路压力调节电磁阀与变矩器锁止电磁阀电路

1 拆卸与安装

需将液力控制器与变速器分离后,才能拆卸和安装主油路压力调节电磁阀、变矩器锁止

电磁阀,具体步骤见本项目“二、液力控制器”。

2 主油路压力调节电磁阀的检修

主油路压力调节电磁阀线路和电磁阀有故障时,“ * ”和“SPT”指示灯将闪烁。

(1)检查电磁阀电源:

①在点火开关关断时,拔下自动变速器控制单元插接器。

②接通点火开关,测量自动变速器控制单元26号端子对搭铁的直流电压,应为12V。

如果没有电压或电压很低,则应检查控制单元电源,若控制单元电源正常,则需更换控制单元后再进行测试;如果电压正常,则进行下一步检修。

(2)检查电磁阀线路:

①关闭点火开关,拆卸液力控制器并拔下主油路压力调节电磁阀插头。

②重新接上控制单元插接器,再接通点火开关,测量主油路压力调节电磁阀插头电源(B12)端子的电压,应为蓄电池电压。

如果没有电压,则需检修电磁阀至控制单元之间的线路;如果电压正常,则进行下一步检修。

(3)检查电磁阀电阻:测量主油路压力调节电磁阀两端子之间的电阻,应为通路(电阻≈1Ω)。

如果电阻不正常,则更换主油路压力调节电磁阀;如果电阻正常,则进行下一步检修。

(4)检查电磁阀的控制信号:

①重新接上主油路压力调节电磁阀插头。

②起动发动机,在N挡时发动机运转,测量控制单元26-20号端子之间的直流电压,应约为2.4V。

如果没有电压,应检修电磁阀至控制单元线路,若线路正常,则需更换自动变速器控制单元再进行测试;如果电压正常,但主油路压力不正常,则应更换主油路压力调节电磁阀后再进行测试。

3 变矩器锁止电磁阀的检修

变矩器锁止电磁阀线路和电磁阀有故障时,“ * ”和“SPT”指示灯将闪烁。

(1)检查电磁阀电源:

①在点火开关关断时,拔下自动变速器控制单元插接器。

②接通点火开关,测量自动变速器控制单元26号端子对搭铁的直流电压,应为12V。

如果没有电压或电压很低,则应检查控制单元电源,若控制单元电源正常,则需更换控制单元后再进行测试;如果电压正常,则进行下一步检修。

(2)检查电磁阀线路:

①关闭点火开关,拆卸液力控制器并拔下变矩器锁止电磁阀插头。

②重新接上控制单元插接器,再接通点火开关,测量主油路压力调节电磁阀插头电源(B12)端子的电压,应为蓄电池电压。

如果没有电压,则需检修电磁阀至控制单元之间的线路;如果电压正常,则进行下一步检修。

(3)检查电磁阀电阻:测量变矩器锁止电磁阀两端之间电阻,应为通路(电阻≈1Ω)。

如果电阻不正常,则更换变矩器锁止电磁阀;如果电阻正常,则进行下一步检修。

(4)检查电磁阀的控制信号:

①重新接上变矩器锁止电磁阀插头。

②起动发动机,在 N 挡时发动机运转,测量控制单元 26-19 号端子之间的直流电压,应约为 4.5V。

如果没有电压,应检修电磁阀至控制单元线路,若线路正常,则需更换自动变速器控制单元再进行测试;如果电压正常,但变矩器不能正常锁止,则应更换变矩器锁止电磁阀后再进行测试。

四、换挡电磁阀

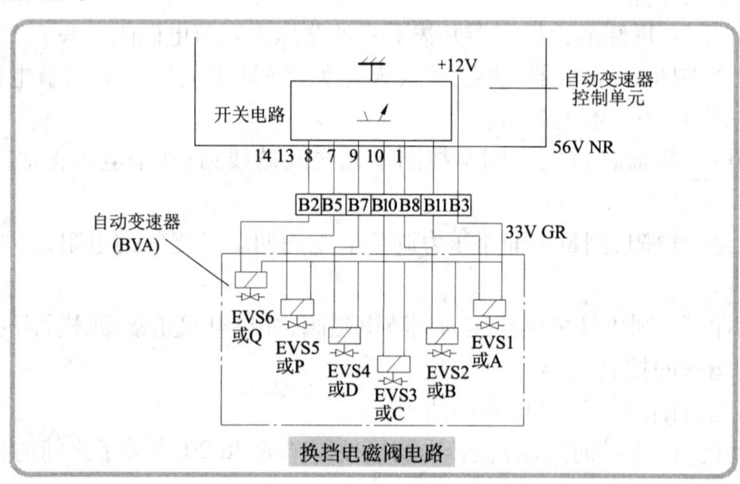

换挡电磁阀电路

1 拆卸与安装

如果只是检查和拆卸换挡电磁阀,则无需拆卸液力控制器,但需要拆卸蓄电池负极电缆和发动机下护板及液力控制器罩盖,具体步骤见本项目“二、液力控制器”。

2 检修

换挡电磁阀线路或电磁阀有故障时,“ * ”和“SPT”指示灯将闪烁。

(1)检查电磁阀电源:

①在点火开关关断时,拔下自动变速器控制单元插接器。

②接通点火开关,测量自动变速器控制单元 1 号端子对搭铁的直流电压,应为 12V。

如果没有电压或电压很低,则应检查控制单元电源,若控制单元电源正常,则需更换控制单元后再进行测试;如果电压正常,则进行下一步检修。

(2)检查电磁阀线路:

①关闭点火开关,拔开换挡电磁阀插头。

②重新接上控制单元插接器,再接通点火开关,测量换挡电磁阀插头电源(B3)端子对搭铁的电压,应为蓄电池电压。

如果没有电压,则需检修电磁阀至控制单元之间的线路;如果电压正常,则进行下一步检修。

(3)检查电磁阀电阻:测量换挡电磁阀两端子之间的电阻,应约为 40Ω。

如果电阻不正常，则更换换挡电磁阀；如果电阻正常，则进行下一步检修。

(4)检查电磁阀的控制信号：在不同挡位下测量各换挡电磁阀的电压，正常情况应符合下表中的要求。

不同挡位时各换挡电磁阀的通电情况

测量端子 / 挡位	EVS 1	EVS 2	EVS 3	EVS 4	EVS 5	EVS 6
	1-10	1-9	1-7	1-8	1-13	1-14
1	0	0	蓄电池电压	蓄电池电压	0	0
2	0	蓄电池电压	0	蓄电池电压	0	0
3	0	0	0	0	0	0
4	蓄电池电压	蓄电池电压	0	0	0	0
R	0	0	0	0	0	0
N、P	0	0	蓄电池电压	0	0	0

如果电压不正常，应检修相应电磁阀至控制单元线路，若线路正常，则需更换自动变速器控制单元再进行测试；如果电压正常，但自动变速器不能自动换挡，则应更换换挡电磁阀后再进行测试。

五、热交换器流量控制电磁阀

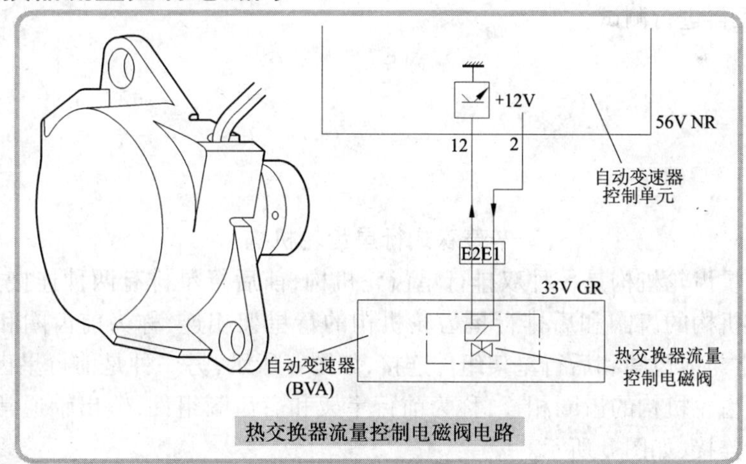

热交换器流量控制电磁阀电路

1 拆卸

①依次拆卸蓄电池、发动机控制单元、蓄电池盒及托板、发动机下护板、左前挡泥板等。

②拆下2个内六角固定螺栓后，分离自动变速器电器连接盒，并将自动变速器电器连接盒上的蓝色3芯插头拔下。

③拆下热交换器流量控制电磁阀线束卡子后，拧下2个固定螺钉，拆下热交换器流量控电磁阀。

2 安装

按与拆卸相反的顺序安装，需要注意以下两点：

①更换新的热交换器流量控制电磁阀环形密封圈。

②电磁阀固定螺钉的拧紧力矩为 10N·m。

3 检修

热交换器流量控制电磁阀线路或电磁阀有故障时,"＊"和"SPT"指示灯将闪烁。

(1)检查电磁阀电源:

①在点火开关关断时,拔下自动变速器控制单元插接器。

②接通点火开关,测量自动变速器控制单元 2 号端子对搭铁的直流电压,应为 12V。

如果没有电压或电压很低,则应检查控制单元电源,若控制单元电源正常,则需更换控制单元后再进行测试;如果电压正常,则进行下一步检修。

(2)检查电磁阀线路:

①关闭点火开关,拔下热交换器流量控制电磁阀插头。

②重新接上控制单元插接器,再接通点火开关,测量热交换器流量控制电磁阀插头电源(E1)端子对搭铁的电压,应为蓄电池电压。

如果没有电压,则需检修电磁阀至控制单元之间的线路;如果电压正常,则进行下一步检修。

(3)检查电磁阀电阻:测量热交换器流量控制电磁阀两端之间的电阻,应约为 38Ω。

如果电阻不正常,则更换热交换器流量控制电磁阀;如果电阻正常,而热交换器流量控制电磁阀不能正常工作,则检修电磁阀与控制单元之间的控制线路,若线路正常,则应更换自动变速器控制单元再进行测试。

辛普森式行星齿轮机构

辛普森行星齿轮机构是一种双排行星齿轮机构,前后行星排有两种连接方式:一种是前排行星齿轮机构的齿圈和后排行星齿轮机构的行星架相连,称为前齿圈和后行星架组件,输出轴通常与前齿圈和后行星架组件连接,如图 a 所示;另一种是前行星齿轮机构的行星架和后行星齿轮机构的齿圈相连,称为前行星架和后齿圈组件,输出轴通常与前行星架和后齿圈组件连接,如图 b 所示。

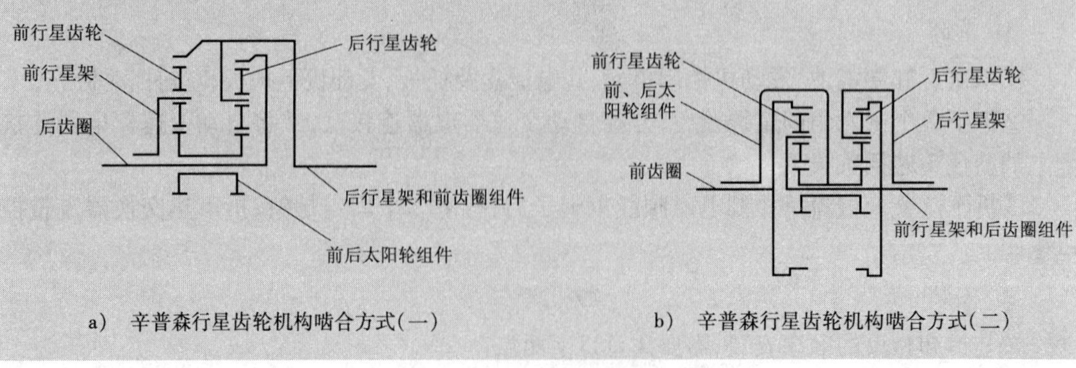

a) 辛普森行星齿轮机构啮合方式(一)　　b) 辛普森行星齿轮机构啮合方式(二)

六、挡位开关

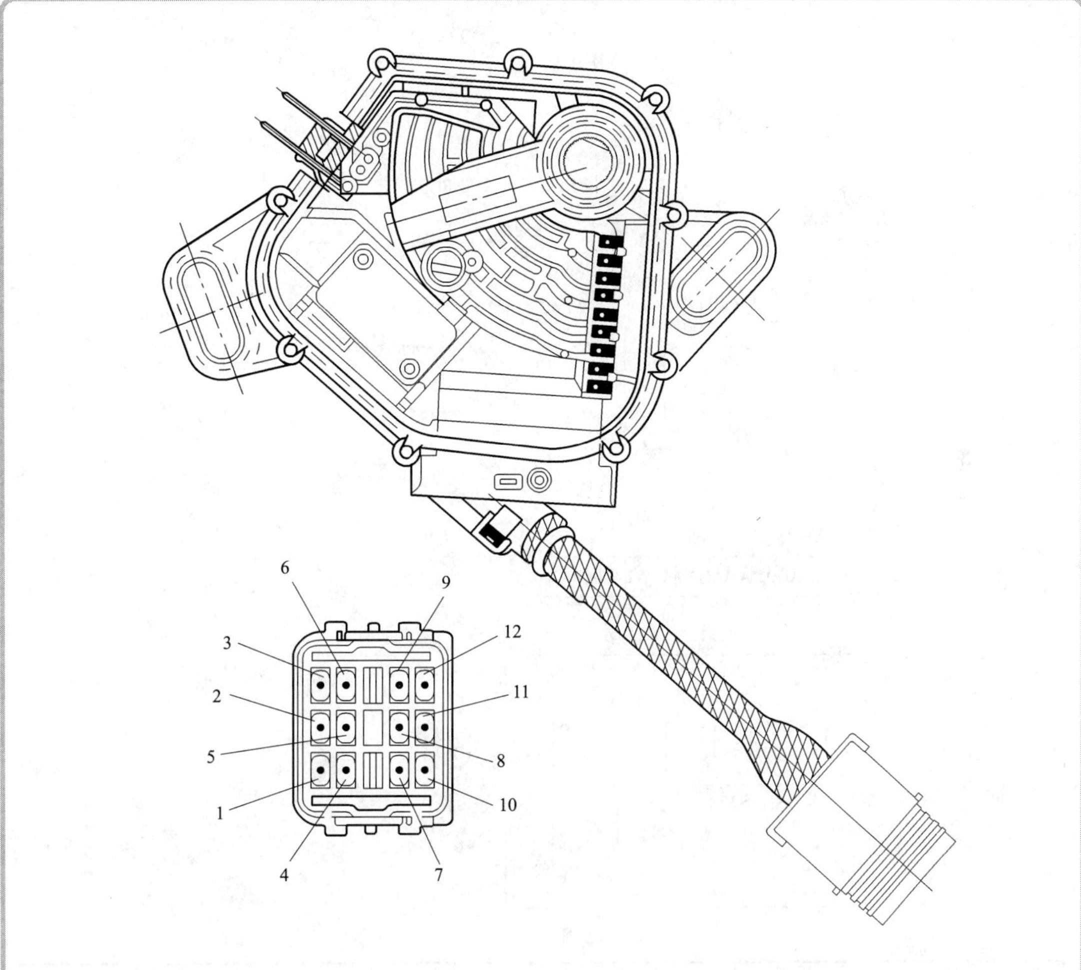

端子号	功能	导线颜色	端子号	功能	导线颜色
1	倒车灯	红	7	搭铁	浅黄
2	电源	橙黄	8	P/N 触点	灰
3	空闲	白	9	挡位开关 S1 触点	棕
4	自动变速器搭铁	黑	10	挡位开关 S2 触点	绿
5	起动控制	紫	11	挡位开关 S3 触点	蓝
6	—	—	12	挡位开关 S4 触点	蓝

挡位开关结构与插接器端子排列

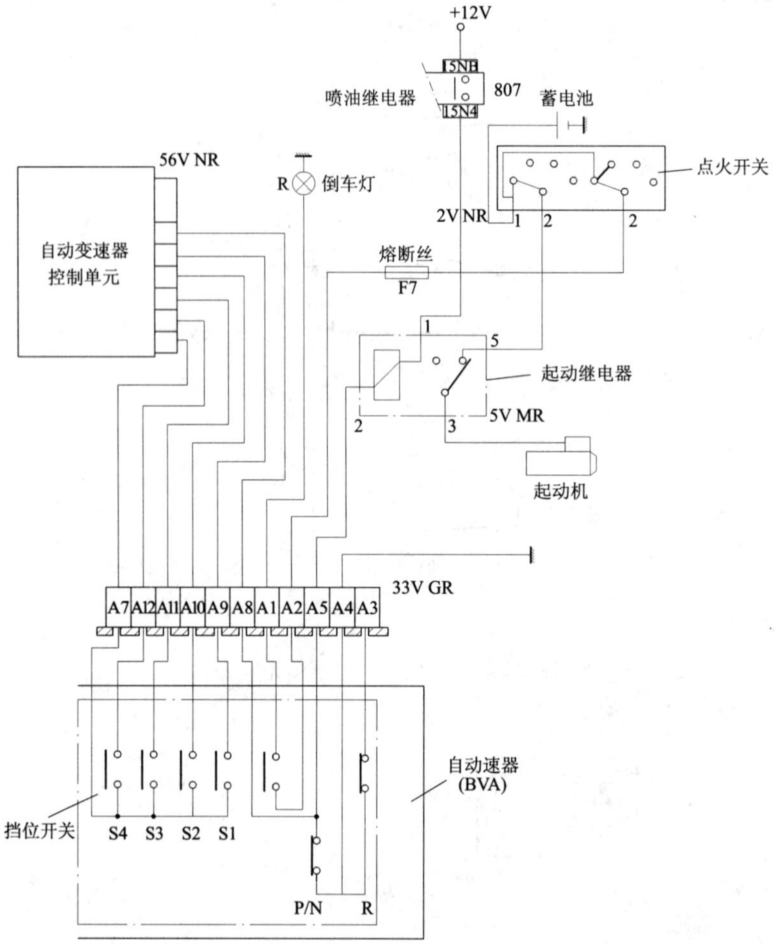

+12V
喷油继电器 15NB 807 15N4
蓄电池
点火开关
56V NR
自动变速器控制单元
R 倒车灯
2V NR 1 2 2
熔断丝 F7
1 5
起动继电器
2 3 5V MR
起动机
33V GR
A7 A12 A11 A10 A9 A8 A1 A2 A5 A4 A3
自动速器 (BVA)
挡位开关
S4 S3 S2 S1
P/N R

挡位 \ 挡位开关 端子号	S1	S2	S3	S4	R	P/N
	9-7	10-7	11-7	12-7	5-8	5-4
P		○				○
N			○			○
R		○	○	○	○	
D				○		
3	○		○	○		
2	○	○	○			

注:“○”表示通路。

挡位开关电路(P 挡)

1 拆卸

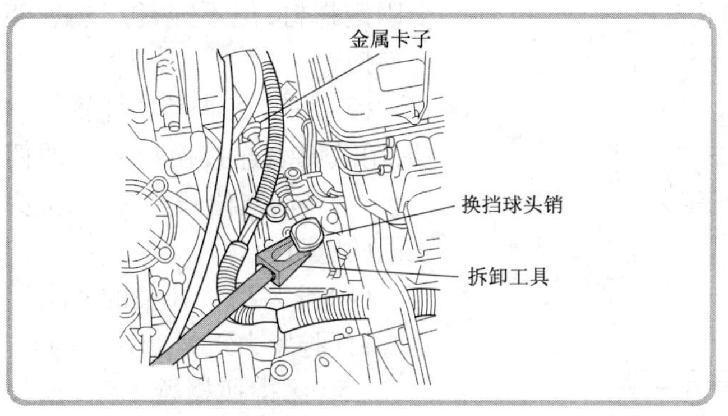

(1)拆卸蓄电池、发动机控制单元、蓄电池盒及托板、空气滤清器进气管等。

◀(2)用叉形拆卸工具分离换挡球头销。

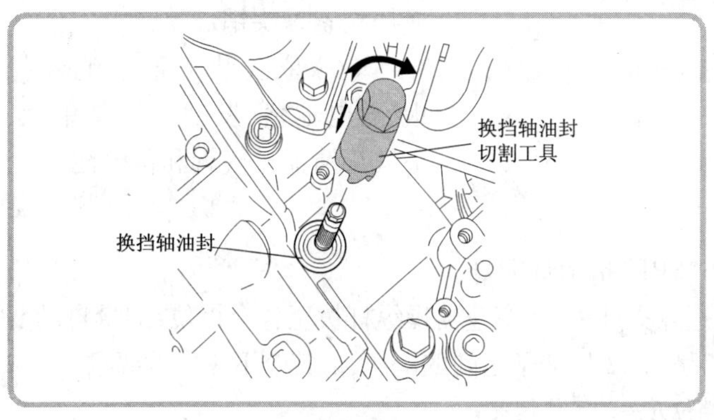

(3)拆下换挡臂,拧下挡位开关的2个固定螺钉,拆下挡位开关。

◀(4)如果需要拆卸换挡轴油封,则用换挡轴油封切割工具铣削掉内圈的橡胶。

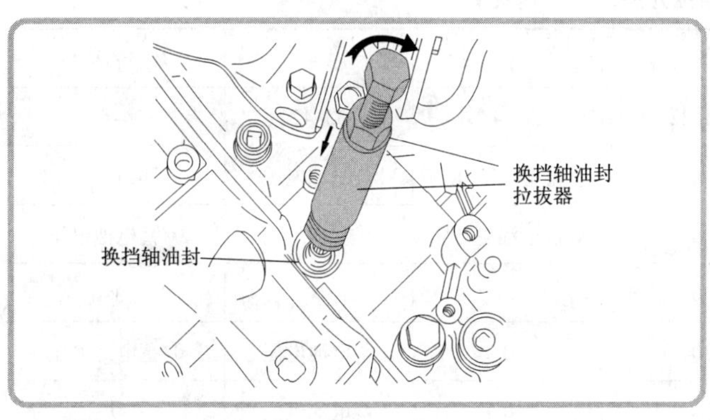

(5)再用换挡轴油封拉拔器旋入铣削的凹槽内,旋转头上的螺栓,将油封拉出。

2 安装

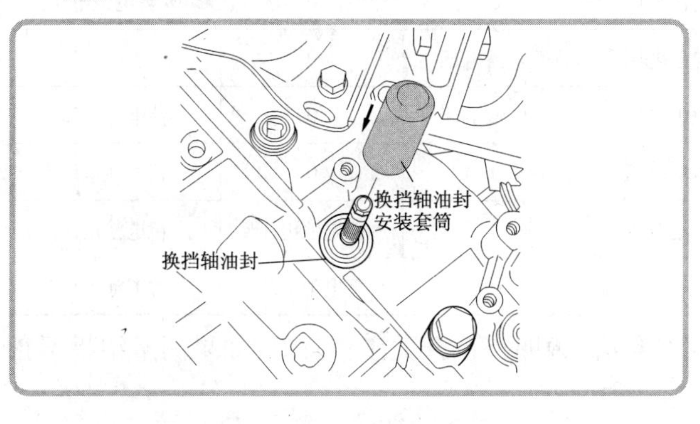

(1)如果拆卸了换挡轴油封,在清洁油封座后装上新的油封,然后轻轻敲击换挡轴油封安装套筒上部,将油封安装到位。

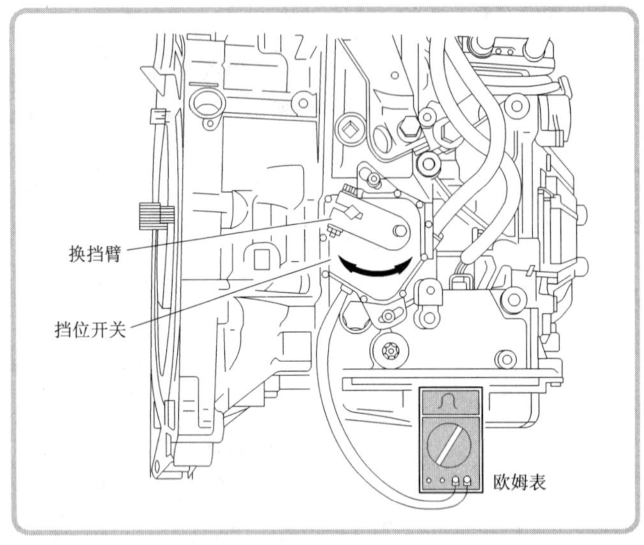

◀(2)安装挡位开关(拧上2个固定螺钉,但不拧紧),然后装上换挡臂。

(3)将变速器操纵杆置于N挡,用欧姆表连接换挡开关的两个接头,转动挡位开关,使两接头之间的电阻为0Ω。

(4)拧紧挡位开关的2个固定螺钉(拧紧力矩为15N·m)。

(5)保持换挡臂不动,连接换挡拉索球头销。

(6)依次装上蓄电池盒托板、蓄电池盒、发动机控制单元、空气滤清器进气管和蓄电池。

3 检修

挡位开关及电路有故障时,"＊"和"SPT"指示灯闪烁。

(1)检查挡位开关的工作情况。接通点火开关,将变速器操纵杆拨至各个挡位,测量自动变速器控制单元插接器的37、31、32、33、34号与42号端子之间的电压,应符合下表中的要求。

挡位开关的工作情况

挡位 \ 挡位开关 / 端子号	S1	S2	S3	S4	P/N
	37-42	31-42	32-42	33-42	34-42
P	蓄电池电压	0	蓄电池电压	蓄电池电压	0
过渡位置	蓄电池电压	0	蓄电池电压	0	0/蓄电池电压
R	蓄电池电压	0	0	0	蓄电池电压
过渡位置	蓄电池电压	0	0	蓄电池电压	0/蓄电池电压
N	蓄电池电压	蓄电池电压	0	蓄电池电压	0
过渡位置	蓄电池电压	蓄电池电压	0	0	0/蓄电池电压
D	蓄电池电压	蓄电池电压	蓄电池电压	0	蓄电池电压
过渡位置	0	蓄电池电压	蓄电池电压	0	蓄电池电压
3	0	蓄电池电压	0	0	蓄电池电压
过渡位置	0	蓄电池电压	0	蓄电池电压	蓄电池电压
2	0	0	0	蓄电池电压	蓄电池电压

如果测量结果正常,且R挡时倒车灯也亮,说明挡位开关工作良好;如果测量结果不正常,则作进一步的检查。

(2)检查挡位开关与线束:

①关闭点火开关,拔开自动变速器控制单元插接器,测量自动变速器控制单元插头的 37、31、32、33、34 号与 42 号端子之间的电阻,应符合下表中的要求。

从控制单元插头处测量的通断情况

挡位 \ 挡位开关 / 端子号	S1	S2	S3	S4	P/N
	37-42	31-42	32-42	33-42	34-42
P	∞	0	∞	∞	0
R	∞	0	0	0	∞
N	∞	∞	0	∞	0
D	∞	∞	∞	0	∞
3	0	∞	0	0	∞
2	0	0	0	∞	∞

②拔开挡位开关插接器(自动变速器电器连接盒中),测量挡位开关插接器各端子之间的电阻,应符合下表中的要求。

从挡位开关端子处测量的通断情况

挡位 \ 挡位开关 / 端子号	S1	S2	S3	S4	P/N	R
	9-7	10-7	11-7	12-7	8-4	1-2
P	∞	0	∞	∞	0	∞
R	∞	0	0	0	∞	0
N	∞	∞	0	∞	0	∞
D	∞	∞	∞	0	∞	∞
3	0	∞	0	0	∞	∞
2	0	0	0	∞	∞	∞

如果自动变速器控制单元插头处测量 37、31、32、33 号与 42 号端子的电阻值不正常,而挡位开关相应各端子的电阻值均正常,则需检修自动变速器控制单元与挡位开关之间的线路。

如果自动变速器控制单元插头处 34-42 号端子之间不正常,而挡位开关 8-4 号端子之间正常,则应检修挡位开关 A8 号端子与控制单元插头 34 号端子之间的线路及插接器的搭铁情况。

如果挡位开关只是某个触点不能通路,需更换挡位开关;如果有几个触点不正常,则应调整挡位开关的位置,然后再进行检查。调整挡位开关的位置后,若不能使挡位开关的通断恢复正常,则应更换挡位开关。

七、节气门位置传感器

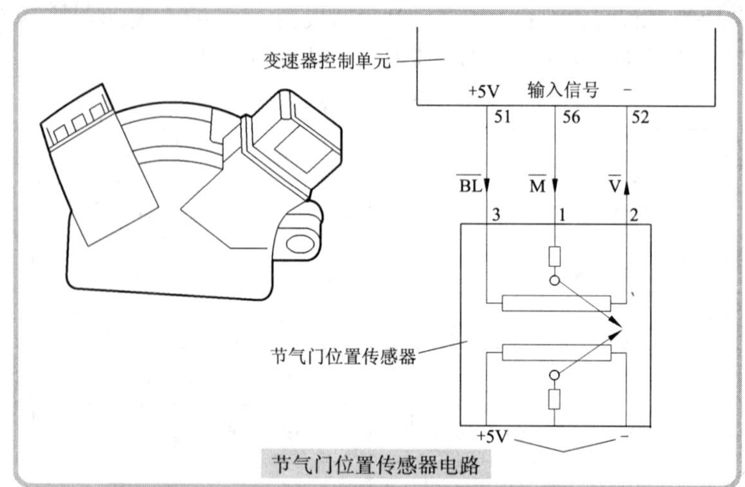

节气门位置传感器电路

1 拆卸

(1)拆下蓄电池负极电缆。

(2)拧下节气门位置传感器的2个固定螺钉。

(3)拔下传感器线束插头后,取下节气门位置传感器。

2 安装

(1)检查节气门位置传感器上的密封圈是否良好,如果有损伤,予以更换。

(2)装上节气门位置传感器,并拧紧2个固定螺钉,拧紧力矩为7.5N·m。

(3)连接传感器线束插头后,重新连接蓄电池负极电缆。

(4)检查节气门拉索无异常后,利用检测仪对加速踏板进行初始化操作。

3 检修

(1)检查传感器电源:

①拔下节气门位置传感器线束插头。

②接通点火开关,测量3个端子蓝色插头(自动变速器控制单元侧)的3-2号端子之间的电压,应为5V左右。

如果没有电压或电压不正常,检修节气门位置传感器插头与自动变速器控制单元之间的线路,若线路正常,而控制单元的52-51号端子之间的电压不正常,则检查控制单元电源或更换控制单元再进行测试;如果电压正常,则进行下一步检修。

(2)检查传感器:

①测量蓝色插头(节气门位置传感器侧)2-3号端子之间的电阻,应约为600Ω,若电阻∞,说明传感器内部断路,应予以更换。

②测量蓝色插头(节气门位置传感器侧)1-3号端子之间的电阻,正常情况为:不踩加速踏板时,电阻约为1100Ω;踩下加速踏板时,电阻约为1500Ω。

如果电阻值不正常,或加速踏板在缓慢踩下过程中,电阻值忽大忽小不连续变化,说明传感器内部接触不良,应予以更换。

八、油温传感器

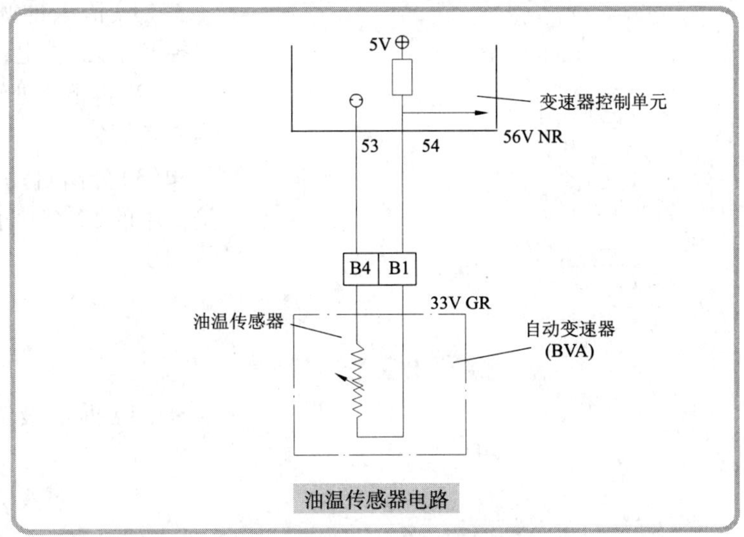

油温传感器电路

油温传感器温度特性

温度(℃)	电阻(Ω)	误差(%)	温度(℃)	电阻(Ω)	误差(%)
-50	93917	±6	50	810	±5
-40	50484		60	577	
-30	28237		70	419	
-20	16380		75	359	
-10	9826		80	309	±5.4
0	6079		90	292	
10	3869		100	176	
20	2528		110	135	
25	2063		120	105	
30	1693		130	83	
40	1159		140	66	
45	966		150	53	
			155	48	

1 拆卸

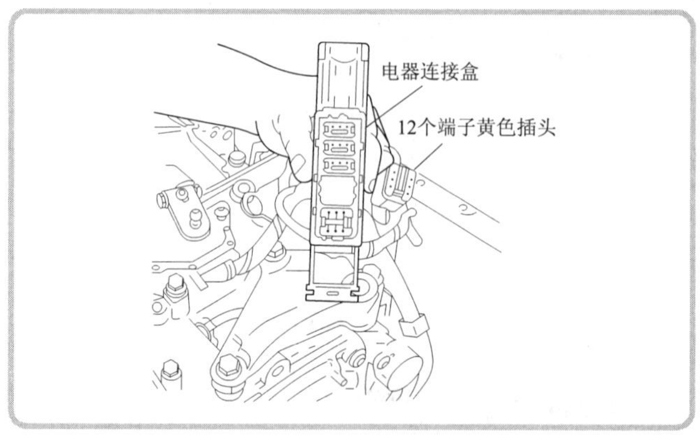

(1)依次拆卸蓄电池、发动机控制单元、蓄电池盒及托板。

(2)拆下3处线束卡子,卸下内六角螺钉。

◀(3)分离自动变速器电器连接盒中的12个端子黄色插头。

◀(4)拆下液力控制器线束总成。

(5)拆下液力控制器总成(见本项目“二、液力控制器”)。

2 安装

(1)安装液力控制器线束,若更换新的油温传感器,则必须更换新的液力控制器线束总成。安装时,要注意线束的走向和槽的位置,以避免安装液力控制器时被夹住。

(2)重新安装液力控制器,并进行内部选挡机构的调整(见本项目“二、液力控制器”)。

(3)按拆卸相反的顺序,依次安装12个端子黄色插头和自动变速器电器连接盒、线束卡子、蓄电池托板、蓄电池盒、发动机控制单元、蓄电池等。

3 检修

(1)检查传感器电源:

①拔下油温传感器线束插头(自动变速器电器连接盒中的12个端子黄色插头)。

②接通点火开关,测量黄色插头(自动变速器控制单元侧)的1-4号端子之间的电压,应为5V左右。

如果没有电压或电压不正常,检修油温传感器插头与自动变速器控制单元53、54号端子之间的线路,若线路正常,而控制单元的54-53号端子之间的电压不正常,则检查控制单元电源或更换控制单元再进行测试;如果电压正常,则进行下一步检修。

(2)检查传感器:关闭点火开关后,测量黄色插头(油温传感器侧)1-4号端子之间的电阻,正常的电阻值应为2500Ω(20℃)、1200Ω(40℃)、600Ω(60℃)。

如果电阻值不正常,应更换油温传感器。

九、油压传感器

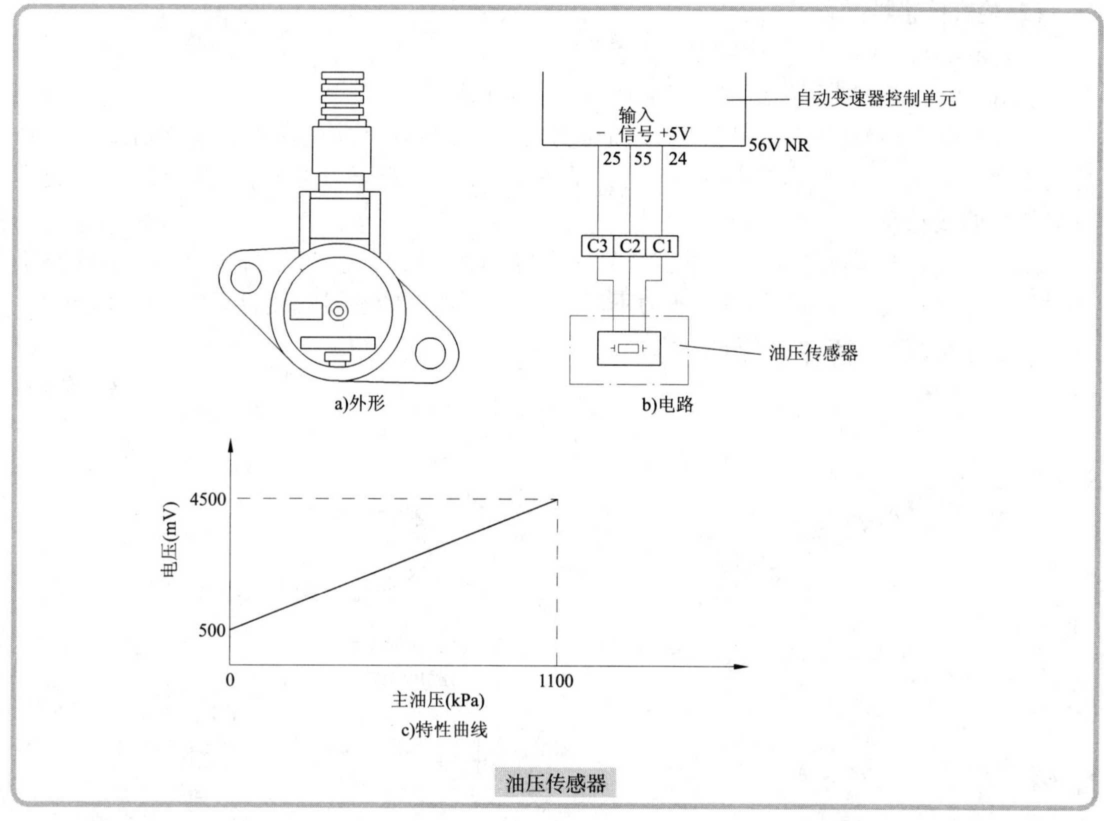

油压传感器

1 拆卸

(1)依次拆下蓄电池、发动机控制单元、蓄电池盒及托板、发动机下护板及左挡泥板等。

(2)拆下2个固定自动变速器电器连接盒的内六角固定螺钉,分离电器连接盒,然后再从电器连接盒上分离绿色的3个端子插头。

(3)拆下油压传感器线束卡子及2个固定螺钉,然后拆下油压传感器。

2 安装

按拆卸相反的顺序安装,安装时应注意以下两点:

(1)必须更换油压传感器的环形密封圈。

(2)油压传感器及自动变速器电器连接盒固定螺钉的拧紧力矩均为10N·m。

3 检修

(1)检查传感器电源:

①拔下油压传感器线束插头(自动变速器电器连接盒中的3个端子绿色插头)。

②接通点火开关,测量绿色插头(自动变速器控制单元侧)的1-3号端子之间的电压,应为5V左右。

如果没有电压或电压不正常,检修油压传感器插头与自动变速器控制单元24、25号端子之间的线路,若线路正常,而控制单元的24-25号端子之间的电压不正常,则检查控制单元电源或更换控制单元再进行测试;如果电压正常,则进行下一步检修。

(2)检查传感器:

①关闭点火开关后,重新连接油压传感器插头。

②用一个三通分别连接油压传感器、压力泵和压力表。

③接通点火开关,在对传感器内施加压力的同时,测量自动变速器控制单元 55-25 号端子之间的电压,正常电压应为 1.4V 左右(250kPa)。随着压力的变化,测得的电压变化应与特性曲线相符。

如果没有电压,则检修油压传感器 2 号端子与控制单元 55 号端子之间的线路,若线路正常,则更换油压传感器;如果测得的压力不正常,则说明油压传感器的性能不良,应予以更换。

十、输入、输出转速传感器

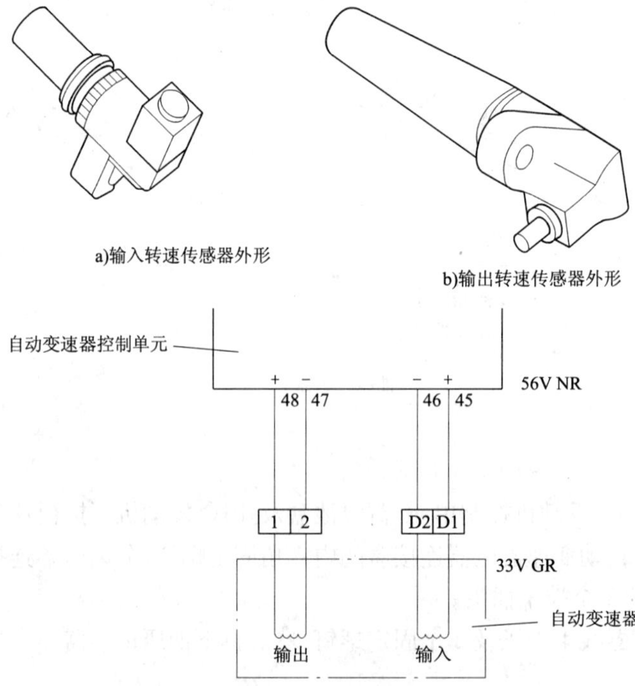

a)输入转速传感器外形

b)输出转速传感器外形

自动变速器控制单元

56V NR

48 47 46 45

1 2 D2 D1

33V GR

自动变速器(BVA)

输出 输入

c)电路

项　　目	输入转速传感器	输出转速传感器
感应线圈电阻(Ω)	300 ±40	1200 ±200
最小电压(V,850r/min)	0.3	0.5
最大电压(V,6300r/min)	1.5	6
传感器铁芯与信号齿的间隙(mm)	1.5	1.5

输入、输出转速传感器

1 输入转速传感器的拆卸与安装

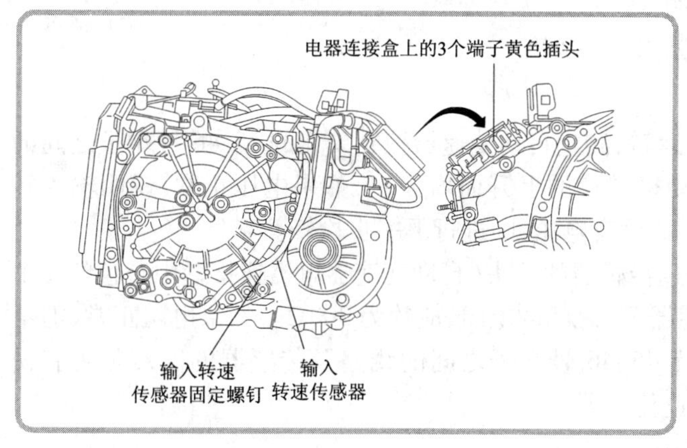

(1)拆卸。

①依次拆下蓄电池、发动机控制单元、蓄电池盒及托板、发动机下护板及左挡泥板等。

◀②拆下2个固定自动变速器电器连接盒的内六角固定螺钉，分离电器连接盒，然后再从电器连接盒上分离黄色的3个端子插头。

③拆下输入转速传感器线束卡子及固定螺钉，然后拆下输入转速传感器。

(2)安装。按拆卸相反的顺序安装，安装时应注意以下两点：

①必须更换输入转速传感器的密封圈。

②输入转速传感器及自动变速器电器连接盒固定螺钉的拧紧力矩均为10N·m。

2 输出转速传感器的拆卸与安装

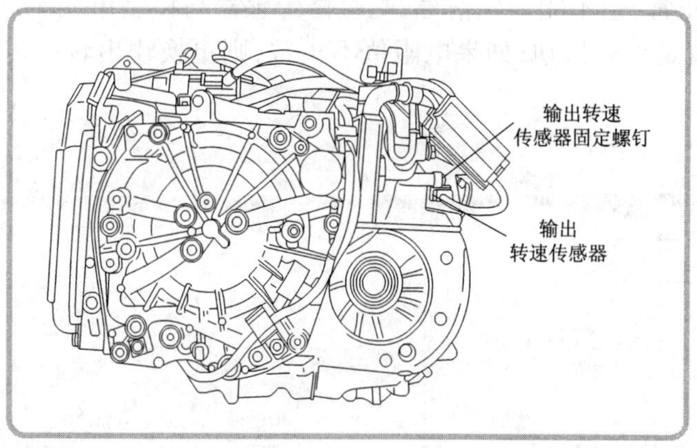

(1)拆卸。

①拆卸蓄电池负极电缆。

◀②拆下输出转速传感器的固定螺钉后，拆下传感器。

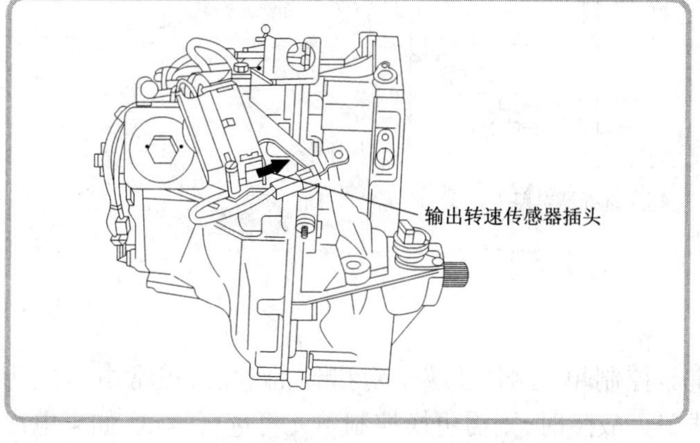

③拆下输出转速传感器的插头。

(2)安装。按拆卸相反的顺序进行,安装时注意以下两点:

①必须更换输出转速传感器密封圈。

②输出转速传感器的固定螺钉拧紧力矩为10N·m。

3 输入转速传感器的检修

(1)起动发动机,在P挡时发动机运转,测量自动变速器控制单元的45-46号端子之间的电压,电压应在0.3V以上(电压随发动机转速的上升而增大)。如果电压正常,说明输入转速传感器及线路均无故障;如果电压低或没有电压,则进行下一步检修。

(2)关闭点火开关后,拔下输入转速传感器的插头(自动变速器电器连接盒中黄色的3个端子插头),测量插头1-2号端子(传感器侧)之间的电阻,应约为300Ω。如果电阻正常,但不能产生信号,则检修传感器与控制单元45、46号端子之间的线路及传感器的安装是否有松动;如果电阻值不正常,则更换输入转速传感器。

4 输出转速传感器的检修

(1)将车轮悬空,起动发动机,在D挡时发动机运转,测量自动变速器控制单元的48-47号端子之间的电压,电压应在0.5V以上(电压随发动机转速的上升而增大)。如果电压正常,说明输出转速传感器及线路均无故障;如果电压低或没有电压,则进行下一步检修。

(2)关闭点火开关后,拔下输出转速传感器的插头,测量插头1-2号端子(传感器侧)之间的电阻,应约为1200Ω。如果电阻正常,但不能产生信号,则检修传感器与控制单元47、48号端子之间的线路及传感器的安装是否有松动;如果电阻值不正常,则更换输出转速传感器。

十一、程序选择器

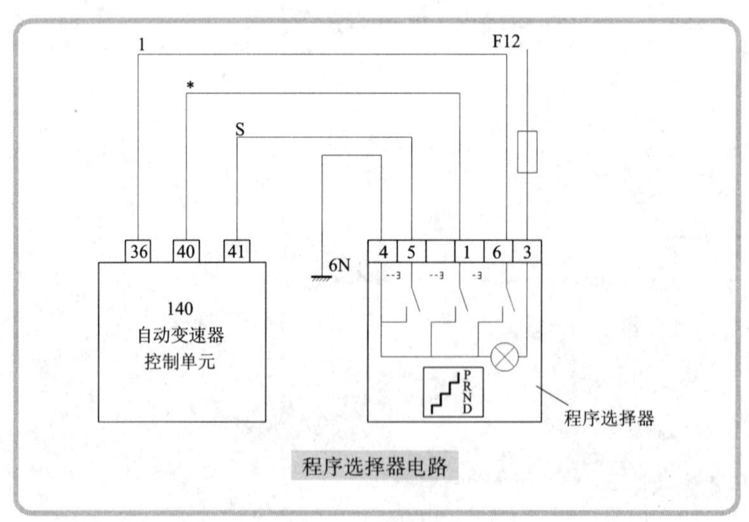

程序选择器电路

1 41号端子的检测

(1)接通点火开关,测量自动变速器控制单元41号端子对搭铁的电压,正常电压应为12V。如果没有电压,检修相关线路,线路无故障时,则需更换控制单元再进行测试;如果电压正常,则进行下一步检修。

(2)接通点火开关,按下程序选择器“S”键时测量控制单元41号端子对搭铁的电压,应为0V。如果电压正常,则说明“S”键和相关线路均无故障;如果电压不正常,则检修相关线路,若线路正常,则更换程序选择器。

2 40号端子的检测

(1)接通点火开关,测量自动变速器控制单元40号端子对搭铁的电压,正常电压应为12V。如果没有电压,检修相关线路,线路无故障时,则需更换控制单元再进行测试;如果电压正常,则进行下一步检修。

(2)接通点火开关,按下程序选择器“*”键时测量控制单元40号端子对搭铁的电压,应为0V。如果电压正常,则说明“*”键和相关线路均无故障;如果电压不正常,则检修相关线路,若线路正常,则更换程序选择器。

3 36号端子的检测

(1)接通点火开关,测量自动变速器控制单元36号端子对搭铁的电压,正常电压应为12V。如果没有电压,检修相关线路,线路无故障时,则需更换控制单元再进行测试;如果电压正常,则进行下一步检修。

(2)接通点火开关,变速器操纵杆拨至2挡,按下程序选择器“1”键时测量控制单元36号端子对搭铁的电压,应为0V。如果电压正常,则说明“1”键和相关线路均无故障;如果不正常,则检修相关线路,若线路正常,则更换程序选择器。

十二、换挡操纵机构

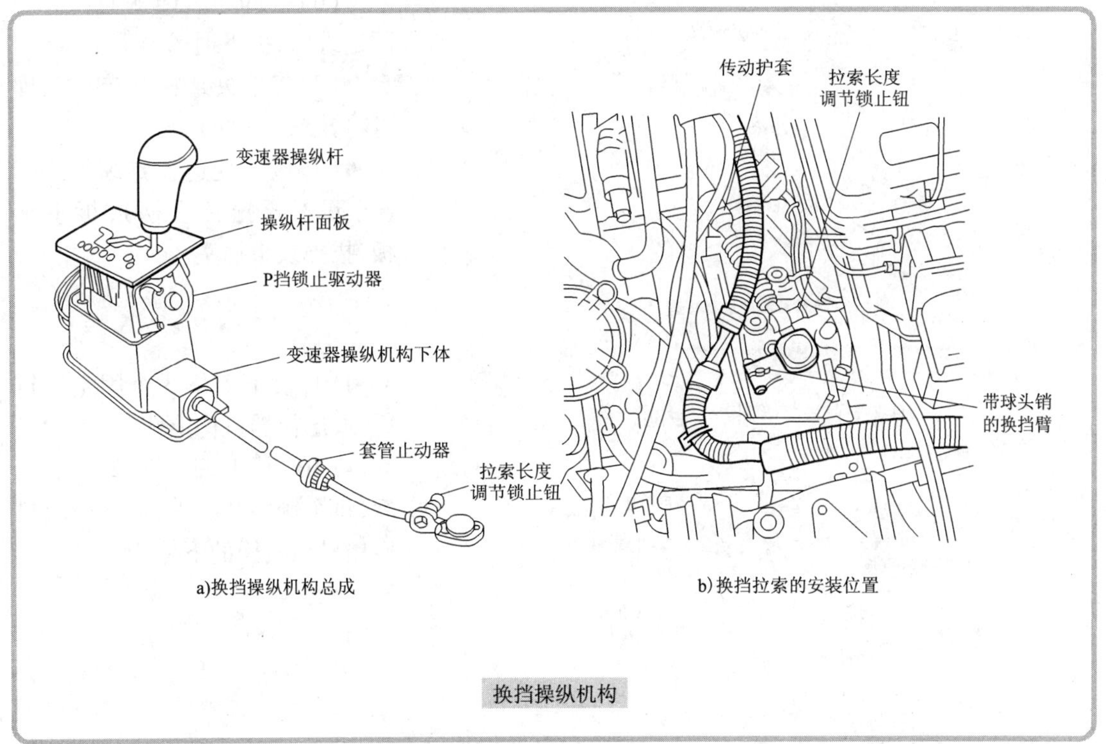

a)换挡操纵机构总成

b)换挡拉索的安装位置

换挡操纵机构

1 拆卸

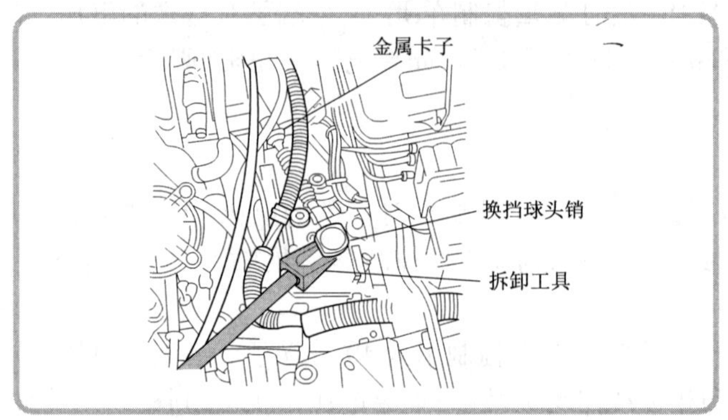

(1) 依次拆卸蓄电池、发动机控制单元、蓄电池盒。

◀(2) 用叉形拆卸工具分离换挡球头销后,拆下金属卡子。

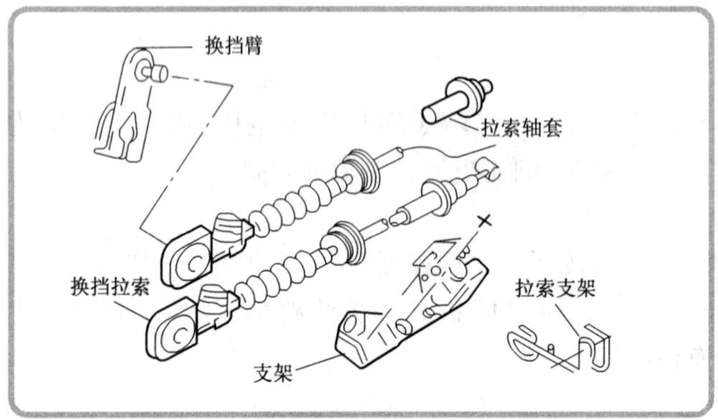

◀(3) 从拉索支架中抽出拉索。

(4) 取下烟灰盒,拆下小硬币盒后,拆下 2 个固定螺钉和一个固定螺母。

(5) 拆下下通风口护板螺钉,分离卡扣后拆下护板,并用同样的方法拆卸另一侧护板。

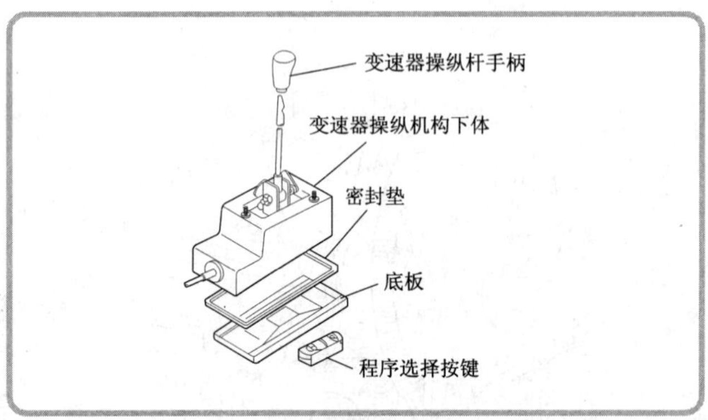

(6) 拆卸左右两侧通风导管固定螺钉,拆下通风导管。

(7) 将中央杂物盒转 90°,即可将其取下。

◀(8) 拔下变速器操纵杆手柄(千万不要拧转手柄),拆下面板,拔掉线束插头。

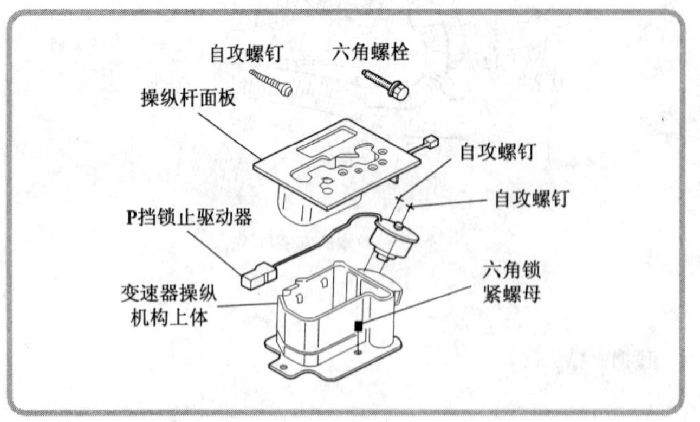

◀(9) 拆下上体 3 个固定螺钉后,取出换挡机构上体。

(10) 从上面拧下 2 个螺母后,将车辆举升起来,从下面取出换挡操纵机构的下体。

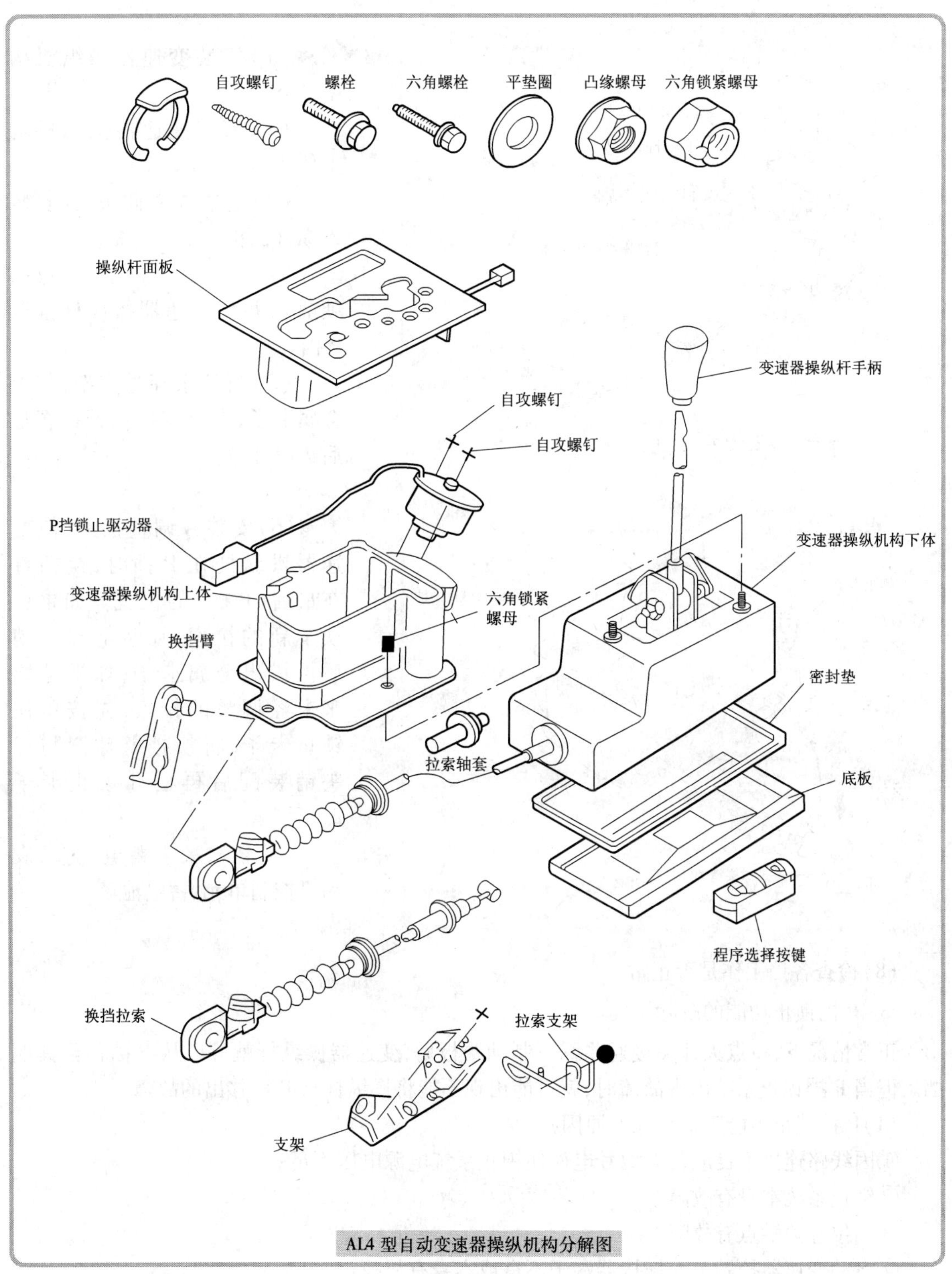

AL4 型自动变速器操纵机构分解图

如果只是拆卸 P 挡锁止驱动器，则无需拆卸蓄电池、发动机控制单元及蓄电池盒等，只需拆下蓄电池负极电缆。

2 安装

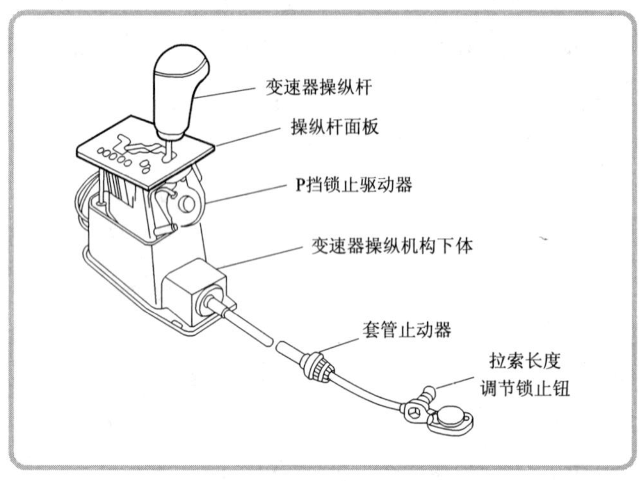

◀(1)安装变速器操纵机构下体。

(2)安装变速器操纵机构上体。

(3)连接线束插头,并安装操纵杆面板。

(4)插入操纵杆手柄(弯头朝前),并将变速器操纵杆推至P挡。

(5)将拉索穿过支架,装上金属卡子,然后将换挡臂推至最后边(P挡)。

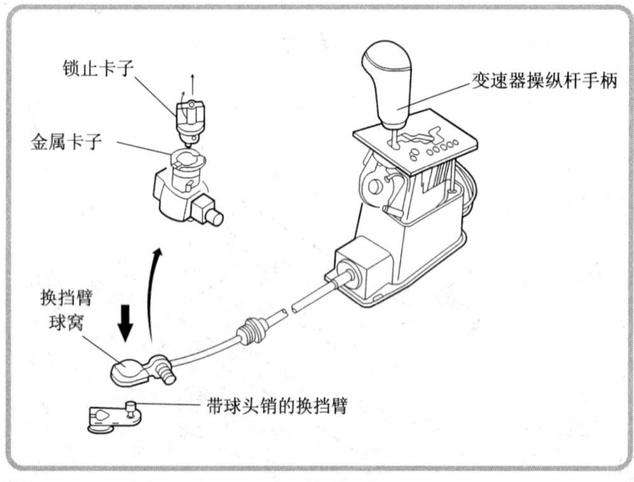

◀(6)安装并调整拉索,使变速器操纵杆在P挡时,换挡臂在最后(P挡)的位置。如果更换了新的拉索,在装上球头销后再拔出金属卡子;如果是原来未经调整的拉索,先按压住锁止卡子,将换挡臂球窝与球头销装配后再松开锁止卡子即可。

(7)依次装上蓄电池盒、发动机控制单元、蓄电池。

(8)检查各挡工作是否正常。

3 P挡锁止功能的解除

正常情况下,将点火开关接通并踩下制动踏板后,变速器操纵杆就可以从P挡移至其他挡。但当P挡锁止系统出现故障时,就可能出现不能将操纵杆从P挡移出的故障。

(1)P挡锁止不能正常解除的原因:

①因线路连接不良或蓄电池亏电而使锁止系统电源电压不足。

②锁止系统本身有故障。

③挡位开关触点有故障。

④自动变速器控制单元插接器端子不良或本身有故障。

⑤锁止系统线路短路、断路或搭铁。

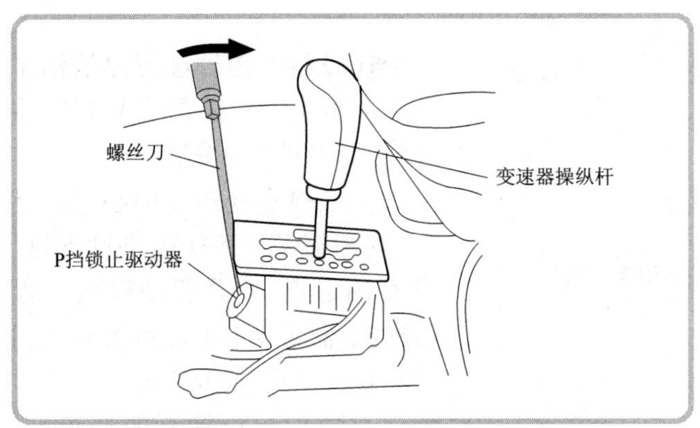

(2)P挡位锁止功能的非正常解除:当P挡位不能正常解除时,拆卸中央杂物箱,用螺丝刀轻轻拨起P挡锁止驱动器芯的头部,拨动变速器操纵杆使其脱离P挡。

十三、变矩器

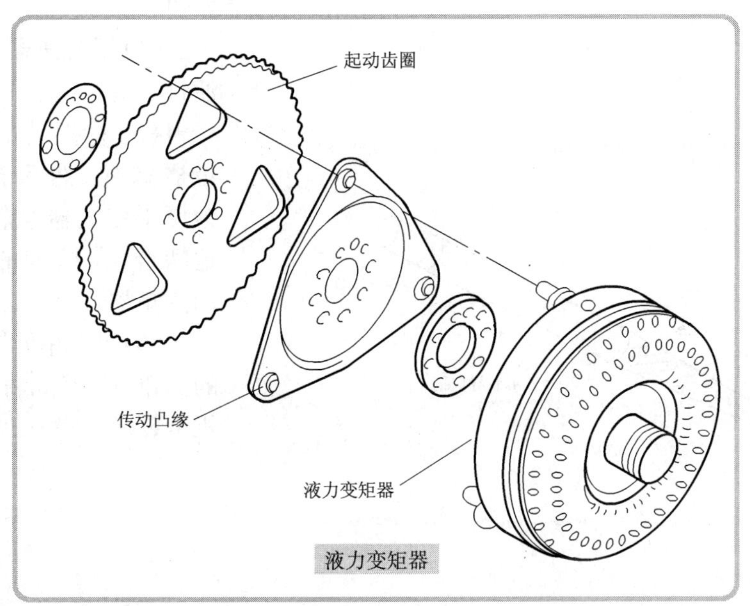

液力变矩器

1 拆卸

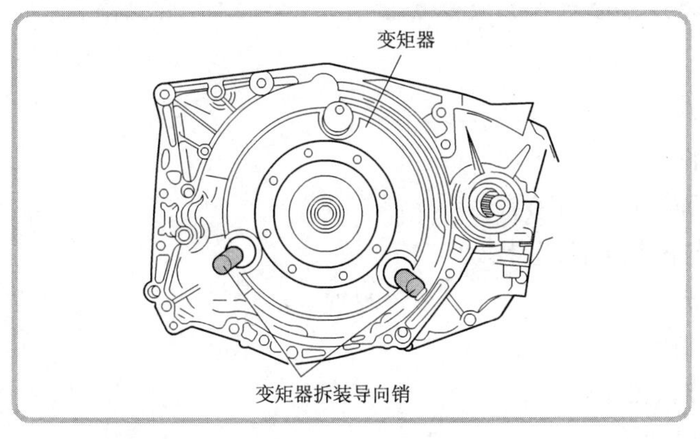

(1)拆卸自动变速器总成(见本单元“项目3　总成的拆卸与安装”)。

◀(2)用带螺纹的拆卸导向销拧入变矩器螺栓,然后拉出变矩器。

(3)用变矩器油封拉器拉出变矩器油封。

2 安装

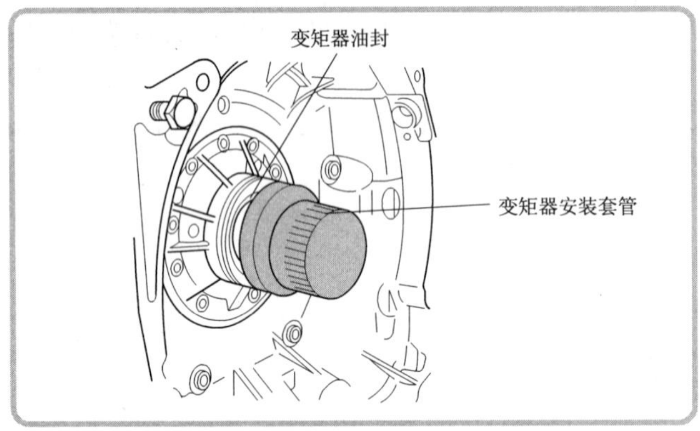

◀(1)将变矩器油封座清洁干净后,用变矩器油封安装套筒将新的变矩器油封安装到位。

(2)检查变矩器中心定位装置变矩器侧、变矩器油封支座、3个固定点、油泵驱动过渡平面及变矩器泵轮上的花键等有无损伤,若有,应更换变矩器。

(3)如果更换新的变矩器,应向新变矩器内加一部分变速器油。

(4)用变速器油润滑变矩器油封支座内侧。

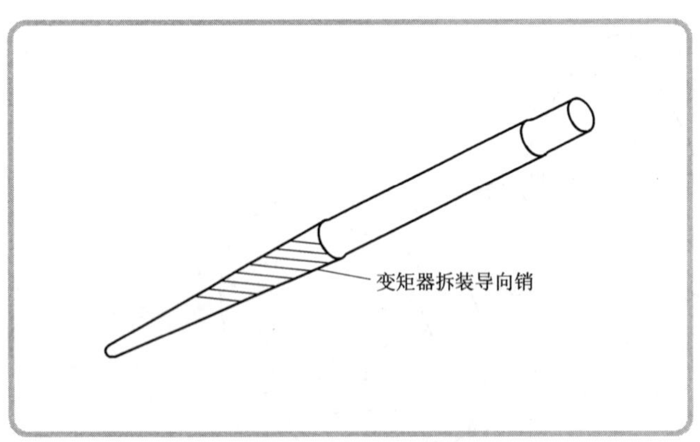

◀(5)将拆装导向销拧入变矩器螺栓,然后推入变矩器。为便于变矩器泵轮花键较容易地啮合,在推入的同时轻轻转动变矩器。

(6)见本单元“项目3　总成的拆卸与安装”,将变速器与发动机组装好。

单元1思考题

1. 如何用ELIT检测仪阅读故障?
2. 加速踏板初始化的方法是怎样的?
3. 如何对AL4型自动变速器油液面高度进行检查?
4. AL4型自动变速器油液的排放与添加方法是什么?
5. 如何拆卸AL4型自动变速器总成?
6. 如何检修AL4型自动变速器控制单元?
7. 如何检修AL4型自动变速器换挡电磁阀?
8. 如何检修AL4型自动变速器挡位开关?

9. 如何检修 AL4 型自动变速器油温传感器?
10. 如何检修 AL4 型自动变速器油压传感器?
11. 如何检修 AL4 型自动变速器输入、输出转速传感器?
12. 如何拆卸与安装 AL4 型自动变速器的变矩器?

单元2　拉威挪式自动变速器

项目1　维　　护

·2 学时·

目　　　　的:学习拉威挪式自动变速器的维护方法。
自动变速器型号:一汽宝来轿车 01M 型自动变速器。
设 备 与 工 具:组合扳手,螺丝刀,钳子,扭力扳手,扭力扳手 V. A. G1331,厚薄规,诊断线 V. A. G1551/3,故障诊断仪 V. A. G1551,储油罐 V. A. G1924,诊断、测试和信息系统 VAS5051,压力检测仪 V. A. G1702,举升器。

一、换挡操纵机构的检查

1 位于 P 挡,并且接通点火开关

不踩制动踏板:变速器操纵杆被锁止,不能从 P 挡移出,即变速器操纵杆锁止电磁阀锁止变速器操纵杆。

踩下制动踏板:变速器操纵杆锁止电磁阀松开变速器操纵杆,可以把变速器操纵杆切换至各行驶挡位。

2 在 N 挡,并且接通点火开关

不踩制动踏板:变速器操纵杆被锁止,不能从 N 挡移出,即变速器操纵杆锁止电磁阀锁止了变速器操纵杆。

踩下制动踏板:变速器操纵杆锁止电磁阀松开变速器操纵杆,可以把变速器操纵杆切换至各行驶挡位。

注意:

(1)变速器操纵杆位于 1、2、3、D 和 R 挡时,起动机不能运转。

(2)当汽车以大于 5km/h 的速度行驶,并且把变速器操纵杆移动至 N 挡时,变速器操纵杆锁止电磁阀不再锁止变速器操纵杆,变速器操纵杆能切换至各行驶挡位。

(3)当汽车以小于 5km/h(几乎停止)的速度行驶时,并且把变速器操纵杆移动至 N 挡时,变速器操纵杆锁止电磁阀在 1s 后起作用,只有踩下制动踏板后,才能把变速器操纵杆移出 N 挡。

二、变速器操纵杆拉索的检查和调整

1 检查

(1)移动变速器操纵杆进入 P 挡。

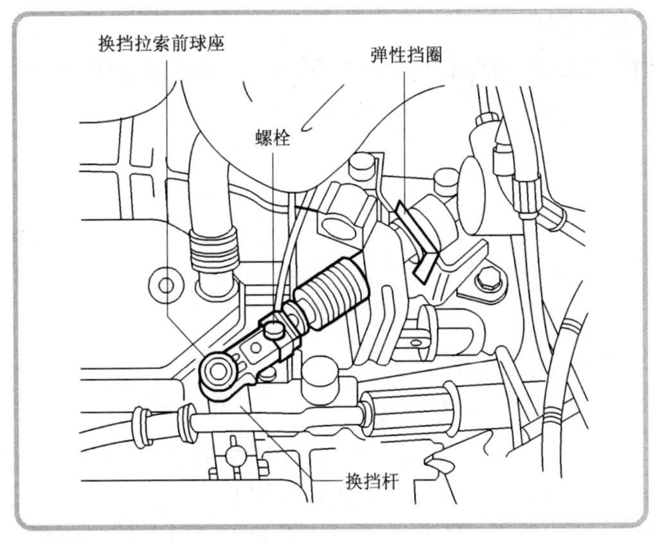

◀(2)从变速器操纵杆或换挡轴上撬下换挡拉索,使它能自由移动。注意:不要弯曲或扭曲换挡拉索。

(3)移动变速器操纵杆从P挡到1挡。

(4)检查换挡拉索前面的保护套,如果必要,更换拉索。

(5)移动变速器操纵杆进入P挡,变速器操纵杆机械部分和换挡拉索应能自由移动。如果必要,更换换挡拉索或变速器操纵杆机械部分。

(6)压上换挡拉索。

2 调整

(1)移动变速器操纵杆进入P挡。

(2)松开换挡拉索前球座上的螺栓。

(3)移动变速器上的换挡杆到P位置,锁止杆必须起作用,两个前轮被锁止(不能在同一方向旋转)。

(4)螺栓的拧紧力矩为8N·m。如果弹性挡圈被拆下,必须更换。

三、点火钥匙拔下锁止机构的检查

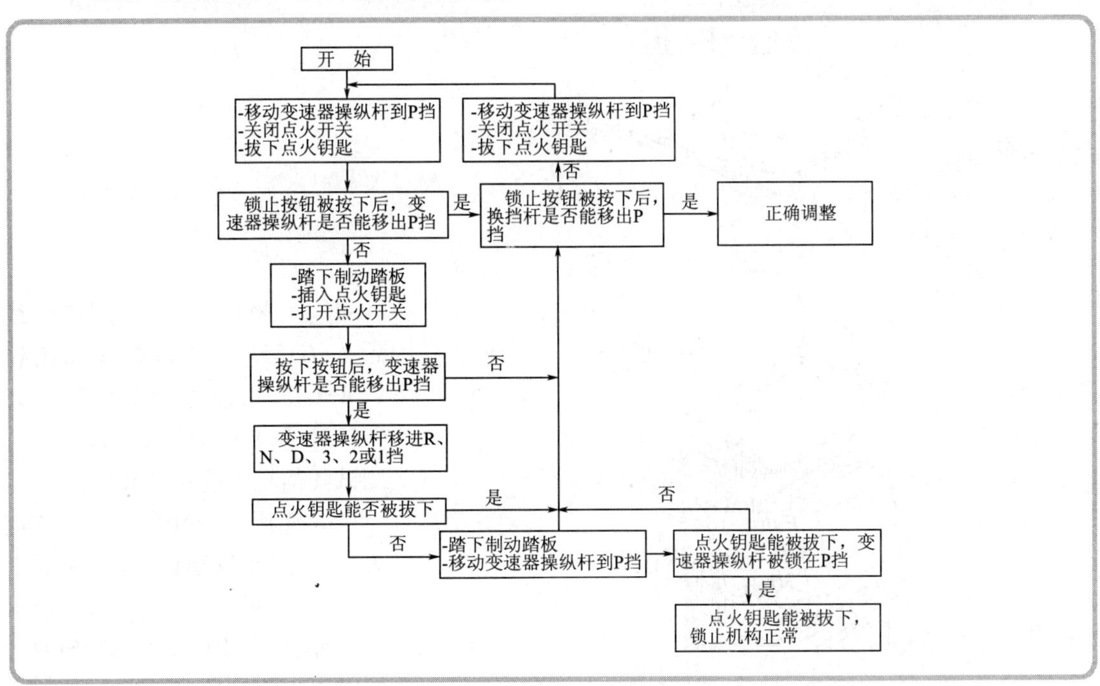

四、自动变速器油的检查、补充和更换

01M 型自动变速器油(ATF)是淡黄色,有 0.5L 桶装(配件号 G 052 162 A1)和 1L 桶装(配件号 G 052 162 A2)两种。01M 型自动变速器第一次加油量为 5.3L,ATF 为永久性润滑油,不用更换。

1 检查液面高度

(1)检测条件:

①变速器未进入应急状态。

②自动变速器油温不超过 30℃。

③汽车水平放置。

④变速器操纵杆位于 P 挡。

(2)操作步骤:

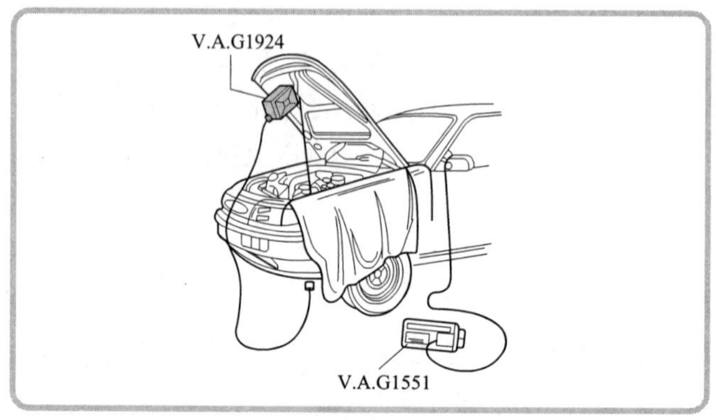

①拆下中间隔音板及左边纵梁上的隔音板。

◀②将储油罐 V. A. G 1924 固定到汽车上。

③拆下诊断插头罩盖。

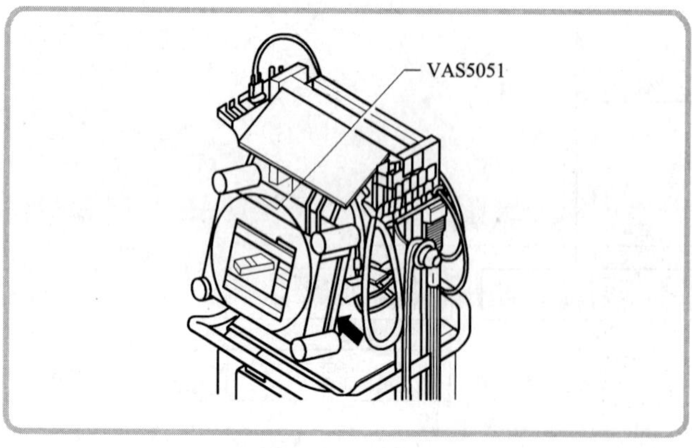

◀④关闭点火开关,用诊断线 V. A. G1551/3 连接故障诊断仪 V. A. G1551,或者用诊断线 V. A. G 5051/1、VAS5051/3 连接诊断、测试和信息系统 VAS5051。

⑤使用 VAS5051 时,打开点火开关,起动发动机,选择触屏上“汽车自诊断”按钮,然后按指示进行操作;使用 V. A. G1551 时,按以下步骤进行。

⑥起动发动机,显示屏显示(①交替显示):

V. A. G-SELF-DIAGNOSIS	HELP
1-Rapid data tranfer①	
2-Flash code output①	

⑦按 1 键,选择"快速数据传递"模式,显示屏显示:

Rapid data transfer	HELP
Enter address wordXX	

⑧按 0 和 2 键("变速器电子系统"地址码),显示屏显示:

Rapid data transfer	Q
02 Gearbox electronics	

⑨按 Q 键确认,显示屏显示:

Rapid data transfer	HELP
Select functionXX	

⑩按 0 和 8 键(选择"读取测量数据块"功能),显示屏显示:

Rapid data transfer	Q
08-Read measured value block	

⑪按 Q 键确认,显示屏显示:

Read measured value block
Enter display group numberXXX

⑫按 0、0 和 5 键(选择"显示组 005"),按 Q 键确认,显示屏显示:

Read measured value block	5	→	
30℃	0011011	0	900rpm

第一显示区显示自动变速器油温。

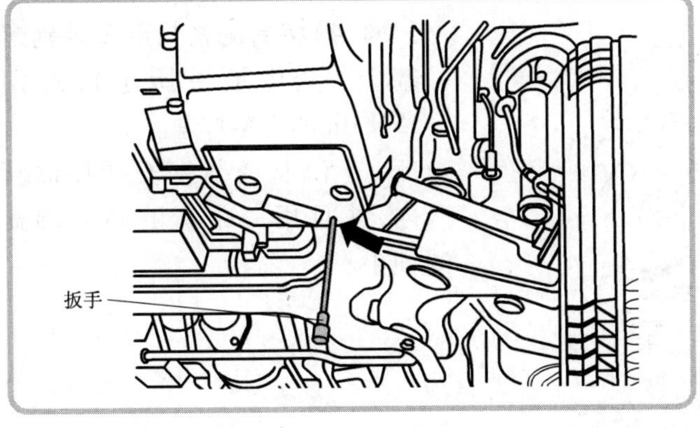

⑬使自动变速器油温升高,达到测试温度 35 ~ 45℃。

⑭举升起汽车,将容器放在变速器下面。

◀⑮从油底壳上拆下 ATF 螺塞。

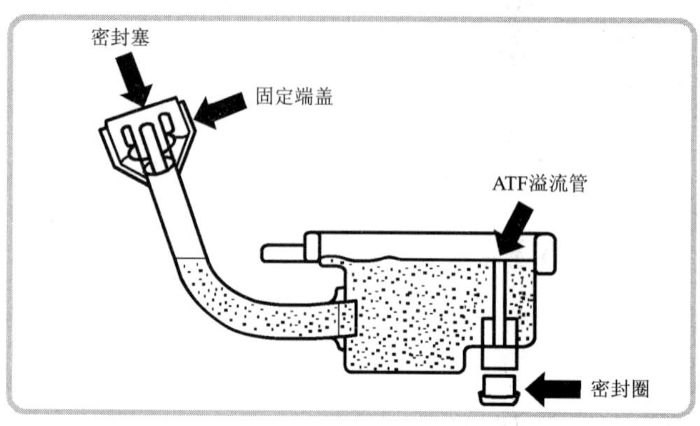

⑯溢流管内的自动变速器油将流出。如果自动变速器油从孔中涌出，不需要补加自动变速器油，装上新密封圈，用15N·m力矩扭紧螺塞，将密封塞和固定端盖安装好，自动变速器油面检查工作完成；如果仅是溢流管中的自动变速器油从孔中流出，应补加自动变速器油。

2 补充自动变速器油

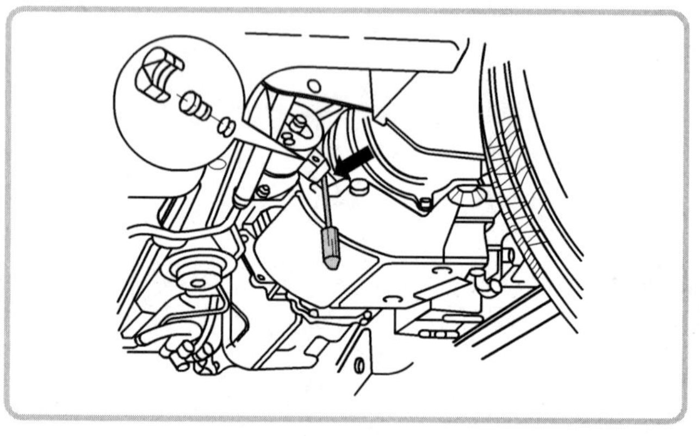

◀(1)用螺丝刀撬下密封塞的固定端盖(图中箭头所示)。操作时，端盖的锁止部位将被损坏，因此必须更换端盖。

(2)从加油管上拔下密封塞。

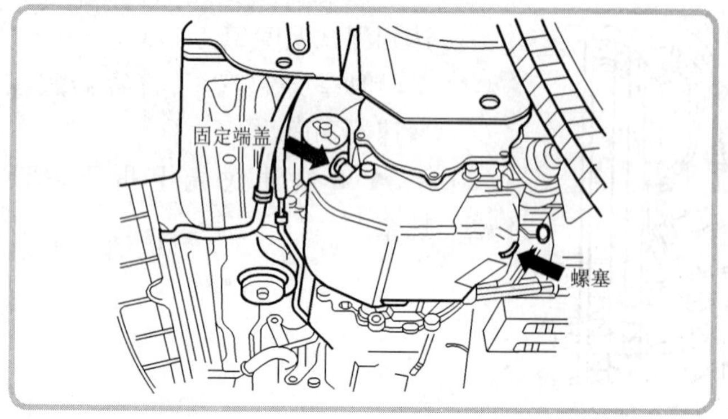

(3)用储油罐V.A.G 1924添加自动变速器油，直到油从溢流孔中流出(图中箭头所示)。注意：自动变速器油过多或过少都会影响变速器功能。

◀(4)将新的密封圈安装到螺塞上(图中箭头所示)，并用15N·m的力矩拧紧。

(5)将密封塞安到加油管内，并且用一个新的固定端盖锁止。

3 更换自动变速器油

(1)拆下中间隔音板及左边纵梁上的隔音板。

(2)在变速器下面放置一个容器。

(3)从油底壳上拆下自动变速器油螺塞。

(4)拆下溢流管,排空自动变速器油。安装溢流管,用手拧紧螺塞。

(5)用螺丝刀撬下密封塞的固定端盖。固定端盖的锁止部位将被损坏,因此必须更换端盖。

(6)拔出加油管中的密封塞,用储油罐 V. A. G 1924 从加油管中加入 3L 的自动变速器油。

(7)起动发动机,并在汽车静止时将所有挡都试挂一次。再次检查自动变速器油油面高度,必要时进行补充。

五、主油压的检查

1 检查条件

①查询故障存储器时,显示屏应显示“无故障记忆”;

②自动变速器油液面高度正常。

2 操作步骤

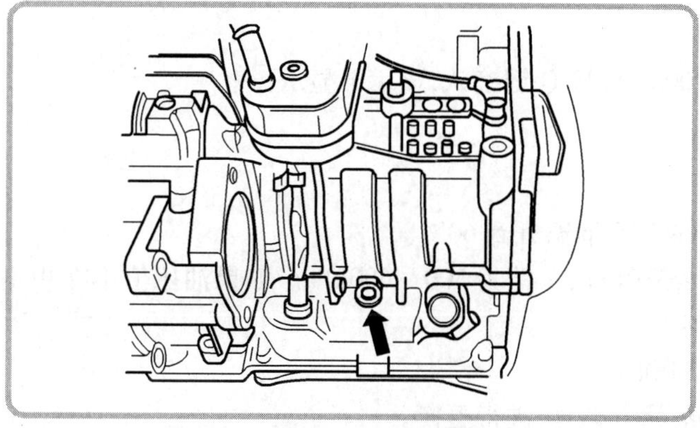

◀(1)从主油孔上拆下螺栓。螺栓拆下后,必须进行更换。

(2)连接压力检测仪 V. A. G 1702,并紧固蝶形螺母。

(3)起动发动机,给压力检测仪 V. A. G 1702 排气,操作时应松开碟形螺母。排气完成后,再紧固碟形螺母。

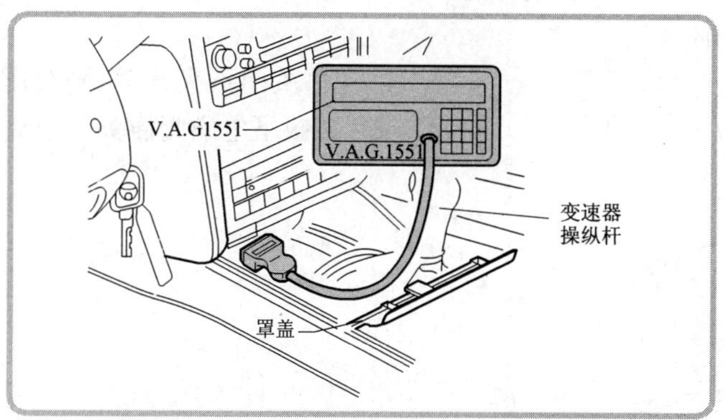

◀(4)拆下诊断插头的罩盖,关闭点火开关,用诊断线 V. A. G1551/3 连接故障诊断仪 V. A. G 1551。

(5)起动发动机,显示屏显示(①交替显示):

V. A. G-SELF-DIAGNOSIS HELP
1-Rapid data tranfer①
2-Flash code output①

(6)按 1 键,选择“快速数据传递”模式,显示屏显示:

Rapid data transfer HELP Enter address wordXX

(7)按 0 和 2 键(“变速器电子系统”地址码),显示屏显示:

Rapid data transfer Q 02 Gearbox electronics

(8)按 Q 键确认,显示屏显示:

Rapid data transfer HELP Select frnctionXX

(9)按 0 和 8 键(选择“读取测量数据块”功能),显示屏显示:

Read data transfer Q 08-Read measured value block

(10)按 Q 键确认,显示屏显示:

Read measured value block Enter display group numberXXX

(11)按 0、0 和 5 键(选择“显示组 005”),按 Q 键确认,显示屏显示:

Read measured value block 5 → 30℃ 0011011 0 900rpm

第一个显示区显示 ATF 油温。允许 ATF 油温升到 60℃。

(12)怠速时主油压值,D 挡为 340 ~ 380kPa,R 挡为 500 ~ 600kPa。如果油压值不在规定的范围内,可能的原因及处理方法如下:

①发动机怠速转速太高,应调整发动机。

②ATF 油泵损坏,应检查 ATF 油泵,如有必要,进行更换。

③阀体中电磁阀有故障,应更换阀体。

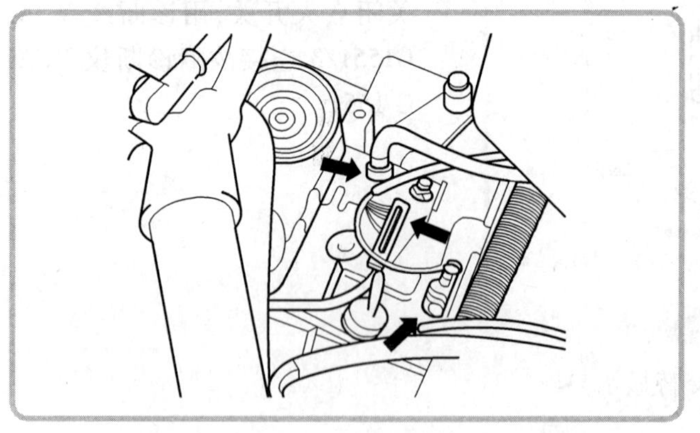

(13)关闭点火开关,同时压下锁片并拔下电磁阀插头。

(14)起动发动机,检查发动机转速在 2000r/min 时主油压值,D 挡为 1240 ~ 1320kPa,R 挡为 2300 ~ 2400kPa。如有可能,应该在坡路上进行主油压检测。如果油压值不在规定的范围内,可能的原因及处理方法如下:

①ATF 油泵损坏,应检查 ATF 油泵,如有必要,进行更换。

②阀体中电磁阀有故障,应更换阀体。

(15)检测后,断开压力检测仪 V. A. G 1702,将新螺栓安装到主油压孔上,并用 15N·m 力矩扭紧。安装电磁阀插头,查询和清除故障存储器。

项目2 故障诊断

·2 学时·

目　　　　的:学习拉威挪式自动变速器自诊断方法。
自动变速器型号:一汽宝来轿车 01M 型自动变速器。
设 备 与 工 具:故障诊断仪 V. A. G 1551,诊断线 V. A. G 1551/3。

一、查询故障存储器

1 连接故障诊断仪 V. A. G 1551

(1)检测条件:

①蓄电池电压正常。

②第 7、11、15 和 31 号熔断丝正常。

③中央熔断丝盒上熔断丝正常。

④变速器搭铁线正常。

⑤变速器操纵杆放在 P 挡,并拉起驻车制动杆。

⑥检查变速器搭铁线(在发动机舱蓄电池下面)是否腐蚀或接触不良,如有必要进行维修。

⑦检查蓄电池搭铁线(在蓄电池和变速器之间)是否可靠。

(2)操作步骤:

①拆下诊断插头罩盖。

②关闭点火开关,用诊断线 V. A. G 1551/3 连接故障诊断仪 V. A. G 1551,显示屏显示(①交替显示):

```
V. A. G-SELF-DIAGNOSIS        HELP
1-Rapid data transfer①
2-Flash code output①
```

说明:可通过按 V. A. G 1551 上的 HELP 键来获得;按→键进行后续程序;在执行模式 1 “Rapid data transfer(快速数据传递)”下自动检查(00 键)能被执行,然后所有的汽车控制单元都将被自动查询。

③接通点火开关。

④按 Print 键打开打印机(键上指示灯将亮)。

⑤按 1 键,选择“快速数据传递”模式,显示屏显示:

```
Rapid data transfer                HELP
Enter address wordXX
```

⑥按 0 和 2 键(“变速器电子系统” 地址码),显示屏显示:

```
Rapid data transfer                   Q
02 Gearbox electronics
```

⑦按 Q 键确认,显示屏显示控制单元版本号,例如:

```
01M 9277 33 BB AG4 Gearbox 01M 2029
Goding 00000          WSC00000
```

01M 927 733 BB:备件号

AG4 Gearbox 01M:4 挡自动变速器 01M

2029:程序号

Coding 00000:现在未使用

WSC 00000:V. A. G 1551 操作码,也为经销商代码

如果显示屏显示:

```
Control unit does not answer!   HELP
```

通过按 HELP 键,可能的故障原因被打印出来。检查控制单元蓄电池电压,执行电气检测,检查到诊断插头的线束连接。在排除可能的故障原因后,重新输入地址码 02,选择“变速器电子系统”并确认。

⑧按→键,显示屏显示:

```
Rapid data transfer                HELP
Select frnctionXX
```

⑨按 HELP 键后,可执行的功能被打印出来。

2 查询故障存储器

(1)连接故障诊断仪 V. A. G 1551 并输入地址码 02(变速器电子系统),直到显示屏显示:

```
Rapid data transfer                HELP
Select functionXX
```

(2)按 0 和 2 键(选择“查询故障存储器”功能),显示屏显示:

```
Rapid data transfer                   Q
02-Interrogate fault memory
```

(3)按 Q 键确认,存储的故障码或“没有故障发现”将显示在显示屏上。存储的故障依次显示并打印出来,在最后一个故障被显示和打印出来后,按“故障码表”排除故障。

```
x Faults recognized!
```

(4)按→键,显示屏显示:

```
Rapid data transfer                HELP
Select functionXX
```

在查询故障存储器后，排除故障。

3 故障码表

(1)下表所列是可能出现的故障，这些故障由自动变速器控制单元识别，在查询故障存储器时由连接打印机的V. A. G 1551显示出来，并按故障码排列。

(2)如果故障只是偶然出现，或排除故障后未清除故障存储器，那么在一定时间内这些故障是作为“偶然故障”显示的。

(3)如果在查询故障存储器时显示出故障的部件，那么还需按电路图检查部件导线是否短路或断路。

(4)故障码和故障类型仅在“快速数据传递”模式下用带打印机的V. A. G 1551打印出来，故障码为5位数。

故 障 码 表

V. A. G1551打印输出	故 障 原 因	故 障 排 除
没有故障发现	如果在维修完后显示“No fault recognized”，自诊断完成 如果自诊断后，自动变速器换挡仍有故障，按故障查找程序继续查找故障	
00258 电磁阀1(N88)： 断路① 短路① 对搭铁断/短路① 对正板短路①	导线断路或短路 N88失效	—按电路图检查导线和插头连接② —读取测量数据块
00260 电磁阀2(N89)： 断路① 短路① 对搭铁断/短路① 对正板短路①	导线断路或短路 N89失效	—按电路图检查导线和插头连接② —读取测量数据块
00262 电磁阀3(N90)： 断路① 短路① 对搭铁断/短路① 对正板短路①	导线断路或短路 N90	—按电路图检查导线和插头连接② —读取测量数据块
00264 电磁阀4(N91)： 断路① 短路① 对搭铁断/短路① 对正板短路①	导线断路或短路 N91失效	—按电路图检查导线和插头连接② —读取测量数据块
00266 电磁阀5(N92)： 断路① 短路① 对搭铁断/短路① 对正板短路①	导线断路或短路 N92失效	—按电路图检查导线和插头连接② —读取测量数据块

续上表

V. A. G1551 打印输出	故 障 原 因	故 障 排 除
00268 电磁阀 6(N93): 断路① 短路① 对搭铁断/短路① 对正板短路①	导线断路或短路 N93 失效	—按电路图检查导线和插头连接② —读取测量数据块
00270 电磁阀 7(N94): 断路① 短路① 对搭铁断/短路① 对正板短路①	导线断路或短路 N94 失效	—按电路图检查导线和插头连接② —读取测量数据块
00281 车速传感器(G68): 无信号	导线断路 G68 失效	—读取测量数据块
00293 多功能开关(F125): 开关状态不稳定	导线断路 F125 失效	—首先检查 F125 插头是否腐蚀或进水,如有必要更换 —读取测量数据块
00297 变速器转速传感器(G38): 无信号 不真实信号	导线断路 G38 失效 如果自动变速器控制单元识别到不真实信号,调整 G38 和 G68	—首先检查 G38 插头是否腐蚀或进水,如有必要更换 —执行电气检测
00300 变速器油温传感器(G93③): 无法识别故障类型	导线断路 G93 失效	—首先检查 G93 插头是否腐蚀或进水,如有必要更换。如果显示电磁阀有故障,要特别注意变速器传输线/阀体和线束间的 10 个端子插头的连接 —读取测量数据块
00518 节气门电位计(G69): 信号超出允许值	导线断路或短路 发动机控制单元或 G69、节气门组件或加速踏板位置传感器(G79)失效	—阅读 G69 相关内容 —如果显示故障,发动机控制单元自诊断必须被执行。显示故障码 00638 或 01314 时,这些故障必须先被排除 —读取测量数据块

续上表

V. A. G1551 打印输出	故障原因	故障排除
00529 无车速信号	导线断路	—如果显示故障码 01312 或 01314 时,下面工作必须进行 —根据电路图检查线束和插头,包括数据总线 —读取测量数据块 —检查发动机控制单元
00532 电源电压	蓄电池损坏 整流器电压过低	—检测蓄电池电压 —读取测量数据块
00545 发动机/变速器电气连接: 断路① 短路① 对搭铁断/短路①	发动机或自动变速器控制单元未接上 发动机和自动变速器控制单元之间点火正时信号没有传递或传递错误	—如果显示故障码 01312 或 01314 时,下面工作必须进行 —根据电路图检查线束或插头,包括数据总线 —读取测量数据块 —检查发动机控制单元 —进行基本设定
00638 发动机/变速器电气连接2: 无信号	导线断路或短路 发动机/变速器无连接 节气门信号没有传递到变速器控制单元	—如果显示故障码 01312 或 01314 时,下面工作必须进行 —根据电路图检查线速或插头,包括数据总线 —读取测量数据块 —检查发动机控制单元 —进行基本设定
00641 自动变速器油温度: 信号太大 没有故障发现	自动变速器油最高温度为148℃,如果油温太高,变速器降到相应的低挡 汽车负载太大 自动变速器油油位不正常 变速器油温传感器失效	—检查自动变速器油油位 —读取测量数据块 —更换数据总线
00652 挡位监控: 不可靠信号	电气/液压故障 离合器或阀体损坏	—读取测量数据块,并在行驶中确定哪一挡有故障
00660 强制低挡开关(F8)/节气门电位计(G69): 不可靠信号	线束断路	—根据电路图检查线束和检查
	G69 损坏	—如果显示故障码 01312 或 01314 时,下面工作必须进行 —排除 G69 故障
	F8 失效	—读取测量数据块
01192 变矩器锁止离合器: 机械故障	变矩器锁止离合器打滑 阀体失效	—检查变矩器锁止离合器 —读取测量数据块

续上表

V. A. G1551 打印输出	故 障 原 因	故 障 排 除
01236 操纵杆锁止电磁阀(N110): 断路/对搭铁短路	导线断路或对搭铁短路 N110 损坏	—读取测量数据块
01312 数据总线: 损坏 无连接[1]	数据总线、线束/插头损坏	—根据电路图检查数据总线线束和插头
01314 发动机控制单元: 无连接	数据总线导线/插头损坏 发动机系统故障	—根据电路图检查数据总线导线和插头 —检查发动机控制单元
01316 ABS 控制单元: 无连接	数据总线导线/插头损坏 ABS 系统故障	—根据电路图检查数据总线导线和插头 —检查 ABS 控制单元
65535 自动变速器控制单元(J217) 损坏	J217 损坏	—更换 J217

注:

①这些显示中的一个是有关部件的附加显示。

②先检查插头是否有锈蚀或进水,如有必要更换。如果显示电磁阀有故障时,要特别注意变速器传输线/阀体和线束间的 10 端子插头的连接。

③显示变速器油温传感器有故障。

二、清除故障存储器

(1)查询故障存储器,显示屏显示:

Rapid data transfer	HELP
Select function XX	

(2)按 0 和 5 键(选择"清除故障存储器"功能),显示屏显示:

Rapid data transfer	Q
05 Erase fault memory	

(3)按 Q 键确认,显示屏显示:

Attention!
Fault memory was not interrogated

如果在查询和清除故障存储器之间关闭了点火开关,清除工作不能进行。必须严格遵守工作程序,即先查询故障存储器。

(4)显示屏显示:

Rapid data transfer	→
Fault memory is erased!	

在显示屏显示约 5s 后,故障存储器被清除,显示屏显示:

System cannot be interrogated!

重新查询故障存储器前须等 1min。

(5)查询和清除故障存储器后须进行试车,并重新查询故障存储器,在查询故障存储器时,显示屏应显示“Faults recognized(无故障发现)”。

三、基本设定

1 前提条件

(1)更换发动机。

(2)更换发动机控制单元。

(3)更换或改装节气门组件。

(4)调整节气门组件(怠速调整)。

(5)更换节气门电位计。

(6)调整节气门电位计(如在调整怠速开关时)。

(7)更换自动变速器控制单元。

2 操作步骤

(1)连接故障诊断仪 V. A. G 1551 并输入地址码 02(变速器电子系统),直到显示屏显示:

Rapid data transfer	HELP
Select function XX	

(2)按 0 和 4 键(04 选择“基本设定”功能),加速踏板保持在怠速位置,显示屏显示:

Rapid data transfer	Q
04 Basic setting	

(3)按 Q 键确认,显示屏显示:

Basic setting	HELP
Enter display group number XX	

(4)按 0、0 和 0 键,按 Q 键确认,显示屏显示:

System in basic setting	0→

系统在基本设定。

(5)将加速踏板踏到底触动强制低挡开关,在这个位置保持 3s。

(6)按→键,显示屏显示:

Rapid data transfer	HELP
Select function XX	

四、读取测量数据块

(1)连接故障诊断仪 V. A. G 1551 并输入地址码 02(变速器电子系统),直到显示屏显示:

Rapid data transfer	HELP
Select function XX	

(2)按 0 和 8 键(选择“读取测量数据块”功能),显示屏显示:

Rapid data transfer　　　　　　　　Q
08 Read measured value block

(3)按 Q 键确认,显示屏显示:

Read measured value block
Enter display group number XXX

(4)输入显示组号(选择“显示组号列表”),按 Q 键确认,显示屏显示:

Read measured value block 1
→1　　→2　　→3　　→4

显示组号列表

显示屏显示(示例) Display zones: 1　　2　　3　　4	显示组号	显示区	说　明
Read measured value block 1　→ P　0.8V　0%　00000111	001	1 2 3 4	变速器操纵杆位置 节气门电位计电压 加速踏板位置 开关位置
Read measured value block 2　→ 0.983A　0.985A　12.76V　2.50V	002	1 2 3 4	电磁阀 6(N93)实际电流 电磁阀 6(N93)额定电流 蓄电池电压 车速传感器(G68)
Read measured value block 3　→ 0km/h　900rpm　0　0%	003	1 2 3 4	车速 发动机转速 挂入挡位 加速踏板位置值
Read measured value block 1　→ 1000 00　0　P　0km/h	004	1 2 3 4	电磁阀 挂入挡位 变速器操纵杆位置 车速
Read measured value block 1　→ 40℃　0011011　0　900r/min	005	1 2 3 4	自动变速器机油温度 换挡输出 将要挂入挡位 发动机转速
Read measured value block 6 →	006	1 2 3 4	不需考虑

续上表

显示屏显示(示例)	显示组号	显示区	说明
Display zones: 1 2 3 4			
Read measured value block 7 → 1H +/- 200r/min 900r/min 0%	007	1 2 3 4	挂入挡位(+或-显示在显示区2) 锁止离合器打滑 发动机转速 加速踏板位置值
Read measured value block 8 →	008	1 2 3 4	不需考虑

测量数据块中有4个显示区(如有必要,以物理量表示)1~4中各数值的含义见下面5个表。

显示区各数值含义(一)

显示组号	显示区	说明	检查条件		V.A.G1551上显示额定值	排除故障
001	1	多功能开关(F125)	变速器操纵杆位置	P	P	—检查和调整变速器操纵杆拉索
				R	R	
				N	N	
				D	D	
				3	3	
				2	2	
				1	1	
	2	不带数据总线汽车上[①] 节气门电位计(G69)电压	●发动机关闭 ●点火开关打开	最低怠速 最高怠速	0.156V 0.8V[①]	从怠速到节气门全开加速过程中,电压值应稳步升高 —进行基本设定 —对发动机进行自诊断 —调整/更换G69 —进行基本设定
				节气门全开最小值 节气门全开最大值	3.5V 4.680V	
		带数据总线汽车上[①] 节气门电位计(G69)信号	位置	怠速	0V	从怠速到节气门全开加速过程中,电压值应稳步升高 —进行基本设定 —对发动机进行自诊断 —调整/更换G69
				节气门全开	5V	

续上表

显示组号	显示区	说　明	检查条件		V. A. G1551 上显示额定值	排除故障
	3	加速踏板位置值[1]	位置	怠速	0…1%	从怠速到节气门全开过程中,显示值稳步升高 —进行基本设定
				节气门全开	99…100%	
	4	显示1 制动灯开关(F)	制动踏板	踏下	1	—检查F
				未踏下	0	
		显示2 牵引力控制系统		起作用	1	不需考虑
			未起作用	0		
		显示3			0	不需考虑
					1	
001		显示4 强制低挡开关	强制低挡开关	起作用	1	带节气门拉索汽车 —检查强制低挡开关 没有节气门拉索汽车 —对发动机进行自诊断 —根据电路图检查线束和插头,包括数据总线线束
				未起作用	0	
		多功能开关(F125) 显示5	变速器操纵杆位置	P、N、D、3、2	1	—检查和调整变速器操纵杆拉索 —检查F125
				P、1	0	
		显示6	变速器操纵杆位置	P、R、2、1	1	
				N、D、3	0	
		显示7	变速器操纵杆位置	P、R、N、D	1	
				3、2、1	0	
		显示8	变速器操纵杆位置	P、R、N	1	
				D、3、2、1	0	

注:
[1]阅读节气门电位计相关内容。

显示区各数值含义(二)

显示组号	显示区	说　明	检查条件		V. A. G1551 上显示额定值	排除故障
002	1	电磁阀6(N93)实际电流值	●变速器操纵杆在N挡 ●静止状态	节气门全开	0A	当查找故障时,实际电流和额定电流不得相差0.050A
				怠速最大	1.1A	最大值为额定值

续上表

显示组号	显示区	说明	检查条件		V. A. G1551 上显示额定值	排除故障
002	2	电磁阀 6 (N93) 额定电流值	●变速器操纵杆在 N 挡 ●静止状态	节气门全开	0A	—进行基本设定
				怠速最大	1. 1A	—检查电磁阀-N93
	3	蓄电池电压	静止状态	最小	10. 8V	—检查蓄电池，如有必要更换 —检查自动变速器控制单元(J217)的电源电压 —更换 J217 —对系统进行基本设定
				最大	16. 0V	
	4	车速传感器(G68)	位置	最小	2. 20V	—检查 G68
				最大	2. 52V	
003	1	车速	在行驶中①		…km/h	里程表显示值与 V. A. G1551 显示值可稍有不同
	2	发动机转速	发动机运转		r/min	—对发动机进行自诊断 —根据电路图检查线束和插头，包括数据总线线束
	3	挂入挡位	在行驶中	空挡	0	—检查电磁阀
				倒挡	R	
				1 挡液压	1H	
				1 挡机械	1M	
				2 挡液压	2H	
				2 挡机械	2M	
				3 挡液压	3H	
				3 挡机械	3M	
				4 挡液压	4H	
				4 挡机械	4M	
	4	加速踏板位置值	在行驶中	怠速	0…1%	从怠速到节气门全开的加速过程中，显示值稳步升高 —进行基本设定
				节气门全开	99…100%	

注：

①在行驶时，读取额定值需要另外一人。

显示区各数值含义(三)

显示组号	显示区	说明	检查条件		V. A. G1551 上显示额定值	排除故障
004	1	电磁阀 V. A. G1551 显示屏显示 -N88 显示 1 -N89 显示 2 -N90 显示 3 -N91 显示 4 -N92 显示 5 -N94 显示 6	P		1010 00	按行驶状况接通电磁阀 —执行电气检测 —根据故障诊断程序查找故障
			R①		0010 00	
			N		1010 00	
			D①	1H	0010 00	
				1M	0010 00	
				2H	0110 00	
				2M	0110 00	
				3H	0000 00	
				3M	0000 01	
				4H	1100 01	
				4M	1100 01	
		电磁阀 V. A. G1551 显示屏显示 -N88 显示 1 -N89 显示 2 -N90 显示 3 -N91 显示 4 -N92 显示 5 -N94 显示 6	3①	1H	0010 00	根据行驶状况接通电磁阀 —执行电气检测 —根据故障诊断程序查找故障
				1M	0010 00	
				2H	0110 00	
				2M	0110 00	
				3H	0000 01	
				3M	0000 01	
			2①	1H	0010 00	
				1M	0010 00	
				2H	0110 00	
			1①	1H	0010 00	
				1M	0010 00	
	2	挂入挡位	在行驶中	空挡	0	—检查电磁阀
				倒挡	R	
				1 挡液压	1H	
				1 挡机械	1M	
				2 挡液压	2H	
				2 挡机械	2M	
				3 挡液压	3H	
				3 挡机械	3M	
				4 挡液压	4H	
				4 挡机械	4M	

续上表

显示组号	显示区	说　明	检查条件		V. A. G1551上显示额定值	排除故障
004	3	变速器操纵杆位置	在行驶中	P	P	—检查和调整变速器操纵杆拉索
				R	R	
				N	N	
				D	D	
				3	3	
				2	2	—检查多功能开关
				1	1	
	4	车速	在行驶中的速度		…km/h	车速表显示值和V. A. G1551显示值可稍有不同

注：

①在行驶时，读取额定值需要另外一人。

说明：V. A. G1551显示区1中为6位数，未接合的电磁阀用“0”表示，接合的电磁阀用“1”表示。

显示区各数值含义（四）

显示组号	显示区	说　明		检查条件		V. A. G1551上显示额定值	排除故障
005	1	自动变速器油油温应在35～45℃之间检查		发动机运转，油温在30℃以上时才精确显示		…℃	—检查变速器油温传感器（G93）
		挡位输出	显示1②	在行驶中点火正时或喷油量（仅在换挡时运行）	接通	1	—根据电路图检查线束和插头，包括数据总线线束 —检查发动机控制单元 —如有必要，更换发动机控制单元 —更换自动变速器控制单元（J217） —进行基本设定
					断开	0	
			显示2②	接通	1		
				断开	0		
	2	挡位输出	显示3	操纵杆锁止电磁阀	接通	1	—检查操纵杆锁止电磁阀（N110）
					断开	0	
			显示4	接通		0	
				断开		0	—根据电路图检查线束和插头，包括数据总线线束 —检查巡航控制系统
			显示5	巡航控制系统	接通	1	
					断开	0	
			显示6	空调	接通	1	—根据电路图检查导线 —检查空调
					断开	0	
			显示7	变速器操纵杆在	P、N	1	—按电路图检查导线
					R	0	
					D、3、2、1	1/10	变速器操纵杆在D、3、2、1挡位可以不考虑

续上表

显示组号	显示区	说　　明	检查条件		V. A. G1551 上显示额定值	排 除 故 障
005	3	将挂入挡位	在行驶中	空挡	0	—检查电磁阀
				倒挡	R	
				1 挡液压	1H	—如果不能换挡,离合器或制动器可能损坏
				1 挡机械	1M	
				2 挡液压	2H	
				2 挡机械	2M	
				3 挡液压	3H	—更换自动变速器控制单元(J217)
				3 挡机械	3M	
				4 挡液压	4H	
				4 挡机械	4M	
	4	发动机转速	在行驶中发动机运转		r/min	—相对应发动机执行自诊断 —根据电路图检查线束和插头,包括数据总线线束
006	不需考虑					

注:

①在行驶中,读取额定值需要另外一人。

②V. A. G1551 显示 1 和显示 2 中,必须显示一样值"1"或"0"

显示区各数值含义(五)

显示组号	显示区	说　　明	检查条件		V. A. G1551 上显示额定值	排 除 故 障
007	1	挂入挡位	空挡		0	—检查电磁阀 —如果不能换挡,离合器或制动器可能损坏 —更换 J217
			倒挡		R	
			1 挡液压		1H +/ -	
			1 挡机械		1M +/ -	
			2 挡液压		2H +/ -	注意:在显示区 2 中,+或 - 标志说明了转速信息
			2 挡机械		2M +/ -	
			3 挡液压		3H +/ -	
			3 挡机械		3M +/ -	
			4 挡液压		4H +/ -	
			4 挡机械		4M +/ -	
	2	变矩器锁止离合器打滑电磁阀 4(N91)接通	行驶中发动机运转	在液压挡	0…失速转速	—根据电路图检查导线 —检查 N91
			变矩器锁止离合器锁止	发动机转速 2000 ~ 3000r/min,在刚性挡位时	0…130r/min	—检查变速器 —更换变矩器和阀体
	3	发动机转速	发动机运转		…r/min	如有必要,调整发动机

续上表

显示组号	显示区	说　明	检查条件	V. A. G1551 上显示额定值	排除故障
007	4		怠速	0…1%	从怠速到节气门全开，显示值稳步升高 一进行基本设定
			节气门全开	99…100%	
008	不需考虑				

注：

①在行驶中，读取额定值需要另外一人。

②在显示区 1 中“H”被显示时，锁止离合器必须断开，附加指示“ + ”或“ - ”也要显示。“ + ”表示发动机转速高于涡轮轴转速，汽车正被牵引；“ - ”表示发动机转速低于涡轮轴转速，汽车正超速行驶。

③换挡过程必须结束，变矩器锁止离合器必须锁止，加速踏板位置保持恒定（挡位是刚性的）。

项目3　电气系统检修

·2 学时·

目　　的：学习拉威挪式自动变速器电气系统的检修方法。
车　　型：一汽宝来轿车 01M 型自动变速器。
设备与工具：组合扳手，螺丝刀，钳子，扭力扳手，手动万用表 V. A. G 1526，成套辅助导线 V. A. G 1594A，检测盒 V. A. G 1598/18，专用工具 3373，支脚 10 - 222A/1，支架 10 - 222A。

一、电气系统检测

1　检测条件

(1)蓄电池电压正常。
(2)汽车供电电压正常。
(3)第 7、11、15 和 31 号熔断丝正常。
(4)中央熔断丝盒上熔断丝(110A)正常。
(5)变速器搭铁线(发动机舱蓄电池下面)正常。
(6)检查蓄电池搭铁线(在蓄电池与变速器之间)是否可靠。

2　操作步骤

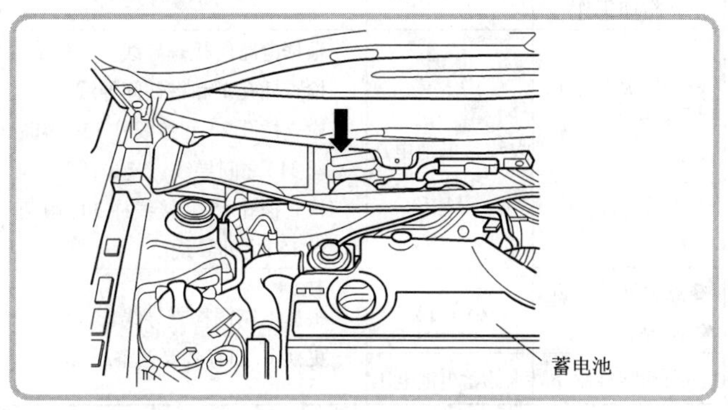

(1)关闭点火开关，打开发动机舱罩盖。

◀(2)松开多孔插头锁销，然后从自动变速器控制单元上拔下插头。

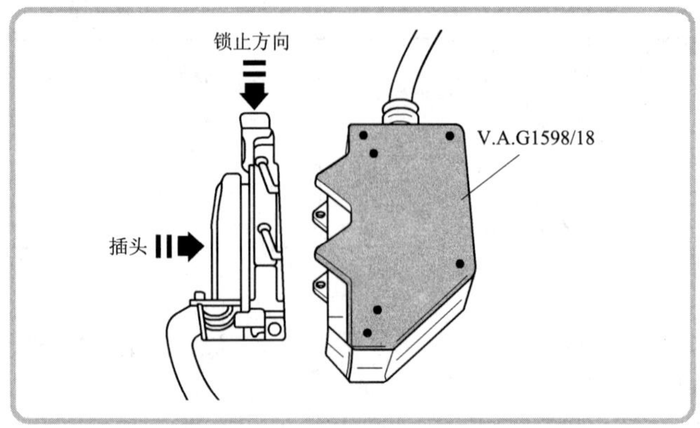

◀(3)将检测盒 V. A. G 1598/18 装到多孔插头上,并按图中箭头方向锁止。

(4)使用辅助导线 V. A. G 1594A 连接手动万用表 V. A. G 1526,选择适当量程,按下表中的步骤和内容进行检测。如果测量值与额定值不符,按电路图查明故障原因;如果测量值与额定值稍有差别,应清洁测试仪和测试线并重新检测。更换相应部件前,应检查导线和插头,尤其是额定值在 10Ω 以下电阻,应对其重新测试一遍。

检测步骤表(一)

被检元件	执行步骤	被检元件	执行步骤
自动变速器控制单元(J217)电源电压	—执行检测步骤 1	电磁阀 7(N94)	—执行检测步骤 9
制动灯开关(F)	—执行检测步骤 2	强制低挡开关(F8)	—执行检测步骤 10
电磁阀 1(N88)	—执行检测步骤 3	操纵挡杆锁止电磁阀(F110)	—执行检测步骤 11
电磁阀 2(N89)	—执行检测步骤 4	变速器油温传感器(G93)	—执行检测步骤 12
电磁阀 3(N90)	—执行检测步骤 5	车速传感器(G68)	—执行检测步骤 13
电磁阀 4(N91)	—执行检测步骤 6	变速器油温传感器(G93)	—执行检测步骤 14
电磁阀 5(N92)	—执行检测步骤 7	多功能开关(F125)	—执行检测步骤 15
电磁阀 6(N93)	—执行检测步骤 8		

检测步骤表(二)

量程设置:20V 电压挡

检测步骤	V. A. G1598/18 插孔	被检内容	●检测条件 —附加工作	额定值	排除故障
1	23 + 1	自动变速器控制单元(J217)的供电电压	● 点火开关打开	大约蓄电池电压	—根据电路图检查导线 —检查插孔 1 和搭铁间导线 —检查插孔 23 和接线柱 15(熔断丝 31)之间导线 —检查插孔 45 和接线柱 30(熔断丝 15)之间导线
	45 + 1				
2	15 + 1	制动灯开关(F)	●点火开关打开 ●制动踏板未踏下	小于 1V	—根据电路图检查导线 —更换 F,如有必要调整
			—制动踏板踏下	大约蓄电池电压	

检测步骤表(三)

量程设置:20V 电压挡

检测步骤	V. A. G 1598/18 插孔	被检内容	●检测条件—附加工作	额定值	排除故障
3	55 +67	电磁阀 1 (N88)	●点火开关关闭	55 ~ 65Ω	—根据电路图检查导线 —根据电路图检查传输线 —更换传输线 —更换阀体
	55 +1 67 +1		●点火开关关闭 —将 V. A. G1526 量程放到最大电阻挡	电阻无穷大	
4	54 +67	电磁阀 2 (N89)	●点火开关关闭	4.5 ~ 6.5Ω	
	54 +1 67 +1		●点火开关关闭 —将 V. A. G1526 量程放到最大电阻挡	电阻无穷大	
5	9 +67	电磁阀 3 (N90)	●点火开关关闭	55 ~ 65Ω	
	9 +1 67 +1		●点火开关关闭 —将 V. A. G1526 量程放到最大电阻挡	电阻无穷大	
6	47 +67	电磁阀 4 (N91)	●点火开关关闭	4.5 ~ 6.5Ω	
	47 +1 67 +1		●点火开关关闭 —将 V. A. G1526 量程放到最大电阻挡	电阻无穷大	
7	55 +67	电磁阀 5 (N92)	●点火开关关闭	55 ~ 65Ω	—根据电路图检查导线 —根据电路图检查传输线 —更换传输线 —更换阀体
	56 +1 67 +1		●点火开关关闭 —将 V. A. G1526 量程放到最大电阻挡	电阻无穷大	
8	58 +22	电磁阀 6 (N93)	●点火开关关闭	55 ~ 65Ω	
	58 +1 22 +1		●点火开关关闭 —将 V. A. G1526 量程放到最大电阻挡	电阻无穷大	
9	10 +67	电磁阀 7 (N94)	●点火开关关闭	55 ~ 65Ω	
	10 +1 67 +1		●点火开关关闭 —将 V. A. G1526 量程放到最大电阻挡	电阻无穷大	
10	1 +16	强制低挡开关(F8,仅能被检查,开关与节气门拉索安装在一起)	●点火开关关闭 —将 V. A. G1526 量程放到最大电阻挡 ●加速踏板未踏下	电阻无穷大	—根据电路图检查导线 —拔下开关插头,重新测量开关
			—将 V. A. G1526 量程放到 200Ω —踏下加速踏板直至强制低挡开关接合	小于 1.5Ω	—调整或更换节气门拉索
11	23 +29	操纵杆锁止电磁阀(N110)	●点火开关关闭	12 ~ 15Ω	—拔下电磁阀插头,重新测量电磁阀 —根据电路图检查导线 —更换 N110

检测步骤表(四)

<table>
<tr><th colspan="6">量程设置:20MΩ 电阻挡</th></tr>
<tr><th>检测步骤</th><th>V. A. G 1598/18 插孔</th><th>被检内容</th><th>●检测条件—附加工作</th><th>额定值</th><th>排除故障</th></tr>
<tr><td>12</td><td>6 +67</td><td>变速器油温</td><td>●点火开关关闭
●自动变速器油温
—将手动万用表 V. A. G1526 换至 200kΩ
大约 20℃
大约 60℃
大约 120℃</td><td>2. 247
48. 8kΩ
7. 4kΩ</td><td>—根据电路图检查导线
—更换传输线</td></tr>
</table>

检测步骤表(五)

<table>
<tr><th colspan="7">量程设置:20kΩ 电阻挡</th></tr>
<tr><th>检测步骤</th><th>V. A. G 1598/18 插孔</th><th>被检内容</th><th colspan="2">●检测条件—附加工作</th><th>额定值</th><th>排除故障</th></tr>
<tr><td rowspan="2">13</td><td rowspan="2">20 +65</td><td rowspan="2">车速传感器(G68)</td><td rowspan="2">●点火开关关闭</td><td>最小</td><td>0. 8kΩ</td><td rowspan="2">—拔下传感器插头,重新测量传感器
—根据电路图检查控制单元到传感器之间导线</td></tr>
<tr><td>最大</td><td>0. 9kΩ</td></tr>
<tr><td rowspan="2">14</td><td rowspan="2">21 +66</td><td rowspan="2">变速器转速传感器(G38)</td><td rowspan="2">●点火开关关闭</td><td>最小</td><td>0. 8kΩ</td><td rowspan="2">—拔下传感器插头,重新测量传感器
—根据电路图检查控制单元到传感器之间导线
—更换 G38</td></tr>
<tr><td>最大</td><td>0. 9kΩ</td></tr>
</table>

检测步骤 15:

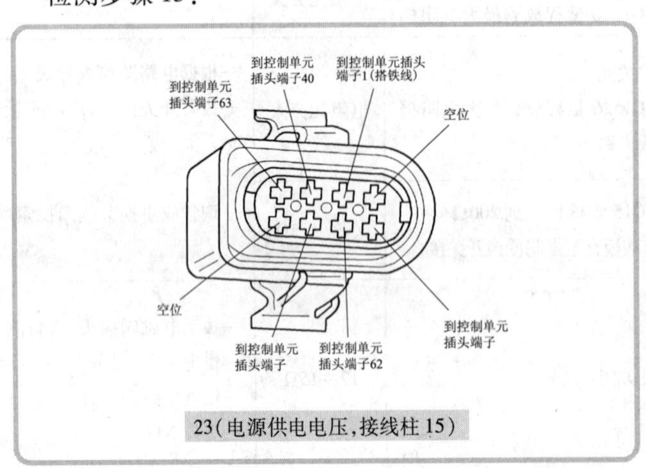

23(电源供电电压,接线柱 15)

◀①拔下多功能开关插头。

②连接检测盒 V. A. G 1598/18,将万用表量程设到 20V 挡。

③打开点火开关,测量多功能开关插头端子 7 和端子 3(搭铁)之间的电压、测量插头端子 7 到 V. A. G1598/18 插孔 1 之间的电压、测量 V. A. G1598/18 插孔 23(接线柱 15)到插孔 1 之间的电压,额定值应为蓄电池电压。如果达不到额定值,根据电路图

维修导线；如果达到额定值，应进一步检查线束。

④关闭点火开关，拔下起步锁和倒挡灯继电器 J226，将万用表量程设到 200Ω 挡。

⑤测量 V. A. G 1598/18 插孔 1 和 18 之间的电阻（额定值为∞），测量 V. A. G 1598/18 插孔 18 与插头端子 5 之间电阻（额定值为小于 1.5Ω）。如果达不到额定值，应进一步检查导线。

⑥测量 V. A. G 1598/18 插孔 1 和 63 之间的电阻（额定值为∞），测量 V. A. G 1598/18 插孔 23 和 63 之间电阻（额定值为∞），测量 V. A. G 1598/18 插孔 63 和插头端子 1 之间的电阻（额定值为小于 1.5Ω）。如果达不到额定值，根据电路图维修导线；如果达到额定值，进一步检查导线。

⑦测量 V. A. G 1598/18 插孔 1 和 62 之间的电阻（额定值为∞），测量 V. A. G 1598/18 插孔 62 和插头端子 6 之间的电阻（额定值为小于 1.5Ω）。如果达不到额定值，使用电路图维修线束；如果达到额定值，进一步检查线束。

⑧测量 V. A. G 1598/18 中插孔 1 和 40 之间电阻（额定值为∞），测量 V. A. G 1598/18 插孔 23 和 40 之间的电阻（额定值为∞），测量 V. A. G 1598/18 插孔 40 和插头端子 2 之间的电阻（额定值为小于 1.5Ω）。如果达不到额定值，通过电路图维修线束；如果达到额定值，更换多功能开关。

⑨安装起动锁止和倒挡灯继电器 J226。

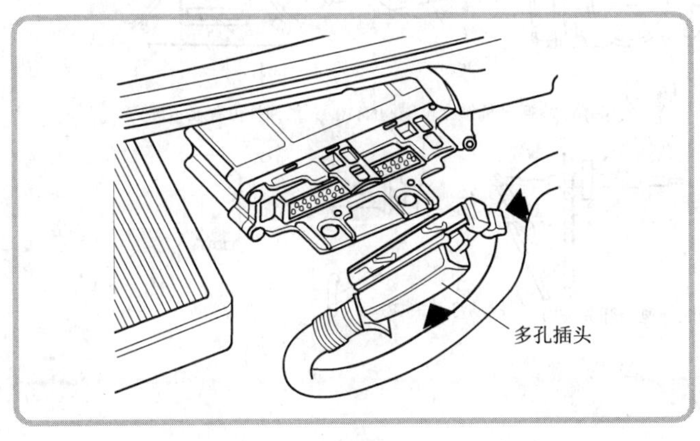

◀（5）电气检测后，将多孔插头装到自动变速器控制单元（J217）上，然后锁止多孔插头。

（6）查询故障存储器，进行基本设定。

自动变速器的类型（按齿轮变速器形式）

自动变速器按其齿轮变速器的类型不同，可分为定轴齿轮式和行星齿轮式两种，而行星齿轮式又可分为辛普森式和拉威挪式。定轴齿轮式自动变速器体积较大，最大传动比较小，只在少数几种车型上使用（如本田轿车）；行星齿轮式自动变速器结构紧凑，能获得较大的传动比，为绝大多数轿车采用。

二、电器元件的检修

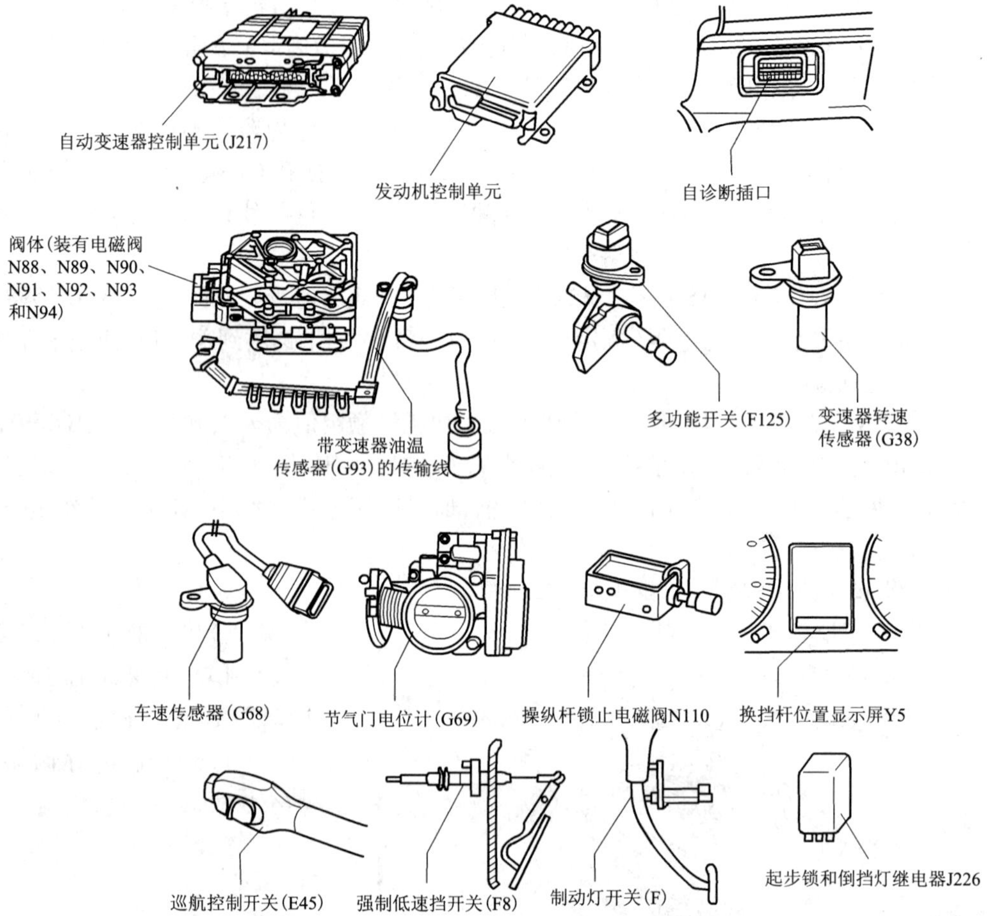

自动变速器控制单元(J217)
发动机控制单元
自诊断插口
阀体(装有电磁阀 N88、N89、N90、N91、N92、N93 和N94)
带变速器油温传感器(G93)的传输线
多功能开关(F125)
变速器转速传感器(G38)
车速传感器(G68)
节气门电位计(G69)
操纵杆锁止电磁阀N110
换挡杆位置显示屏Y5
巡航控制开关(E45)
强制低速挡开关(F8)
制动灯开关(F)
起步锁和倒挡灯继电器J226

1 自动变速器控制单元

自动变速器控制单元安装在发动机中,其插头有 68 个端子。

自动变速器控制单元

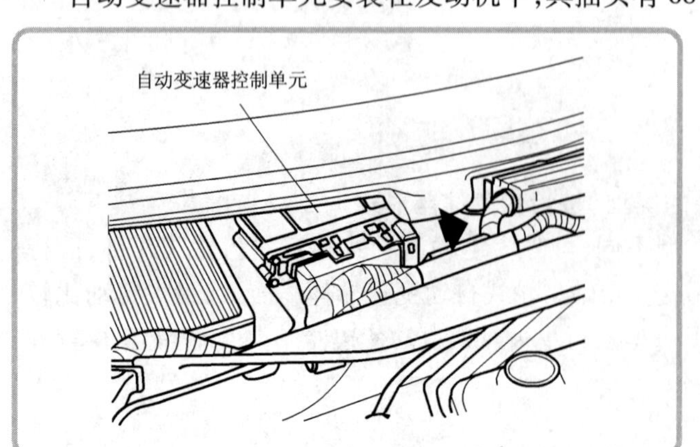

(1)拆卸:

①关闭点火开关,打开发动机舱盖。

②拆下刮水臂和密封罩。

◀③松开锁止机构(图中箭头所示),然后把插头从自动变速器控制单元上拔出来。

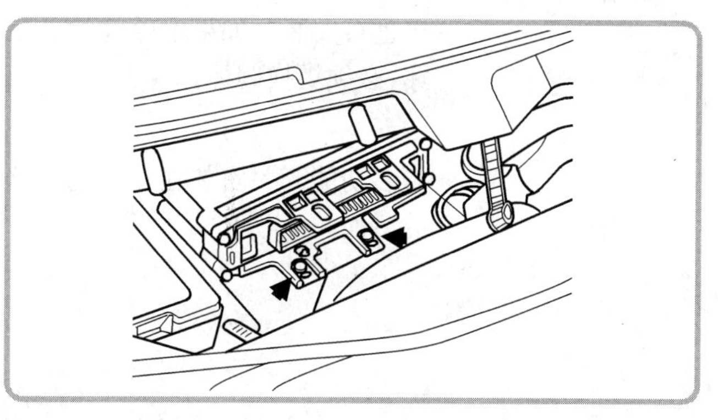

◀④拆下螺钉(图中箭头所示)。

⑤拆下控制单元。

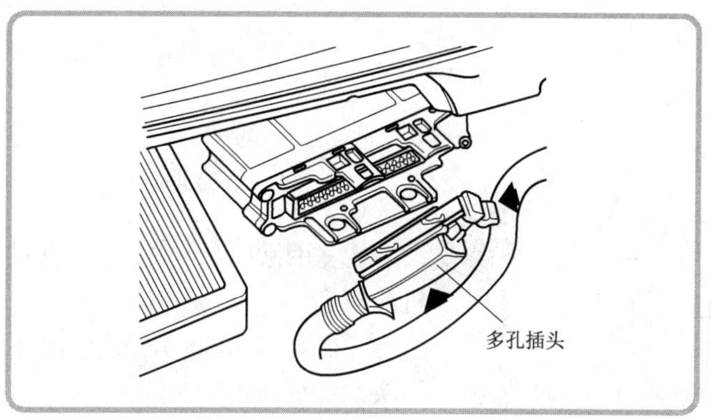

(2)安装:按拆卸相反的顺序进行安装。**注意:**将多孔插头安装到自动变速器控制单元上(图中箭头所示),然后锁止多孔插头。

2 带变速器油温传感器(G93)的传输线

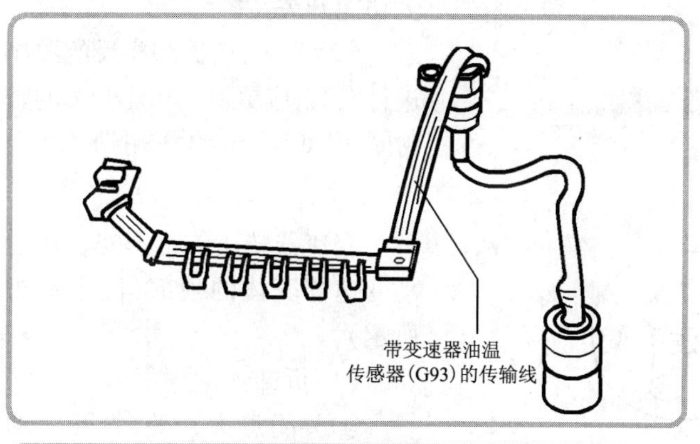

传输线安装在油底壳中的阀体上。传输线可以在变速器安装好后,不拆下阀体的情况下进行更换,但不要扭曲或损坏传输线。

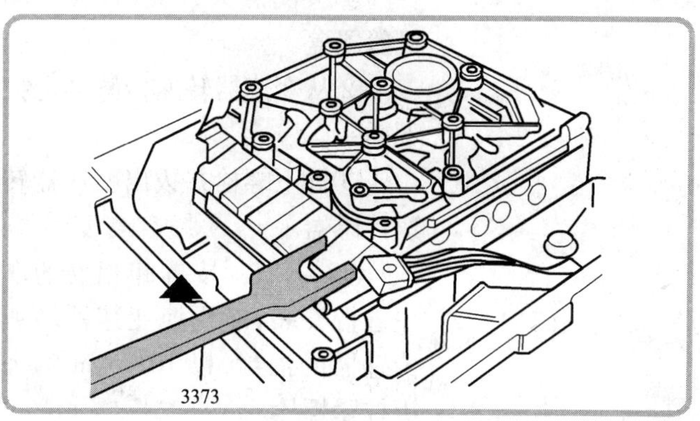

(1)拆卸:

①断开自动变速器导线插头,并拆下保持架。

②排放自动变速器油并拆下油底壳。

◀③拆下线束导管,用专用工具3373(图中箭头方向)从电磁阀上撬下传输线。

(2)安装:按拆卸相反的顺

序进行安装。如果电磁阀触点损坏,必须更换阀体。

3 多功能开关(F125)

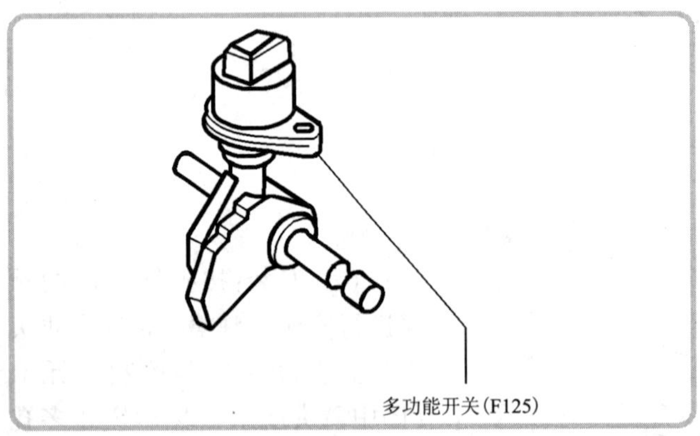

多功能开关安装在自动变速器的后面。

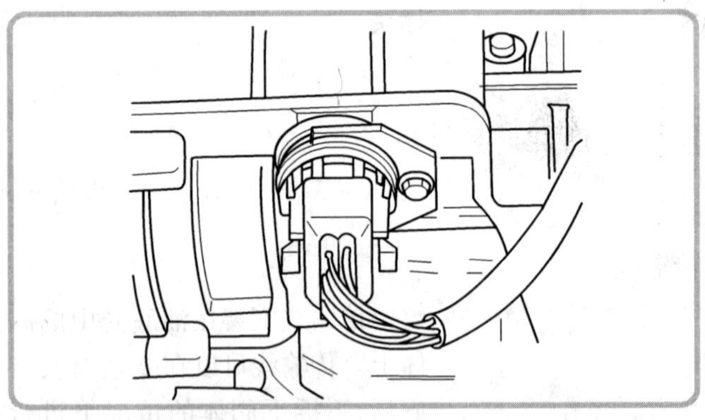

(1)拆卸:

①关闭点火开关,打开发动机舱罩盖。

◀②从多功能开关上拔下插头。

③拆下螺栓和保持架,拆下多功能开关。

(2)安装:按拆卸相反的顺序进行安装,应更换多功能开关的密封圈,以10N·m的力矩拧紧螺栓。

4 变速器转速传感器(G38)

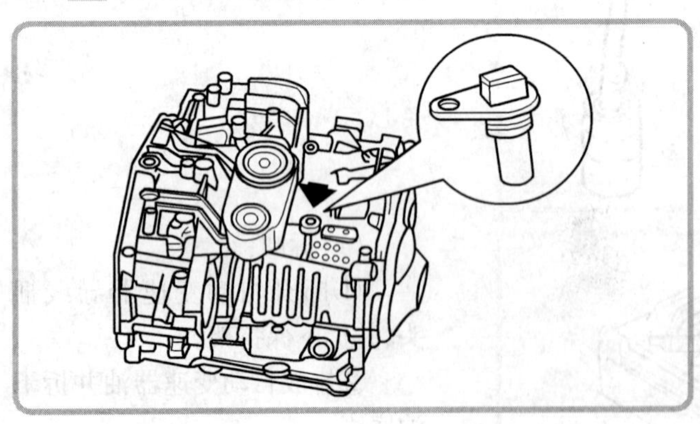

变速器转速传感器安装在自动变速器壳体的顶部(图中箭头所示)。

(1)拆卸:

①关闭点火开关,打开发动机舱罩盖。

②从变速器转速传感器上拔下插头。

③拆下螺栓并拔出变速器转速传感器。

(2)安装:按拆卸相反的顺序进行安装,应更换变速器转速传感器的油封,以10N·m的力矩拧紧螺栓。

5 车速传感器(G68)

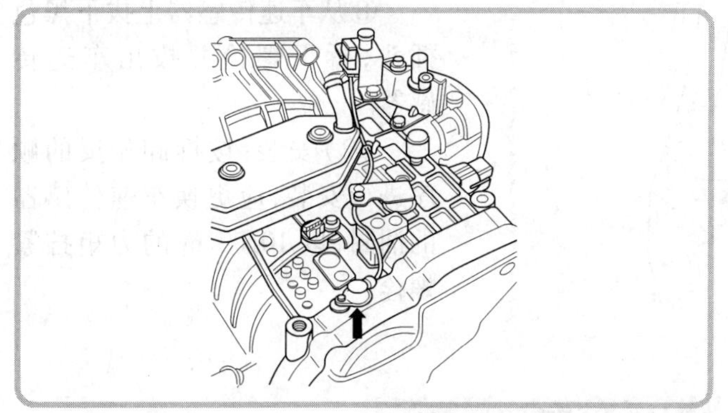

车速传感器安装在变速器顶部(图中箭头所示)。当自动变速器安装好时,转速传感器被发动机和变速器总成的左支座覆盖住。

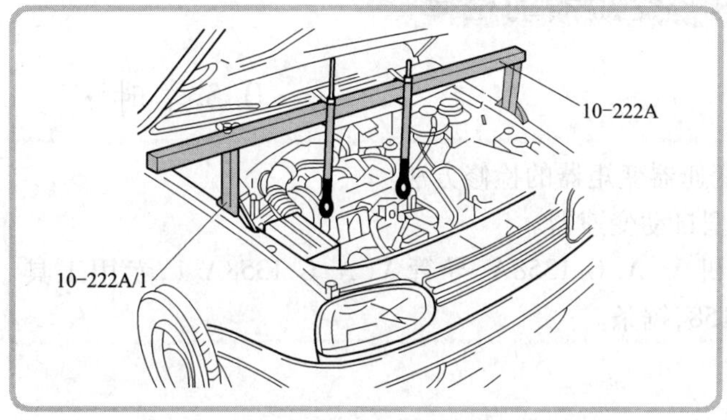

(1)拆卸:

①查询收音机密码。

②关闭点火开关,断开蓄电池搭铁线,拆下蓄电池。

③拆下空气滤清器。

◀④安装带支脚 10-222A/1 的支架 10-222A,并在这个位置支撑发动机和变速器总成。

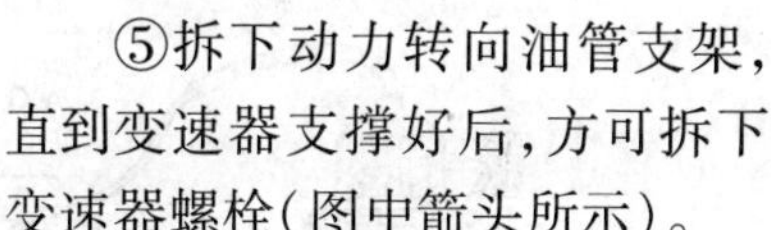

⑤拆下动力转向油管支架,直到变速器支撑好后,方可拆下变速器螺栓(图中箭头所示)。

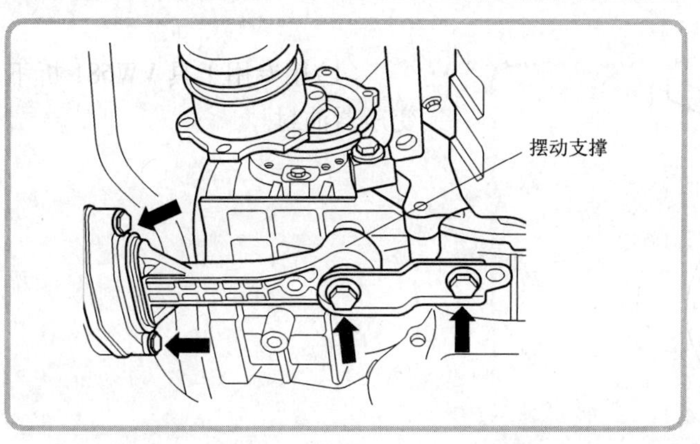

⑥拆下摆动支撑螺栓(图中箭头所示)。

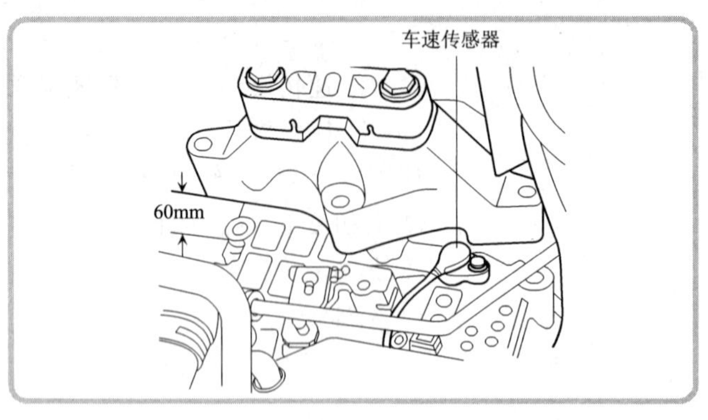

◀⑦放低变速器约60mm。

⑧从车速传感器上拔下黑色插头，拆下螺栓并拔出车速传感器。

(2)安装：按拆卸相反的顺序进行安装，应更换车速传感器的油封，以10N·m的力矩拧紧螺栓。

项目4　变矩器的检修

·0.5学时·

目　　　的：学习拉威挪式自动变速器变矩器的检修方法。
自动变速器型号：一汽宝来轿车01M型自动变速器。
设 备 与 工 具：螺丝刀，锤子，抽油机V.A.G 1358A，导管V.A.G 1358A/1，专用工具VW681、专用工具3158，锯条。

一、变矩器油的排空

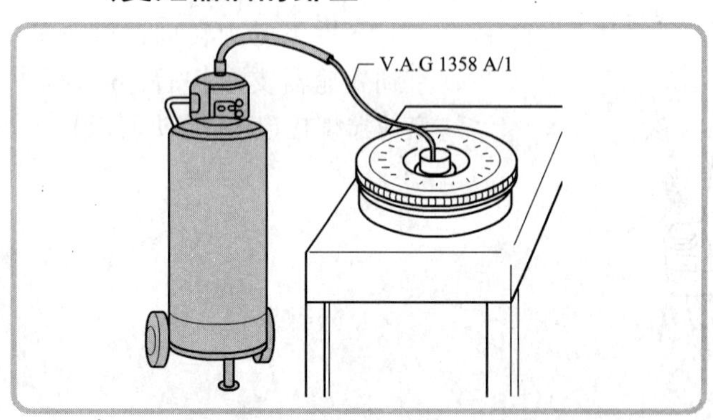

如果变矩器由于磨损变脏或变速器需要大修时，应当使用抽油机V.A.G 1358A和导管V.A.G 1358A/1抽出变矩器中的自动变速器油。

二、变矩器油封的更换

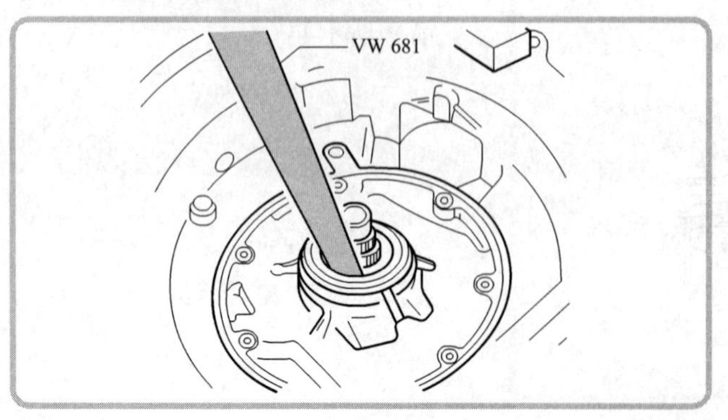

(1)用专用工具VW681拆下变矩器油封。

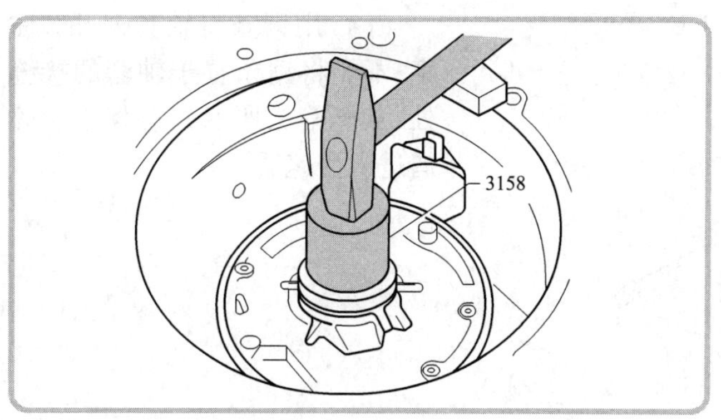

(2)用专用工具3158将变矩器油封敲入,直至平齐为止。

三、变矩器的匹配

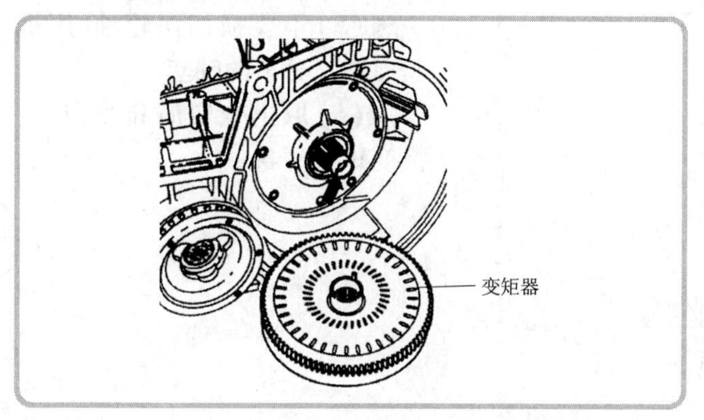

新的变矩器与滚针轴承做为一体,安装在涡轮轴有轴套的自动变速器上时,轴套必须被去掉。

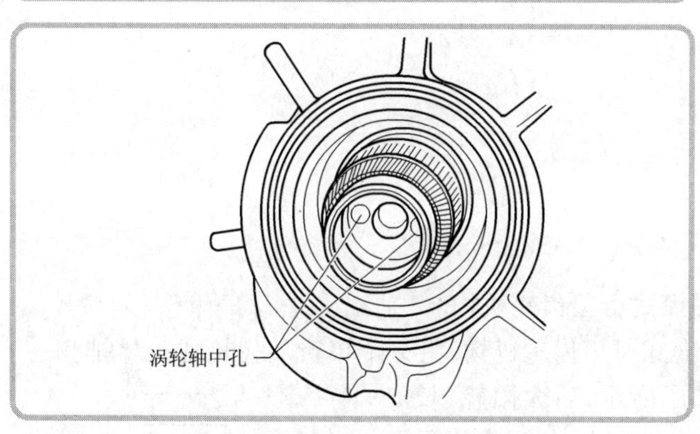

(1)将油底壳朝下放置变速器,拆掉变矩器。

◀(2)将涡轮轴中孔旋转到水平位置。

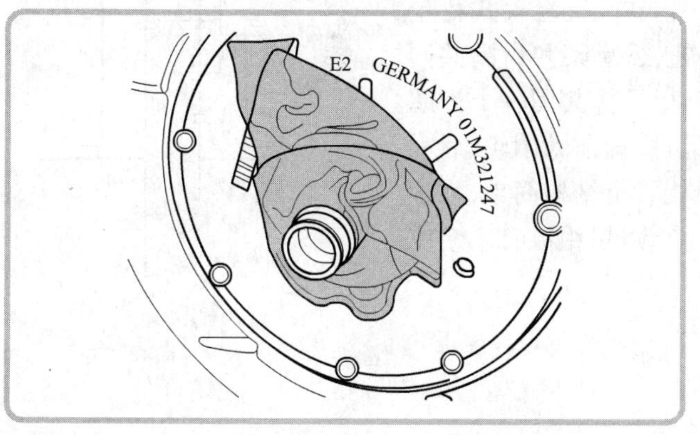

(3)通过仔细塞住涡轮轴和旁边的孔来保护变速器。

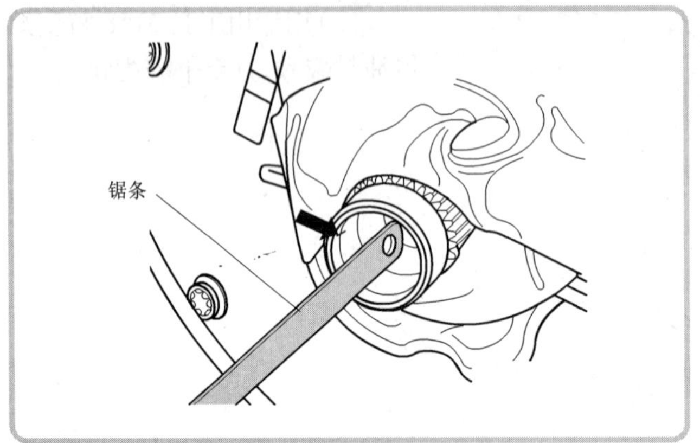

(4)用锯条将轴套锯开。**注意:**不要将锯条置于轴套的接缝处(如图箭头所示),确保不让碎屑进入变速器。

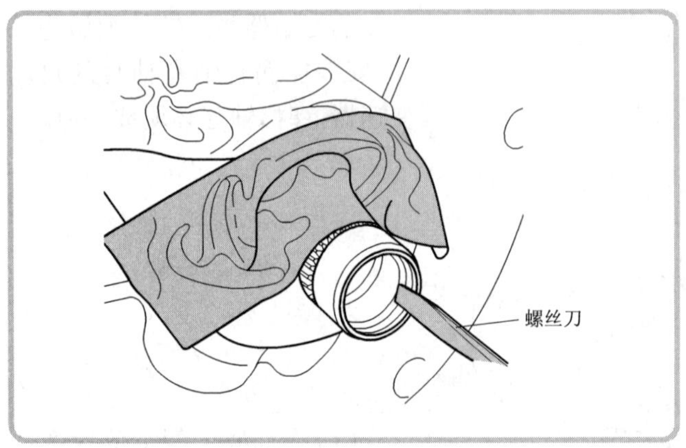

◀(5)不要损伤涡轮轴,用螺丝刀撬下分离的轴套。

(6)取出金属屑和胶带,更换变矩器油封。

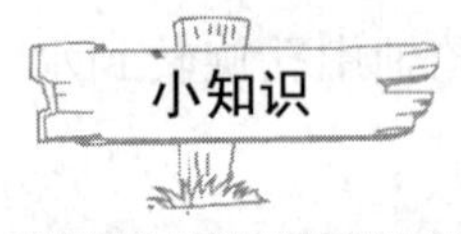

拉威挪式行星齿轮机构

拉威挪式行星齿轮机构是一种复合式行星齿轮机构,由一个单行星齿轮式行星排和一个双行星齿轮式行星排组合而成。如图所示,后太阳轮、长行星齿轮、行星架和齿圈共同组成一个单行星齿轮式行星排;前太阳轮、短行星齿轮、长行星齿轮、行星架和齿圈共同组成一个双行星齿轮式行星排。二个行星排共用一个齿圈和一个行星架,因此它只有4个独立元件,即前太阳轮、后太阳轮、行星架、齿圈。这种行星齿轮机构具有结构简单、尺寸小、传动比变化范围大、灵活多变等特点,可以组成有3个或者4个前进挡的行星齿轮变速器。

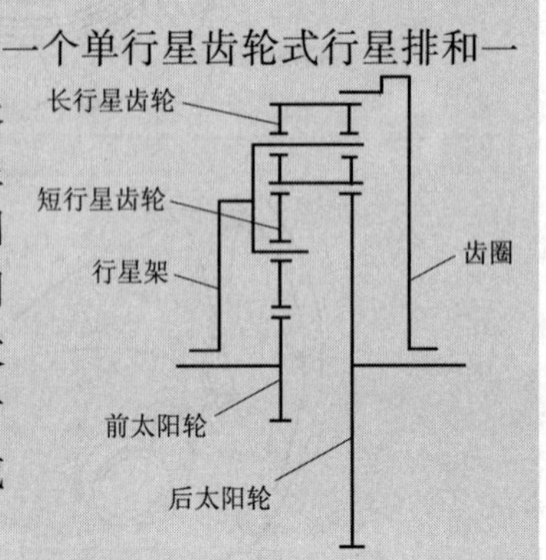

项目5 换挡操纵机构的检修

·1学时·

目　　　的:学习拉威挪式自动变速器换挡操纵机构的检修方法。

自动变速器型号:一汽宝来轿车01M型自动变速器。

设 备 与 工 具:组合扳手,螺丝刀,钳子,扭力扳手,锤子,举升器。

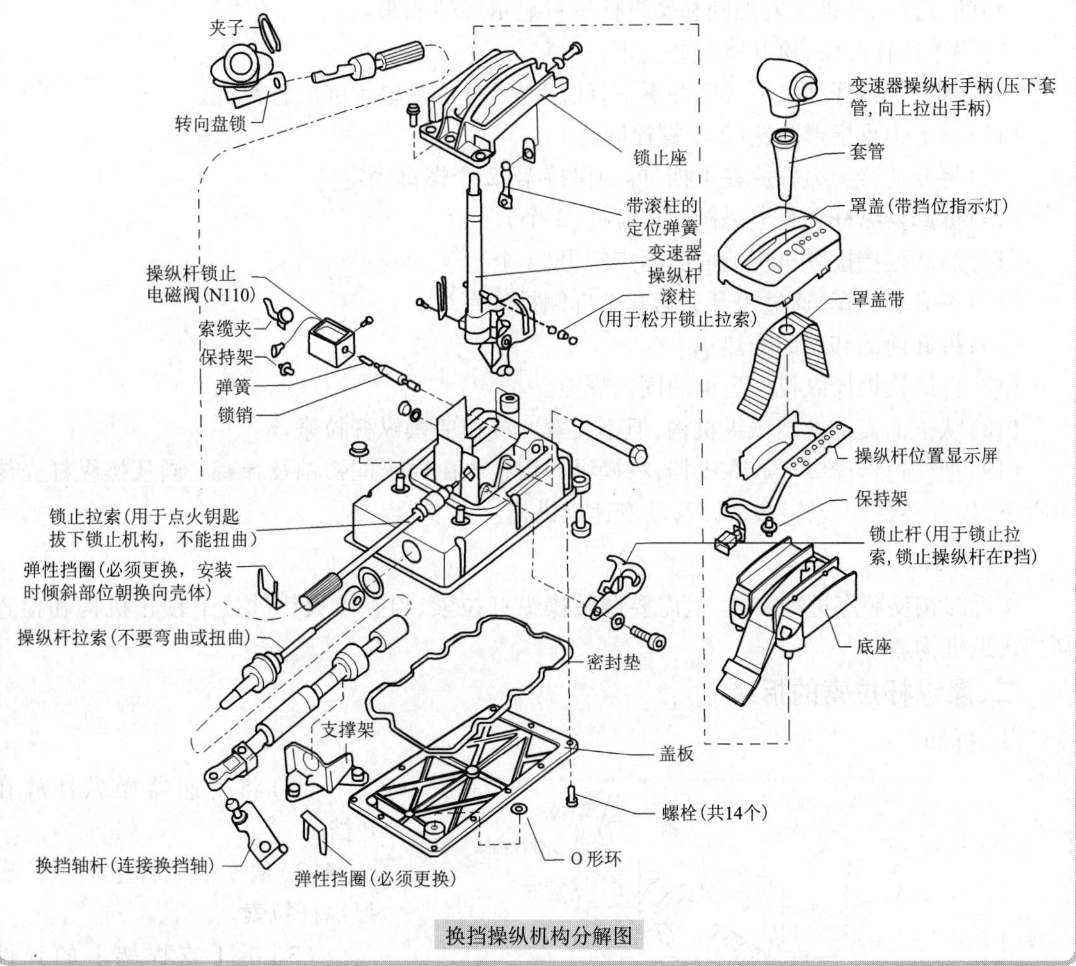

换挡操纵机构分解图

一、操纵杆锁止电磁阀(N110)的拆装

1 拆卸

(1)在有收音机密码的汽车上,查询收音机密码。

(2)断开蓄电池搭铁线。

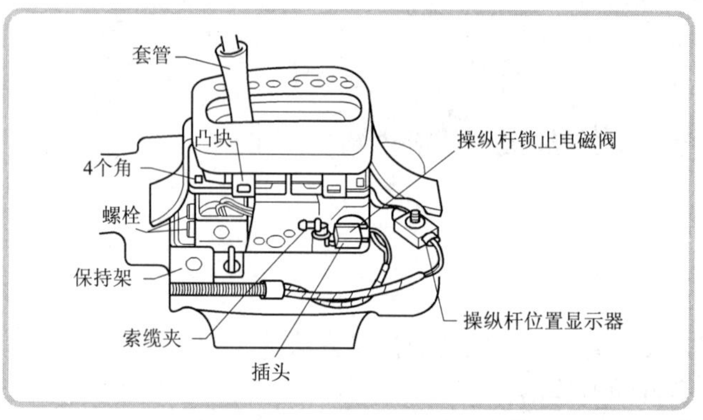

◀(3)用两把螺丝刀压下变速器操纵杆手柄上的套管,向上拉出变速器操纵杆手柄。

(4)拆卸中央仪表台和附件。

(5)从锁止杆上拆卸锁止拉索。

(6)从操纵杆壳体上拆开索缆夹,但不要损坏线束。

(7)使用螺丝刀从操纵杆壳体中仔细撬出插头的保持架。

(8)断开操纵杆锁止电磁阀和操纵杆位置显示屏的插头。

(9)用手压住凸块,松开罩盖并撬下。

(10)从4个角仔细撬下底座并拆下,注意操纵杆位置显示屏的触簧。

(11)拆下锁止扇形凸轮(2个螺栓固定)。

(12)将变速器操纵杆放在1挡,拆卸保持架(2个螺母固定)。

(13)拆卸操纵杆锁止电磁阀固定螺栓(2个)。

(14)拆卸换挡操纵机构前面的固定螺母(2个)。

(15)举升起汽车,通过松开夹紧套来拆卸排气系统。

(16)拆卸前部和后部隔热罩。

(17)拆卸换挡操纵机构后面的固定螺栓。

(18)从下面支撑换挡操纵机构,但不要弯曲或扭曲操纵杆拉索。

(19)把变速器操纵杆放在1挡,将操纵杆锁止电磁阀连同锁销及弹簧一同从操纵杆壳体上拆下,如有必要,可以轻微来回移动变速操纵杆。

2 安装

按拆卸相反顺序进行安装,但需要调整操纵杆拉索、检查点火钥匙拔下锁止机构和检查换挡操纵机构。

二、操纵杆拉索的拆装

1 拆卸

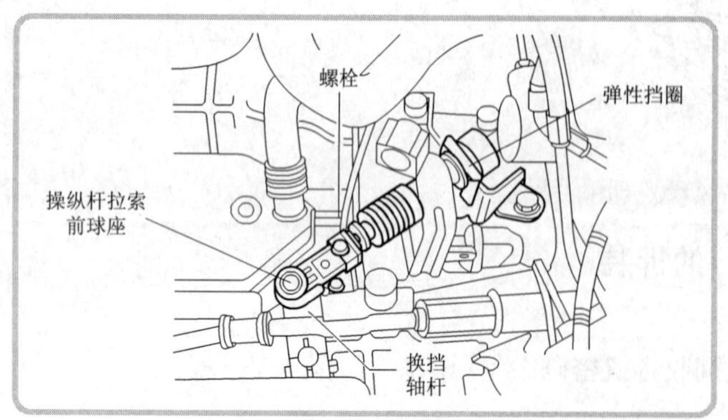

(1)将变速器操纵杆放在P挡。

◀(2)从换挡轴杆上向上拉出操纵杆拉索。

(3)拆下支撑架上的弹性挡圈。

(4)举升起汽车,通过松开夹紧套来拆卸排气系统。

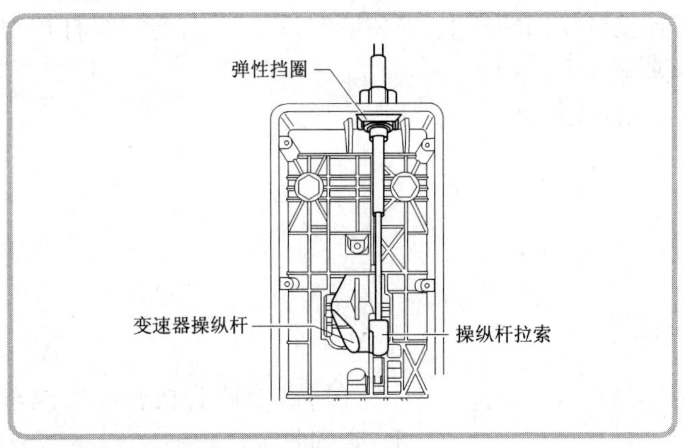

(5)拆卸前部和后部隔热罩。

(6)从操纵杆壳体上拆卸盖板。

◀(7)用螺丝刀从变速器操纵杆上撬下操纵杆拉索。

(8)向下拉出固定操纵杆拉索在操纵杆壳体上的弹性挡圈。

(9)仔细从操纵杆壳体中拉出操纵杆拉索。

2 安装

(1)检查保护套是否损坏,保护套仅能和操纵杆拉索一同更换。

(2)在安装前,用润滑脂稍微润滑拉索后部的球座。

(3)检查保护套是否正确安装,不要安装已扭曲的保护套。

(4)不要弯曲或扭曲操纵杆拉索。

(5)将变速器操纵杆和换挡轴杆放在P挡,前轮被锁止。

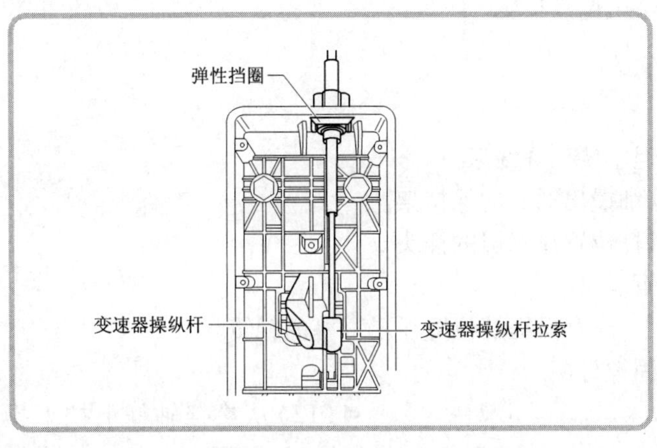

◀(6)将带有新垫圈的操纵杆拉索装入操纵杆壳体,并将操纵杆拉索安装到变速器操纵杆上。

(7)安装新的变速器操纵杆拉索弹性挡圈。**注意:**弹性挡圈的后部倾斜部分朝向操纵杆壳体。

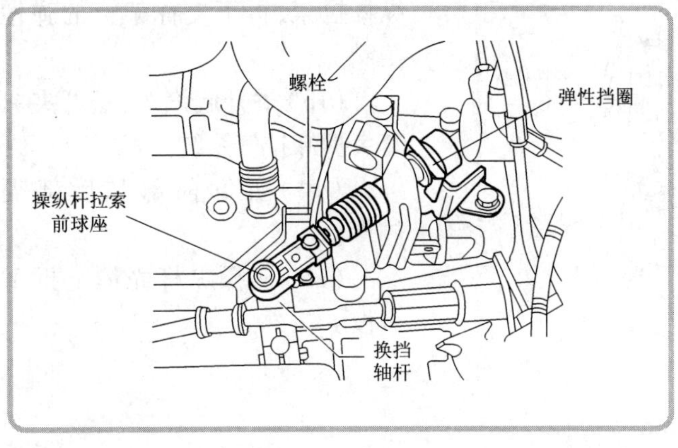

(8)将变速器操纵杆从P挡移到1挡,操纵杆机械部分和操纵杆拉索必须自由移动。如有必要,更换操纵杆拉索或操纵杆机械部分。

◀(9)将变速器操纵杆放入P挡,松开操纵杆拉索前部球座的螺栓。

(10)将操纵杆拉索放入支撑架,并连接到换挡轴杆上,安装新的弹性挡圈,将操纵杆拉索固定到支撑架上,以8N·m的力矩紧固螺栓。

(11)将带有新密封垫的盖板安到操纵杆壳体上。

(12)安装前部和后部隔热罩。

(13)连接排气系统,紧固夹紧套。

(14)检查换挡操纵机构。

三、变速器操纵杆的拆装

1 拆卸

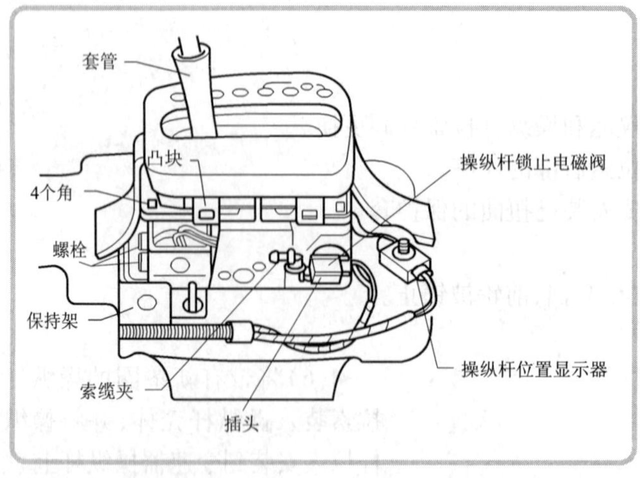

(1)在有收音机密码的汽车上,查询收音机密码。

(2)断开蓄电池的搭铁线。

◀(3)用两把螺丝刀将套管从变速器操纵杆手柄上压下,向上拉出变速器操纵杆手柄。

(4)拆卸中央仪表台和附件。

(5)从锁止杆上拆下锁止拉索。

(6)从操纵杆壳体上拆下索缆夹,但不要损坏线束。

(7)使用螺丝刀从操纵杆壳体中仔细撬出插头的保持架。

(8)断开操纵杆锁止电磁阀和操纵杆位置显示屏的插头。

(9)用手压住凸块,松开罩盖并撬下。

(10)从4个角仔细撬下底座并拆下,注意操纵杆位置显示屏幕的触簧。

(11)拆下换挡操纵机构前面的紧固螺母(2个)。

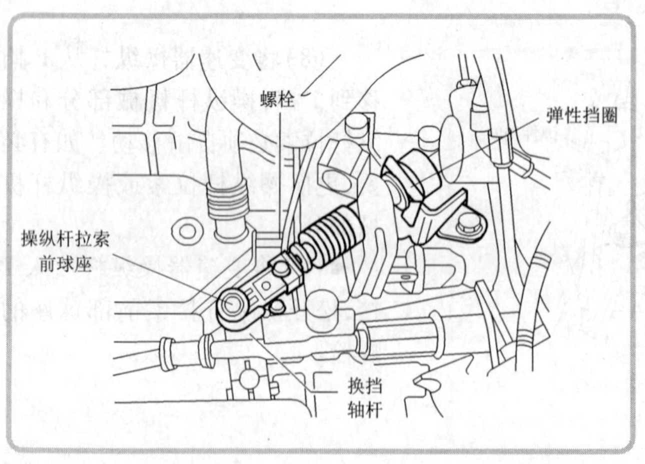

◀(12)从换挡轴杆上拉下操纵杆拉索,拆下支撑架上的弹性挡圈。

(13)举升起汽车,松开夹紧套束拆卸排气系统。

(14)拆卸前部和后部隔热罩。

(15)从操纵杆壳体上拆下盖板。

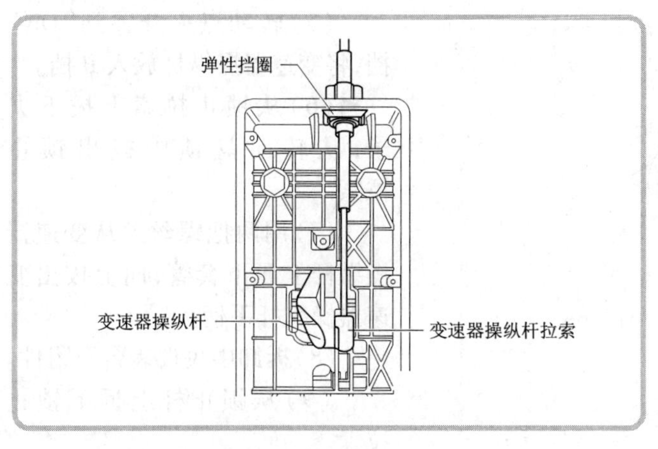

◀(16)用螺丝刀将操纵杆拉索从变速器操纵杆上撬下。

(17)向下拉出固定操纵杆拉索在操纵杆壳体上的弹性挡圈,从操纵杆壳体中仔细拉出换挡杆拉索。

(18)拆下换挡操纵机构后面的紧固螺栓。

(19)从下面支撑换挡操纵机构,拆下操纵杆锁止电磁阀的紧固螺栓。

(20)将变速器操纵杆放在1挡,将操纵杆锁止电磁阀连同锁销和弹簧一起从操纵杆壳体上拆下,如有必要,可以轻微往复移动变速器操纵杆。

(21)用锤子仔细将支撑销敲出,拆下变速器操纵杆。

2 安装

按拆卸相反顺序进行安装,但需要调整操纵杆拉索、检查点火钥匙拔下锁止机构和检查换挡操纵机构。

四、锁止拉索的拆装

1 拆卸

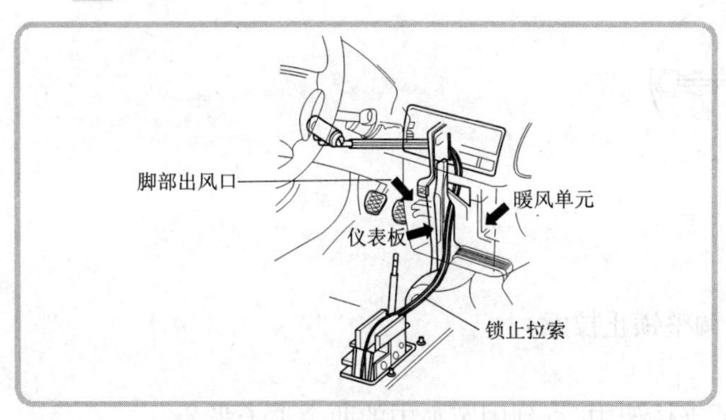

锁止拉索的安装位置见左侧图。

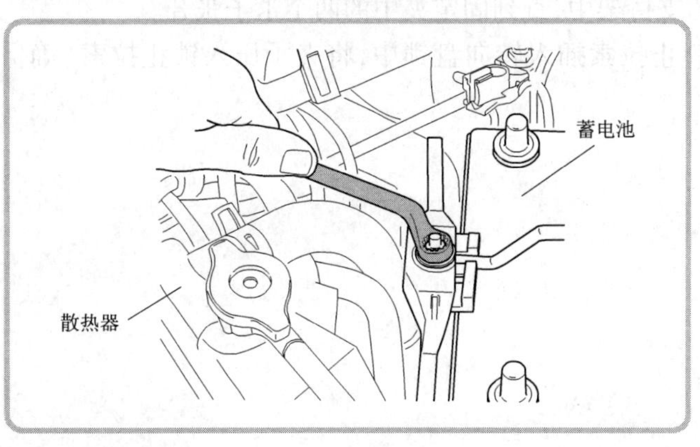

(1)在有收音机密码的汽车上,查询收音机密码。

◀(2)断开蓄电池搭铁线。

(3)从点火开关上拉下锁止拉索夹子。

(4)拆下转向盘、仪表台左侧饰板、转向柱饰板和转向柱调整手柄来获得更多的空间。

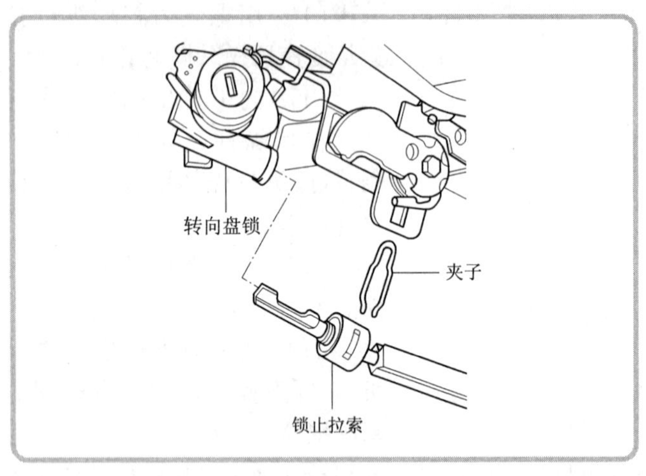

(5)转动点火开关到“ON”挡,将变速器操纵杆放入P挡。

◀(6)从锁止拉索上拔下夹子,从转向盘锁中拔出锁止拉索。

(7)用两把螺丝刀从变速器操纵杆上压下套管,向上拔出变速器操纵杆手柄。

(8)拆卸中央仪表台及附件。

(9)从锁止杆上拆下锁止拉索。

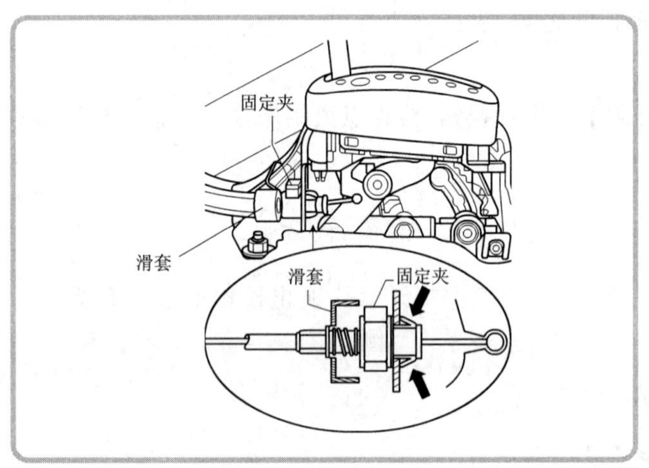

◀(10)压下固定夹2上的两个爪(图中箭头所示),从换挡机构中拔出锁止拉索。

2 安装

(1)锁止拉索不要被扭曲,安装后调整锁止拉索。

(2)将换挡杆放入P挡。

(3)将锁止拉索插入操纵杆壳体的支持架中,直到固定夹中的两个爪子张开。

(4)将点火钥匙转到“ON”挡,将锁止拉索插入转向盘锁中,将夹子压入锁止拉索(确保夹子安装到位)。

3 调整

(1)调整条件:

①正确安装锁止拉索。

②中央仪表台已拆下。

③换挡杆放入P挡。

④点火钥匙已拔下。

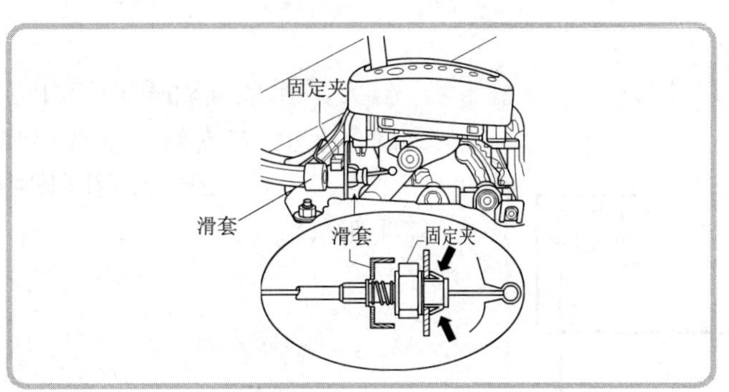

(2)操作步骤：

①向前移动滑套，向上压拆下固定夹。

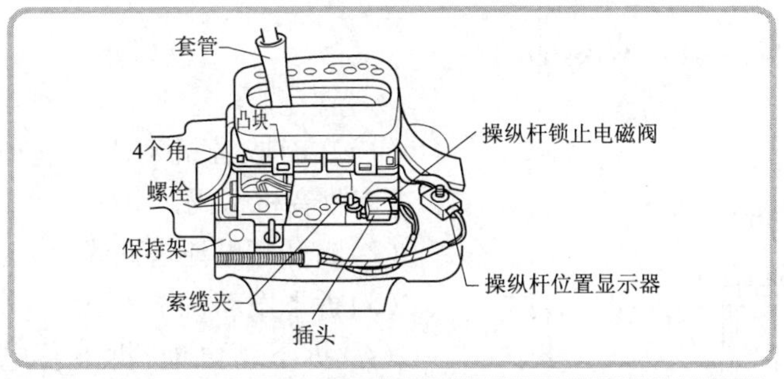

②拔下操纵杆位置显示屏插头，向上拆下套管。用手压住凸块，松开换挡操纵机构罩盖并撬下。从 4 个角仔细撬下底座。

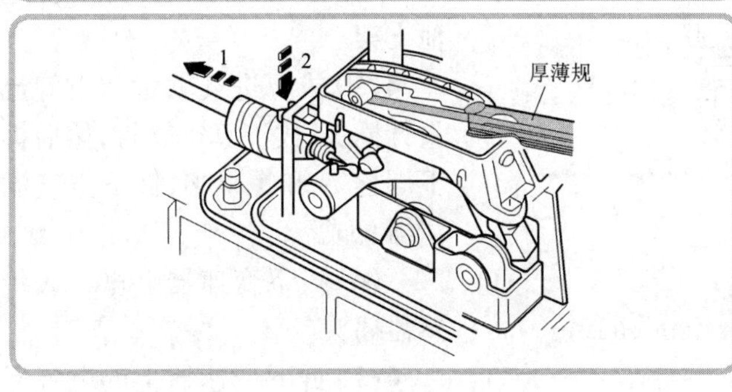

③将 0.8mm 厚薄规塞入锁止杆和变速器操纵杆滚柱之间。按图中箭头 1 方向向前轻轻拉锁止拉索外滑套，按图中箭头 2 方向向下压红色夹子直到它安装上。压入滑套，盖住夹子。

④检查点火钥匙拔下锁止机构。

项目 6　总成的检修

·4 学时·

目　　　的：学习拉威挪式自动变速器总成的检修方法。

自动变速器型号：一汽宝来轿车 01M 型自动变速器。

设 备 与 工 具：组合扳手，螺丝刀，钳子，扭力扳手，锤子，支架 10—222A，管夹 3094，变速器支架 3282，调整片 3282/2，发动机支架 3300A，变速器吊架 3336，支轨 VW457/1，支架 10—222A/1，扭力手扳 V. A. G 1331，扭力扳手 V. A. G 1332，发动机/变速器千斤顶 V. A. G 1383A，套管 V/175，支撑架 VW309，支撑座 VW313，变速器支撑板 VW353，压板 VW402，压力工具 VW412，套管 VW415A，套管 VW418A，套管 3110，装配环 3267，测量装置 VW382，千分表，深度尺，导板，厚薄规，多功能尺架 VW387，千分表，调整工具 3459。

一、自动变速器的拆卸和安装

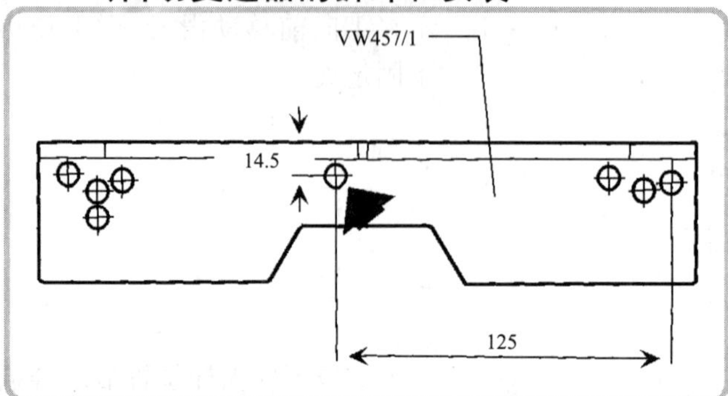

为了保证支轨 VW457/1 安到副车架上，在支轨上需要打出一个直径为 8.5mm 的新孔（图中箭头所示）。

1 拆卸

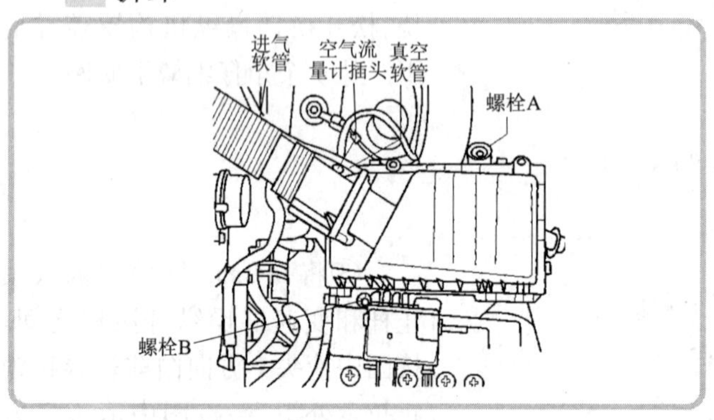

（1）在有收音机密码的汽车上，查询收音机密码。

（2）断开蓄电池搭铁线。

（3）拆下发动机罩盖。

（4）拆下蓄电池，拆下蓄电池支架。

◀（5）拔下进气软管和空气流量计插头，拔下真空软管，然后拆下螺栓 A 和螺栓 B，拆下空气滤清器总成。

（6）拔下变速器上里程表传感器插头。

◀（7）拆下变速器上的电气元件插头。

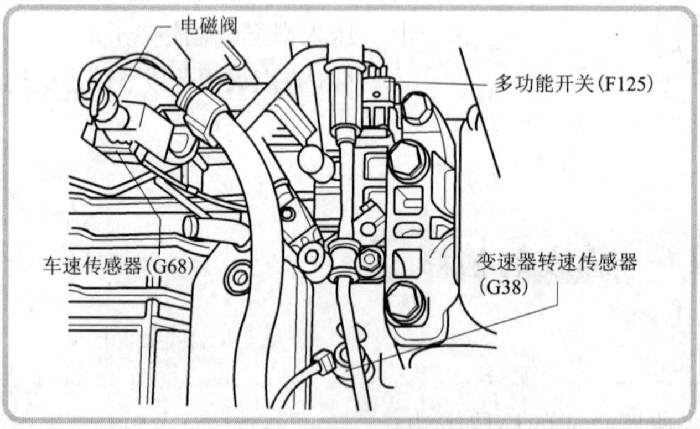

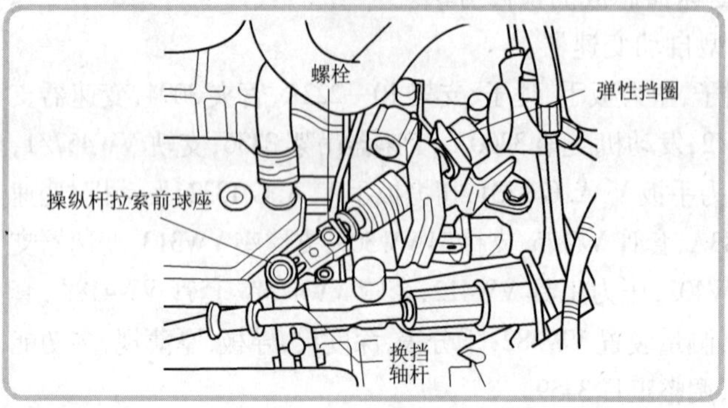

（8）从变速器的支架上拆下线束套管并推到一边，拆下动力转向软管支架和线束保持支架。

◀（9）将变速器操纵杆放在 P 挡，并用螺丝刀从换挡轴杆上撬下操纵杆拉索。不要松开螺栓，拆下拉索支撑架上的弹性挡圈，并拆下拉索。注意：不要弯曲操纵杆拉索。

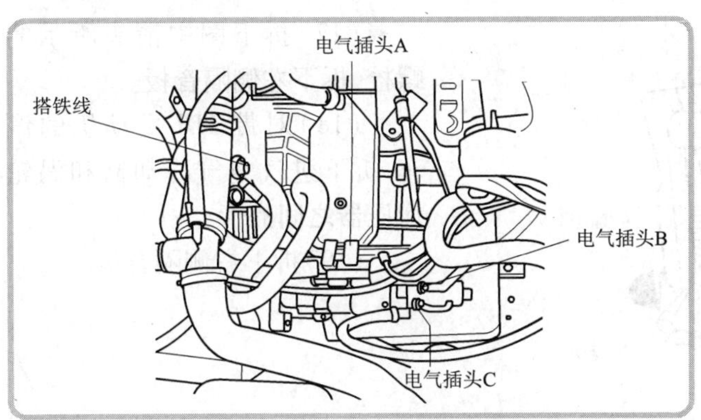

◀(10)从发动机和变速器的紧固螺栓上面拆下搭铁线的螺栓,断开起动机上的电气插头B和C,断开插头A并从支持架上拔出。

(11)拆下起动机上的线束护套支架,拆下起动机与发动机上面的固定螺栓。

◀(12)使用管夹3094夹紧自动变速器油(ATF)冷却器软管,并从冷却器上拆下来,用干净塞子密封好冷却器。

(13)拆下发动机和变速器上面的紧固螺栓。

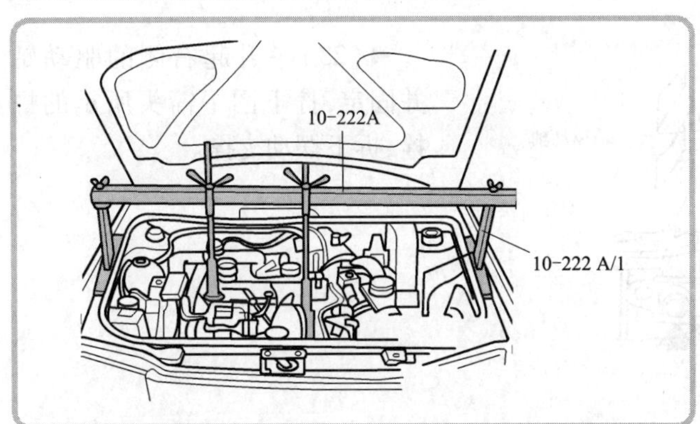

◀(14)安上带有10-222A/1的支架10-222A,并在这个位置支撑发动机和变速器。

(15)拆下左前轮紧固螺栓,举升起汽车,拆下左轮。

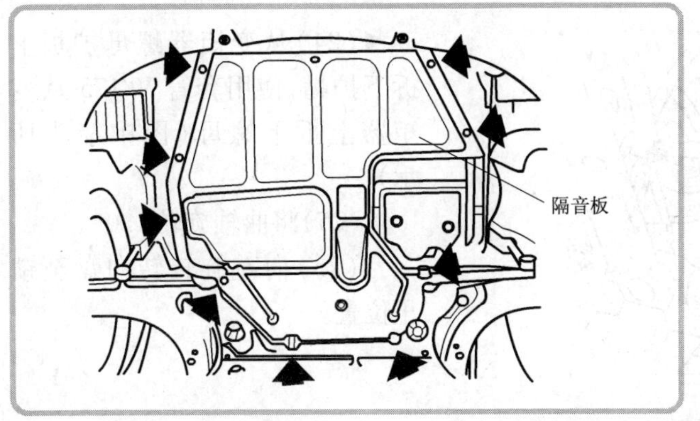

◀(16)拆下图中箭头所示的螺栓,拆下隔音板。

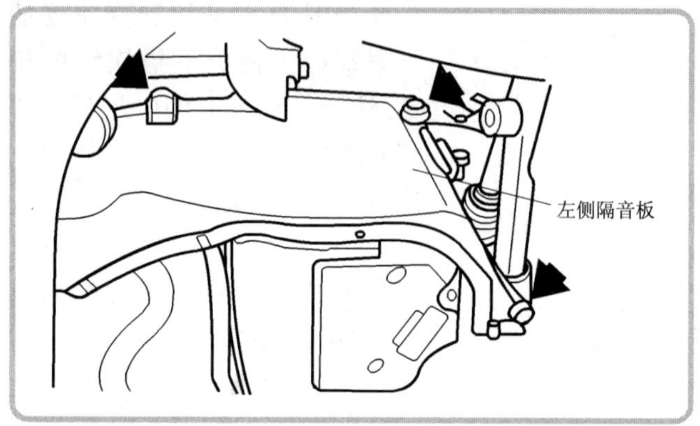

◀(17)拆下图中箭头所示的螺栓,拆下左侧隔音板。

(18)对带 TDI 发动机的汽车,拆下进气空气冷却器和涡轮增压器之间的管。

(19)拆下右侧隔音板。

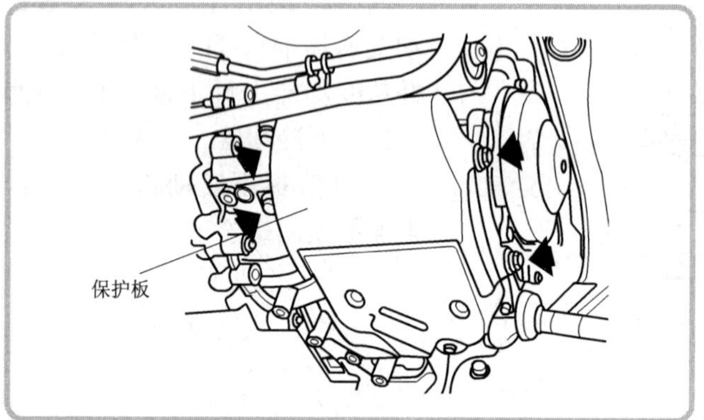

◀(20)拧下图中箭头所示的螺栓,拆下 ATF 油底壳保护板。

(21)拆下动力转向油管支架,拆下起动机下面的螺栓,拆下起动机。

(22)从右侧拆下内等速万向节的保护罩,将驱动轴与变速器法兰断开。

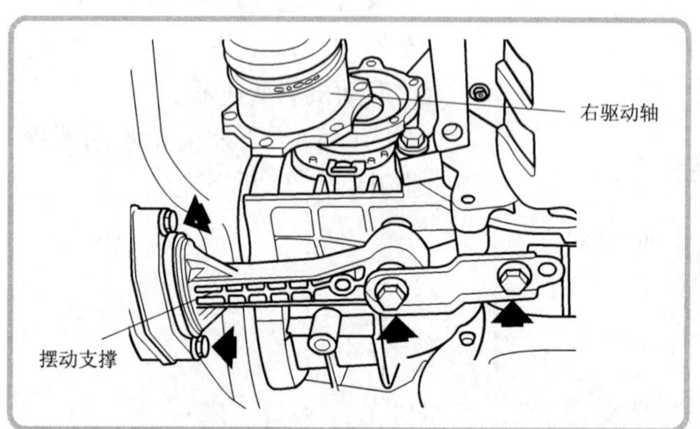

◀(23)举升起右侧的驱动轴并固定,拧下图中箭头所示的螺栓,拆下摆动支撑。

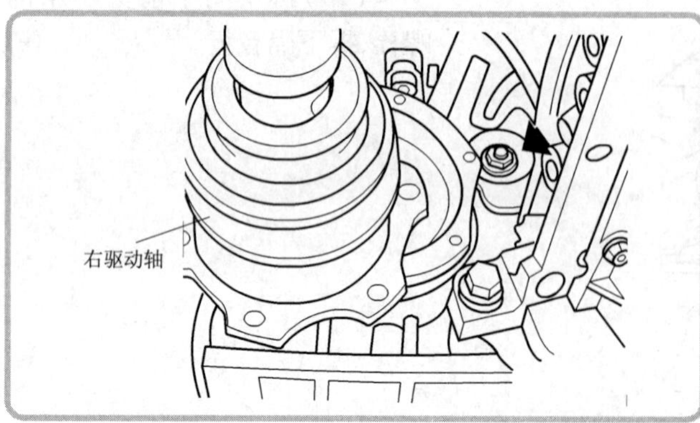

◀(24)从变矩器螺母护板上拆下护帽,使用套管 V/175 从变矩器上拆下螺母(图中箭头所示)。

(25)将曲轴旋转 120°。

(26)向左旋转转向盘至锁止位置。

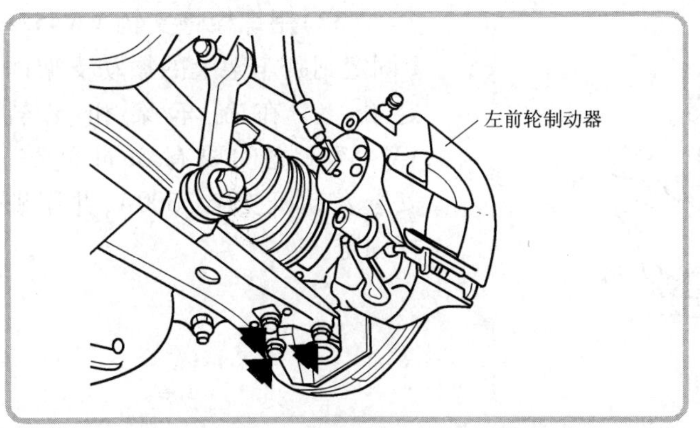

◀(27)在左侧三角臂上球头处螺栓的安装位置做上标志，拆下螺栓(图中箭头所示)。

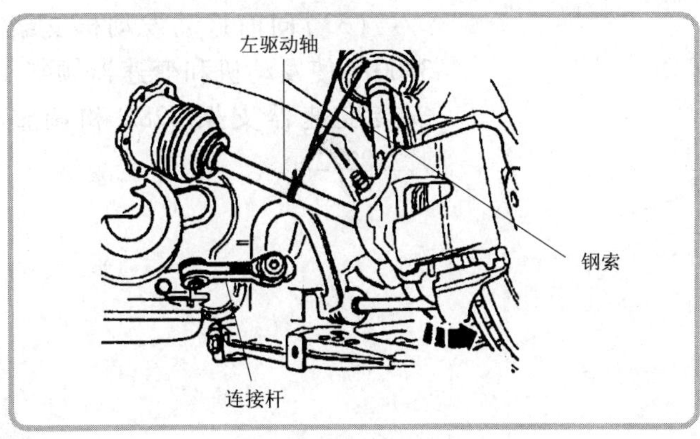

(28)从三角臂上拆下左侧的连接杆，并将连接杆向上旋转。向外推车轮轴承座，从副车架和变速器间穿出左驱动轴，抬起驱动轴，用钢索将其固定到悬架支架上。

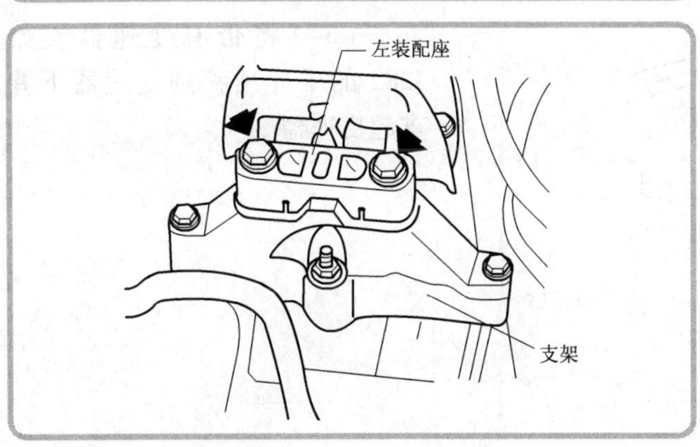

◀(29)从支架上拆下左装配座的六角螺栓(图中箭头所示)。

(30)小心地使发动机和变速器倾斜。在操作过程中，降低支架10—222A上的转轴大约60mm。

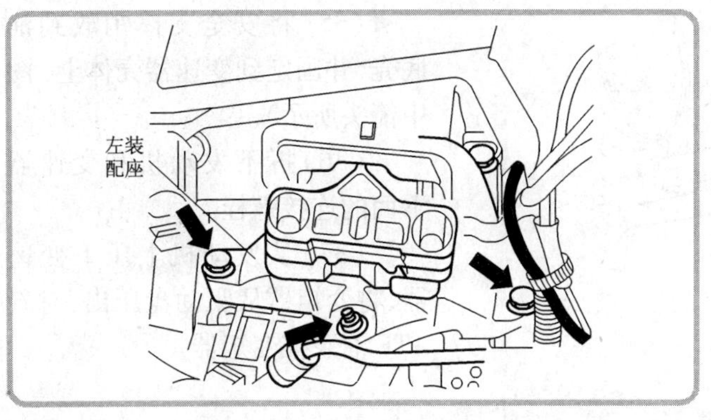

(31)从变速器上拆下左装配座。

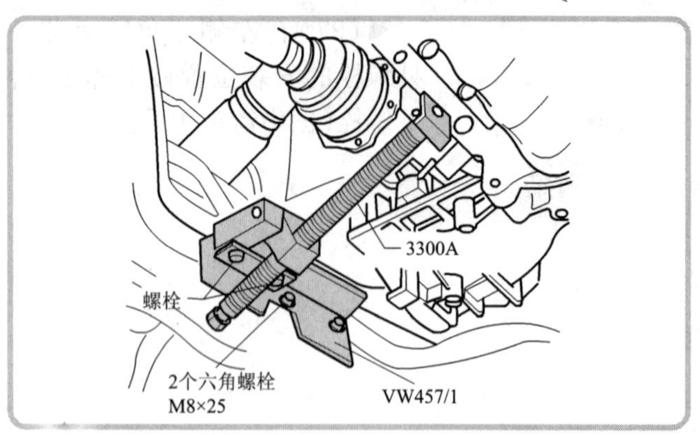

(32)用螺栓将支轨 VW457/1 固定到副车架上的振动支架固定孔上，在副车架和支轨 VW457/1 之间要有 6mm 间隙。安装发动机支架 3300A，并用螺栓固定。

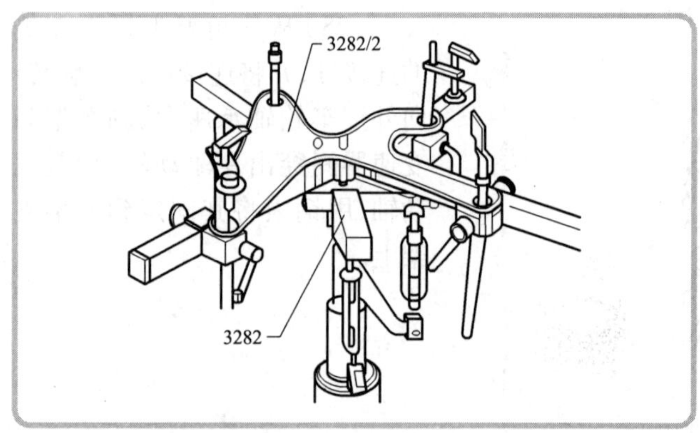

(33)向前拧动发动机支架 3300A，使发动机和变速器倾斜。安装变速器支架 3282 和调整片3282/2。

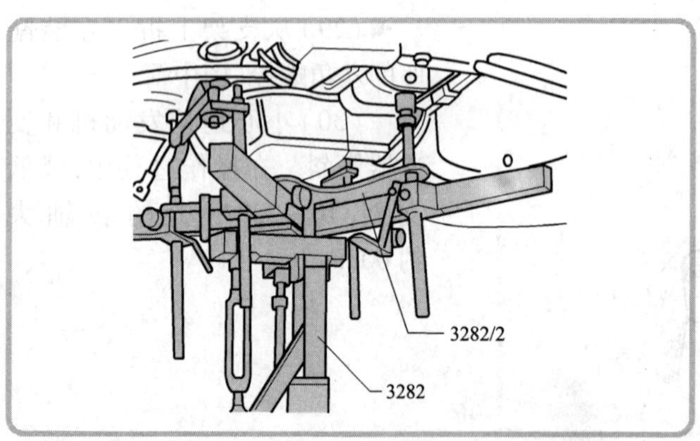

(34)将带有变速器支架 3282 的千斤顶移到变速器下并支起变速器。

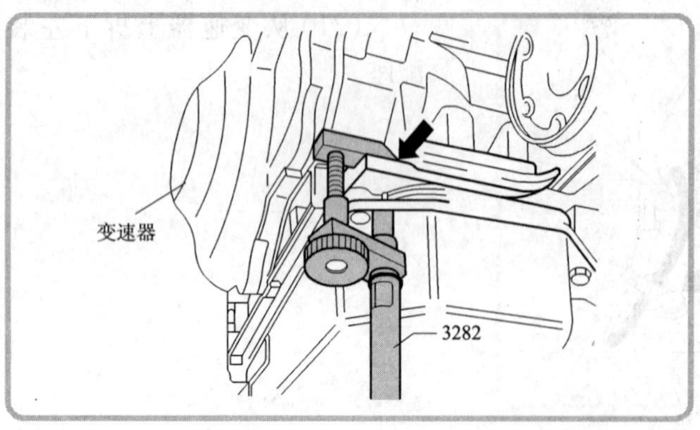

◀(35)将安全支撑销放到油底壳，并固定到变速器壳体上(图中箭头所示)。

(36)拆下发动机和变速器下面的连接螺栓。

(37)从发动机上压下变速器，将变矩器从驱动盘压出，对着 ATF 油泵推变矩器。

(38)稍微降低变速器,将动力转向油管绕过变速器。

(39)利用变速器千斤顶上的转轴使变速器倾斜,当降低变速器时要确保护板(轮罩侧)小心通过轮罩。

(40)旋转变速器并小心地放低,要确保右侧的连接凸缘不接触发动机或支架3300A,多功能开关不能接触副车架,变矩器不要掉出。

2 安装

按与拆卸相反顺序进行安装,但需要注意以下事项:

(1)安装变矩器时,要确保两个驱动销装入ATF油泵内齿轮的槽内。

(2)安装变速器前,观察变矩器与驱动板的接触情况。

(3)安装变速器时,确保定位销套正确安装到位。

(4)更换变速器操纵杆拉索的弹性挡圈。

(5)检查变速器操纵杆拉索调整情况,如必要进行调整。

(6)检查和添加自动变速器油。

(7)执行自诊断并进行基本设定

(8)拧紧力矩:

①变矩器与驱动盘螺栓的拧紧力矩为60N·m。

②变速器与发动机螺栓(M12)的拧紧力矩为80N·m。

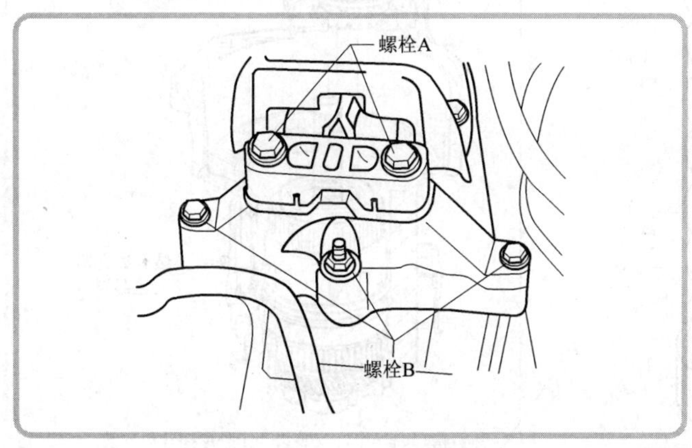

③变速器与发动机螺栓(M10)的拧紧力矩为60N·m。

④变速器与油底壳/发动机螺栓(M10)的拧紧力矩为25N·m。

◀⑤变速器与车身的螺栓A的拧紧力矩为60N·m+90°,变速器与车身的螺栓B的拧紧力矩为60N·m+90°。

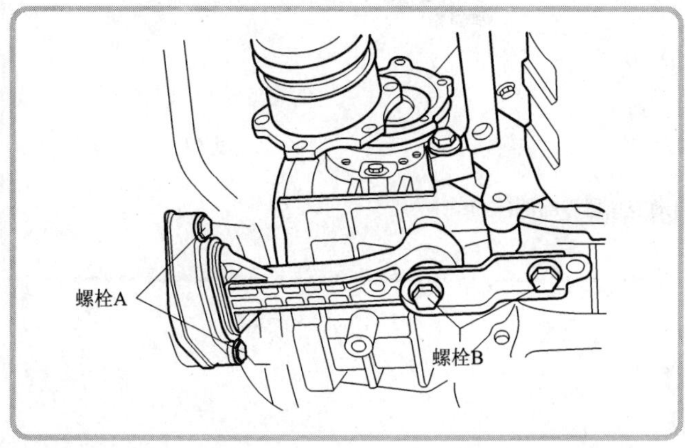

⑥变速器后面支架螺栓A的拧紧力矩为20N·m+90°,变速器后面支架螺栓B的拧紧力矩为40N·m+90°。

二、自动变速器的分解和组装

B2:2 挡和 4 挡制动器

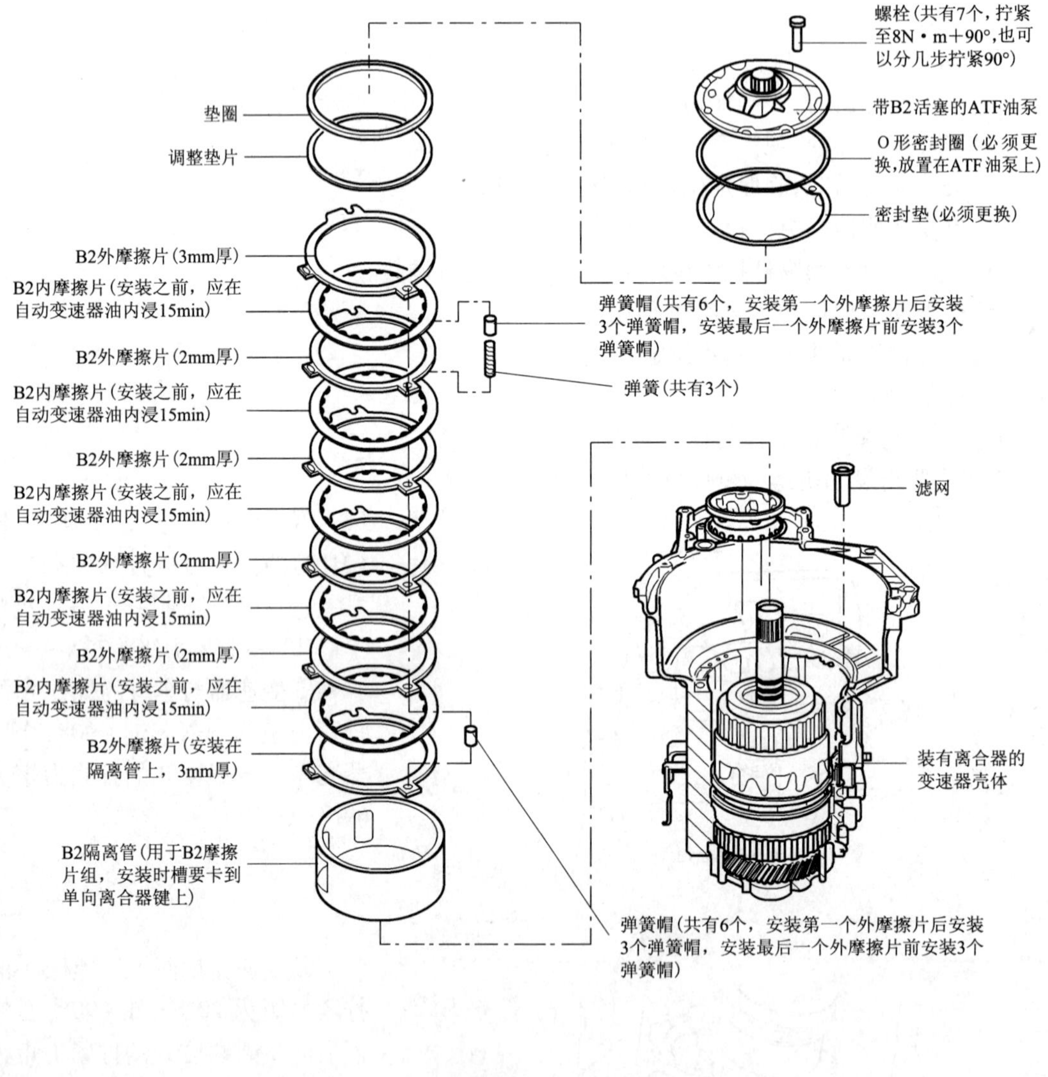

垫圈

调整垫片

B2外摩擦片(3mm厚)

B2内摩擦片(安装之前，应在自动变速器油内浸15min)

B2外摩擦片(2mm厚)

B2内摩擦片(安装之前，应在自动变速器油内浸15min)

B2外摩擦片(2mm厚)

B2内摩擦片(安装之前，应在自动变速器油内浸15min)

B2外摩擦片(2mm厚)

B2内摩擦片(安装之前，应在自动变速器油内浸15min)

B2外摩擦片(2mm厚)

B2内摩擦片(安装之前，应在自动变速器油内浸15min)

B2外摩擦片(安装在隔离管上，3mm厚)

B2隔离管(用于B2摩擦片组，安装时槽要卡到单向离合器键上)

螺栓(共有7个，拧紧至8N·m+90°,也可以分几步拧紧90°)

带B2活塞的ATF油泵

O形密封圈(必须更换,放置在ATF油泵上)

密封垫(必须更换)

弹簧帽(共有6个，安装第一个外摩擦片后安装3个弹簧帽，安装最后一个外摩擦片前安装3个弹簧帽)

弹簧(共有3个)

滤网

装有离合器的变速器壳体

弹簧帽(共有6个，安装第一个外摩擦片后安装3个弹簧帽，安装最后一个外摩擦片前安装3个弹簧帽)

自动变速器零部件(一)

K1:1 ~3 挡离合器

K2:倒挡离合器

K3:3 挡和 4 挡离合器

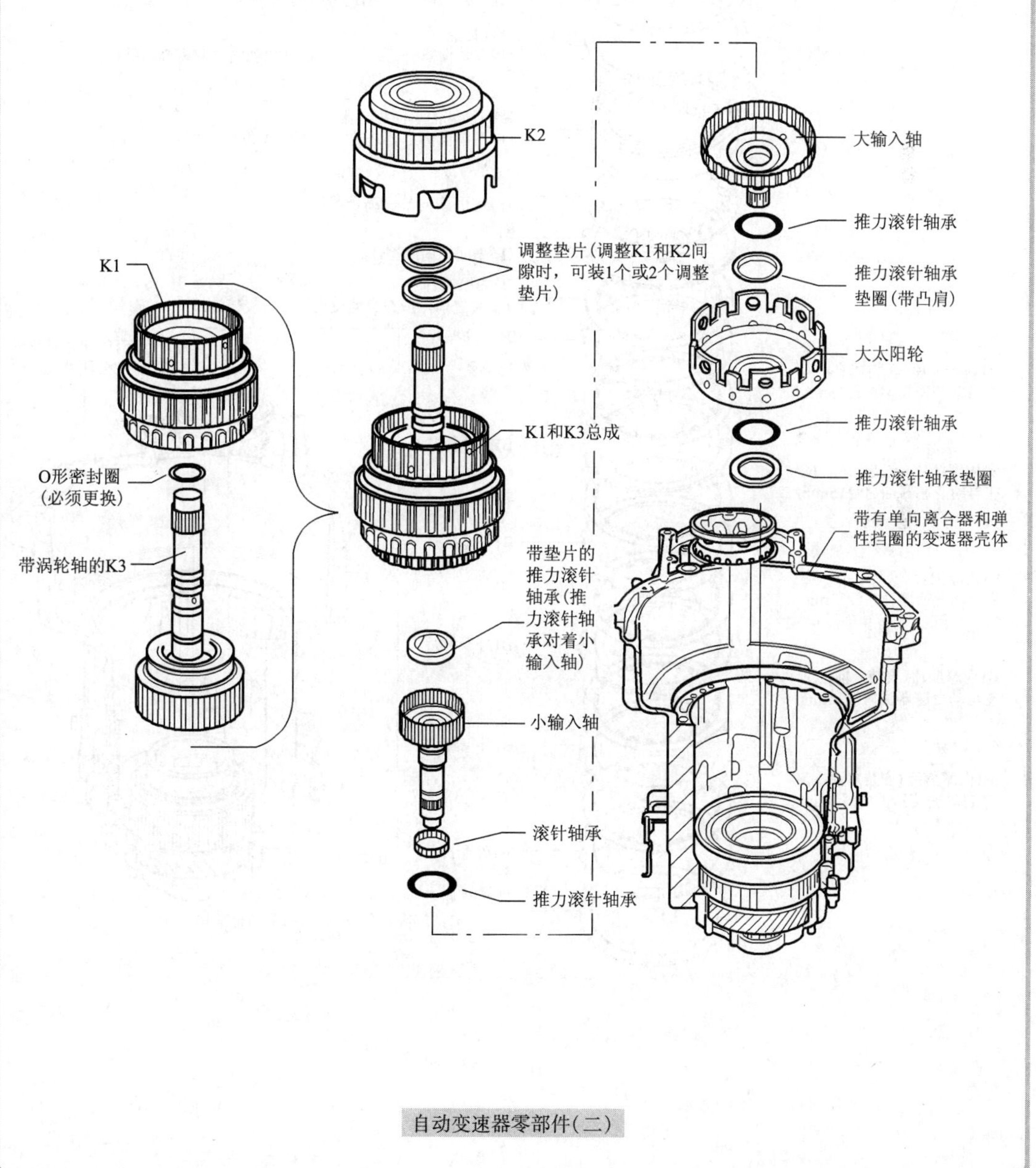

自动变速器零部件(二)

B1:倒挡制动器

B2:2 挡和 4 挡制动器

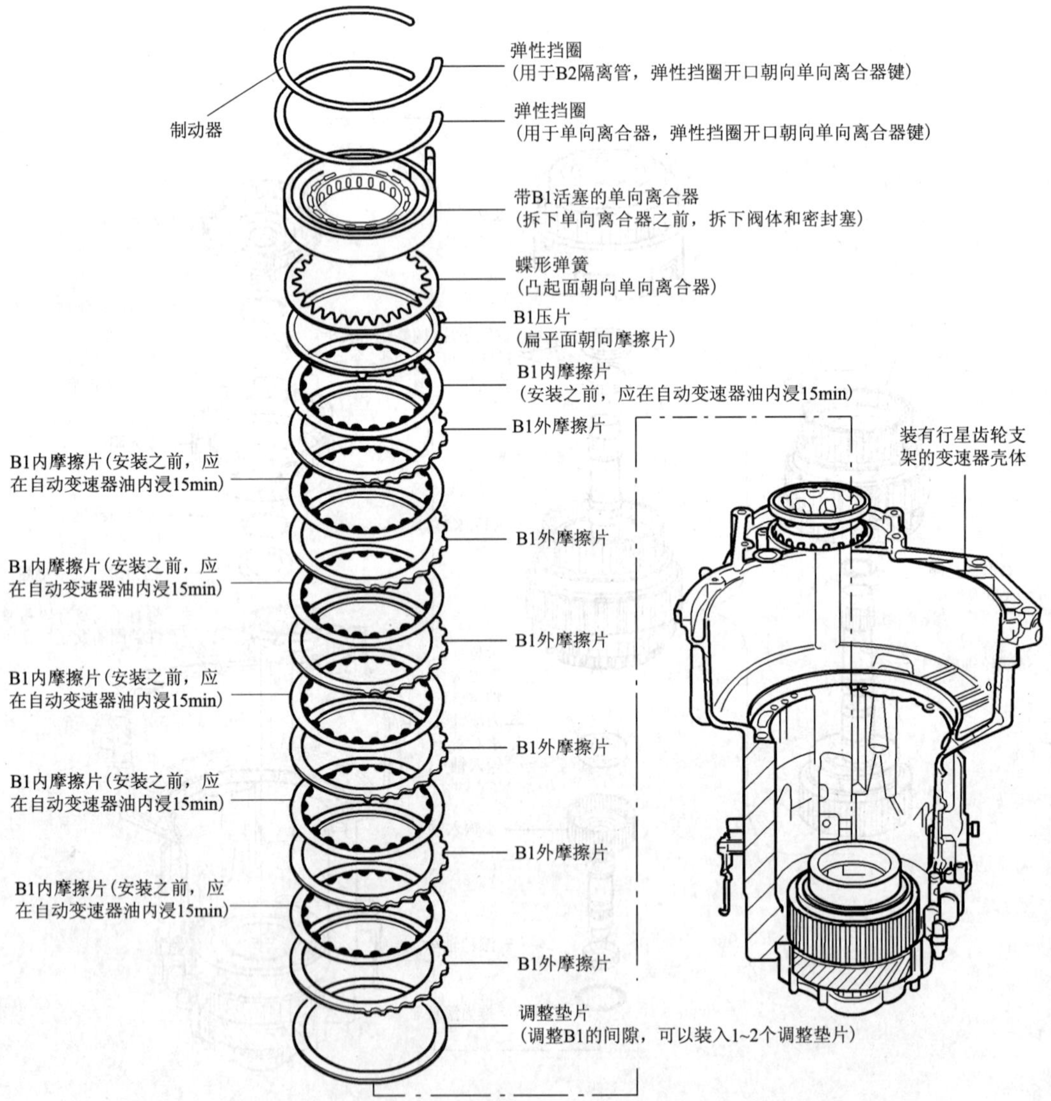

制动器

弹性挡圈
(用于B2隔离管，弹性挡圈开口朝向单向离合器键)

弹性挡圈
(用于单向离合器，弹性挡圈开口朝向单向离合器键)

带B1活塞的单向离合器
(拆下单向离合器之前，拆下阀体和密封塞)

蝶形弹簧
(凸起面朝向单向离合器)

B1压片
(扁平面朝向摩擦片)

B1内摩擦片
(安装之前，应在自动变速器油内浸15min)

B1外摩擦片

B1内摩擦片(安装之前，应在自动变速器油内浸15min)

B1外摩擦片

B1内摩擦片(安装之前，应在自动变速器油内浸15min)

B1外摩擦片

B1内摩擦片(安装之前，应在自动变速器油内浸15min)

B1外摩擦片

B1内摩擦片(安装之前，应在自动变速器油内浸15min)

B1外摩擦片

B1内摩擦片(安装之前，应在自动变速器油内浸15min)

B1外摩擦片

调整垫片
(调整B1的间隙，可以装入1~2个调整垫片)

装有行星齿轮支架的变速器壳体

自动变速器零部件(三)

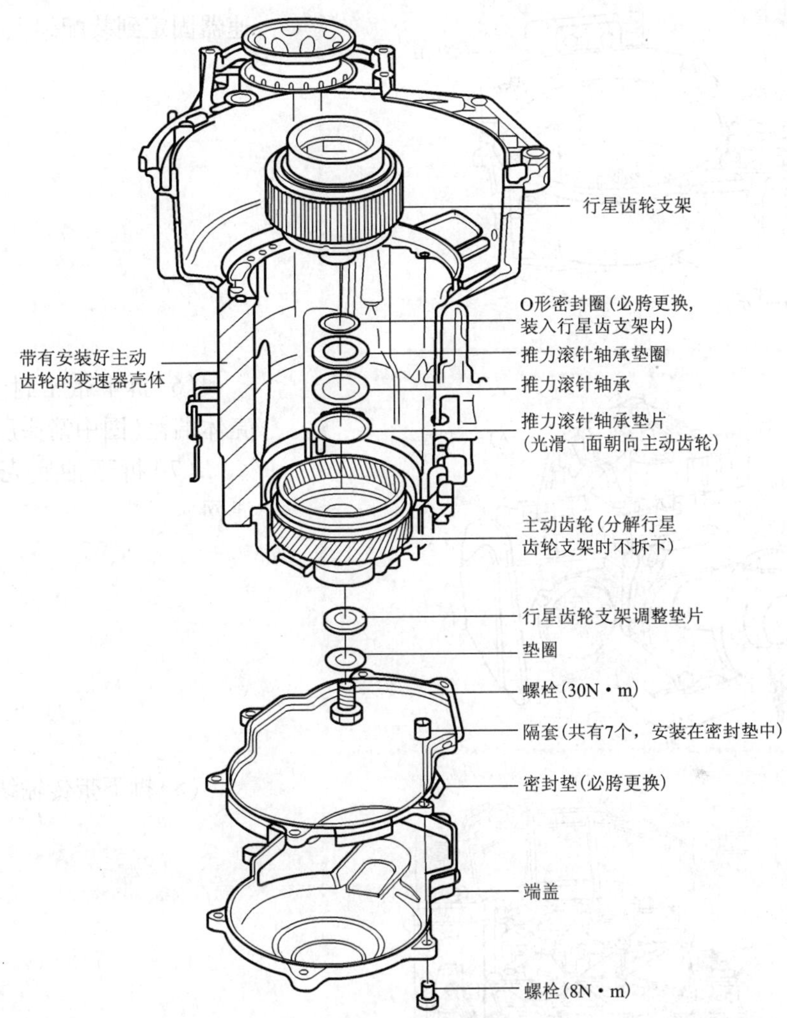

行星齿轮支架
O形密封圈(必胯更换,
装入行星齿支架内)
带有安装好主动
齿轮的变速器壳体
推力滚针轴承垫圈
推力滚针轴承
推力滚针轴承垫片
(光滑一面朝向主动齿轮)
主动齿轮(分解行星
齿轮支架时不拆下)
行星齿轮支架调整垫片
垫圈
螺栓(30N·m)
隔套(共有7个,安装在密封垫中)
密封垫(必胯更换)
端盖
螺栓(8N·m)
自动变速器零部件(四)

1 分解

密封塞
固定端盖
ATF溢流管
密封圈

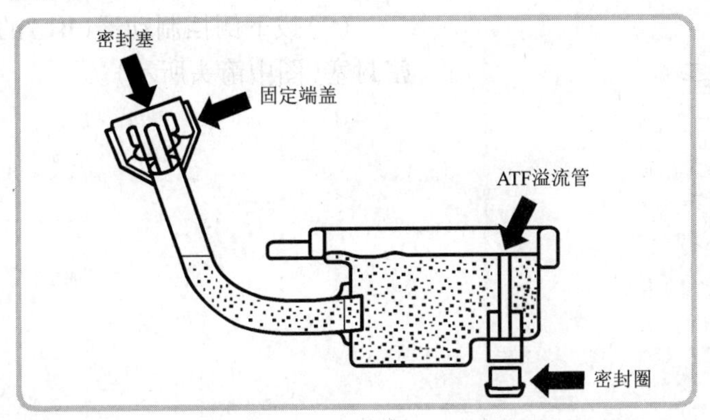

(1)将自动变速器安装到变速器吊架3336上。

(2)将容器放在变速器下。

◀(3)拆下螺塞和ATF溢流管,排放自动变速器油。

(4)密封ATF冷却器油口,拆下变矩器。

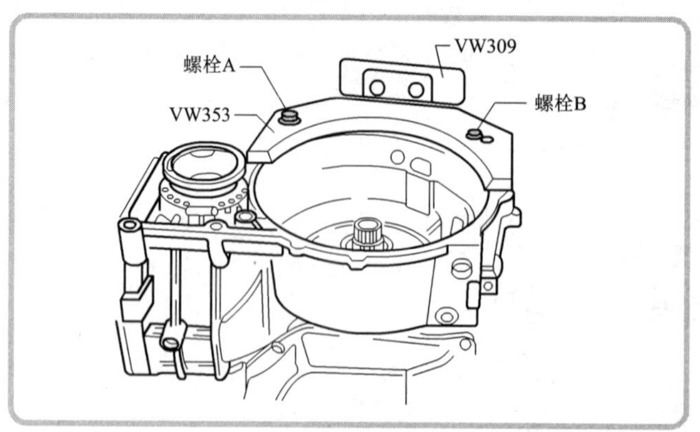

(5)用螺栓 A 和螺栓 B 将变速器固定到装配架上。

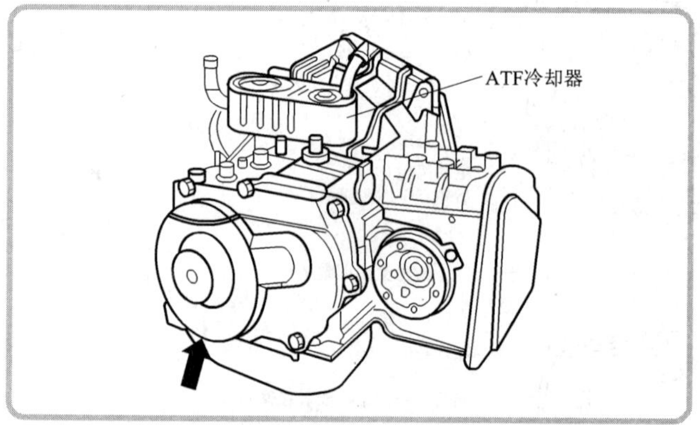

◀(6)拆下带密封垫的变速器壳体端盖(图中箭头所示)。

(7)拆下油底壳,拆下 ATF 滤网。

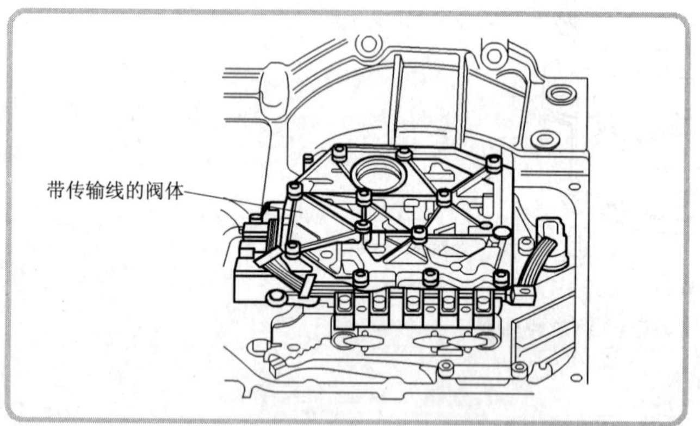

(8)拆下带传输线的阀体。

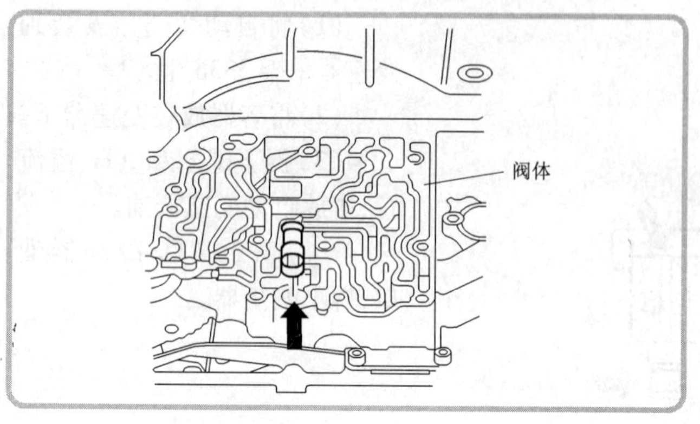

(9)拔下倒挡制动器(B1)的密封塞(图中箭头所示)。

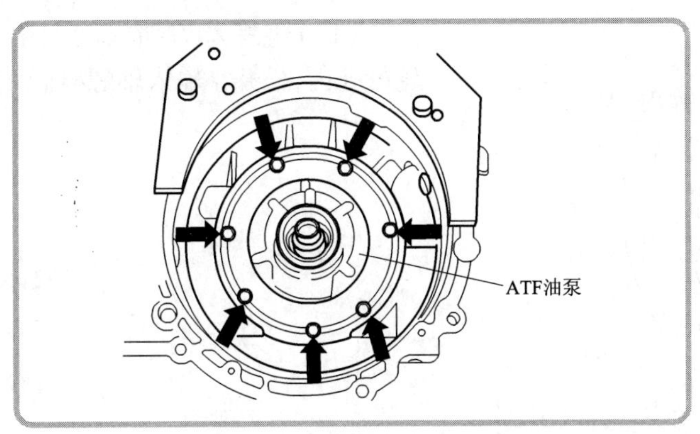

(10)拆下 ATF 油泵螺栓(图中箭头所示)。

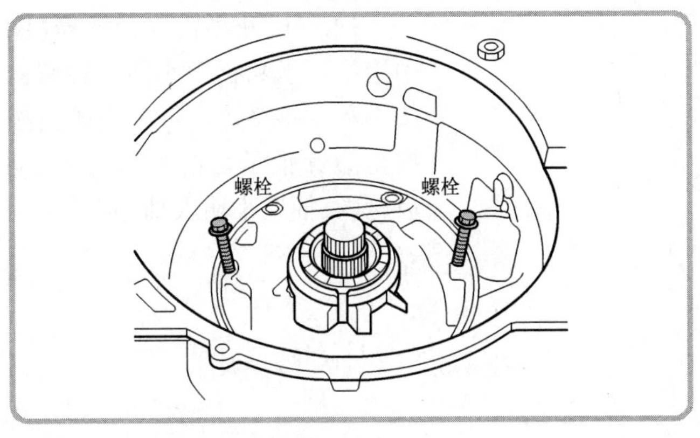

(11)将螺栓(M8)拧入自动变速器油泵螺栓孔内。均匀拧入螺栓,将自动变速器油泵从变速器壳体上压出。

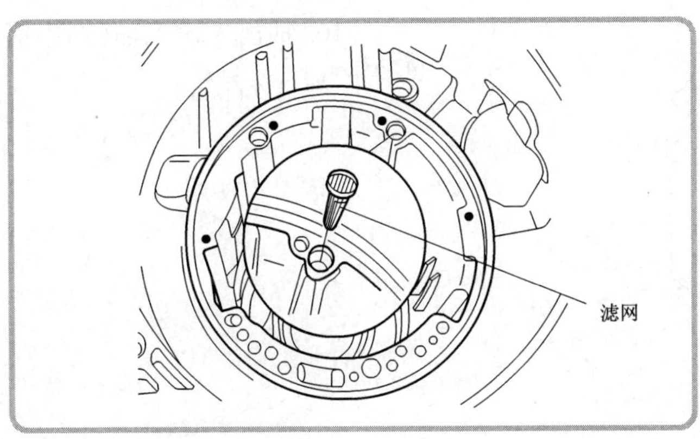

(12)如果 ATF 冷却器上安装有滤网,应将其拆下。

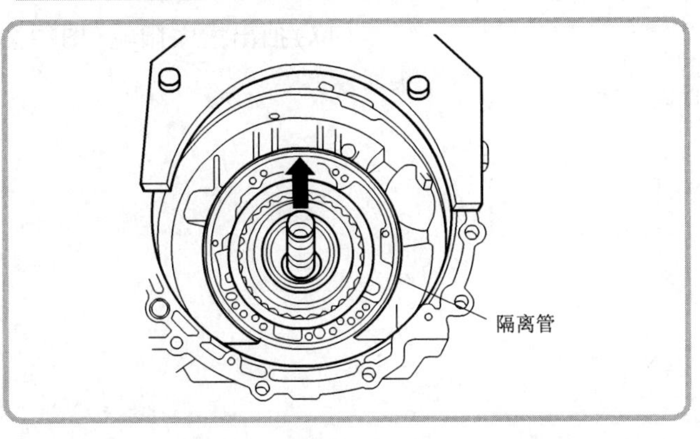

(13)将所有离合器连同隔离管,2 挡和 4 挡制动器(B2)的摩擦片、弹簧和弹簧盖一起取出。

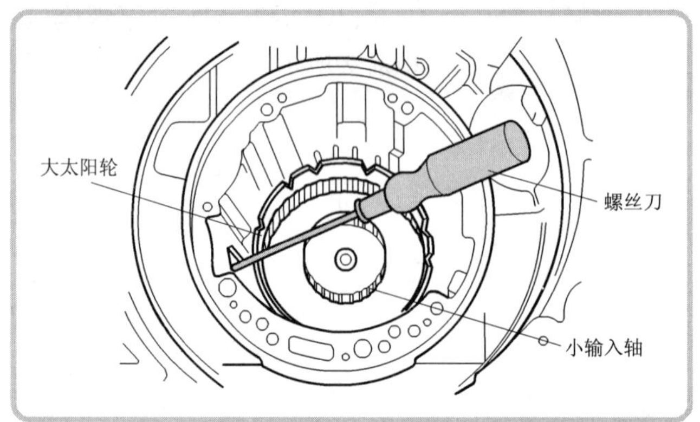

(14)将螺丝刀插入大太阳轮的孔内,松开小输入轴螺栓。

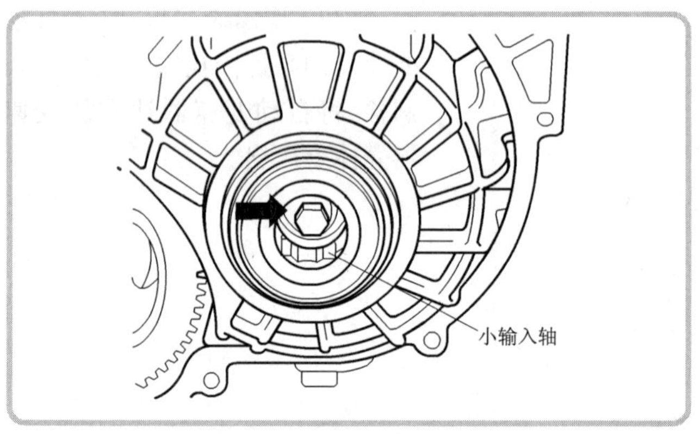

(15)松开小输入轴螺栓(图中箭头所示),拆下小输入轴螺栓垫圈和调整垫片。行星齿轮支架推力滚针轴承留在变速器/主动齿轮内,抽出小输入轴。

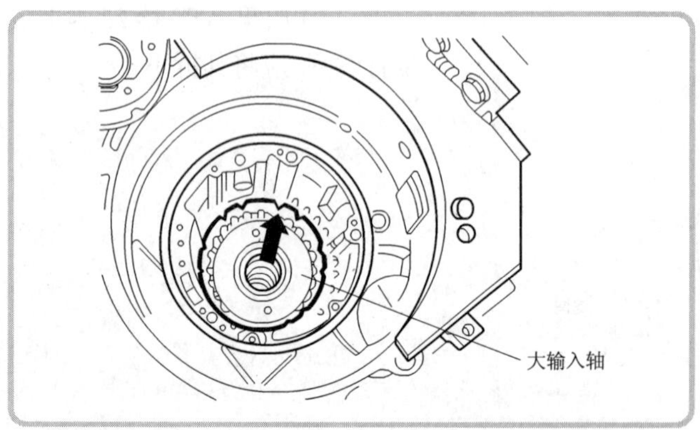

(16)抽出大输入轴(图中箭头所示)。

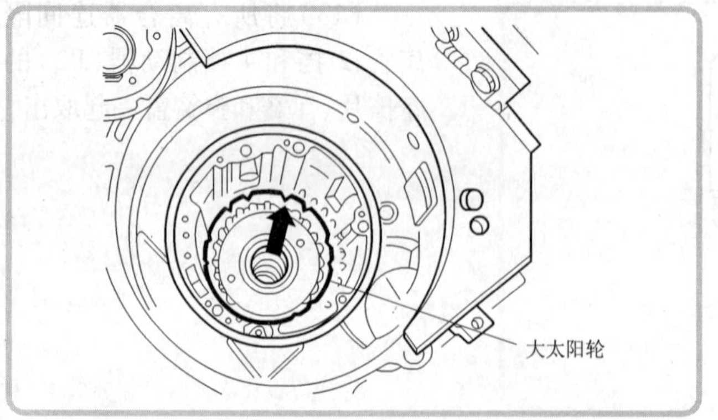

(17)抽出大太阳轮(图中箭头所示)。

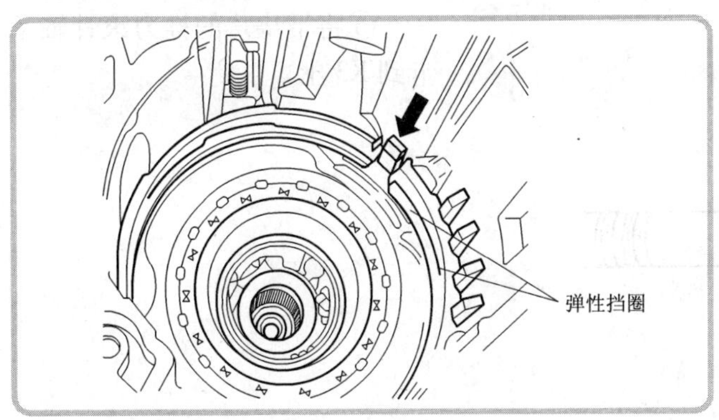

(18)拆下变速器转速传感器(G38)。

◀(19)拆下隔离管弹性挡圈和单向离合器弹性挡圈。用钳子夹在单向离合器的键上(图中箭头所示)把单向离合器从变速器壳体上拔出。

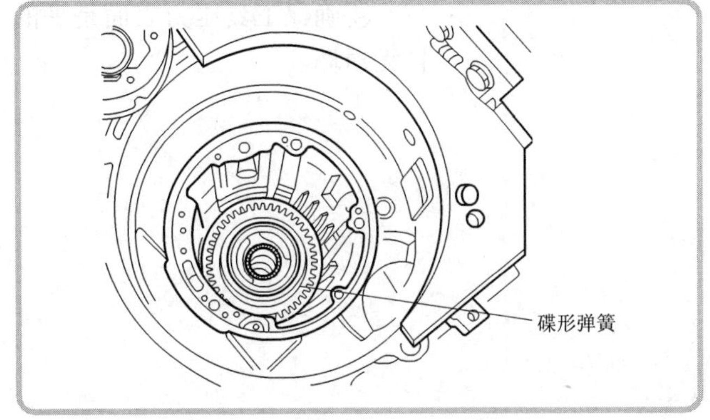

◀(20)拔下带碟形弹簧的行星齿轮支架。

(21)拆下 B1 的摩擦片时,**注意:**分解行星齿轮系时,不需拆下主动齿轮。

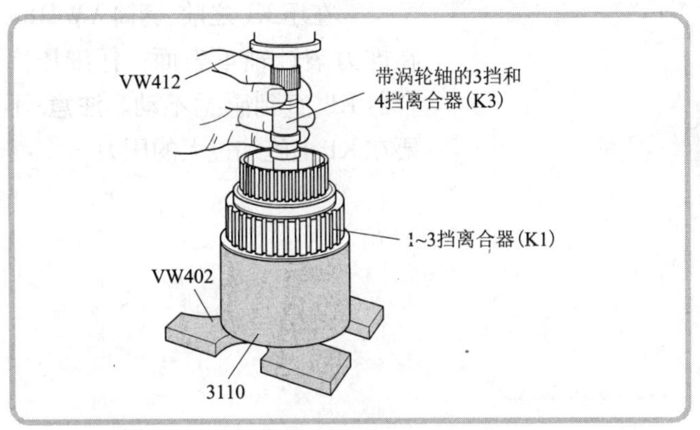

(22)将 K1 从 K3 上压出:

◀①K1 和 K3 是压在一起的,如果其中一个离合器需要分解或更换时,K1 必须从 K3 上压出。确保工具压力表面是平的且没有损坏,将套管 3110 的销对着压板 VW402,K1 和 K3 要压开时,需要压涡轮轴。

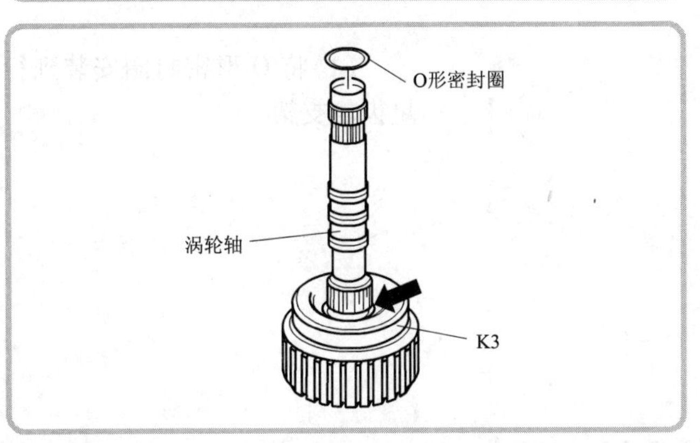

②将 K1 压到 K3 上时,把新的 O 形密封圈放到涡轮轴的凹槽中(图中箭头所示),然后用自动变速器油润滑 O 形密封圈。

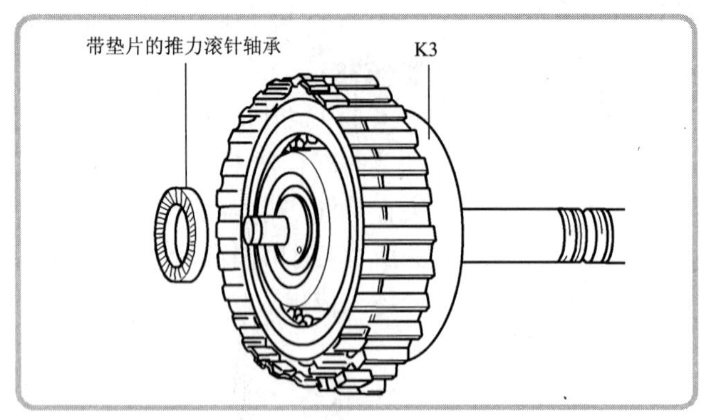

③将带垫片的推力滚针轴承卡到 K3 上。

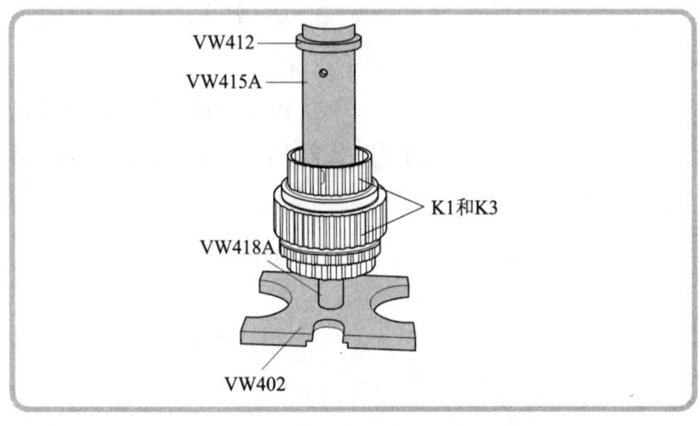

④确保工具压力表面是平的且无损坏。

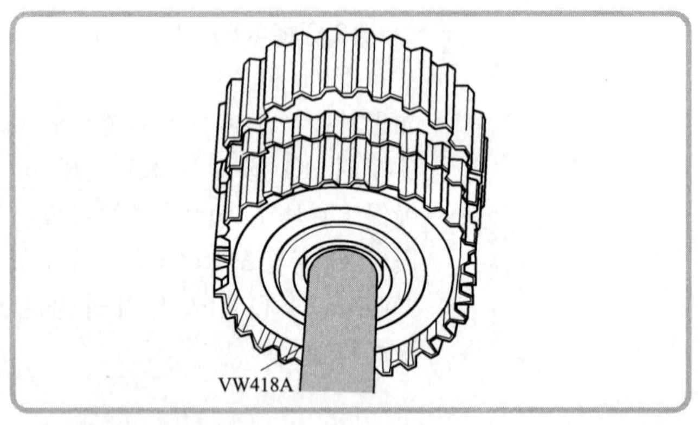

⑤在压 K1 之前,套筒 VW418A 在推力滚针轴承表面。仔细压离合器 K1,直到感觉不动。**注意:**不要在 K1 上施加过大的压力。

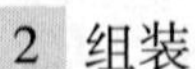
2 组装

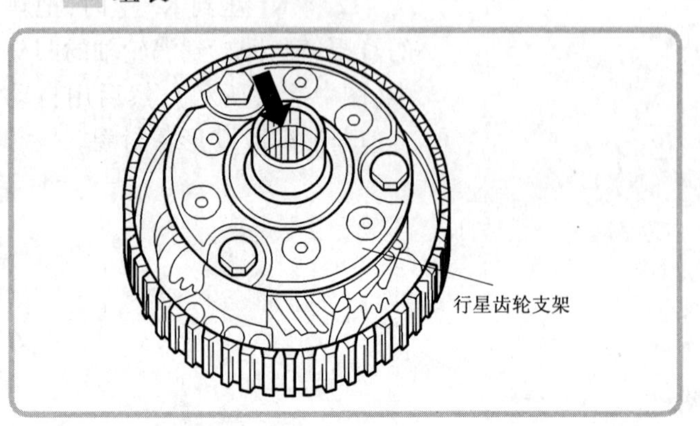

(1)将 O 形密封圈安装到行星齿轮支架。

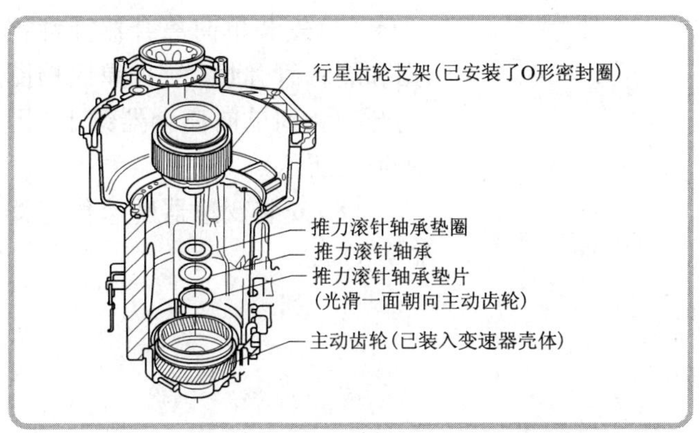

(2)将带有垫片的推力滚针轴承和行星齿轮支架安到主动齿轮上。

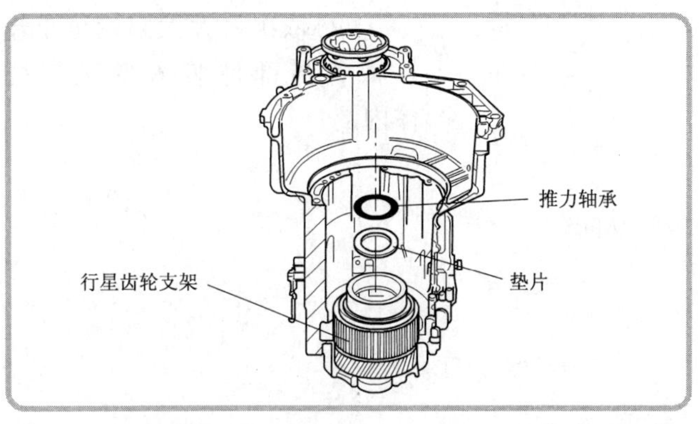

◀(3)将垫片和推力滚针轴承放在行星齿轮支架的小太阳轮上,并且使小太阳轮的垫片和推力滚针轴承中心对齐。

(4)装入 B1 的内、外摩擦片,装入压片(压片的厚度按摩擦片数量不同有所不同),平面侧朝向摩擦片。

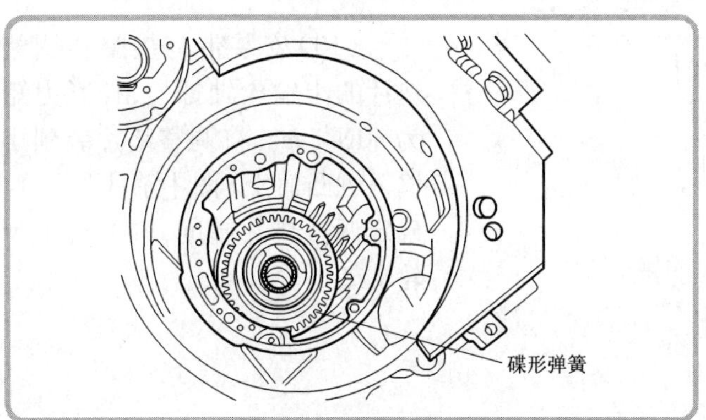

(5)装入碟形弹簧,凸起面朝单向离合器。

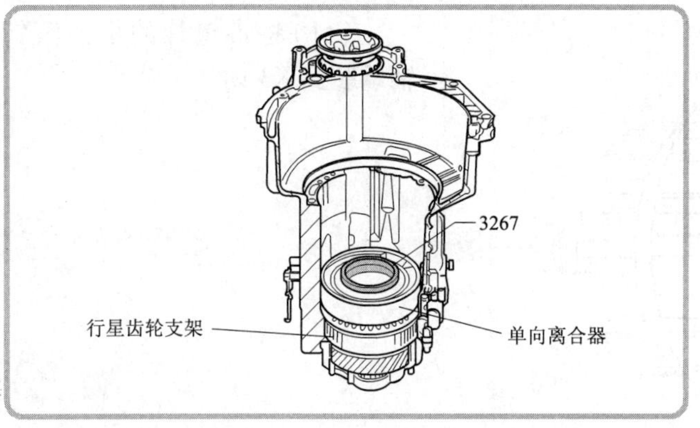

(6)用装配环 3267 张开单向离合器滚柱,并装入单向离合器。

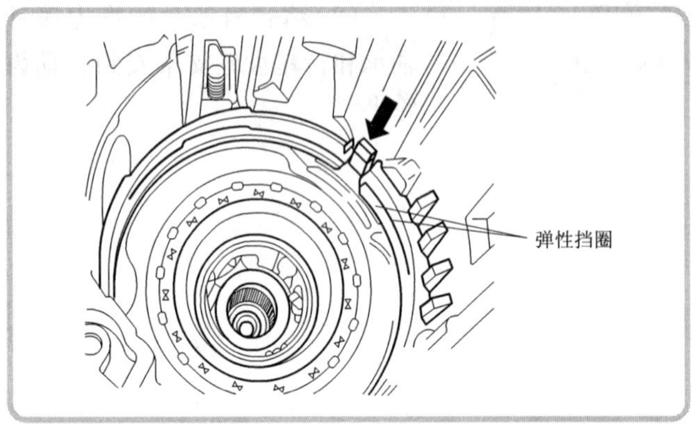

◀(7)安装单向离合器弹性挡圈和隔音管弹性挡圈,弹性挡圈的开口装到单向离合器键上(图中箭头所示)。

(8)安装变速器转速传感器(G38)。

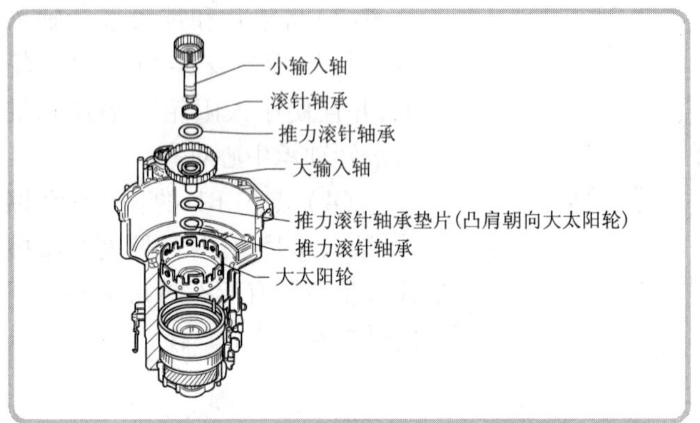

(9)依次将大太阳轮至小输入轴各零部件装入变速器壳体内。

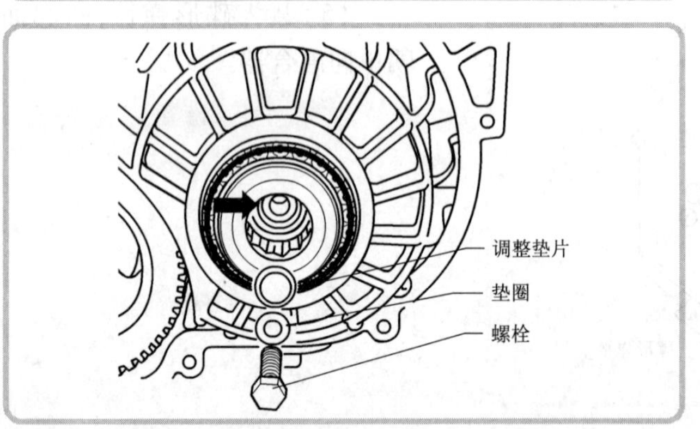

(10)安装带有垫圈和调整垫片的小输入轴螺栓,拧紧力矩为30N·m。将调整垫片装到小输入轴凸肩上(图中箭头所示),确定调整垫片厚度,调整行星齿轮支架。

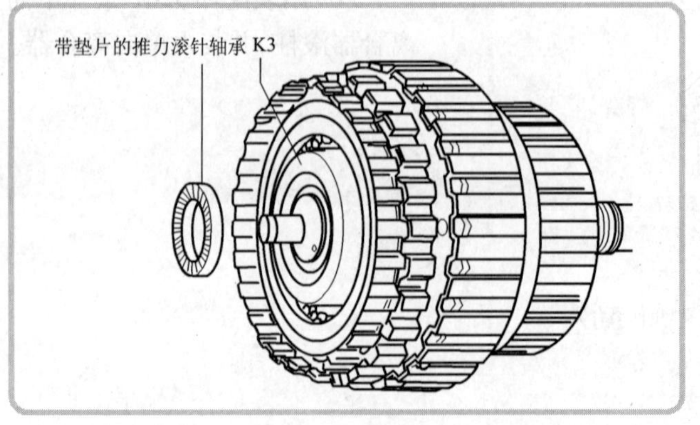

(11)将带垫片的推力滚针轴承装到K3内。

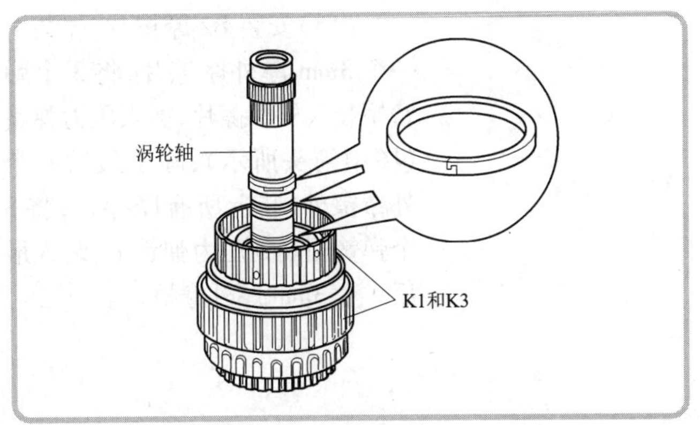

(12)保证活塞环正确安装在 K3 上,并且活塞环接口钩在一起。

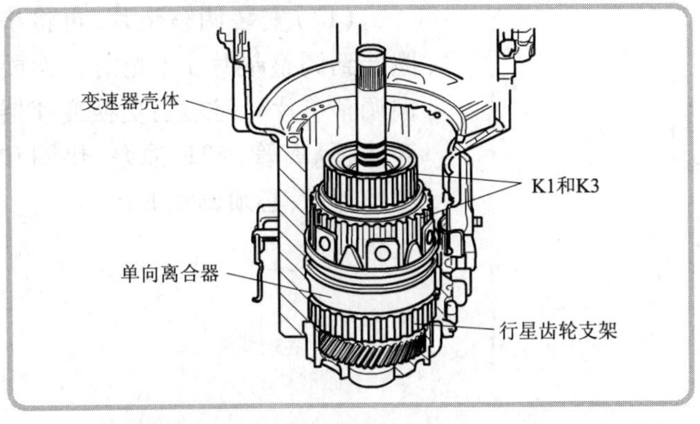

(13)将 K1 和 K3 装入变速器壳体内。

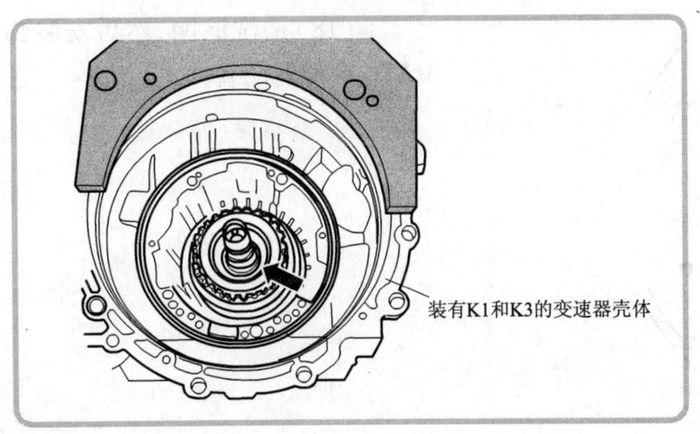

(14)将调整垫片装在 K1 上(图中箭头所示)。更换 K1、K2 或 ATF 油泵后,应重新测量调整垫片,调整离合器 K1 和 K2 之间间隙,可装入 1 ~2 个调整垫片。

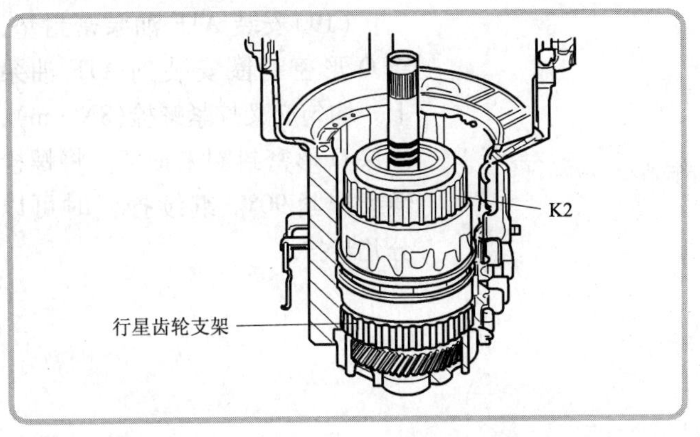

(15)装入 K2 后,再装入制动器 B2 摩擦片隔离管,应使隔离管上的槽卡在单向离合器键上。

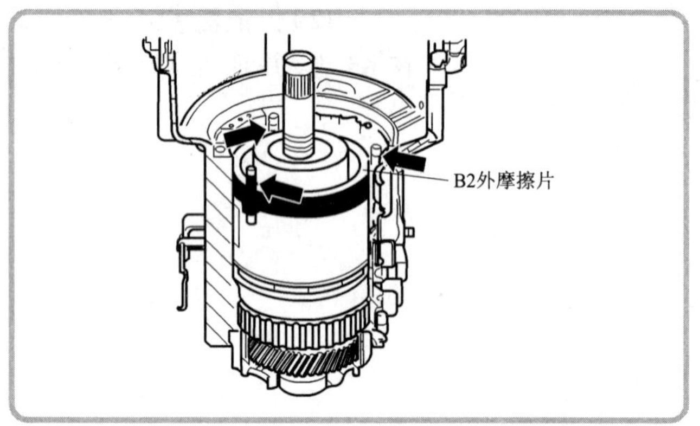

(16)安装B2摩擦片:先装上一个3mm厚外摩擦片,将3个弹簧帽装入外摩擦片,插入压力弹簧(图中箭头所示);除了最后一个外摩擦外,装上所有摩擦片;将3个弹簧帽装到压力弹簧上,装入最后一个3mm厚外摩擦片。

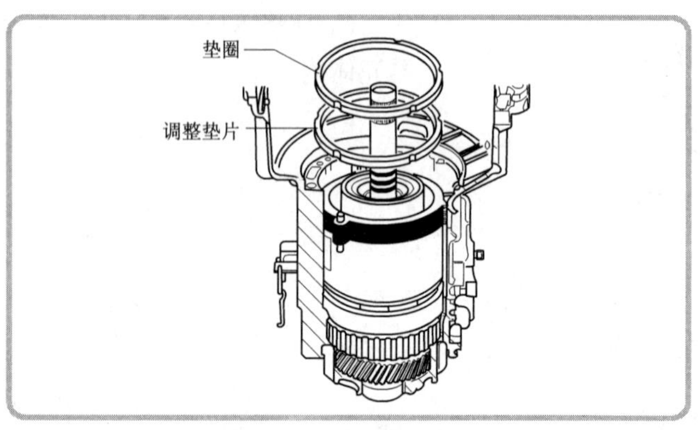

(17)安装调整垫片,再将垫圈装到调整垫片上(光滑一面朝向调整垫片)。**注意:**更换变速器壳体、隔离管、ATF油泵、垫圈和摩擦片后,必须调整B2。

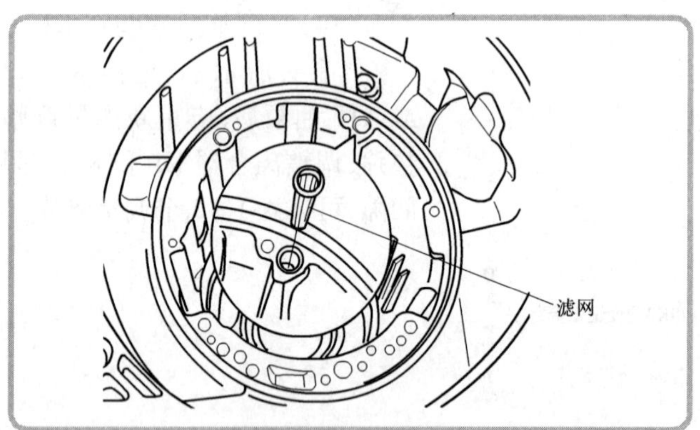

(18)清洗滤网,然后安装到ATF冷却器的管路上。

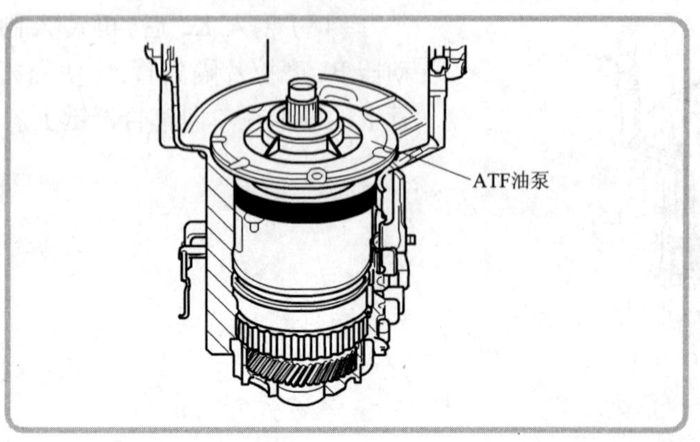

(19)安装ATF油泵密封垫,将O形密封圈安装到ATF油泵上。均匀交叉拧紧螺栓(8N·m),确保O形密封圈未损坏。将螺栓继续拧紧90°。继续拧紧时可以分几步拧。

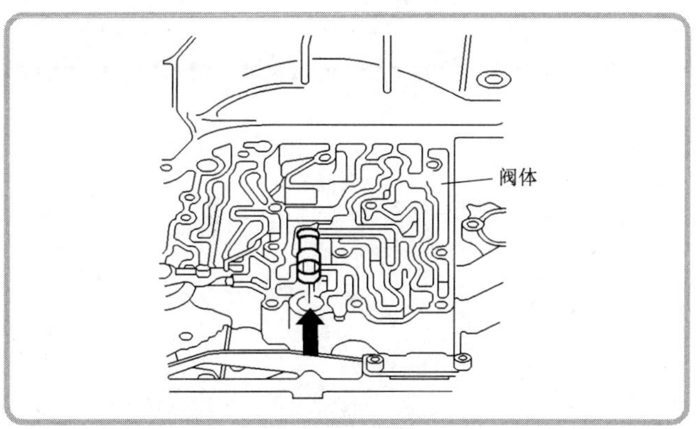

(20)测量离合器间隙。

◀(21)安装带O形密封圈的密封塞(图中箭头所示),凸肩落座在油道中。

(22)安装带传输线的阀体。

(23)安装油底壳。

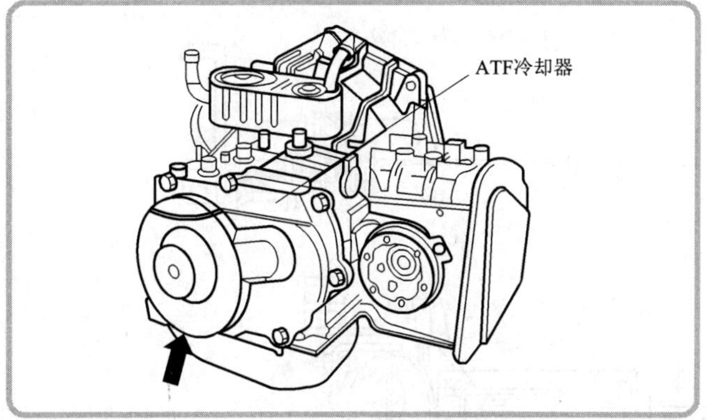

◀(24)安装带密封垫和隔套的变速器壳体端盖,拧紧力矩为8N · m。

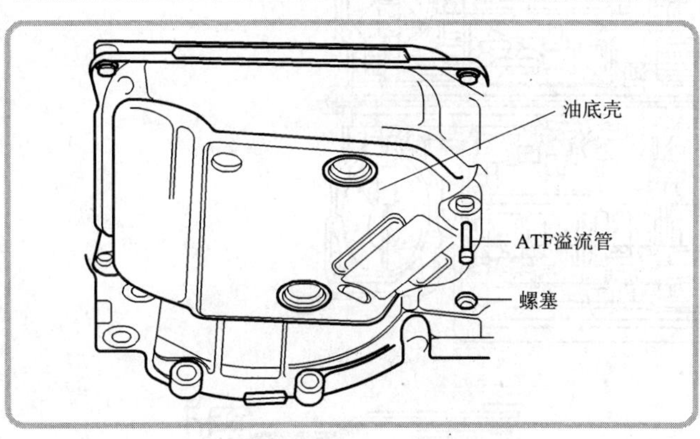

◀(25)拧入ATF溢流管和带新密封垫的螺塞。

(26)安装变矩器,再安装变速器。加注3L自动变速器油,然后再检查和补充。

宝马自动变速器型号

以宝马ZF4HP22-EH为例,系列号码分别表示:2F公司生产,挡位数4,控制类型"H"(液压),齿轮类型"P"(行星类)和额定转矩22N · m,系列号码的末尾"E"或"EH"分别表示电控或电液控制类型的变速器。

三、自动变速器的调整

B1:倒挡制动器

B2:2 挡和 4 挡制动器

K1:1 ~3 挡离合器

K2:倒挡离合器

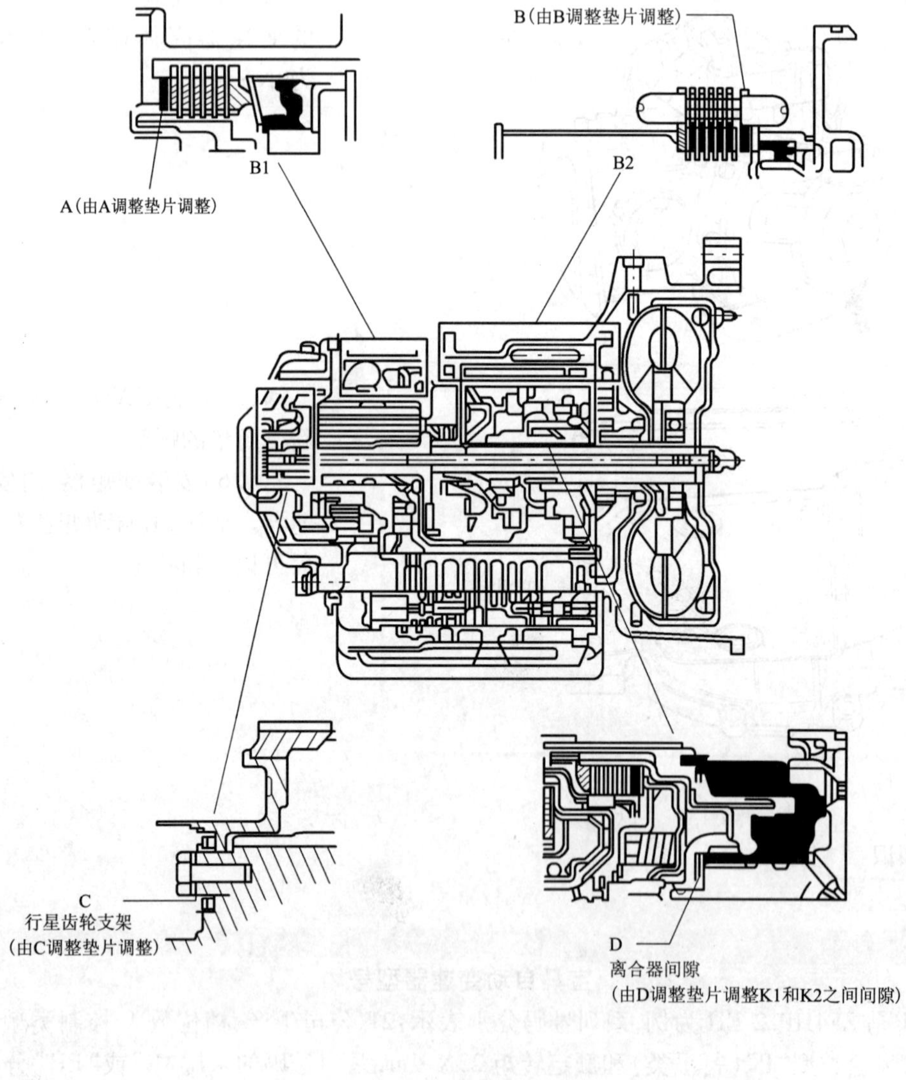

B(由B调整垫片调整)

B1

B2

A(由A调整垫片调整)

C
行星齿轮支架
(由C调整垫片调整)

D
离合器间隙
(由D调整垫片调整K1和K2之间间隙)

自动变速器的调整内容

1 调整行星齿轮支架

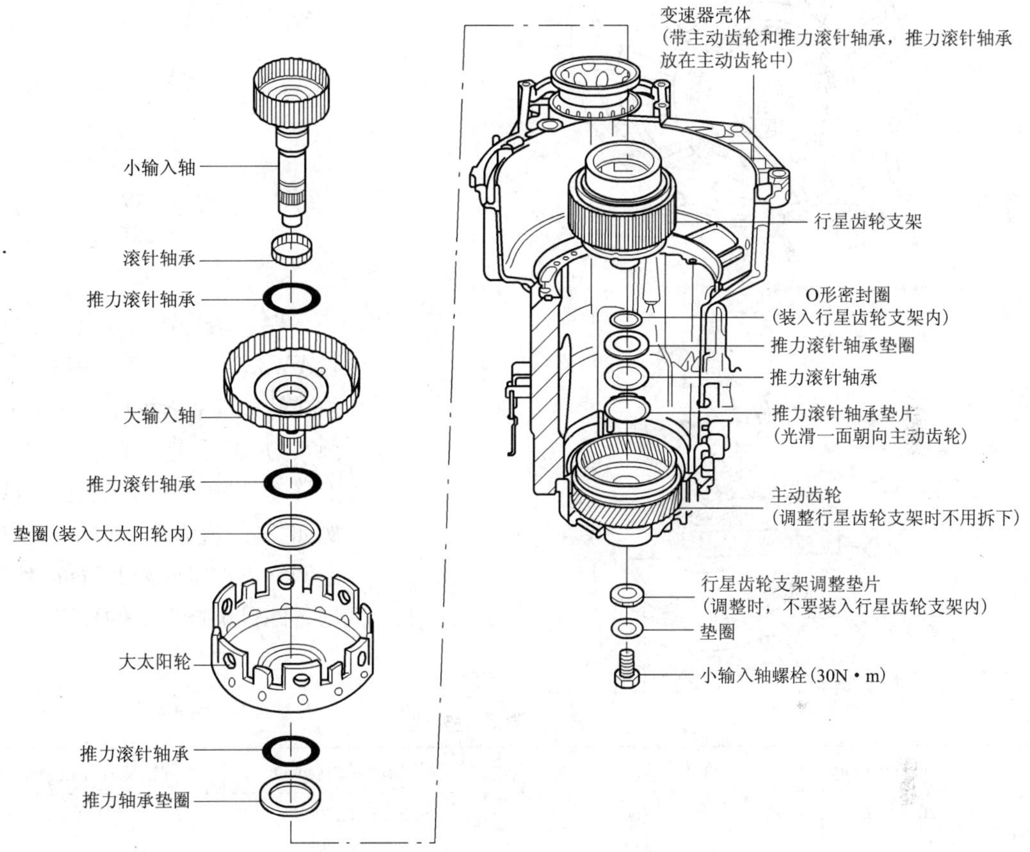

小输入轴
滚针轴承
推力滚针轴承
大输入轴
推力滚针轴承
垫圈(装入大太阳轮内)
大太阳轮
推力滚针轴承
推力轴承垫圈
变速器壳体
(带主动齿轮和推力滚针轴承，推力滚针轴承放在主动齿轮中)
行星齿轮支架
O形密封圈
(装入行星齿轮支架内)
推力滚针轴承垫圈
推力滚针轴承
推力滚针轴承垫片
(光滑一面朝向主动齿轮)
主动齿轮
(调整行星齿轮支架时不用拆下)
行星齿轮支架调整垫片
(调整时，不要装入行星齿轮支架内)
垫圈
小输入轴螺栓(30N·m)

行星齿轮支架调整示意图

大太阳轮
螺丝刀
小输入轴

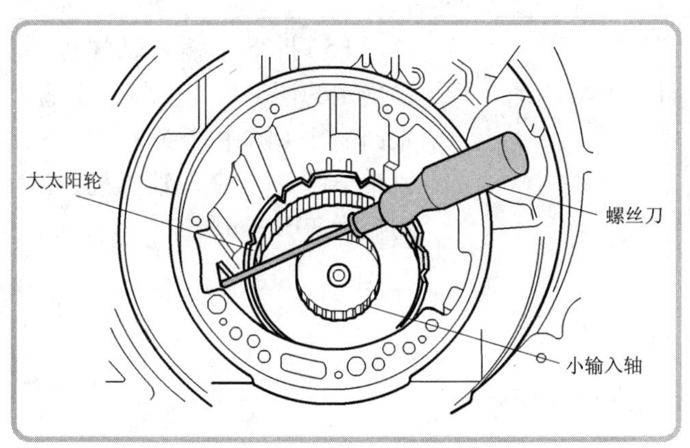

(1)调整行星齿轮支架时，除了调整垫片外,将所有零件装入变速器壳体。

◀(2)将螺丝刀插入大太阳轮孔内,松开小输入螺栓。

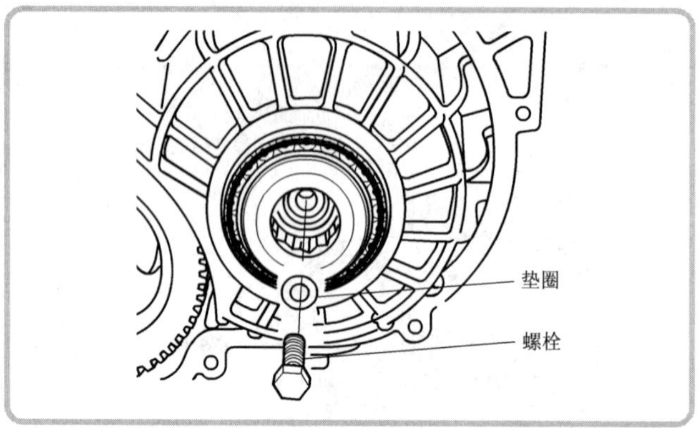

(3)装入带垫圈的小输入轴螺栓(拧紧力矩为30N·m),但不装调整垫片。

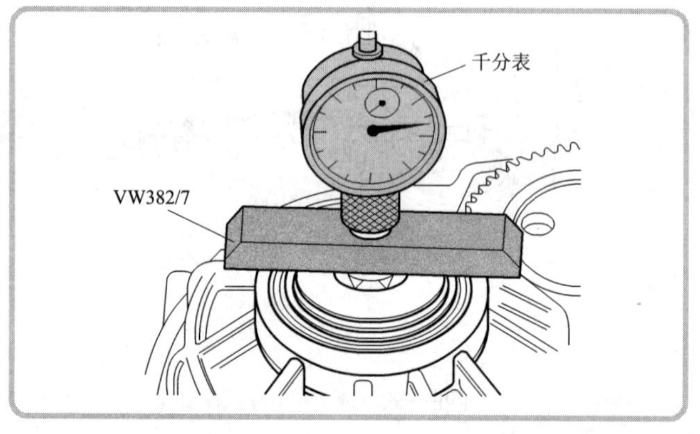

(4)将千分表安装到测量装置VW382/7上。千分表的测量头顶在螺纹中间,并且压入1mm的预紧力,将千分表调整至"0",向上移动小输入轴并读出测量值。例如:测量值为2.00mm,从下表确定调整垫片厚度为1.7mm,然后根据备件目录查出配件号码。

选择调整垫片

千分表测量值(mm)	调整垫片厚度(mm)	千分表测量值(mm)	调整垫片厚度(mm)
1.26~1.35	1.0	2.26~2.35	2.0
1.36~1.45	1.1	2.36~2.45	2.1
1.46~1.55	1.2	2.46~2.55	2.2
1.56~1.65	1.3	2.56~2.65	2.3
1.66~1.75	1.4	2.66~2.75	2.4
1.76~1.85	1.5	2.76~2.85	2.5
1.86~1.95	1.6	2.86~2.95	2.6
1.96~2.05	1.7	2.96~3.05	2.7
2.06~2.15	1.8	3.06~3.15	2.8
2.16~2.25	1.9	3.16~3.25	2.9

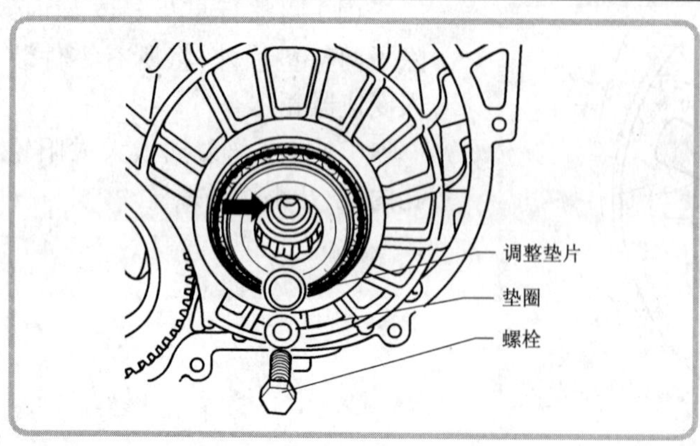

(5)拆下小输入轴螺栓,将已确定的调整垫片安装到小输入轴凸肩上(图中箭头所示)。拧紧带垫圈的小输入轴螺栓,拧紧力矩为30N·m。

千分表
VW382/7

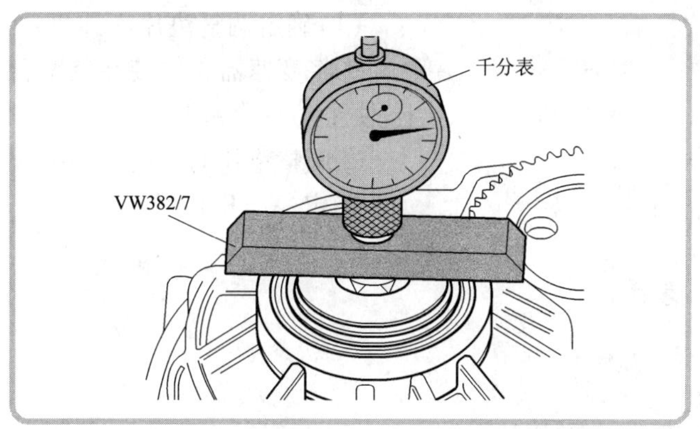

(6)测量行星齿轮支架。

◀(7)将千分表装到VW382/7上,并将表触头顶到小输入轴螺栓上。上下移动小输入轴并从表上读出间隙值,最小间隙为0.23mm,最大间隙为0.37mm。如果已拆下B1和单向离合器,并调整过行星齿轮支架,那么在安装行星齿轮支架前应装上B1。

2 调整倒挡制动器(B1)

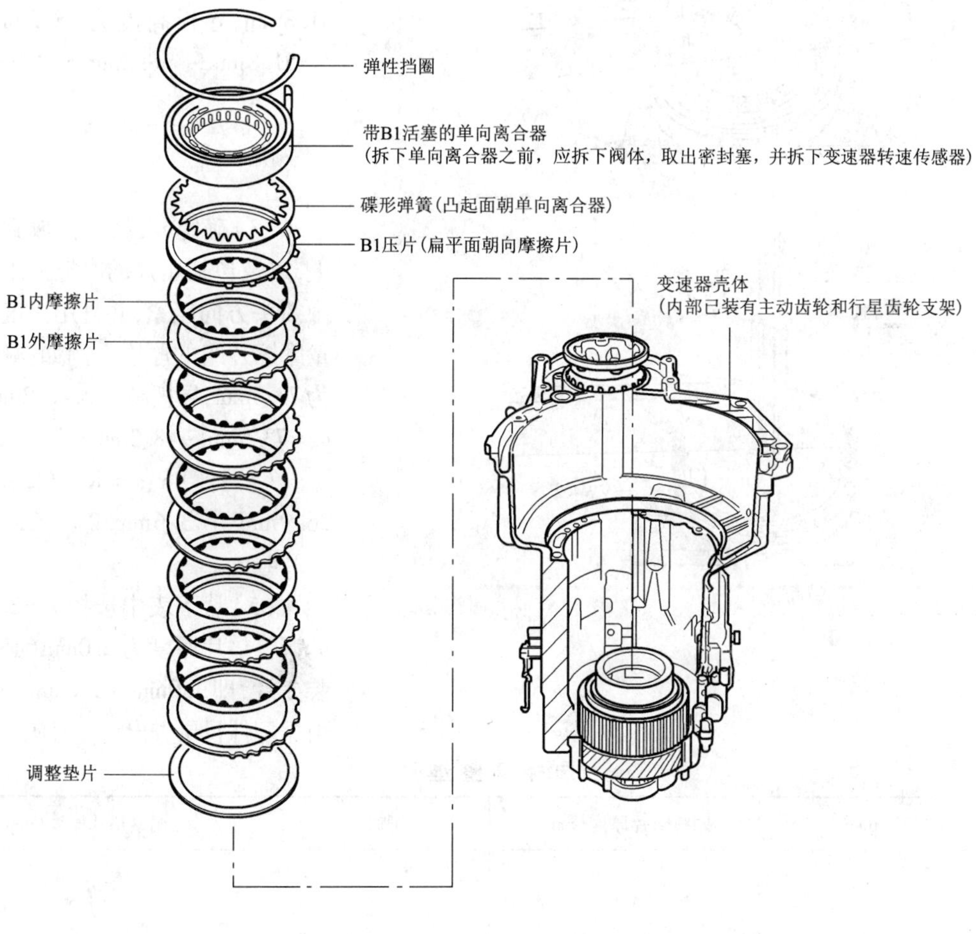

弹性挡圈
带B1活塞的单向离合器
(拆下单向离合器之前，应拆下阀体，取出密封塞，并拆下变速器转速传感器)
碟形弹簧(凸起面朝单向离合器)
B1压片(扁平面朝向摩擦片)
变速器壳体
(内部已装有主动齿轮和行星齿轮支架)
B1内摩擦片
B1外摩擦片
调整垫片

B1 调整部件示意图

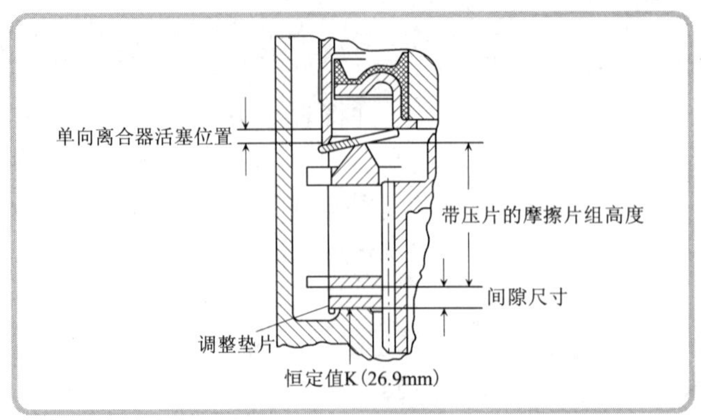

(1)确定调整垫片 A 厚度:

①将变速器壳体装在装配台上,使主动齿轮朝下。

②调整垫片的厚度由间隙尺寸 X 确定,$X = K + I/2 - m$。

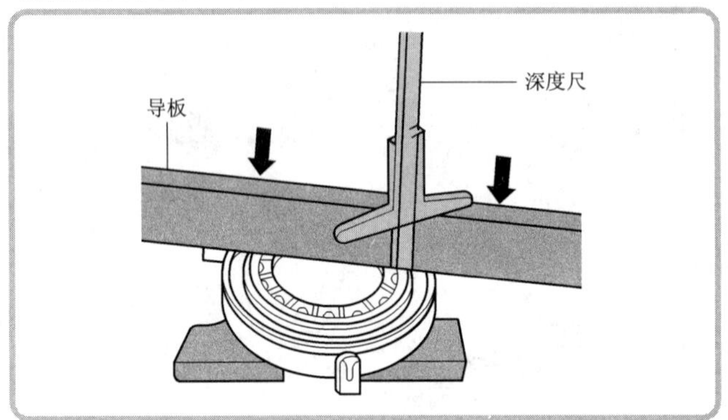

(2)确定 I:按图中箭头方向将活塞压到挡块处,将导板放到单向离合器外圈上,用深度尺测量活塞内边缘的距离。例如:测量值为 51.8mm,导板高度为 48.2mm,则 I = 51.8mm - 48.2mm = 3.6mm。

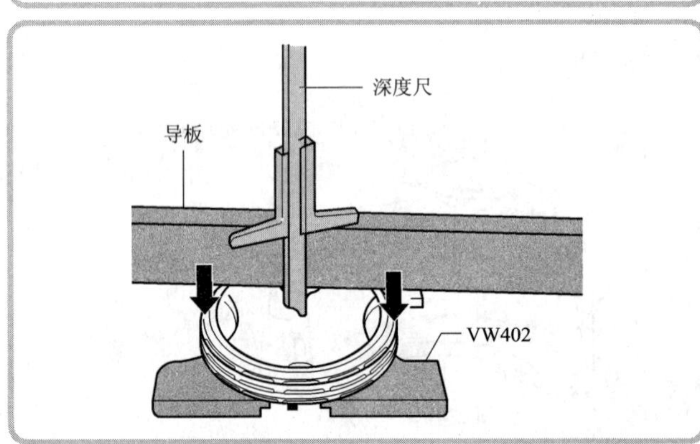

◀(3)确定 m:将导板放到压片上,以及包括压片的摩擦片组沿图中箭头方向压紧,并且用深度尺测量摩擦片组的厚度。例如:测量值为73.5mm,导板高度为48.2mm,则 m = 73.5mm - 48.2mm = 25.3mm。

(4)计算 x:$x = K + I/2 - m$ = 26.9mm + 3.6mm/2 - 25.3mm = 3.4mm。

(5)从下表中选择 x = 3.4mm 的调整垫片厚度为 2.0mm(必须安装 2 片,即 1.0mm + 1.0mm),然后根据配件目录查出配件号码。

选择调整垫片

间隙 X(mm)	调整垫片厚度(mm)	间隙 X(mm)	调整垫片厚度(mm)
2.36 ~ 2.45	1.0	2.86 ~ 2.95	1.5
2.46 ~ 2.55	1.1	2.96 ~ 3.05	1.6
2.56 ~ 2.65	1.2	3.06 ~ 3.15	1.7

续上表

间隙 X(mm)	调整垫片厚度(mm)	间隙 X(mm)	调整垫片厚度(mm)
2.66~2.75	1.3	3.16~3.25	1.8
2.76~2.85	1.4	3.26~3.35	1.9
3.36~3.45	1.0+1.0	3.86~3.95	1.2+1.3
3.46~3.55	1.0+1.1	3.96~4.05	1.3+1.3
3.56~3.65	1.1+1.1	4.06~4.15	1.3+1.4
3.66~3.75	1.1+1.2	4.16~4.25	1.4+1.4
3.76~3.85	1.2+1.2		

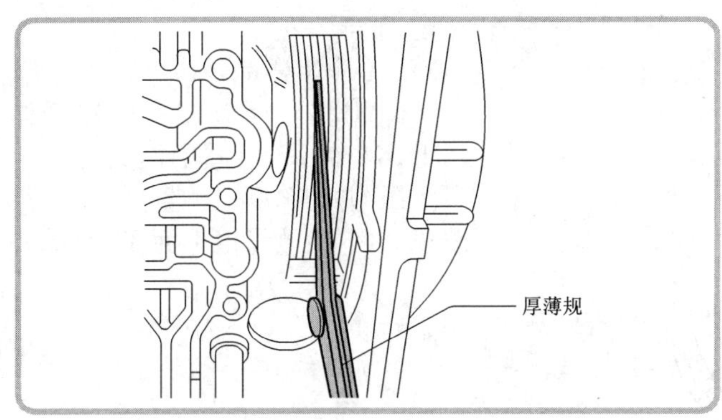

(6)检查测量B1(倒挡制动器):将调整垫片装入单向离合器,并用弹性挡圈固定。用厚薄规测量摩擦片之间的间隙,最小间隙为1.25mm,最大间隙为1.55mm。

3 调整离合器间隙

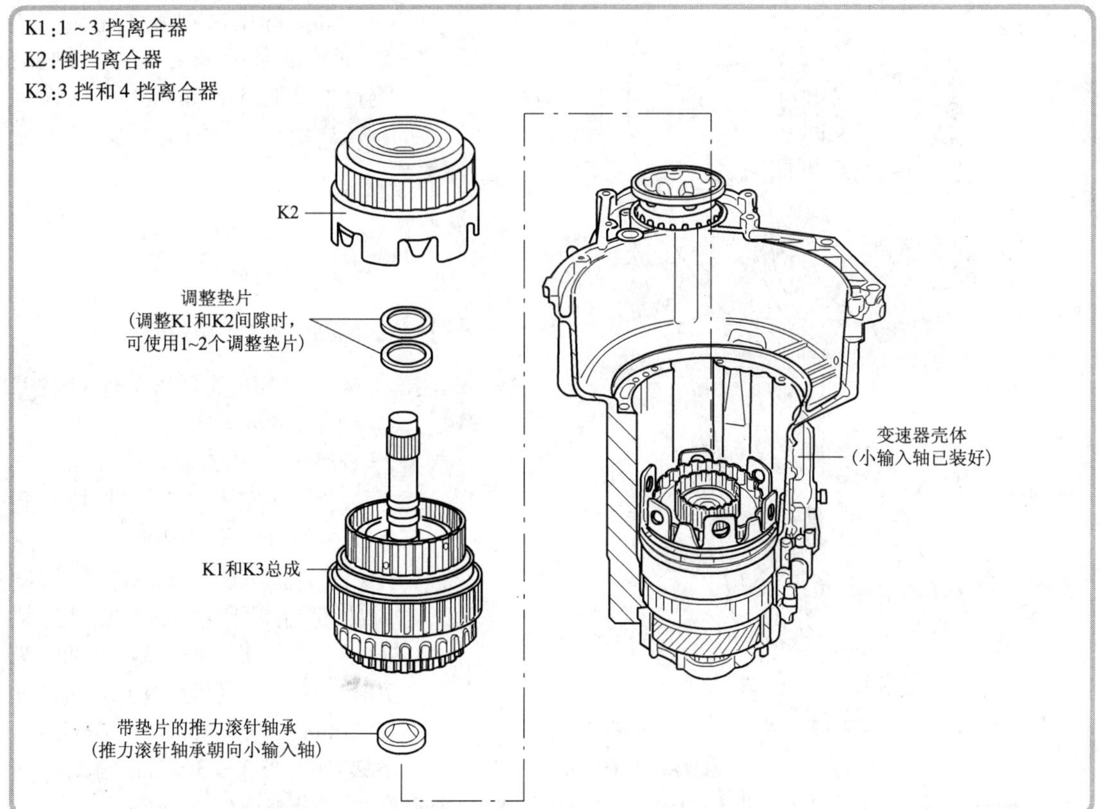

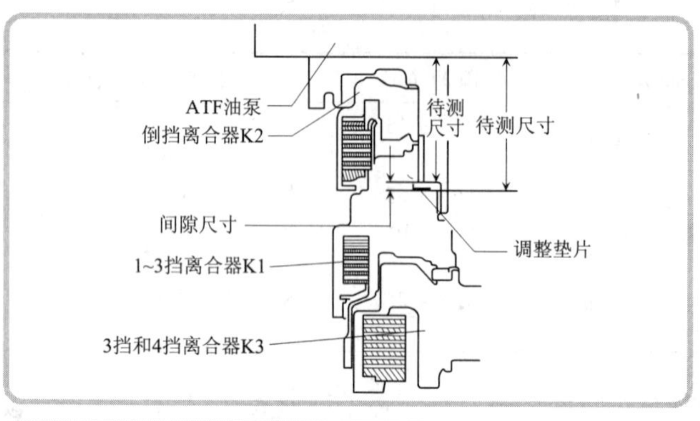

（1）测量条件：调整离合器间隙时，除了调整垫片外，将所有零部件装入变速器壳体内。

（2）调整条件：行星齿轮支架已装入，并且已调整好。变速器壳体安装在装配台上，主动齿轮朝下。

◀（3）确定调整垫片厚度：调整垫片的厚度由间隙尺寸 X 确定，$X=a-b$。

（4）计算 a：

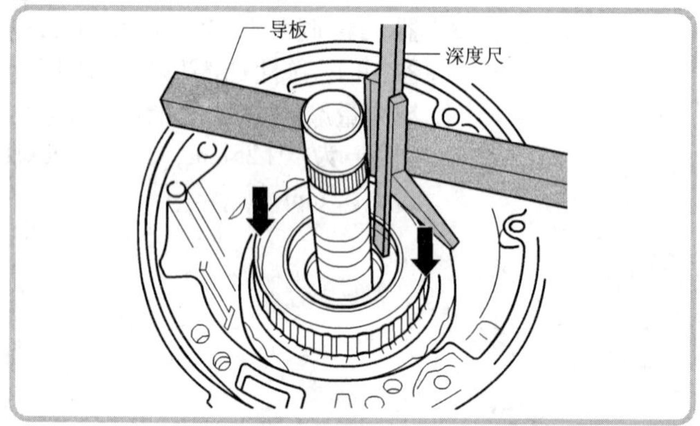

①将导板放在变速器壳体上，K1 和 K3 沿图中箭头方向向下压，并用深度尺测量到 K1 的距离。例如：测量值 1 为 88.5mm。

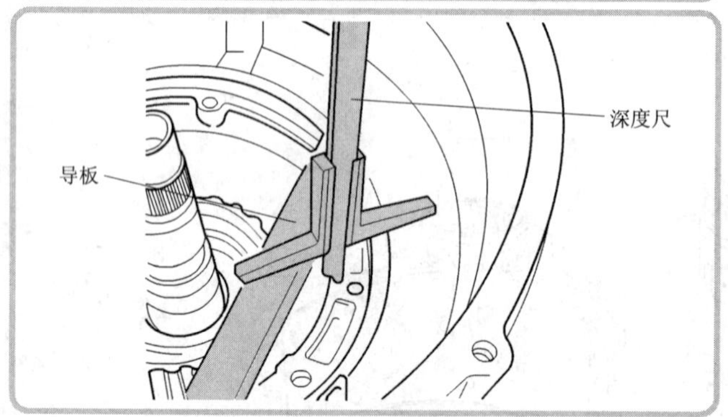

②用深度尺测量变速器壳体到 ATF 油泵凸缘的距离。例如：测量值 2 为 34.3mm。

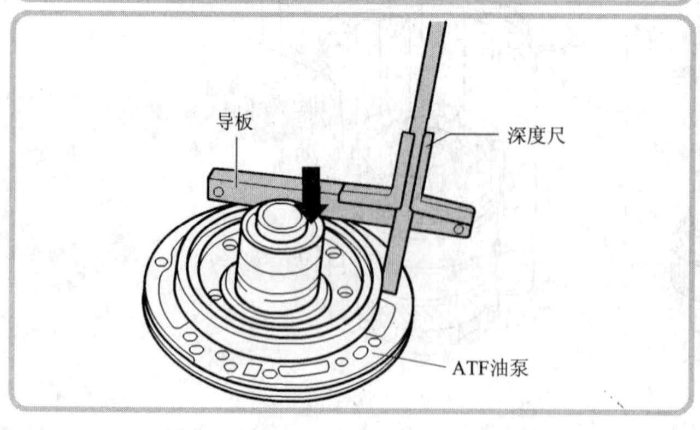

◀③从 ATF 油泵凸缘至 K1 测量得到的尺寸 a = 测量值 1 − 测量值 2 = 88.5mm − 34.3mm = 54.2mm。

（5）确定 b：将新密封垫放到 ATF 油泵上，导板装到导轮支座上（图中箭头所示），并且用深度尺测量到 ATF 油泵凸缘密封垫的距离。例如：测量值为 70.5mm，导板高度为 19.5mm，b = 70.5mm − 19.5mm = 51.0mm。

（6）计算 X：$X=a-b$ = 54.2mm − 51.0mm = 3.2mm。从下表中选择 X = 3.2mm 的调整垫片为 2.4mm（必须安装 2 片，即 1.2mm + 1.2mm），然后根据配件目录查出配件号码。

选择调整垫片

间隙 X(mm)	调整垫片厚度(mm)	间隙 X(mm)	调整垫片厚度(mm)
0 ~ 2.54	1.4	3.90 ~ 4.29	1.6 + 1.6
2.55 ~ 3.09	1 + 1	4.30 ~ 4.69	1.8 + 1.8
3.10 ~ 3.49	1.2 + 1.2	4.70 ~ 5.04	1.2 + 1.2 + 1.6
3.50 ~ 3.89	1.4 + 1.4	5.05 ~ 5.25	1.2 + 1.2 + 1.8

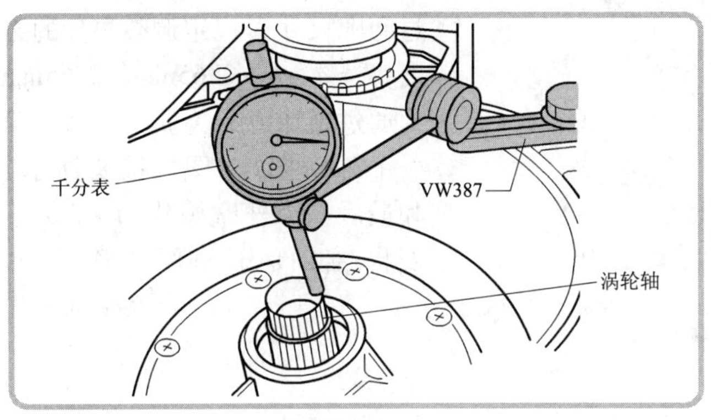

(7)检测间隙:只有装入 ATF 油泵之后,才能测量离合器间隙。将千分表支架固定到变速器壳体上,并以 1mm 预紧力将千分表放在涡轮轴上。上下移动涡轮轴并读出表上间隙值。最小间隙为 0.5mm,最大间隙为 1.2mm。

4 调整 2 挡和 4 挡制动器(B2)

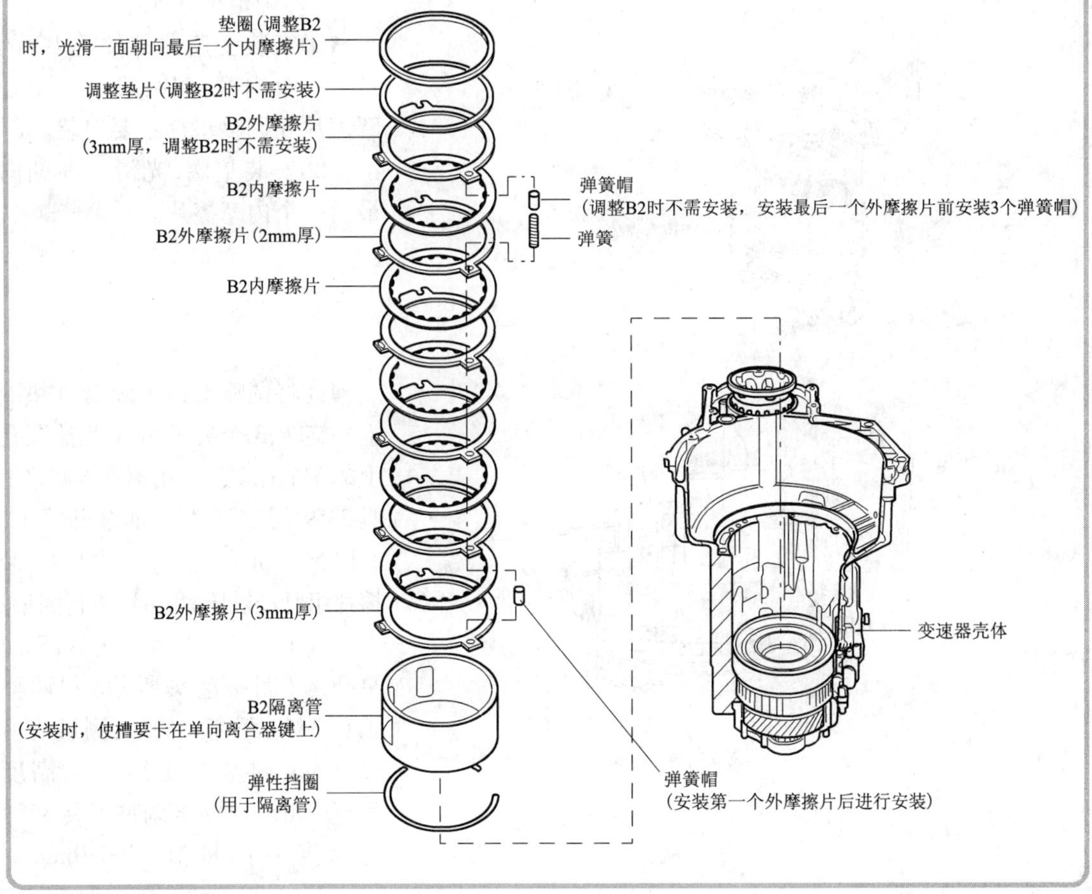

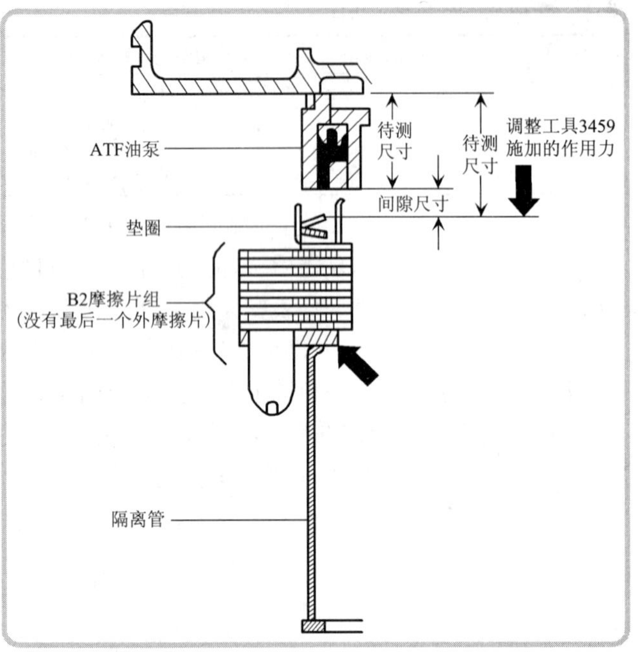

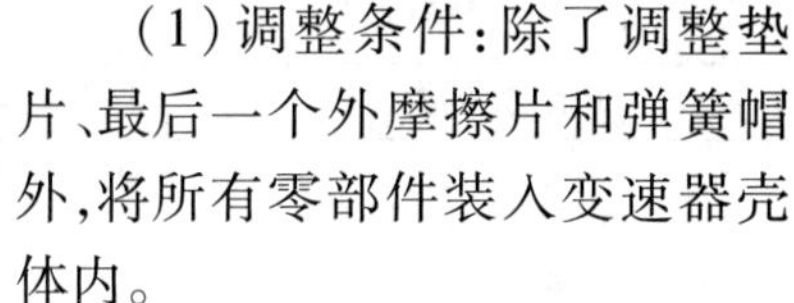

(1)调整条件:除了调整垫片、最后一个外摩擦片和弹簧帽外,将所有零部件装入变速器壳体内。

◀(2)确定调整垫片厚度:通过间隙尺寸 X 确定调整垫片的厚度,$X = a - b - 2.65$mm。2.65mm 为通过施加力 F 为获得的值。第一个外摩擦片(图中箭头所示)和最后一个外摩擦片(调整时不安装)必须是 3mm 厚。

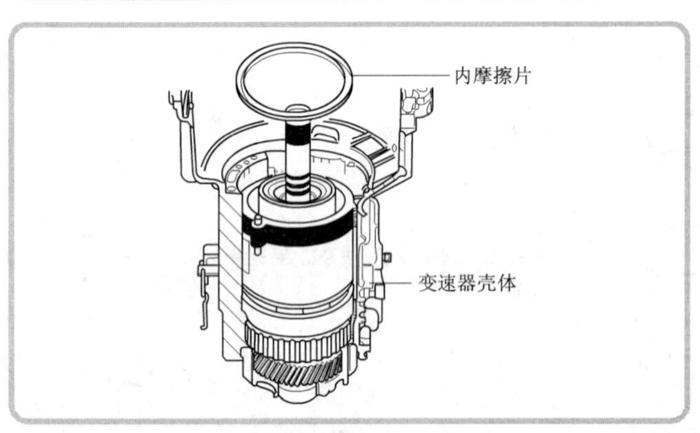

(3)确定尺寸 a:

◀①安装变速器部件至 B2 的最后一个内摩擦片,最后一个外摩擦片和调整垫片不要安装。

②安装垫圈,光滑一面朝向最后一个内摩擦片。

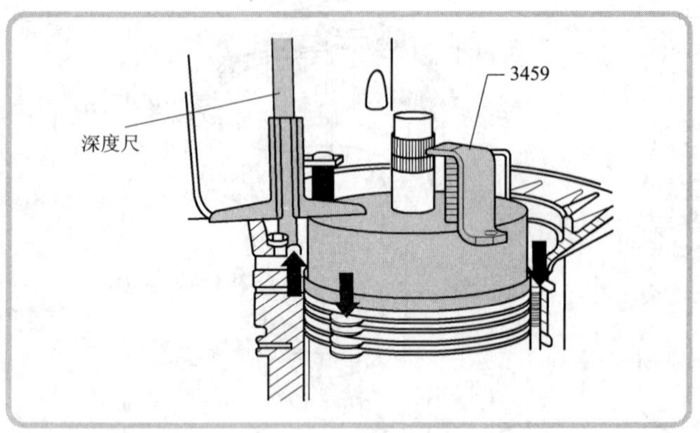

◀③将调整工具 3459 放在垫圈上并旋转,3 个夹子与 ATF 油泵孔上的 3 个孔定位。用螺栓将调整工具 3459 固定到 ATF 油泵凸缘上,并以 5N·m 力矩拧紧。这时 B2 摩擦片组已经被压紧,可以进行测量。

④用深度尺测量从 ATF 油泵凸缘(图中箭头所示)到调整工具 3459 距离。例如:测量值为 32.7mm,调整工具 3459 的高度为 60.0mm,则 a = 调整工具 3459 的高度 − 测量值 = 60.0mm − 32.7mm = 27.3mm。

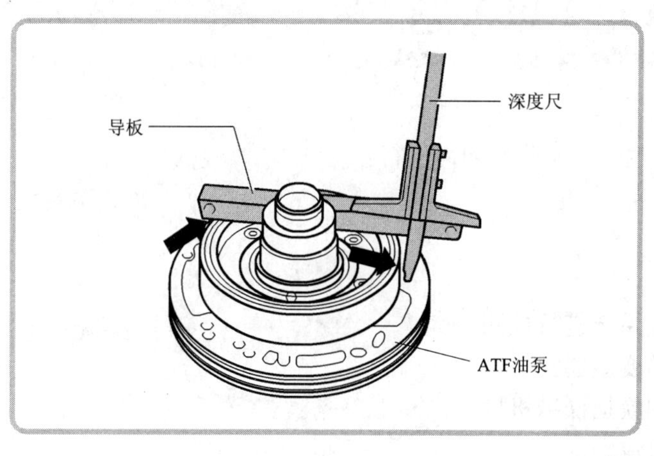

⑤拆下调整工具 3459 和垫圈。

(4)计算 b：

①将活塞压到 ATF 油泵中直至不动为止。将新密封垫放在 ATF 油泵上。

②将导板放到导轮支座上(图中箭头所示),并用深度尺测量到 ATF 油泵凸缘密封垫的距离。例如:测量值为 39.8mm,导板高度为 19.5mm,则 b = 测量值 - 导板高度 = 39.8mm - 19.5mm = 20.3mm。

(5)计算间隙 X:$X = a - b - 2.65\text{mm} = 27.3\text{mm} - 20.3\text{mm} - 2.65\text{mm} = 4.35\text{mm}$。从下表中选择 $X = 4.35\text{mm}$ 的调整垫片尺寸厚度为 2.00mm(必须安装 2 个调整垫片,1.00mm + 1.00mm),然后根据配件目录查出配件号码。将 3 个弹簧帽安装到弹簧上,安装最后一个 3mm 厚的外摩擦片。

选择调整垫片

间隙 X(mm)	调整垫片厚度(mm)	间隙 X(mm)	调整垫片厚度(mm)
3.25 ~ 3.50	1.00	4.76 ~ 5.00	1.25 + 1.25
3.51 ~ 3.75	1.25	5.01 ~ 5.25	1.25 + 1.50
3.76 ~ 4.00	1.50	5.26 ~ 5.50	1.50 + 1.50
4.01 ~ 4.25	1.75	5.51 ~ 5.75	1.50 + 1.75
4.26 ~ 4.50	1.00 + 1.00	5.76 ~ 6.00	1.75 + 1.75
4.51 ~ 4.75	1.00 + 1.25		

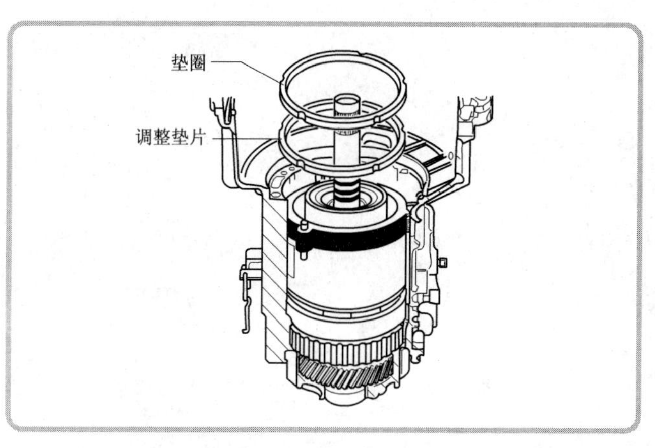

(6)安装调整垫片和垫圈(光滑一面朝向调整垫片)。

单元2思考题

1.01M 型自动变速器的维护项目主要有哪些？如何进行？

2.如何查询故障存储器？

3.如何清除故障存储器？

4.如何进行基本设定？

5.如何对01M型自动变速器电气系统进行检测？

6.如何检修01M型自动变速器的变矩器？

7.如何检修01M型自动变速器的换挡操纵机构？

8.如何拆卸01M型自动变速器总成？

9.如何分解与组装01M型自动变速器？

10.01M 型自动变速器主要调整内容有哪些？如何调整？

单元3　平行轴式自动变速器

项目1　维　　护

·0.5 学时·

目　　　　　的:学习 MAXA 型自动变速器的维护方法。
自动变速器型号:广州本田雅阁轿车 MAXA 型自动变速器。
设 备 与 工 具:组合扳手,扭力扳手。

一、维护周期

车辆每行驶 40000km 或 24 个月便需更换自动变速器油(ATF)。推荐使用纯正的本田 ATF PREMIDM 自动变速器油或其等效产品 DEXRONO Ⅱ、DEXRONO Ⅲ。

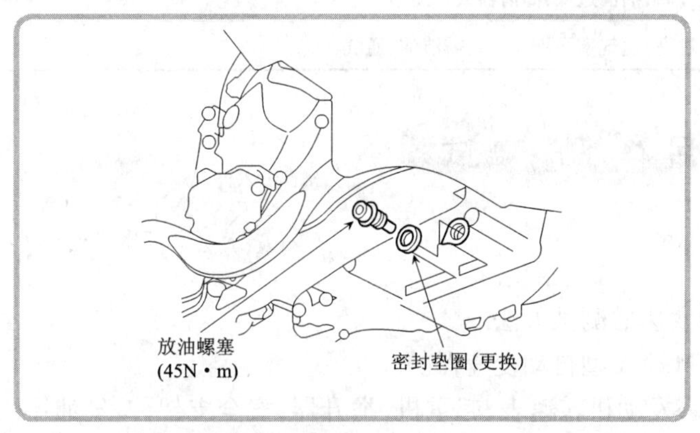

换油时,应将车辆停放在水平路面上,并使发动机运转至正常工作温度。然后熄灭发动机,拆下自动变速器放油螺塞,排尽旧 ATF。加添推荐品牌的 ATF,更换放油螺塞密封圈,并以 49N·m的拧紧力矩拧紧放油螺塞。

二、ATF 油面高度检验

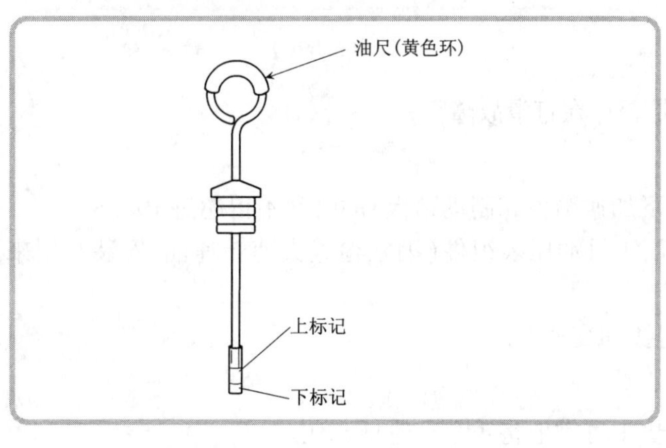

(1)将车辆停放在水平路面上。起动发动机,并使发动机运转至正常工作温度(散热器风扇运转),然后熄火。

(2)将变速杆换至各挡位位置并在各挡位位置作短暂停留,然后拔出变速器油尺,用布擦净后再插入变速器。

◀(3)再拔出油尺,检查油尺上的液位,其液位应在油尺的上、下标记之间。如果液位低于下标记,则从变速器 ATF 加注口添加推荐的 ATF。

三、ATF 品质检查

自动变速器油的状态是自动变速器工作状态的集中反映,故应经常观察 ATF 的颜色和气味的变化,并依此判断 ATF 品质的好坏和能否继续使用。在检查 ATF 时,可以嗅一嗅油尺上油液的气味,用手指蘸少许油液并在手指间互相摩擦看是否有渣粒。ATF 的状态与常见故障原因见下表。

自动变速器油的状态与常见故障原因

油 液 状 态	原因及处理方法
透明、呈粉红色	正常
颜色发白、浑浊	水已进入油中,应检查相关密封件
黑色、发稠、油上粘有胶质油膏	ATF 温度过高
变成深褐色、棕色	油液使用时间过长,应及时更换;长期高负荷运转,或某些部件打滑、损坏,引起自动变速器过热
有金属屑或黑色颗粒	摩擦片等磨损
油液有烧焦味	油温过高,油面过低;滤清器或管路堵塞
油液从加油管溢出	油面过高;通气塞污染、堵塞,需清洁、通气

项目 2 测 试

·2 学时·

目　　　　的:学习 MAXA 型自动变速器测试方法。
自动变速器型号:广州本田雅阁轿车 MAXA 型自动变速器。
设 备 与 工 具:组合扳手,扭力扳手,发动机转速表,起重机,举升器,安全支架,A/T 油压表组件(07406—0020004),数字式万用表。

一、失速试验

失速试验主要用来检查各离合器是否存在打滑故障。

1 注意事项

(1)每次检测失速转速(即同时踩下加速踏板和制动踏板)的时间不得超过 10s。

(2)检测失速转速前,必须拆除专用工具油压表组件(因在检查失速转速前,安装有用来检验液压力的该油压表)。

(3)在检测失速转速的过程中不得拨动变速杆。

2 试验方法和步骤

(1)将变速杆置于 P 位置,用三角垫木可靠地将 4 个车轮抵塞住。

（2）将转速表与发动机连接，关闭空调（A/C）开关，起动发动机并运转至正常工作温度。

（3）将变速杆置于1位置，将加速踏板和制动踏板同时迅速踏到底6～8s，观察并记录转速表上的发动机转速，这就是1位置的失速转速。2.3L发动机的失速转速标准值为2550r/min，极限值为≤2400r/min或≥2700r/min；2.0L发动机的失速转速标准值为2280r/min，极限值为≤2130r/min或≥2430r/min。

（4）停歇2mim（让发动机保持怠速运转，以使ATF温度降低）后，用上述同样的方法分别检测变速杆在D4、2和R位置时的失速转速，其结果应基本相同。

若发动机失速转速不正常，则可按下表查明其故障原因。

发动机失速转速检测结果分析

失速转速情况	可能的故障原因
变速杆在D4、2、1和P位置失速转速过高	ATF油面低或ATF油泵泵油能力下降
	ATF滤网堵塞
	压力调节器阀门卡住在关闭位置
	各挡离合器均打滑
变速杆在1位置失速转速过高	1挡离合器均打滑
变速杆在2位置失速转速过高	2挡离合器均打滑
变速杆在R位置失速转速过高	4挡离合器均打滑
变速杆在D4、2、1和R位置失速转速过低	发动机输出功率不足
	液力变矩器单向离合器打滑

二、液压试验

液压试验主要用来检验在规定的发动机转速下，自动变速器管路油压和各挡离合器的油压是否在规定的范围内，以进一步判断离合器打滑的原因。

1 注意事项

（1）进行液压试验前，应确认ATF油面高度正常。

（2）检验时，当心前轮转动。

（3）检测前，发动机和自动变速器均要达到正常工作温度。

（4）要确认举升器和安全支架放置正确。

2 试验方法和步骤

（1）举升车辆前部，并按规定放置安全支架。

（2）施加驻车制动，牢固塞住车辆后轮。前轮可以自由转动。

（3）将变速杆置P位置，将发动机运转至正常工作温度（散热器风扇开始转动），然后熄火。

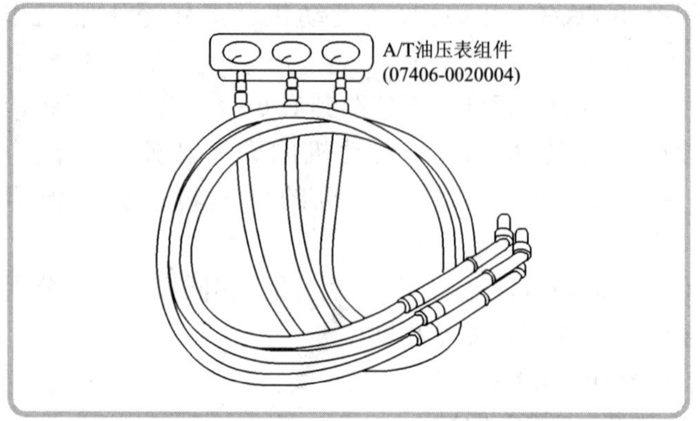

(4)连接发动机转速表,并将专用工具油压表组件(07406-0020004)以18N·m的拧紧力矩。

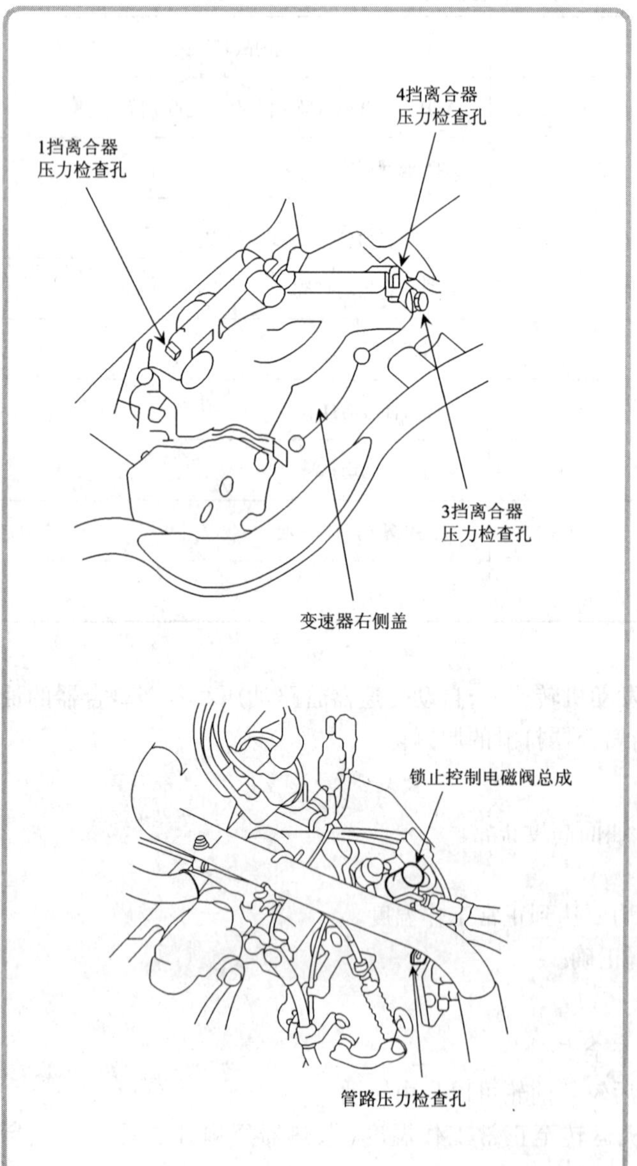

◀(5)根据检测需要将油压表组件分别与管路压力检查孔和各挡离合器压力检查孔相连接。

(6)起动发动机,使其以1500r/min的转速运转。将变速杆置于N或P位置,检测管路压力检查孔处的管路油压。将变速杆分别置于1和2位置,依次检测1、2挡离合器压力检查孔处的1、2挡离合器油压。

(7)将变速杆置于P位置,踩住制动踏板并保持住,变速杆换至D4位置,再松开制动踏板(此时变速器将在D4的1挡工作)。然后将发动机加速到2500r/min(此时变速器将在D4的2挡工作),待松开加速踏板5s后,再缓慢踩下加速踏板使发动机转速升至2000r/min并一直保持。在此状态下检测3、4挡离合器压力检查孔处的3、4挡离合器压力。

管路油压和各挡离合器油压应符合下表中的要求。

管路油压和各挡离合器油压标准值

检测位置	变速杆位置	标准油压（kPa）	维修极限油压（kPa）	故障症状	可能的故障原因
管路	P 或 N	850～910	800	无（或低）管路油压	液力变矩器、ATF 油泵、压力调节器阀、液力变矩器单向阀
1 挡离合器	1	840～920	790	无（或低）1 挡油压	1 挡离合器
2 挡离合器	2			无（或低）2 挡油压	2 挡离合器
3 挡离合器	D4			无（或低）3 挡油压	3 挡离合器
4 挡离合器	D4			无（或低）4 挡油压	4 挡离合器
4 挡离合器	R			无（或低）4 挡油压	伺服阀或 4 挡离合器

（8）将配有新密封垫圈的密封螺栓安装在检查孔中，并将螺栓拧紧至规定扭矩18N·m。**注意**：千万不要使用旧的密封垫圈。

三、道路试验

道路试验主要用来检查自动变速器是否有正常的升降挡以及升降换挡点是否与设计规格相同，同时检查换挡时有无离合器打滑、换挡冲击及换挡噪声等不良现象。

（1）起动发动机，使之运转至正常工作温度（散热器风扇开始运转），然后熄火。

（2）将变速杆置于 P 位置，用三角垫木牢固塞住两后车轮。

（3）起动发动机，在踏下制动踏板的同时将变速杆换至 D3 位置，再踏下加速踏板并突然松开，此时发动机不应失速。

（4）变速杆置于 D4 位置，重复上述试验，结果应相同。

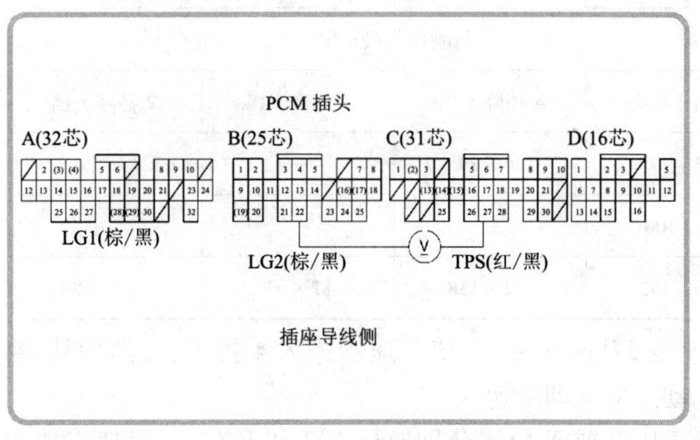

◀（5）从中央控制台前乘客席侧拉开地毯，露出 PCM。用数字式万用表检测 PCM 插座导线侧的端子 C27（＋）与端子 B20（－）或 B22（－）之间的电压（节气门位置传感器电压），电压的高低表示的即是节气门开度的大小。

（6）在水平路面上，变速杆置于 D4 位置，改变车辆的行驶速度，用上述方法检查在节气门开度一定（即节气门位置传感器电压一定）时，各挡位的升降挡点是否和下表中的标准值相同。

节气门开度一定时各挡位的升降挡点(2.3L 发动机)

	节气门位置传感器电压(节气门开度)(V)	行驶速度(km/h)			
		1 挡升 2 挡	2 挡升 3 挡	3 挡升 4 挡	锁止状态
升挡	0.8	15~17	33~37	42~48	75~79
	2.25	33~37	63~69	94~100	110~116
	4.5	55~61	99~105	155~161	156~162
降挡	节气门位置传感器电压(节气门开度)(V)	行驶速度(km/h)			
		不锁止状态	4 挡降 3 挡	3 挡降 2 挡	2 挡降 1 挡
	0.8	73~77	30~34	—	8~12(3 挡降 1 挡)
	2.25	94~100	—	—	—
	4.5	146~152	137~143	87~93	42~48

节气门开度一定时各挡位的升降挡点(2.0L 发动机)

	节气门位置传感器电压(节气门开度)(V)	行驶速度(km/h)			
		1 挡升 2 挡	2 挡升 3 挡	3 挡升 4 挡	锁止状态
升挡	0.8	17~19	28~32	40~46	75~79
	2.25	33~37	63~69	94~100	111~117
	4.5	55~61	99~105	148~154	156~162
降挡	节气门位置传感器电压(节气门开度)(V)	行驶速度(km/h)			
		不锁止状态	4 挡降 3 挡	3 挡降 2 挡	2 挡降 1 挡
	0.8	73~77	26~29	—	8~12(3 挡降 1 挡)
	2.25	94~100	—	—	—
	4.5	146~152	132~138	87~93	42~48

(7)变速杆在 D4 位置,将车辆加速至 57km/h 左右,使变速器进入 4 挡工作,然后从 D4 位置换至 2 位置,此时车辆在发动机制动下应立即减速。

(8)起动已热起的发动机,将变速杆从 P 或 N 位置分别换至 1、2 和 R 位置,迅速将加速踏板踩到底,依次检查各挡是否有离合器打滑、换挡冲击或换挡噪声等不良现象。同时检查并确认:①变速杆在 1 位置行车,变速器不应有升挡现象;②变速杆在 2 位置行车,变速器不应有升挡和降挡现象。

(9)将车辆停放在约 16°的斜坡上,将变速杆置于 P 位置,放松行车制动器,车辆应能可靠稳定地停放,不应移动。

项目3　故障诊断

·1 学时·

目　　　的:学习 MAXA 型自动变速器故障诊断方法。
自动变速器型号:广州本田雅阁轿车 MAXA 型自动变速器。
设 备 与 工 具:短路插头 SCS (07PAZ—0010100),本田 PGM 专用检测仪。

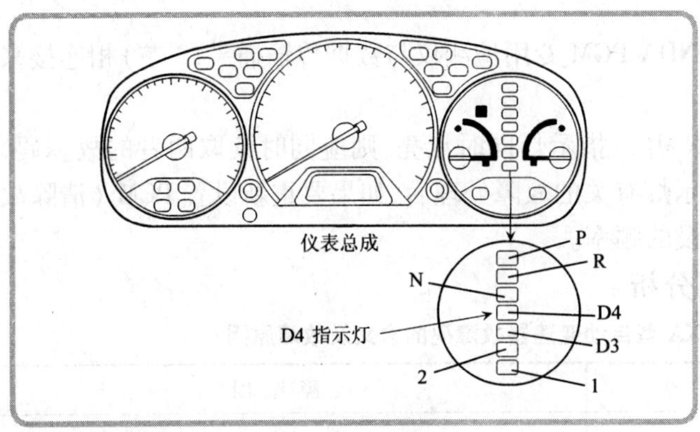

自动变速器的电子控制系统出现故障时,PCM(动力系统控制模块)自诊断系统将使仪表板上的 D4 指示灯闪烁。先通过 PCM 的自诊断功能读取系统故障码,并由读取的故障码查寻出故障原因,然后根据故障内容进行故障分析,并视情对故障相关元件进行必要的检测,以最终查明具体故障原因。

一、故障码(DTC)的读取

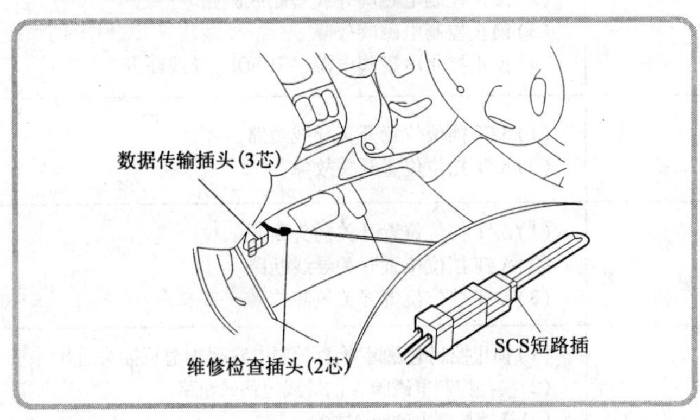

(1)关闭点火开关(将点火开关置于"OFF"位置)。

◀(2)将专用工具短路插头 SCS (07PAZ—0010100)与位于驾驶员侧仪表板下方的维修检查插头(2 芯)相连接。

(3)接通点火开关(将点火开关转至"ON(Ⅱ)"位置)。

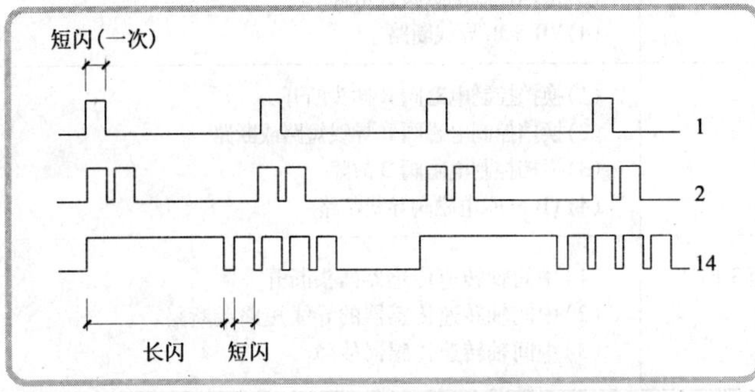

(4)D4 指示灯将通过闪烁时间的长短和次数来显示故障码(DTC)。

故障码最多由两位数构成。故障码 1 ~ 9 通过单纯的短闪烁表示。故障码 10 ~ 26 通过一系列的长、短闪烁综合来表示。长闪烁的次数代表故障码的十位

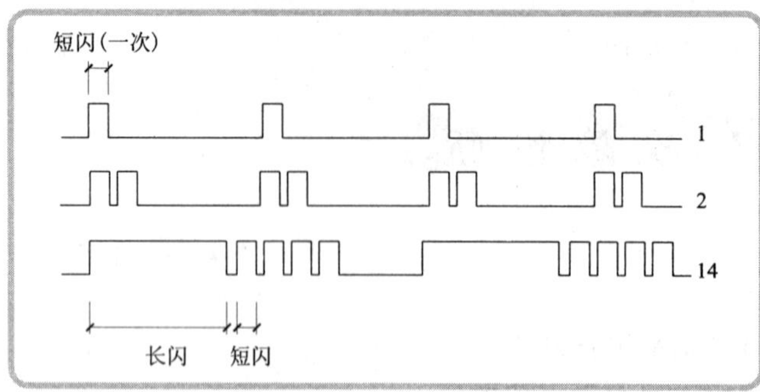

数,短闪烁的次数代表故障码的个位数。如果有多重故障信息,D4 指示灯将按由小到大的顺序依次闪示。

读取故障码时注意:

(1)故障码显示通常难以一次读准,因此至少要通过两次或两次以上的读取以验证正确的故障码。

(2)故障码的读取也可以利用 HONDA PGM 专用检测仪与数据传输插头(3 芯)相连接来完成。

(3)如果行车中 D4 指示灯与故障(MIL)指示灯同时点亮,则应同时读取两者的故障码,并分别进行故障分析。在完成 MIL 指示灯有关的故障处理后,如果要重新设置 PCM(清除故障码),则必须事先记录下无线电台预设的频率。

二、故障码的含义及故障原因分析

广州本田雅阁轿车 MAXA 型自动变速器故障码的含义及故障原因

故障码	故障症状	故障原因
1	(1)锁止离合器不锁止 (2)锁止离合器不分离 (3)卡在 4 挡不能换挡	(1)锁止控制电磁阀/换挡控制电磁阀 A 总成插头断开 (2)锁止控制电磁阀导线短路或断路 (3)锁止控制电磁阀故障 (4)锁止控制电磁阀电源(VB SOL)导线断开
5	(1)除 2 和 3 挡外不能换挡 (2)锁止离合器不能锁止	(1)A/T 挡位位置开关导线短路 (2)A/T 挡位位置开关故障
6	无特殊故障症状	(1)A/T 挡位位置开关插头断开 (2)A/T 挡位位置开关导线断路 (3)A/T 挡位位置开关故障
7	卡在 4 挡不能换挡	(1)锁止控制电磁阀/换挡控制电磁阀 A 总成插头断开 (2)换挡控制电磁阀 A 的导线短路或断路 (3)换挡控制电磁阀 A 故障 (4)VB SOL 导线断路
8	卡在 4 挡不能换挡	(1)换挡控制电磁阀 B 插头断开 (2)换挡控制电磁阀 B 导线短路或断路 (3)换挡控制电磁阀 B 故障 (4)VB SOL 电磁阀导线断路
9	(1)不能换挡(在 2~3 挡之间,仅能换至 3 挡) (2)车速表不工作 (3)锁止离合器工锁止	(1)中间轴转速传感器插头断开 (2)中间轴转速传感器的导线短路或断路 (3)中间轴转速传感器故障

续上表

故障码	故 障 症 状	故 障 原 因
15	(1)不能换挡(在2~3挡之间,仅能换至3挡) (2)锁止离合器不锁止	(1)主轴转速传感器插头断开 (2)主轴转速传感器的导线短路或断路 (3)主轴转速传感器故障 (4)变速器机械故障
16	(1)卡在4挡不能换挡 (2)锁止离合器啮合	(1)A/T离合器压力控制电磁阀A的插头断开 (2)A/T离合器压力控制电磁阀A的导线短路或断路 (3)A/T离合器压力控制电磁阀A故障 (4)VB SOL导线断路 (5)PG1和PG2导线断路或搭铁不良(G101)
22	卡在4挡不能换挡	(1)换挡控制电磁阀C的插头断开 (2)换挡控制电磁阀C的导线短路或断路 (3)换挡控制电磁阀C故障 (4)VB SOL导线断路
23	(1)卡在4挡不能换挡 (2)锁止离合器不锁止	(1)A/T离合器压力控制电磁阀B的插头断开 (2)A/T离合器压力控制电磁阀B的导线短路或断路 (3)A/T离合器压力控制电磁阀B故障 (4)VB SOL导线断路 (5)PG1和PG2导线断路或搭铁不良(G101)
25	无特殊故障症状	(1)2挡离合器压力开关插头断开 (2)2挡离合器压力开关的导线短路或断路 (3)2挡离合器压力开关故障
26	无特殊故障症状	(1)3挡离合器压力开关插头断开 (2)3挡离合器压力开关的导线短路或断路 (3)3挡离合器压力开关故障

三、PCM的重新设置(清除故障码)

在排除了自动变速器电子控制系统的任何故障后,都必须对PCM进行重新设置,以清除存储在存储器中的故障码。具体方法如下:

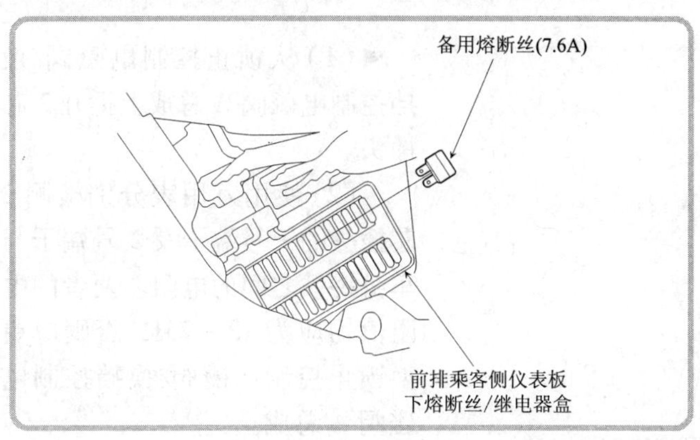

(1)将点火开关置于“OFF”位置。

◀(2)从前排乘客侧仪表板下熔断丝/继电器盒中拆下备用熔断丝(7.5A)。

(3)等候10s,清除PCM存储器中的故障码,然后重新安装备用熔断丝(7.5A)。

项目4 电器元件的检测诊断与更换

·2 学时·

目　　　　的:学习 MAXA 型自动变速器电器元件的检测诊断与更换方法。
自动变速器型号:广州本田雅阁轿车 MAXA 型自动变速器。
设 备 与 工 具:组合扳手,扭力扳手,螺丝刀,钳子,锤子,万用表。

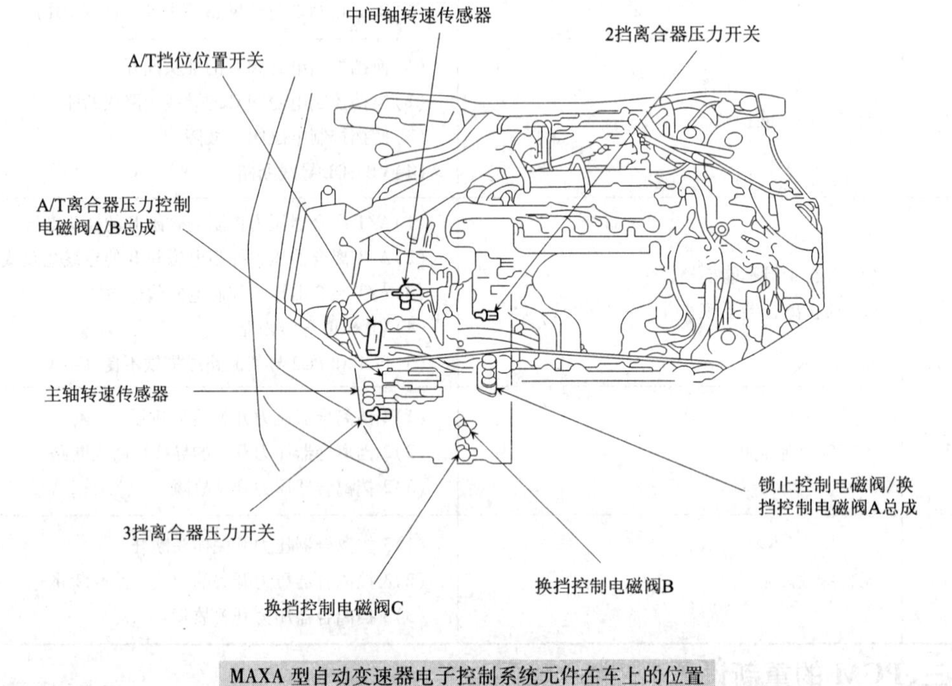

MAXA 型自动变速器电子控制系统元件在车上的位置

一、锁止控制电磁阀/换挡控制电磁阀 A 总成的检测诊断与更换

1 检测诊断

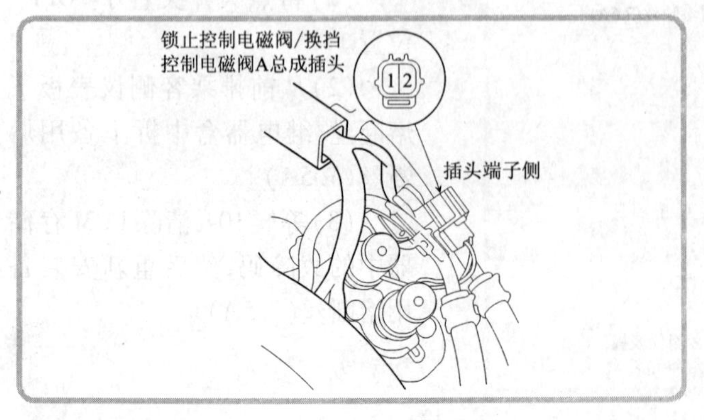

◀(1)从锁止控制电磁阀/换挡控制电磁阀 A 总成上拆开 2 芯插头。

(2)使用万用表分别检测 2 芯插头的 1 号端子及 2 号端子与车身搭铁之间的电阻。两者的电阻值均应为 12 ~ 25Ω,否则应更换锁止控制电磁阀/换挡控制电磁阀 A 总成。

(3)如果上述检测值均符合要求,则将2芯插头的1号端子和2号端子分别与蓄电池的正极相连接。若均能听到一声“咔嗒”声,则说明锁止控制电磁阀/换挡控制电磁阀A总成正常;若任意一端子被测时无声,则更换该电磁阀总成。

2 更换

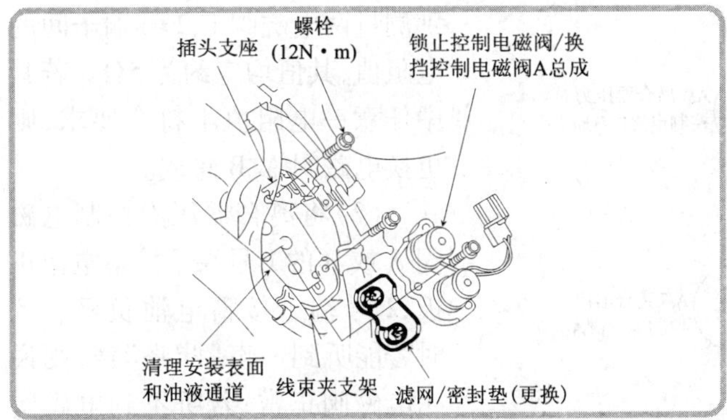

(1)拆下旧的锁止控制电磁阀/换挡控制电磁阀A总成,清理电磁阀总成的安装表面和油液通道。

◀(2)更换电磁阀总成的滤网/密封垫,然后按图中所示规定力矩安装好电磁阀总成,并可靠地连接好其2芯插头。

二、换挡控制电磁阀B与C的检测诊断与更换

1 检测诊断

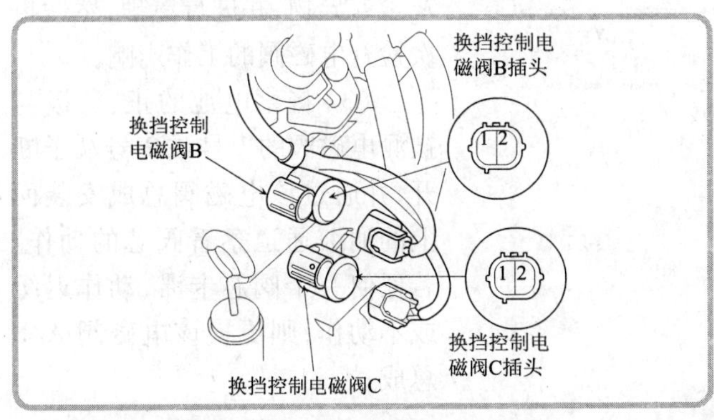

◀(1)从换挡控制电磁阀B或C上拆开其2芯插头。

(2)使用万用表测量换挡控制电磁阀B或C的1、2号端子间的电阻值,两者均应12~25Ω。若某一电磁阀的电阻值不符合上述要求,则应更换该电磁阀。

(3)如果两者的电阻值均符合上述要求,则将换挡控制电磁阀B或C插头的1、2号端子分别与蓄电池正极相连接。若均能听到一声“咔嗒”声,则说明该电磁阀正常;若任意一端子被测时无声,则更换该电磁阀。

2 更换

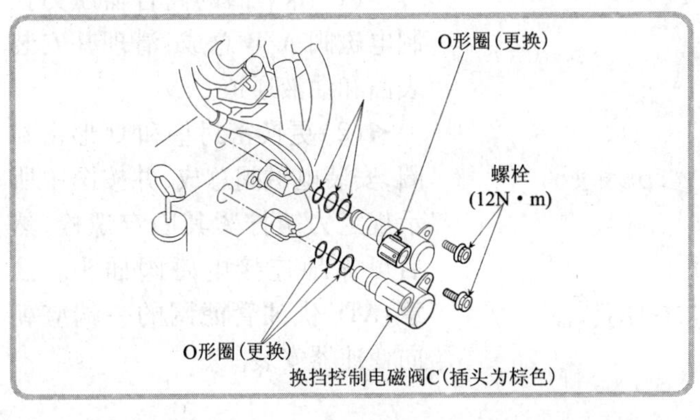

(1)拆下旧的换挡控制电磁阀B或C,并清理其安装表面。

(2)更换所有的O形密封圈,安装电磁阀B或C,同时按图中所示规定力矩拧紧固定螺栓。

注意:如果同时更换换挡控制电磁阀B和C,则应注意前者插头为黑色,后者插头为棕色。

三、A/T 离合器压力控制电磁阀 A/B 总成的检测诊断与更换

1 检测诊断

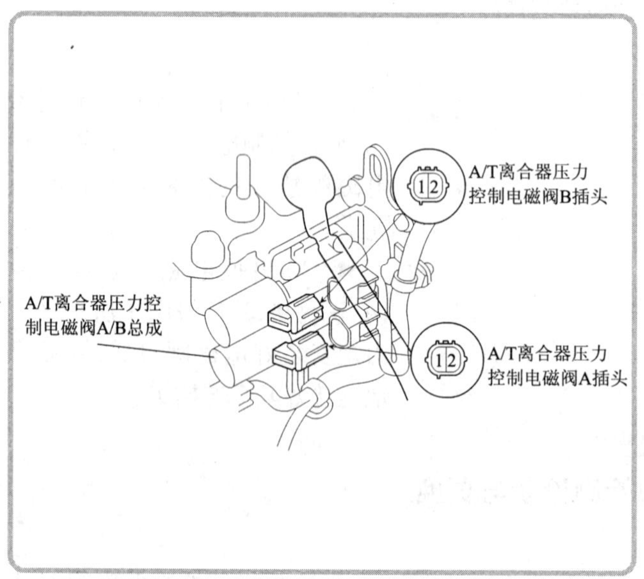

◀(1)拆开 A/T 离合器压力控制电磁阀 A 和 B 的 2 芯插头，分别测量两电磁阀 1、2 号端子间的电阻值，其值均应约为 5Ω。若其中任意一电阻值不符合要求，则更换电磁阀 A/B 总成。

(2)将离合器压力控制电磁阀 A 或 B 的 1 号端子接蓄电池正极，2 号端子接蓄电池负极。此时若能听到一声“咔嗒”声，则说明电磁阀正常；若听不到电磁阀的工作声响，则拆下电磁阀 A/B 总成，检查其油液通道中是否有灰尘或异物，并进行清理，然后再次检查电磁阀的工作声响。

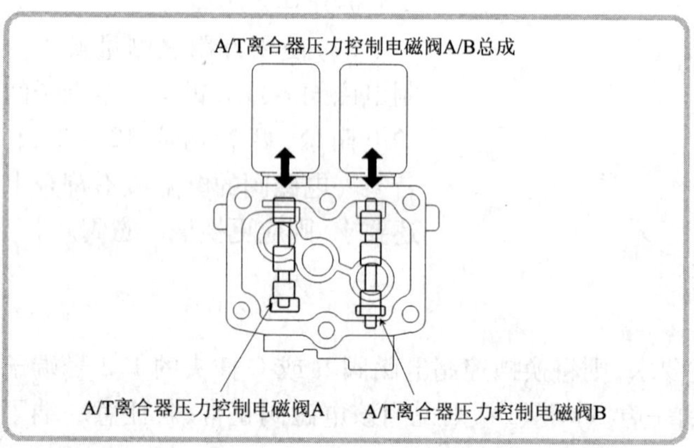

(3)将蓄电池的正、负极与被测电磁阀的 1 号或 2 号端子断开，并通过该电磁阀总成安装面上的油液通道察看阀芯的动作。若任何一个阀芯卡滞、动作迟缓或不动作，则更换该电磁阀 A/B 总成。

2 更换

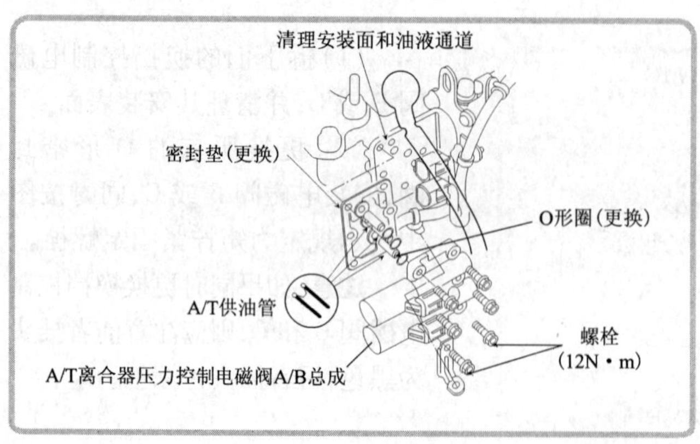

(1)拆下旧的离合器压力控制电磁阀 A/B 总成，清理其安装表面和油液通道。

◀(2)更换密封垫和 O 形密封圈，安装电磁阀总成，并按图中所示规定力矩拧紧其固定螺栓，然后可靠地连接电磁阀插头。**注意：**ATF 供油管滤网的一端应朝向变速器安装。

四、主轴转速传感器与中间轴转速传感器的更换

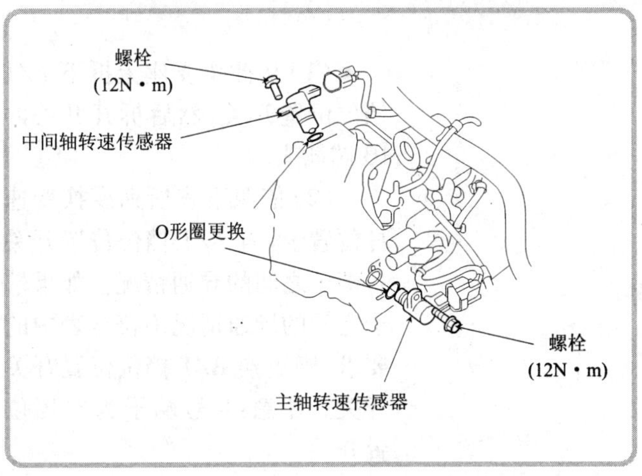

◀(1)分别拧出主轴转速传感器与中间轴转速传感器的固定螺栓,拆下两个传感器。

(2)更新O形密封圈,安装上主轴转速传感器与中间轴转速传感器,并按图中所示规定力矩拧紧固定螺栓,然后连接好传感器插头。

五、2挡离合器压力开关的更换

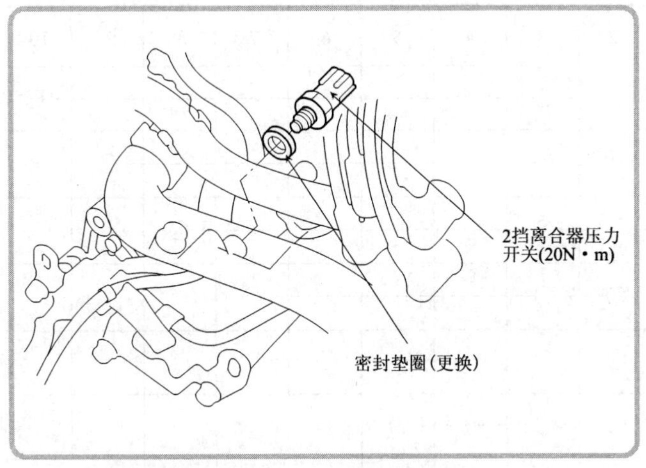

◀(1)拆下旧的2挡离合器压力开关。

(2)更换密封垫圈,按图中所示规定力矩拧紧新的压力开关,然后连接好压力开关插头。

六、3挡离合器压力开关的更换

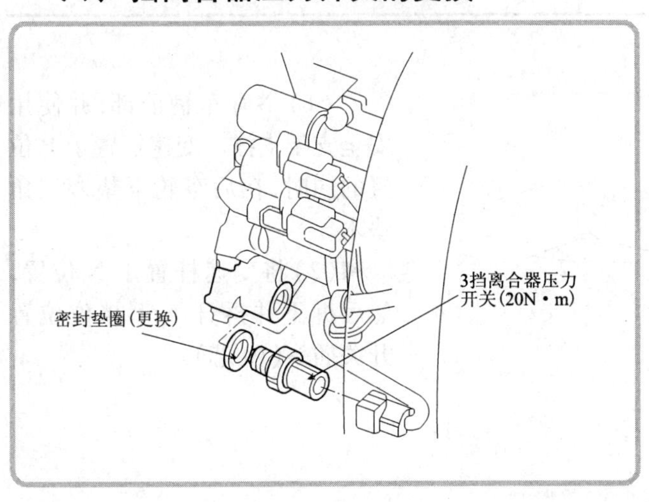

◀(1)拆下旧的3挡离合器压力开关。

(2)更换密封垫圈,按图中所示规定力矩拧紧新的压力开关,然后连接好压力开关插头。

七、A/T 挡位位置开关的检测诊断与更换

1 检测诊断

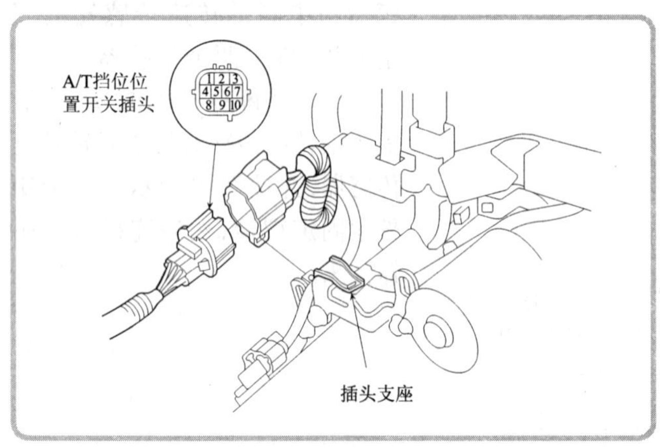

◀(1)从插头支座上拆下 A/T 挡位位置开关,然后拆开开关的 10 芯插头。

(2)依照下表所列变换变速杆位置,检查 A/T 挡位位置开关各端子之间的导通情况。如果端子之间的导通情况不符合表中的要求,则更换 A/T 挡位位置开关开关。**注意:**1 号端子为空挡位置开关。

A/T 挡位位置开关导通性检查

变速杆位置 \ 端子号	1	2	3	4	5	6	7	8	9	10
P	○		○							○
R			○						○	
N	○		○					○		
D4		○	○				○			
D3		○	○			○				
2		○	○		○					
1			○	○						

2 更换

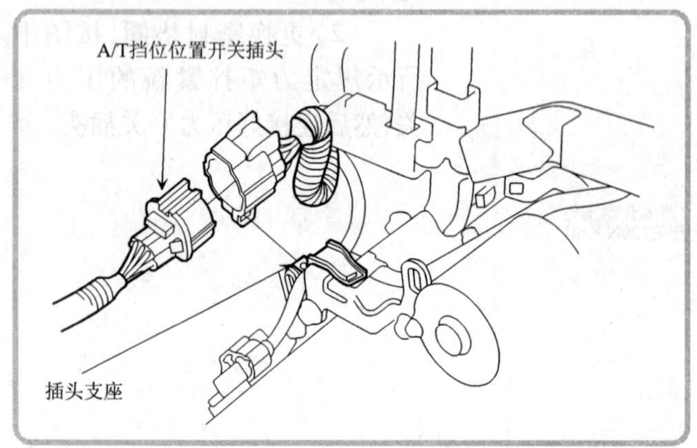

(1)举升车辆前部,并使用安全支架支撑。变速杆置于 P 位置的同时,在后车轮下垫塞三角垫木。

◀(2)将变速杆置于 N 位置,然后拆下并拆开 A/T 挡位位置开关插头(10 芯)。

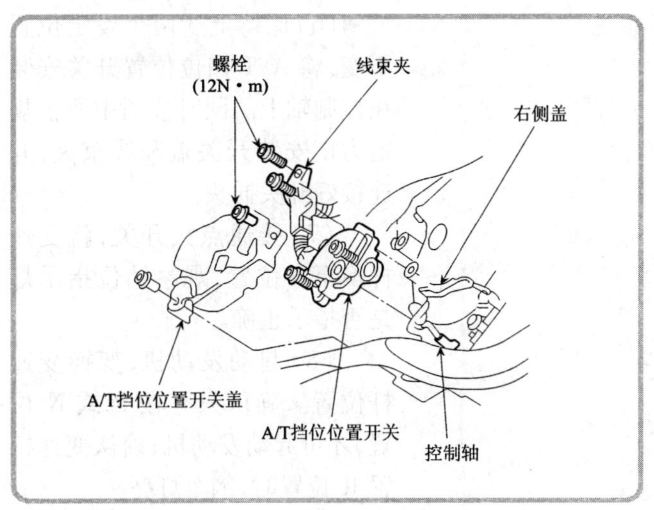

(3)从变速器壳体右侧盖上拆下线束夹和开关盖,然后拆下开关。

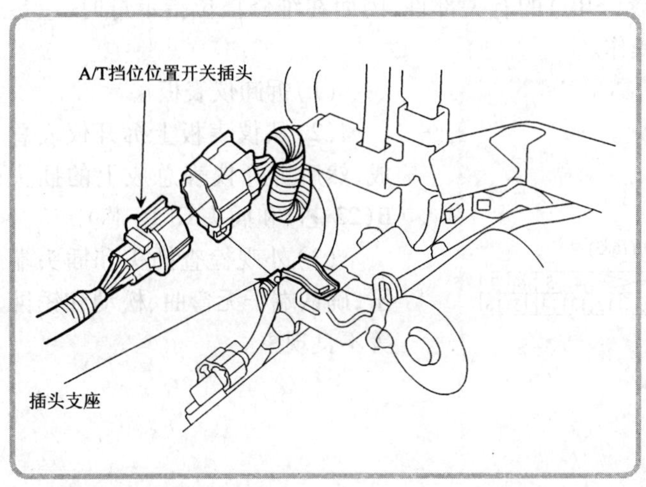

(4)将新的A/T挡位位置开关置于N位置,此时可以听到一“咔嗒”声。

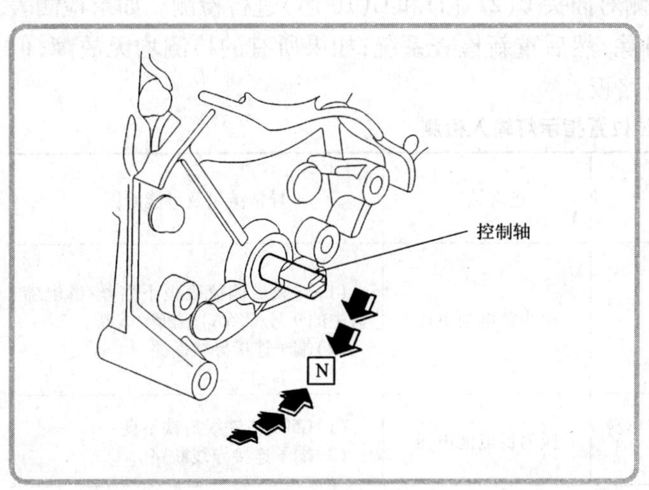

(5)将变速器壳体右侧盖上的A/T挡位位置开关控制轴置于N位置。

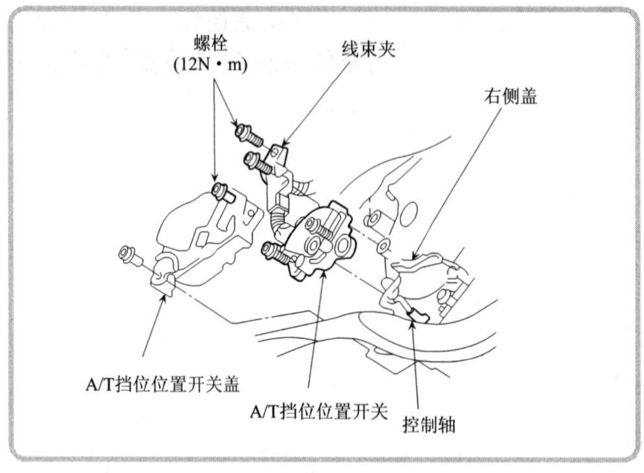

◀(6)保持上述两个设定位置不变,将 A/T 挡位位置开关安装在控制轴上。同时按图中所示规定力矩安装开关盖和线束夹,并连接好开关插头。

(7)接通点火开关,将变速杆换至各位置,观察挡位指示灯是否指示正确。

(8)起动发动机,变换变速杆位置。确认只有在 P 或 N 位置,才可起动发动机;确认变速杆置 R 位置时,倒车灯亮。

八、挡位指示灯输入检测

因挡位指示灯附近安装有安全气囊(SRS)的有关部件,因而在维修挡位指示灯时,应参阅安全气囊系统的有关内容以便正确操作。

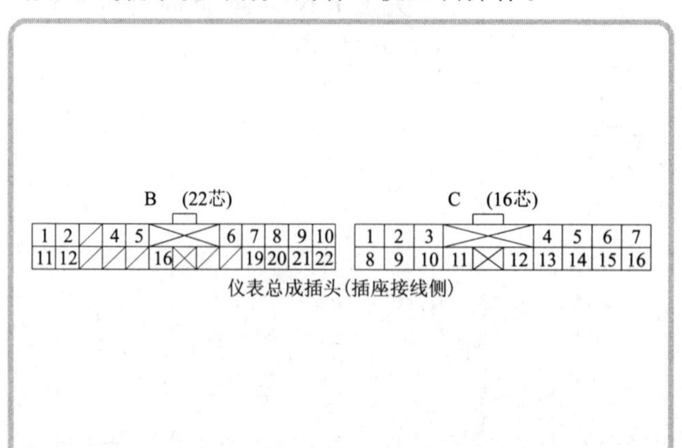

(1)拆卸仪表板 。

◀(2)从仪表板上拆开仪表总成,然后拆开仪表总成上的插头 B(22 芯)和插头 C(16 芯)。

(3)外观检查插头和插头端子,确认端子无弯曲、松动和锈蚀等不良现象。

(4)按照下表的要求,在插座接线侧对插头 B(22 芯)和 C(16 芯)进行检测。如果检测表明有故障,则应找出故障原因并予以排除,然后重新检查系统;如果所有的检测均无故障,但是指示灯仍有故障,则应该更换印刷电路板。

挡位位置指示灯输入检测

端子号	连接导线颜色	检测内容	正常结果	异常结果及可能原因
B11	黄	接通点火开关,检查其与车身搭铁之间的电压	应为蓄电池电压	(1)驾驶员侧仪表板下熔丝/继电器盒中的 9 号(7.5A)熔断丝熔断 (2)端子连接导线断路
B16	黑	在任何情况下,检查其与车身搭铁之间的电压	应为蓄电池电压	(1)G501 搭铁线搭铁不良 (2)端子连接导线断路

续上表

端子号	连接导线颜色	检测内容		正常结果	异常结果及可能原因
C4	白	变速杆置于R位置	接通点火开关，检查其与车身搭铁之间的电压	应≤1V	(1)A/T挡位位置开关故障 (2)连接导线断路
C5	棕	变速杆置于1位置			
C6	粉	变速杆置于D3位置		应为蓄电池电压	(1)A/T挡位位置开关故障 (2)PCM故障 (3)连接导线断路
C7	蓝	变速杆置于2位置			
C12	绿/黑	变速杆置于D4位置			
C15	黑/蓝	变速杆置于P位置，检查其与车身搭铁之间的导通情况		应不导通	(1)A/T挡位位置开关故障 (2)连接导线断路
C16	红/黑	接通点火开关，变速杆置于N位置，检查其与车身搭铁之间的导通情况		应≤1V	

九、换挡锁止电磁阀的检测诊断与更换

1　检测诊断

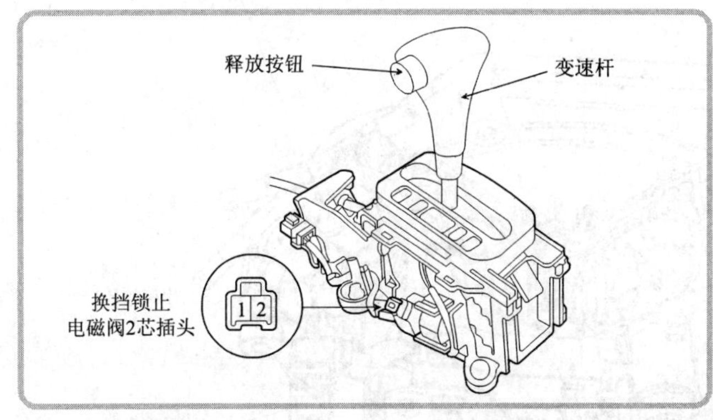

(1)拆下中央控制台。

(2)拆卸换挡锁止电磁阀的2芯插头。

◀(3)将换挡锁止电磁阀的1、2号端子分别与蓄电池正极和负极相连接。**注意：**不能将电源与2号(－)端子(极性相反)相连接，否则会损坏电磁阀内的二极管。

(4)检查变速杆是否可以从P位置移动，将换挡锁止电磁阀插头从蓄电池的两极断开，将变速杆推回P位置，确认其已经锁止。

(5)当释放按钮推入后，检查换挡锁止是否释放；当释放按钮放松时，检查是否换挡锁止。

2　更换

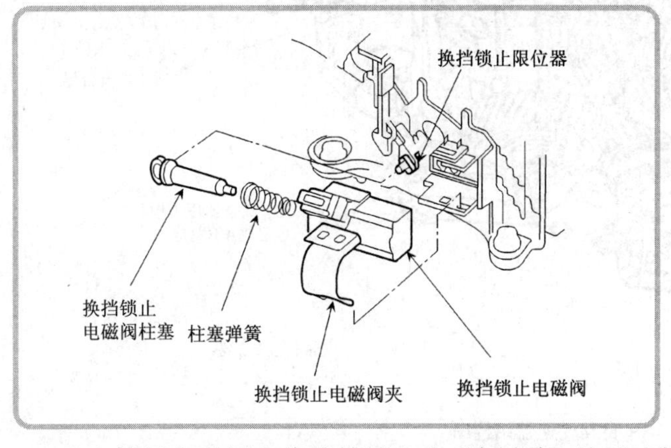

(1)拆下中央控制台。

(2)拆卸换挡锁止电磁阀的2芯插头

◀(3)用螺丝刀撬起电磁阀夹，然后拆下换挡锁止电磁阀。

(4)在新的电磁阀中装入换挡锁止电磁阀柱塞和柱塞弹簧。

(5)将电磁阀的接头与换挡锁止限位器的端部对准，装好换挡锁止电磁阀。

(6)使用电磁阀夹将换挡锁止电磁阀夹紧，然后连接电磁阀的导线插头。

项目5　总成的拆卸、分解和组装

·4 学时·

目　　　　的:学习 MAXA 型自动变速器总成的拆装、分解和组装方法。

自动变速器型号:广州本田雅阁轿车 MAXA 型自动变速器。

设 备 与 工 具:组合扳手,扭力扳手,螺丝刀,钳子,锤子,举升器,举升器托架,主轴固定器(07PAB—0010000),錾子,拉力器,壳体拆卸器(07HAC—PK40101),专用拆卸器,千分表,冲头。

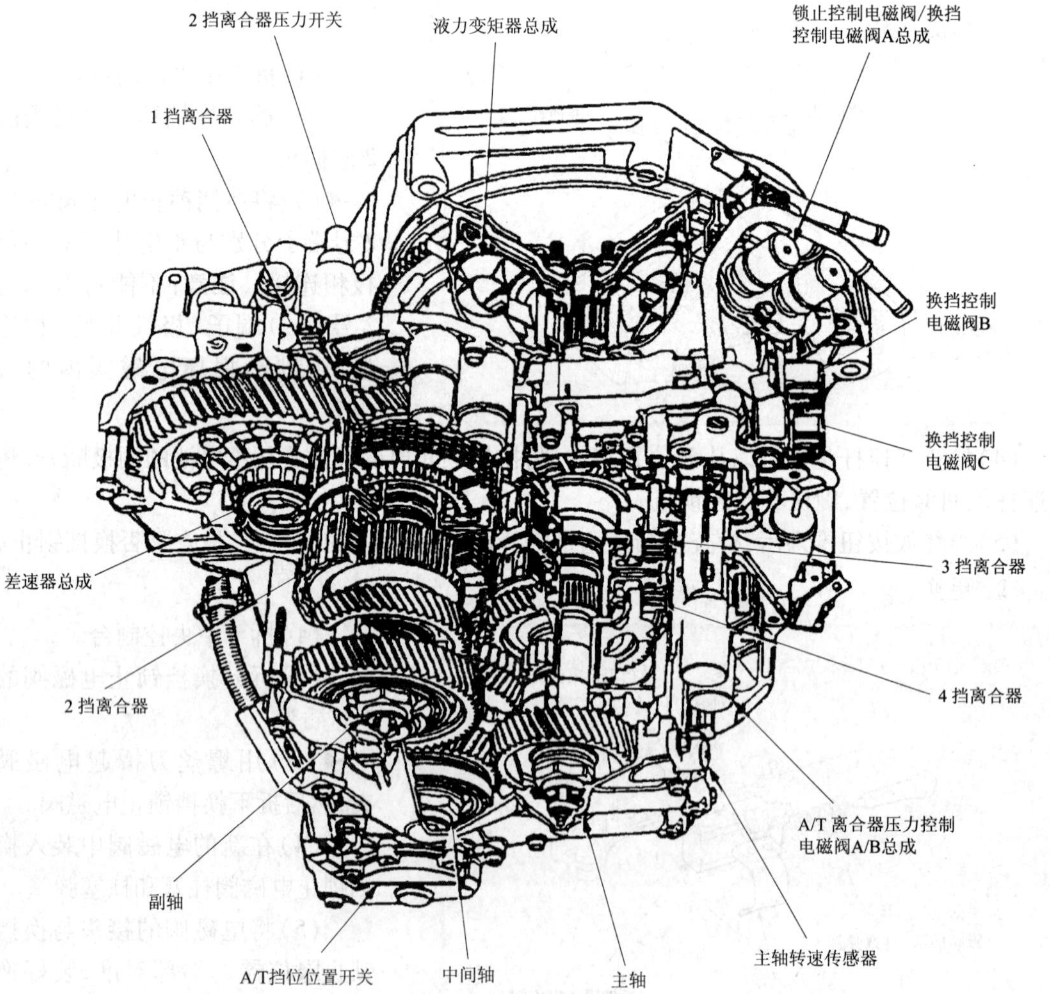

2 挡离合器压力开关
液力变矩器总成
锁止控制电磁阀/换挡控制电磁阀A总成
1 挡离合器
换挡控制电磁阀B
换挡控制电磁阀C
差速器总成
3 挡离合器
2 挡离合器
4 挡离合器
A/T 离合器压力控制电磁阀A/B总成
副轴
主轴转速传感器
A/T挡位位置开关
中间轴
主轴

MAXA 自动变速器结构图

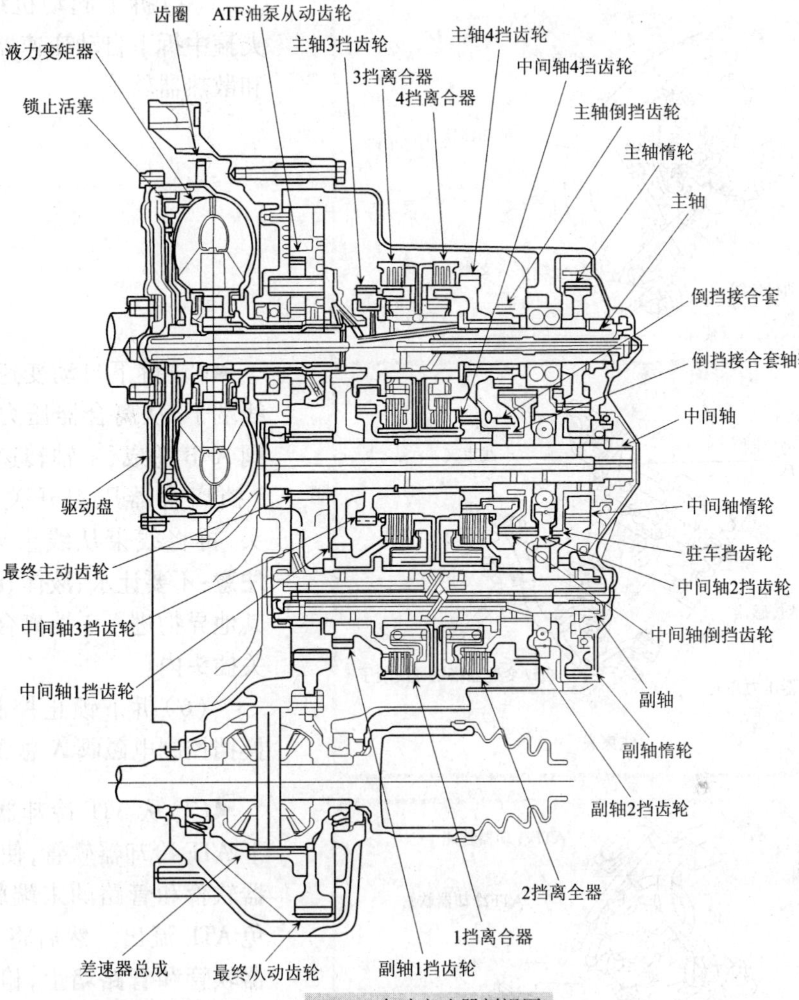

MAXA 自动变速器剖视图

一、自动变速器的拆卸

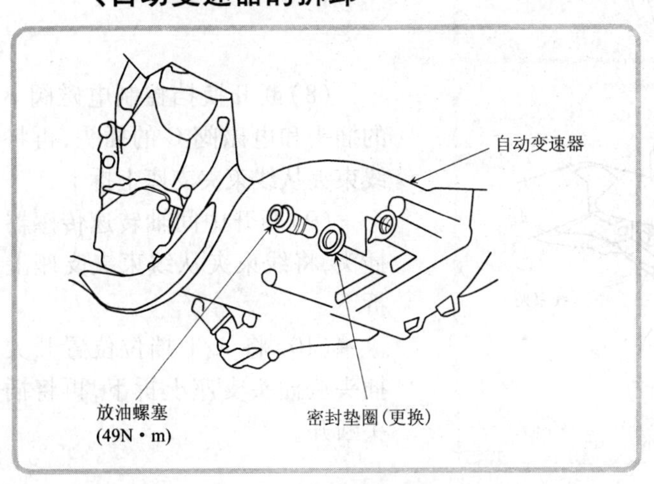

(1)依次拆下蓄电池的负极电缆、正极电缆、蓄电池固定架、蓄电池、蓄电池托架、蓄电池电缆夹以及蓄电池座。

(2)拆下进气导管和空气滤清器壳体总成。

◀(3)可靠地举升车辆，拧下放油螺塞，排出自动变速器油(ATF)。然后更换新的放油螺塞密封圈，并重新装回放油螺塞(拧紧力矩为49N·m)。

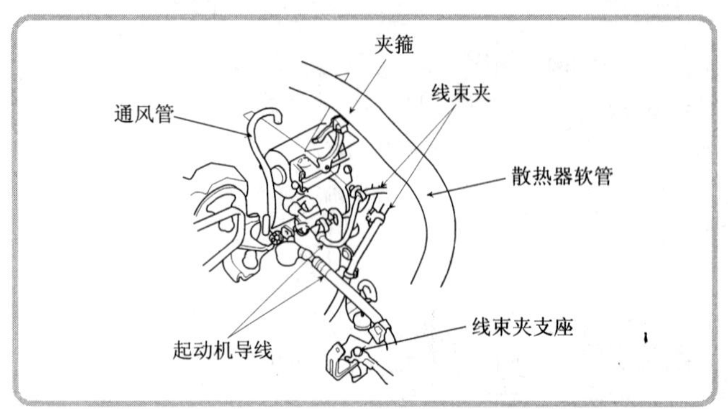

(4)拆下起动机线束夹,从夹箍中拆下自动变速器的通风管和散热器软管。

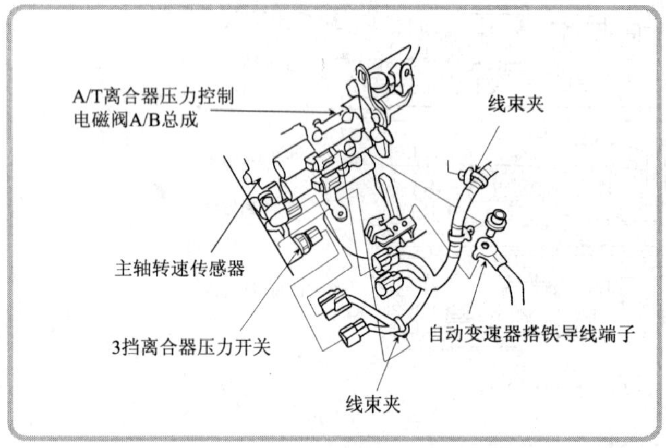

◀(5)拆下自动变速器搭铁导线端子,从离合器压力控制电磁阀 A/B 总成、主轴转速传感器和 3 挡离合器压力开关上断开插头,再将线束从线束夹上拆下。**注意:**不要让水、液体、油、灰尘或其他异物进入 3 挡离合器压力开关插头内。

(6)拆下锁止控制电磁阀/换挡控制电磁阀 A 总成的插头。

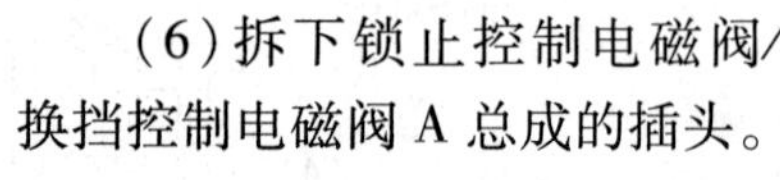

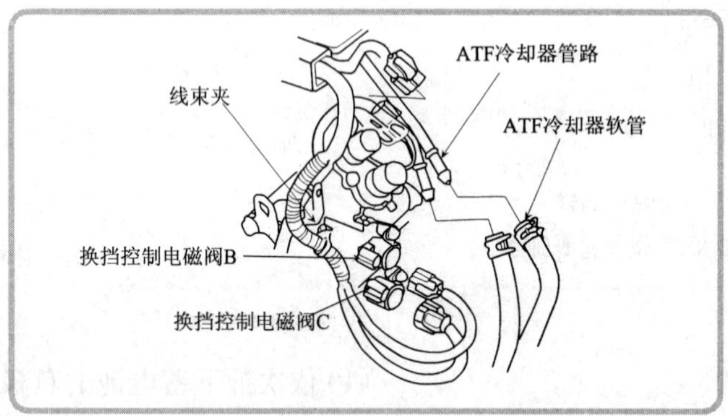

◀(7)从 ATF 冷却器管路上拆下 ATF 冷却器软管,使 ATF 冷却器软管和管路的末端朝上,以避免 ATF 流出。然后将 ATF 冷却器软管和管路堵上,检查软管插头有无渗漏迹象。

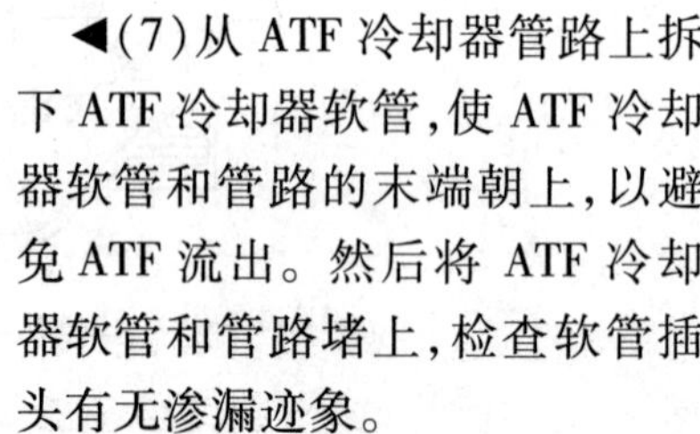

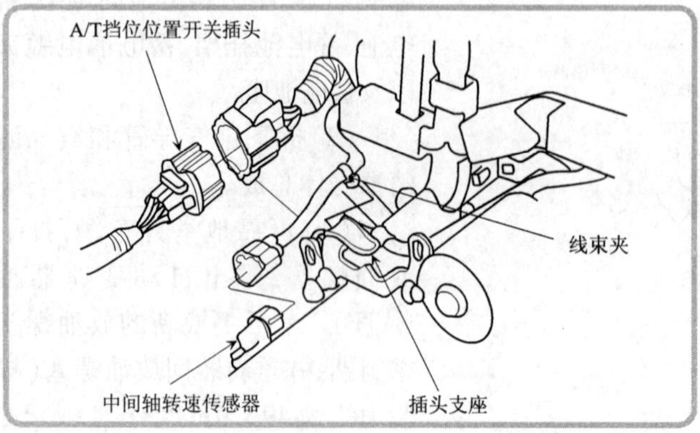

A/T挡位位置开关插头
线束夹
中间轴转速传感器
插头支座

(8)断开换挡控制电磁阀 B 的插头和电磁阀 C 的插头,再将线束夹从线束夹支座上拆下。

(9)断开中间轴转速传感器插头,将线束夹从线束夹支座上拆下。

◀(10)将 A/T 挡位位置开关插头从插头支座上拆下,再将插头断开。

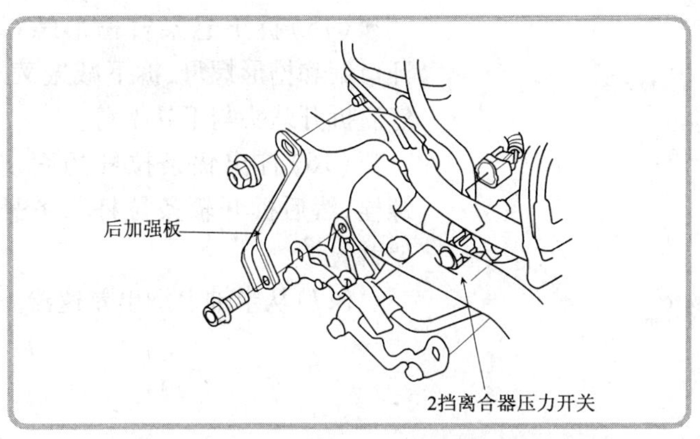

(11)断开2挡离合器压力开关插头,再拆下后加强板。

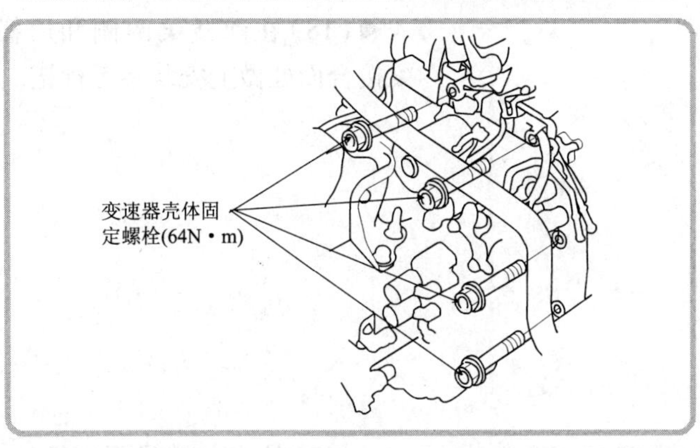

(12)拧下自动变速器壳体固定螺栓。

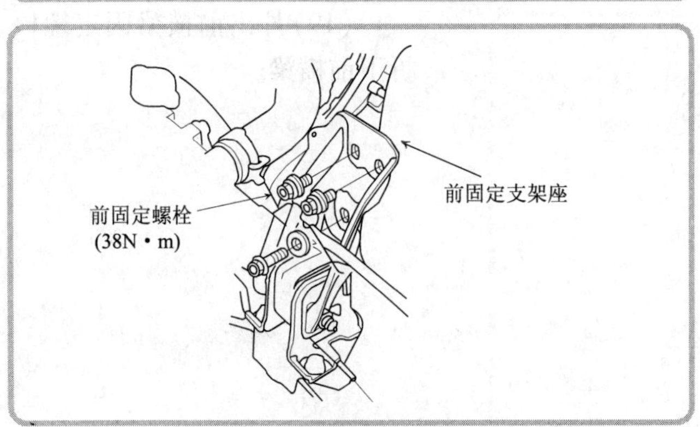

(13)拆下自动变速器前固定支架座。

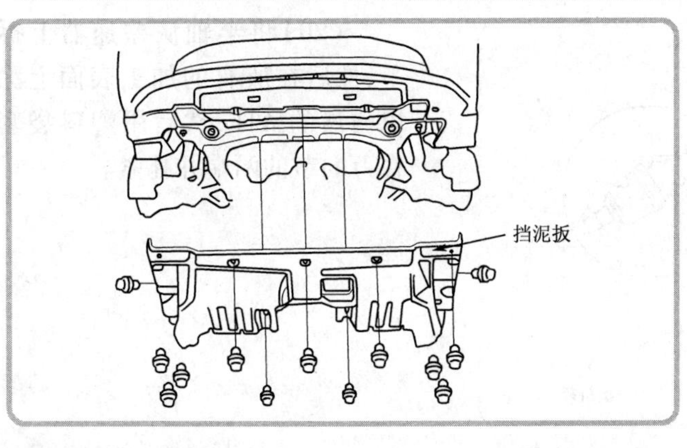

(14)拆下车底挡泥板。

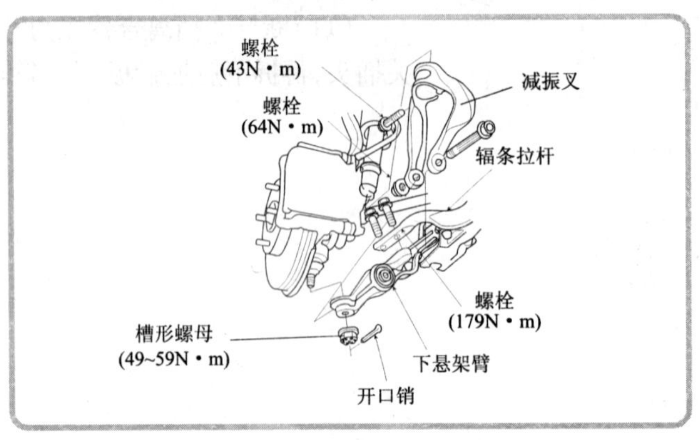

◀(15)拆下悬架臂槽形螺母开口销和槽形螺母,拆下减振叉,然后拆开球头与下悬架臂。

(16)拧出辐条拉杆的固定螺栓,然后拆开辐条拉杆与下悬架臂。

(17)从半轴上撬出差速器。

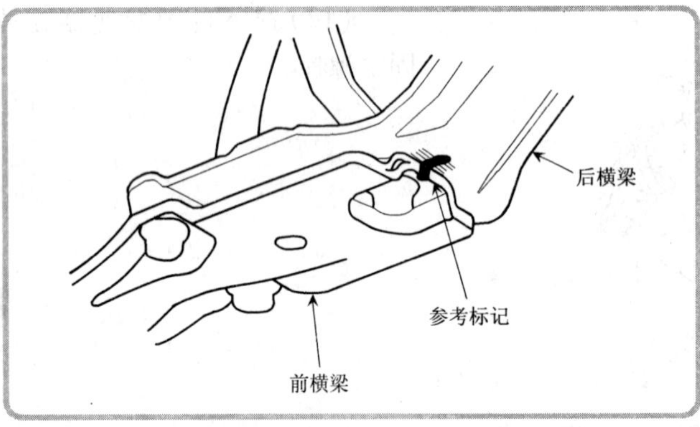

◀(18)在前横梁两侧和后横梁接合面处做上安装参考标记。

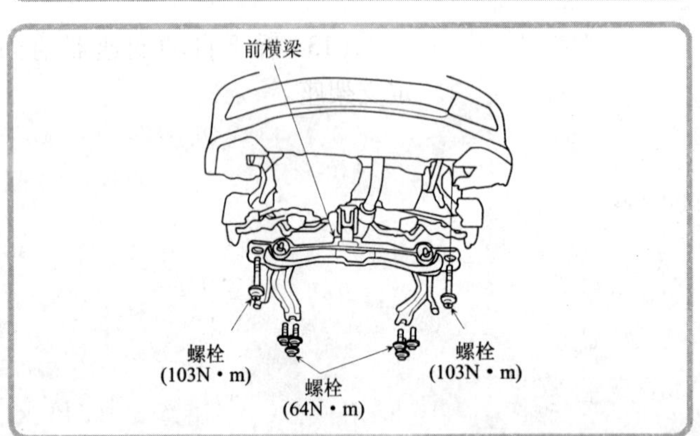

(19)拧出前横梁固定螺栓,拆下前横梁。

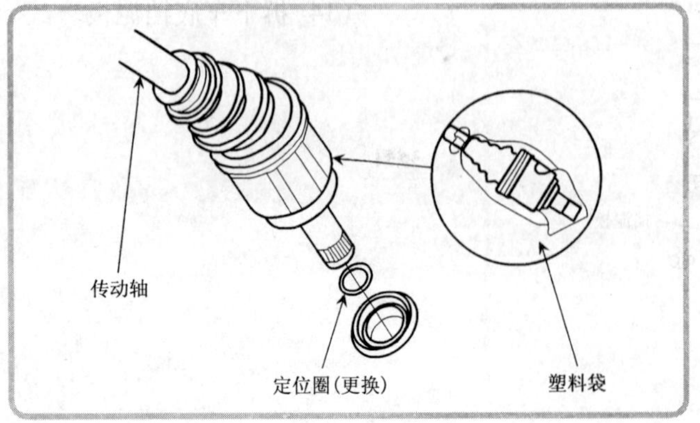

(20)将半轴从差速器上拆下,然后在所有的加工表面上涂以清洁的ATF,然后用塑料袋套在万向节的两端并扎紧。

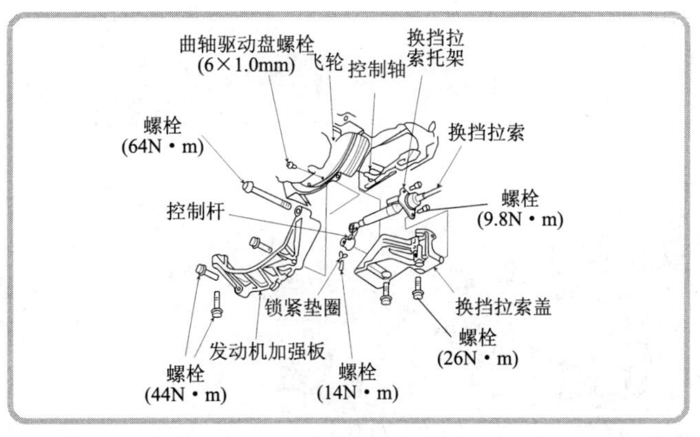

(21)拧出相关螺栓,依次拆下发动机加强板、换挡拉索罩、换挡拉索及其控制杆。同时转动曲轴V形带轮,逐一拆下曲轴驱动盘上的8个螺栓。

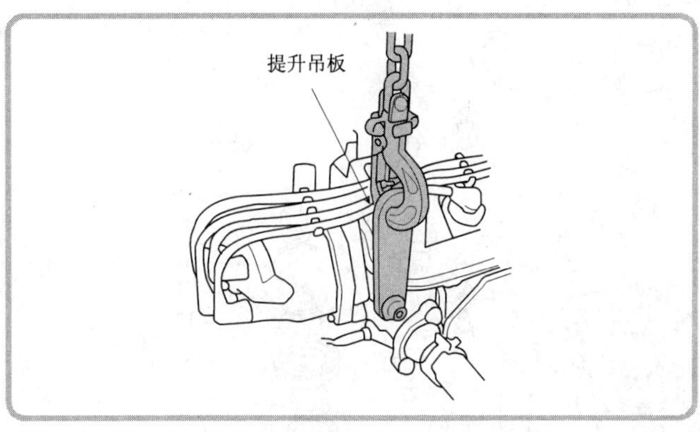

◀(22)在发动机上固定一块提升吊板,将发动机稍稍吊起。

(23)将一举升器放于自动变速器下方。

(24)拆下自动变速器固定支架座。

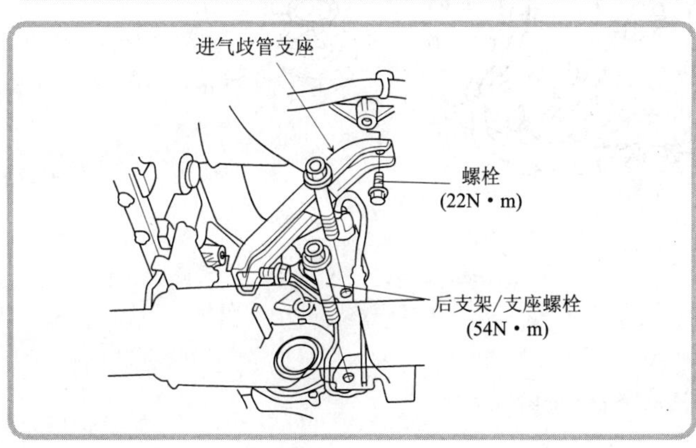

◀(25)拧出进气歧管支座固定螺栓和后支架/支座固定螺栓。

(26)从发动机上拉出自动变速器,并将自动变速器放置于举升器上。

(27)从自动变速器上拆下液力变矩器总成。

(28)从液力变矩器总成上拆下起动机。

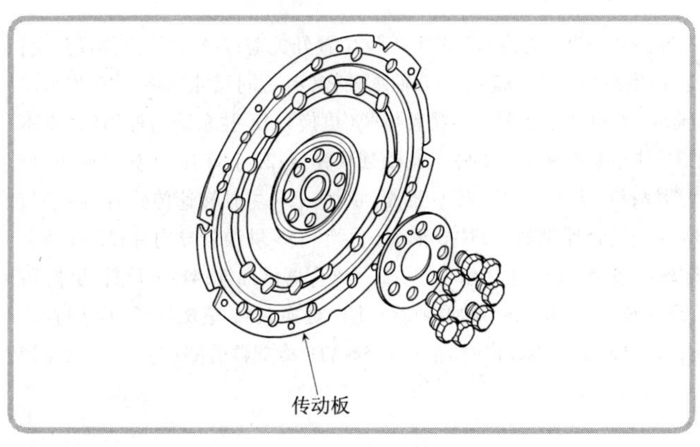

(29)检查传动板,如有损坏,则更换传动板。

二、自动变速器的分解

1 分解右侧盖

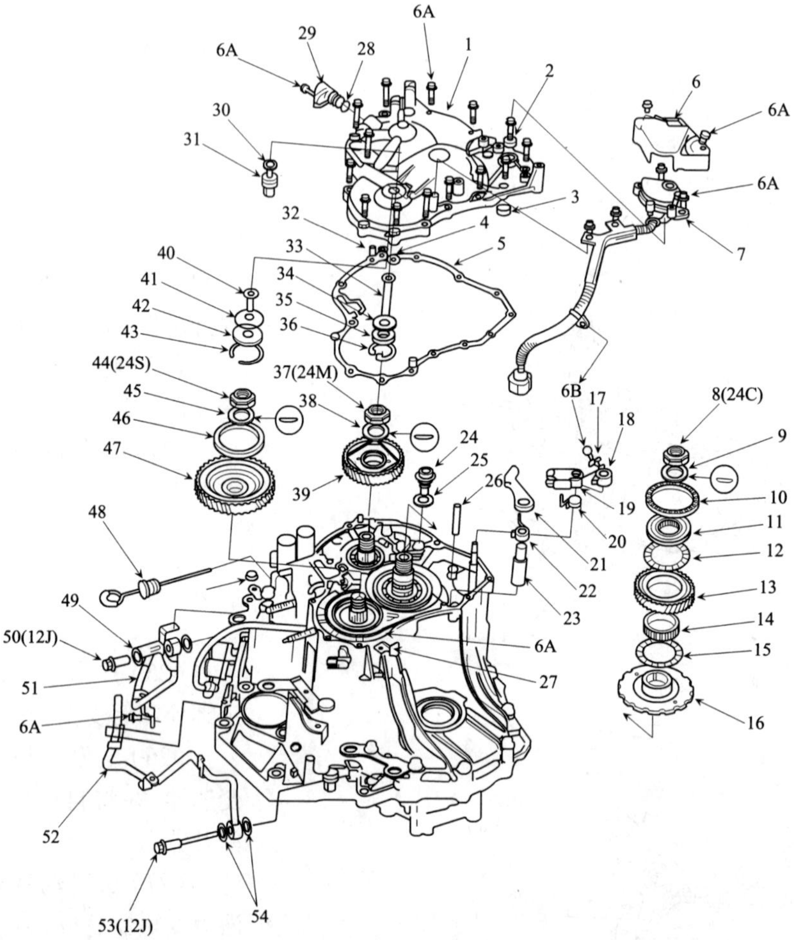

右侧盖的分解图

1-右侧盖;2-油封(更换);3-滚珠轴承;4-O 形圈;5-右侧盖密封垫(更换);6-A/T 挡位位置开关盖;7-A/T 挡位位置开关;8-中间轴锁紧螺母(凸缘螺母,更换);9-锥形弹簧垫圈(更换);10-滚珠轴承;11-轴承轴套(有不同尺寸规格);12-推力滚针轴承;13-中间轴惰轮;14-滚针轴承;15-推力滚珠轴承;16-驻车挡齿轮;17-锁紧垫圈(更换);18-驻车制动杆挡块(有不同尺寸规格);19-驻车制动杆;20-驻车制动杆弹簧;21-驻车制动锁块;22-驻车制动锁块弹簧;23-驻车制动锁块轴;24-放油螺塞;25-密封垫圈(更换);26-驻车制动锁块行程挡块;27-线束夹支座;28-O 形圈(更换);29-主轴转速传感器;30-密封垫圈(更换);31-3 挡离合器压力开关;32-定位销;33-4 挡离合器供油管;34-O 形圈(更换);35-供油管导向片;36-弹簧卡环;37-主轴锁紧螺母(凸缘螺母更换);38-锥形弹簧垫圈(更换);39-主轴惰轮;40-2 挡离合器供油管;41-O 形圈(更换);42-供油管导向片;43-弹簧卡环;44-副轴锁紧螺母(凸缘螺母,更换);45-锥形弹簧垫圈(更换);46-滚珠轴承;47-副轴惰轮;48-ATF 油尺;49-密封垫圈(更换);50-管路螺栓;51-ATF 冷却器管路(出油口);52-ATF 冷却器管路(进油口);53-管路螺栓;54-密封垫圈(更换)

右侧盖中相关螺栓/螺母的标准力矩

螺栓/螺母号	标准拧紧力矩(N·m)	螺栓规格	备注
6A	12	6mm×1.0mm	
6B	14	6mm×1.0mm	
12J	28	12mm×1.25mm	管路螺栓
18D	49	18mm×1.5mm	放油螺栓
24M	226	24mm×1.25mm	主轴锁紧螺母
	167	24mm×1.25mm	左旋螺栓
24C	226	24mm×1.25mm	中间轴锁紧螺母
	167	24mm×1.25mm	
24S	226	24mm×1.25mm	副轴锁紧螺母
	167	24mm×1.25mm	

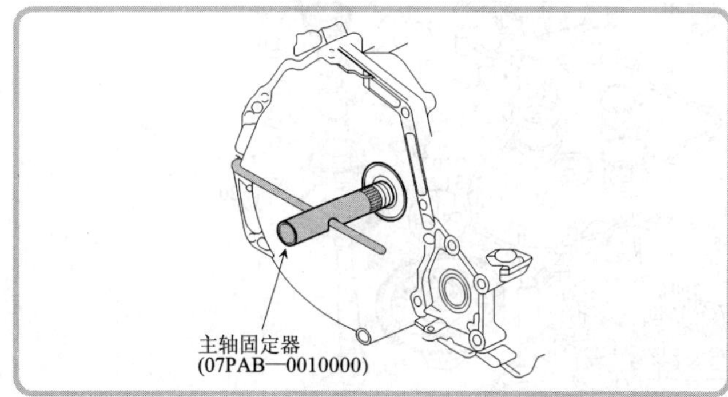

(1)拆下A/T挡位位置开关盖。

(2)拧出开关线束夹的固定螺栓(2个)、拆下A/T挡位位置开关。

(3)拧出右侧盖的固定螺栓(14个标注6A的螺栓),拆下右侧盖。

◀(4)将专用工具主轴固定器(07PAB—0010000)装到变速器主轴上。

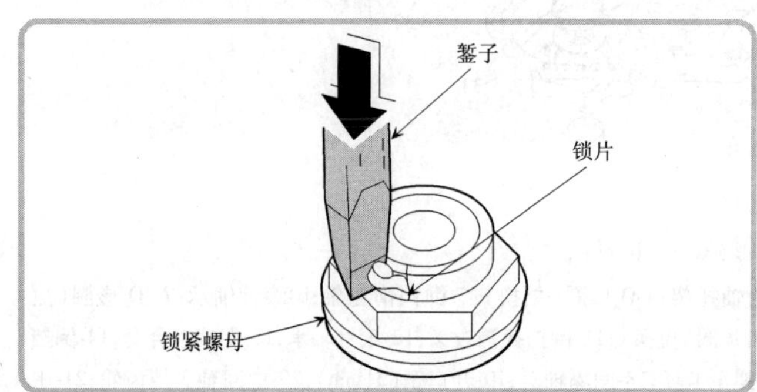

(5)使驻车制动锁块与驻车挡齿轮啮合。

◀(6)用錾子錾断主轴、中间轴和副轴上的锁片,然后拆下各轴的锁紧螺母和锥形弹簧垫圈。

注意:主轴锁紧螺母为左旋螺纹;切勿让錾下的锁片碎屑落入自动变速器内。

(7)从主轴上取下专用工具主轴固定器。

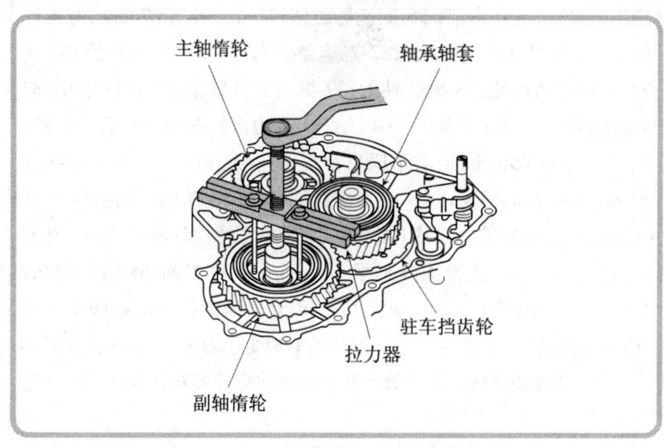

◀(8)使用拉力器拆下主轴惰轮和副轴惰轮,再用拉力器拆下中间轴轴承套、中间轴惰轮以及驻车挡齿轮。

(9)拆下驻车制动锁块、锁块弹簧、锁块轴以及驻车制动杆。

(10)拧出管路螺栓,拆下ATF冷却器进、出油管路。

2 分解变速器壳体

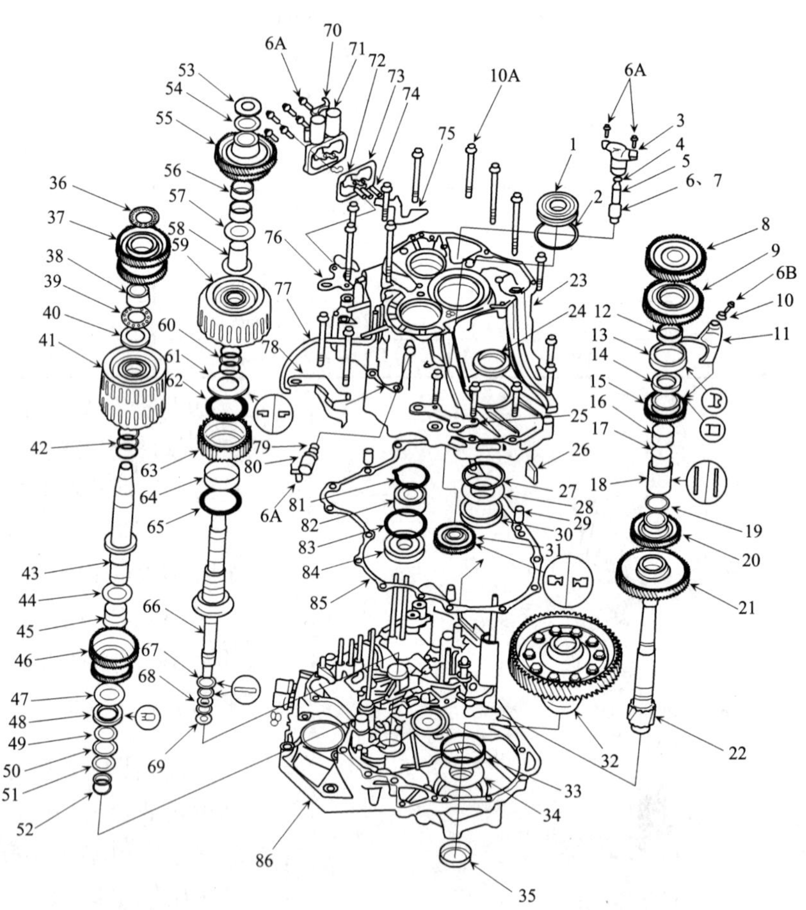

变速器壳体分解图

1-中间轴变速器箱体轴承；2-弹簧卡环；3-倒挡惰轮轴托架；4-O 形圈（更换）；5-倒挡惰轮轴；6-滚针轴承；7- O 形圈（更换）；8-中间轴 2 挡齿轮；9-中间轴倒挡齿轮；10-锁紧垫圈（更换）；11-倒挡换挡拨叉；12-滚针轴承；13-倒挡接合套；14-倒挡接合套轴套；15-中间轴 4 挡齿轮；16-滚针轴承；17-弹簧卡环；18-间隔轴套；19-开口销（31mm）；20-中间轴 3 挡齿轮；21-中间轴 1 挡齿轮；22-中间轴；23-变速器箱体；24-油封（更换）；25-变速器吊架；26-变速器磁体；27-止推垫片（76mm，有不同尺寸规格）；28-止推垫圈（76.2mm）；29-定位销；30-滚锥轴承外圈；31-倒挡惰轮；32-差速器总成；33-滚锥轴承外圈；34-止推垫圈（80mm）；35-油封（更换）；36-推力滚针轴承；37-副轴 2 挡齿轮；38-滚针轴承；39-推力滚针轴承；40-止推垫片（37 mm × 55mm，有不同尺寸规格）；41-1 挡/2 挡离合器总成；42-O 形圈（更换）；43-副轴；44-推力滚针轴承；45-滚针轴承；46-副轴1 挡齿轮；47-推力滚针轴承；48-花键连接式垫圈（38 mm × 56.5mm，有不同尺寸规格）；49-开口销（32mm）；50-开口销定位环；51-弹簧卡环；52-密封圈；53-推力垫圈（27 mm × 47 mm × 5mm）；54-推力滚针轴承；55-主轴 4 挡齿轮；56-滚针轴承；57-推力滚针轴承；58-4 挡齿轮轴肩；59-3 挡/4 挡离合器总成；60-O 形圈（更换）；61-止推垫片（42mm × 72mm，有不同尺寸规格）；62-推力滚针轴承；63-主轴 3 挡齿轮；64-滚针轴承；65-止推滚针轴承；66-主轴；67-密封圈；68-滚针轴承；69-定位环；70-线束夹支座；71-离合器压力控制电磁阀 A/B 总成；72-O 形圈（更换）；73-离合器压力控制电磁阀密封垫（更换）；74-ATF 供油管；75-变速器搭铁线端子支座/插头支座；76-变速器吊架；77-通风管；78-变速器吊架/插头支座；79-O 形圈（更换）；80-中间轴转速传感器；81-弹簧卡环；82-主轴变速器箱体；83-弹簧卡环；84-副轴变速器箱体轴承；85-变速器箱体密封垫（更换）；86-液力变矩器壳体

变速器壳体中相关螺栓/螺母的标准力矩

螺栓/螺母编号	标准拧紧力矩(N·m)	螺栓规格
6A	12	6mm×1.0mm
6B	14	6mm×1.0mm
10A	44	10mm×1.25mm

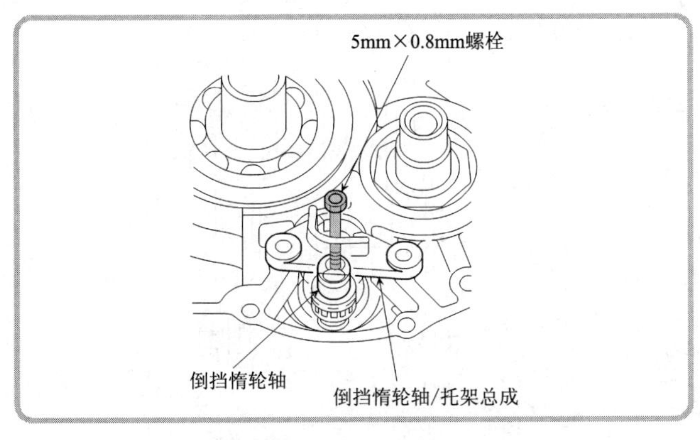

(1)拆下离合器压力控制阀A/B总成。

(2)拧出变速器箱体固定螺栓(16个10A的螺栓),拆下变速器吊架和插头支座。

◀(3)在倒挡惰轮轴上拧上一个5mm×0.8mm的螺栓,拆下倒挡惰轮/托架总成。

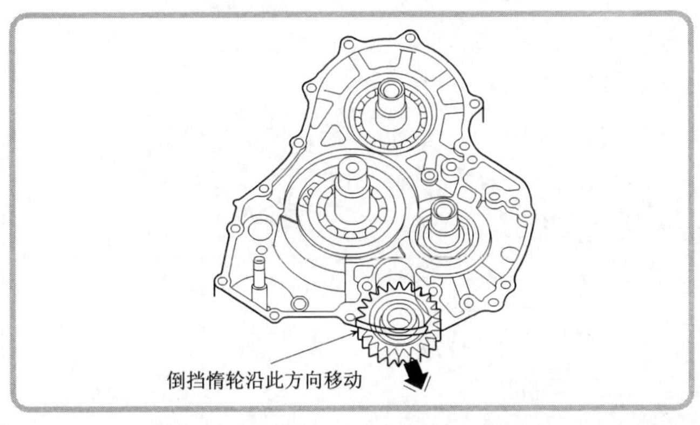

(4)将倒挡惰轮按图中所示方向移开(但无法拆下),以便让开中间轴2挡齿轮。

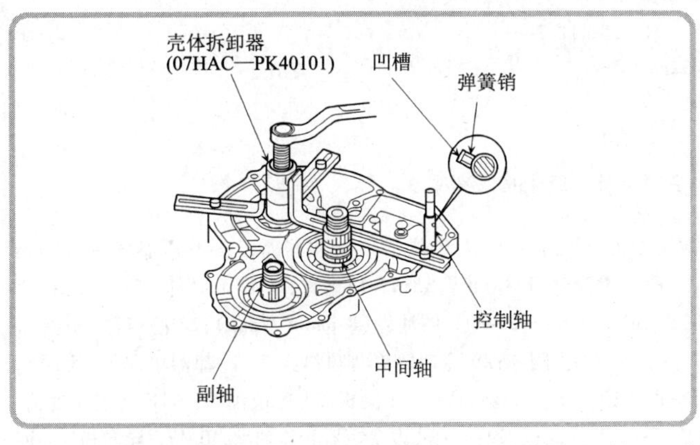

◀(5)转动控制轴,以使控制轴上的弹簧销对准变速器上的凹槽,然后将专用工具壳体拆卸器(07HAC—PK40101)套装到主轴上,并用螺栓固定在壳体上,再使用扳手拆下变速器壳体。

(6)拆下倒挡惰轮,再拆下中间轴2挡齿轮、中间轴倒挡齿轮及滚针轴承。

(7)拧出换挡拨叉固定螺栓,拆下倒挡换挡拨叉、倒挡接合套、倒挡接合套轴套以及中间轴4挡齿轮。

(8)依次拆下副轴、主轴、中间轴和差速器总成。

3 分解液力变矩器壳体与阀体

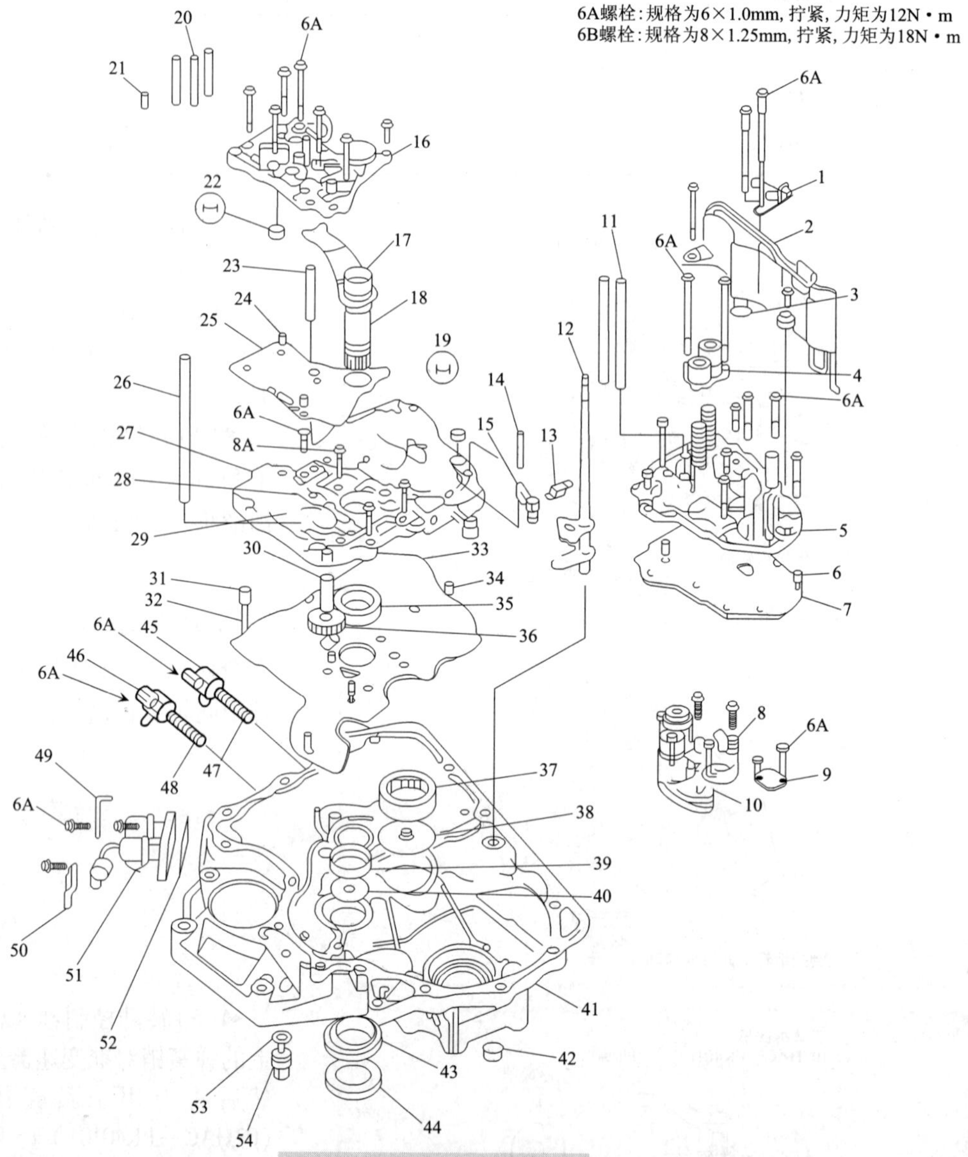

6A螺栓：规格为6×1.0mm，拧紧，力矩为12N·m
6B螺栓：规格为8×1.25mm，拧紧，力矩为18N·m

液力变矩器壳体与阀体的分解图

1-伺服器止动座；2-ATF 滤网；3-O 形圈（更换）；4-蓄压器盖；5-伺服器体；6-定位销；7-伺服器隔板；8-蓄压器体；9-蓄压器体盖；10-单向阀钢球；11-ATF 供油管；12-控制轴；13-锁止臂弹簧；14-锁止臂轴；15-锁止臂；16-调节阀体；17-O 形圈（更换）；18-导轮轴；19-滤清器（更换）；20-ATF 供油管（8 mm×71mm）；21-ATF 供油管（8 mm×27mm）；22-滤清器（更换）；23-导轮轴锁销；24-定位销；25-调节器隔板；26-ATF 供油管；27-主阀体；28-冷却器单向阀弹簧；29-冷却器单向阀（钢球）；30-ATF 油泵从动齿轮轴；31-液力变矩器单向阀；32-液力变矩器单向阀弹簧；33-主隔板；34-定位销；35-ATF 泵主动齿轮；36-ATF 泵从动齿轮；37-中间轴液力变矩器壳体轴承；38-ATF 导向板；39-副轴液力变矩器壳体轴承；40-ATF 导向板；41-液力变矩器壳体；42-油封（更换）；43-主轴液力变矩器壳体轴承；44-主轴油封（更换）；45-换挡控制电磁阀 B；46-换挡控制电磁阀 C；47-O 形圈（更换）；48-O 形圈（更换）；49-线束夹支座；50-插头支座；51-锁止控制电磁阀/换挡控制电磁阀 A 总成；52-锁止控制电磁阀/换挡控制电磁阀 A 滤清器/密封垫（更换）；53-密封圈（更换）；54-2 挡离合器压力开关

(1)从主阀体、调节阀体和伺服器体上拆下ATF供油管。

(2)拧出伺服器止动座固定螺栓(2个),拆下伺服器止动座。

(3)拧出ATF滤网固定螺栓(2个),拆下ATF滤网。

(4)压下蓄压器盖、拧出其固定螺栓(2个),然后拆下蓄压器盖。

(5)拧出伺服器体的固定螺栓(9个),拆下伺服器体及其隔板。

(6)拧出蓄压器壳体固定螺栓(6个),拆下蓄压器体。

(7)拧出调节阀体固定螺栓(8个),拆下调节阀体。

(8)拆下导轮轴及导轮轴锁销。

(9)从锁止臂上取下锁止臂弹簧,然后拆下锁止臂轴、锁止臂和控制轴。

(10)拆下冷却器单向阀弹簧和冷却器单向阀。

(11)拧出主阀体的固定螺栓(4个),拆下主阀体。

(12)拆下液力变矩器单向阀及其弹簧。

(13)拆下ATF油泵从动齿轮轴,再拆下ATF油泵主、从动齿轮。

(14)拆下主隔板(主阀体上)和主阀体定位销(3个)。

注意:自动变速器分解后,应使用溶剂或化油器清洗剂认真清洗所有零部件,然后用压缩空气吹干,同时吹通所有的油液通道;重新组装前应更换所有的锁紧螺母、垫圈和O形圈。

自动变速器油的特性及选用

自动变速器油的英文简称是ATF(Automatic Transmission Fluid),可传递转矩,通过液压控制自动变速器的离合器和制动器的工作,同时具有润滑和冷却的作用。它是特殊的高级液压油及润滑油,它加有多种化学添加剂,以保证油液的耐久使用性,提高其抗氧化、抗腐蚀、抗泡沫等综合性能,更好地满足低温流动性和摩擦副间的润滑性能,还提高了油液的闪点、燃点。自动变速器油一般呈红色,泄漏时,比较容易与发动机机油相区别。

不同的车型所用自动变速器油也不同,目前市面上使用的自动变速器油主要有:通用标准型DEXRON-II或III、福特标准型Mercon、大众标准型ATF、本田标准型ATF等。自动变速器油应按厂家规定选用,各种油一般不能混用,否则会影响自动变速器使用寿命。

DEXRON—II 自动变速器油

壳牌自动变速器油

三、自动变速器的组装

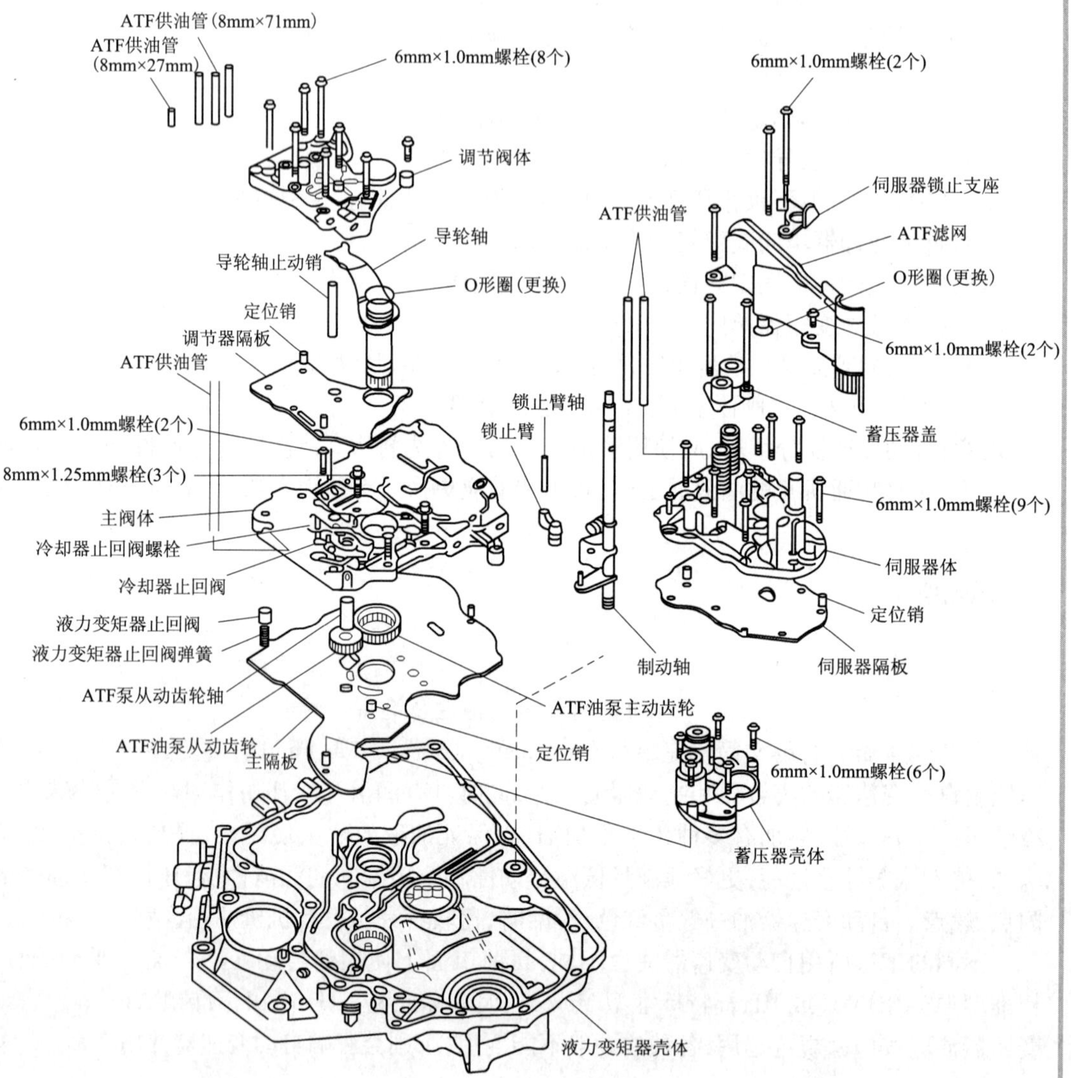

ATF供油管(8mm×71mm)
ATF供油管
(8mm×27mm)
6mm×1.0mm螺栓(8个)
调节阀体
导轮轴
导轮轴止动销
O形圈(更换)
定位销
调节器隔板
ATF供油管
6mm×1.0mm螺栓(2个)
8mm×1.25mm螺栓(3个)
主阀体
冷却器止回阀螺栓
冷却器止回阀
液力变矩器止回阀
液力变矩器止回阀弹簧
ATF泵从动齿轮轴
ATF油泵从动齿轮
主隔板
ATF油泵主动齿轮
定位销
6mm×1.0mm螺栓(2个)
伺服器锁止支座
ATF供油管
ATF滤网
O形圈(更换)
6mm×1.0mm螺栓(2个)
蓄压器盖
锁止臂轴
锁止臂
6mm×1.0mm螺栓(9个)
伺服器体
定位销
制动轴
伺服器隔板
6mm×1.0mm螺栓(6个)
蓄压器壳体
液力变矩器壳体

自动变速器的装配关系(一)

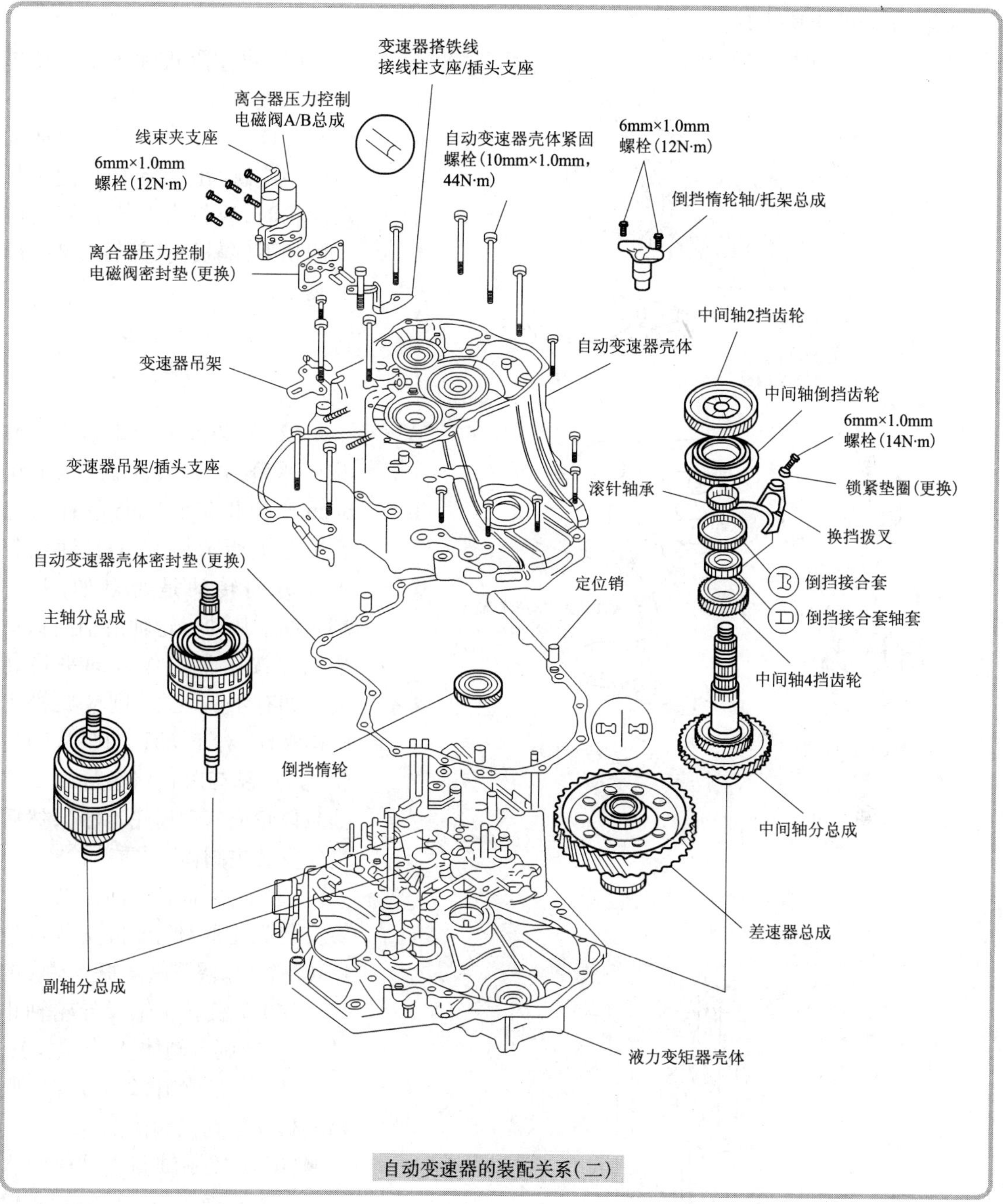

自动变速器的装配关系(二)

1 注意事项

(1)清洁、吹干所有零部件并吹通所有零件上的油液通道。

(2)组装时,给所有零部件施加 ATF。

(3)更换所有的 O 形圈、密封垫、主轴和副轴锁紧螺母和锥形弹簧垫圈、锁紧垫圈、密封垫圈。

(4)主要螺栓的拧紧力矩:6mm×1.0mm 的为 12N·m,8mm×1.25mm 的为 18N·m。

2 组装的主要步骤

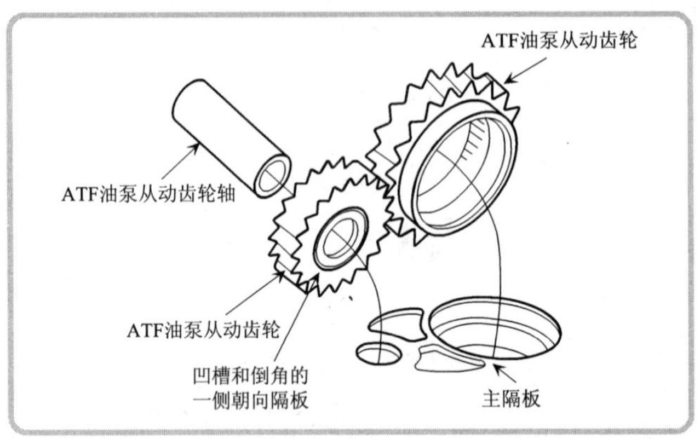

(1)将主隔板和3个定位销安装在液力变矩器壳体上,然后安装ATF油泵主动齿轮和从动齿轮。**注意:**在安装ATF油泵从动齿轮时,应将有凹槽和倒角的一侧朝下(隔板)。然后安装ATF油泵。

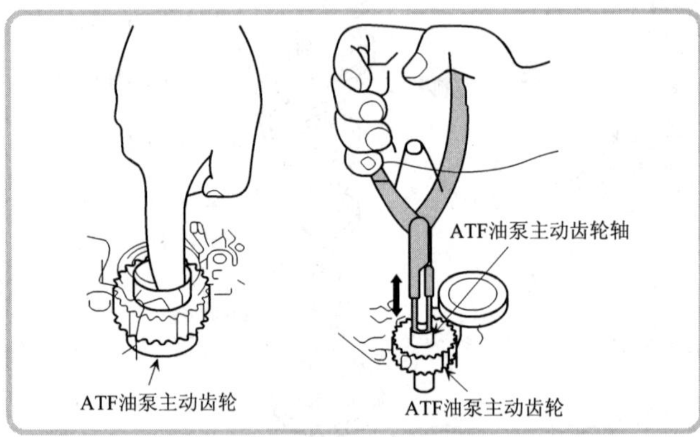

(2)安装液力变矩器止回阀及其弹簧,再安装主阀体(1个6mm螺栓和3个8mm螺栓),然后按图中所示检查ATF油泵朝工作方向转动是否自如,并且ATF油泵从动齿轮轴沿轴向移动平稳并按正常工作方向平稳转动。如有不良现象,则应旋松主阀体螺栓,对正ATF油泵从动齿轮(如果没有对正将会导致ATF油泵齿轮或从动齿轮卡滞),然后重新安装主阀体,再重新检查。

(3)将冷却器止回阀及其弹簧安装到主阀体上,再安装定位销(2个)和调节阀隔板。

(4)安装导轮轴及导轮轴止动销,安装调节阀体(8个螺栓)。

(5)将定位销(2个)和伺服器隔板安装到主阀体上。

◀(6)将控制轴与手动阀装入液力变矩器壳体中。再将锁止臂和锁止臂轴装入主阀体,然后将锁止臂弹簧钩到锁止臂上面。

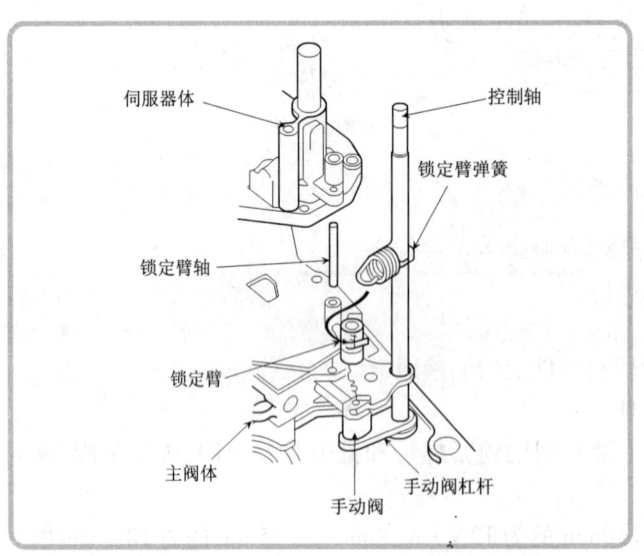

(7)安装伺服器体(9 个螺栓)、蓄压器盖(2 个螺栓)、ATF 滤网(2 个螺栓)、伺服器锁止座(2 个螺栓)、蓄压器体(6 个螺栓)。

(8)将 2 个 ATF 供油管装入伺服器阀体,4 个供油管装入调节阀阀体,1 个供油管装入主阀体。

(9)将差速器总成、中间轴分总成、主轴分总成及副轴分总成分别装入液力变矩器壳体内,将 4 挡齿轮和倒挡接合套轴套安装到中间轴上。

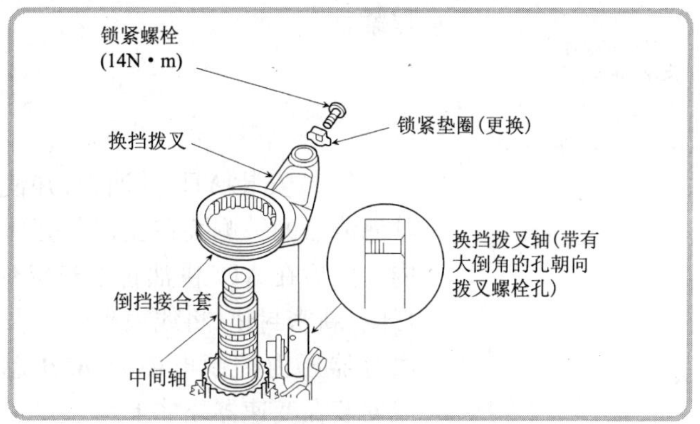

(10)转动换挡拨叉轴,使换挡拨叉轴带有大倒角的一端朝向拨叉螺栓孔,然后将换挡拨叉和倒挡接合套一起安装到换挡拨叉轴和中间轴上。用锁紧螺栓和 1 个新锁紧垫圈将换挡拨叉固定在换挡拨叉轴上,拧紧锁紧螺栓(14N · m)后,将新锁紧垫圈向螺栓头方向弯折。

(11)将滚针轴承、中间轴倒挡齿轮和中间轴 2 挡齿轮安装在中间轴上。

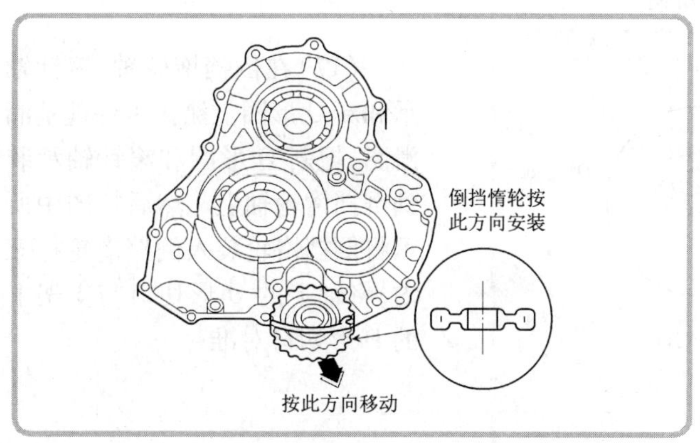

◀(12)按图中所示方向将倒挡惰轮装入自动变速器壳体内,然后按图中所示方向移动倒挡惰轮。

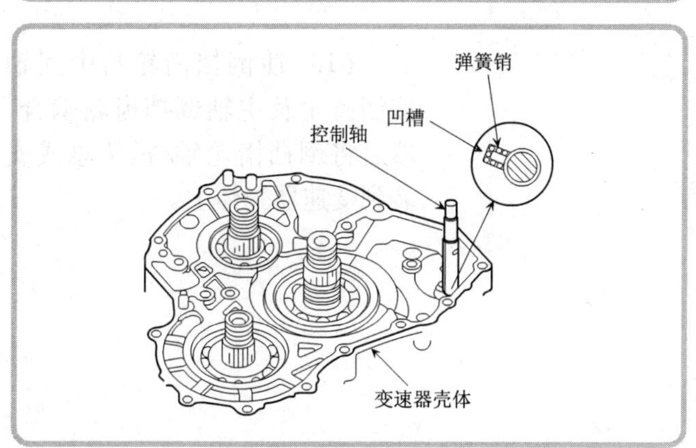

◀(13)转动控制轴,使控制轴上的弹簧销与变速器壳体上的凹槽对准。

(14)将定位销 (3 个)和 1 个新密封垫安装到液力变矩器壳体上,同时对正液力变矩器壳体与变速器壳体。

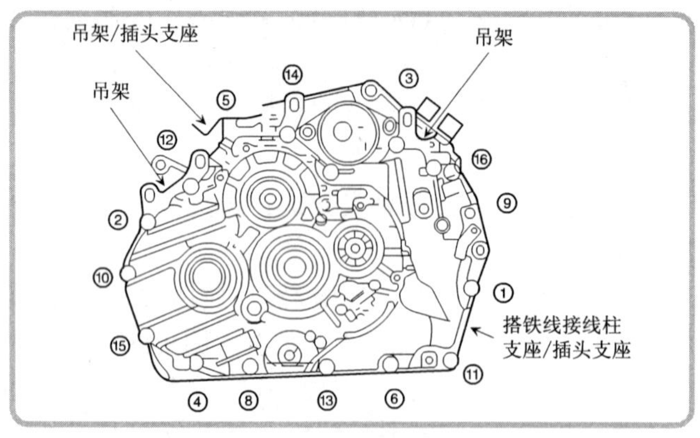

(15)安装液力变矩器壳体与变速器壳体的固定螺栓(连同变速器吊架/插头支座和变速器搭铁线接线柱支座/插头支座一起),并按44N·m的拧紧力矩和图中所示的顺序分2~3次将其拧紧。

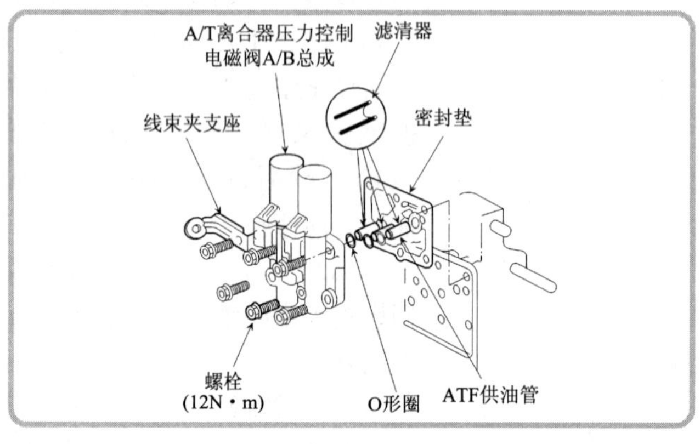

(16)安装ATF供油管,并使其滤清器的一侧装在变速器壳体内。然后在ATF供油管上安装O形圈、新密封垫,将线束夹支座及离合器压力控制电磁阀A/B总成安装在变速器壳体上。

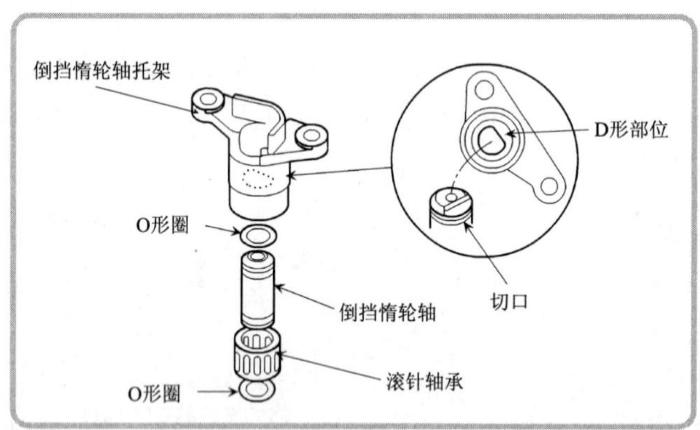

(17)在倒挡惰轮轴、滚针轴承和新O形圈上涂抹少许锂基润滑脂,把新O形圈和滚针轴承装到倒挡惰轮轴上。然后按图中所示将倒挡惰轮装入倒挡惰轮托架内,将轴上的D形切口与支架上的D形切口对准。

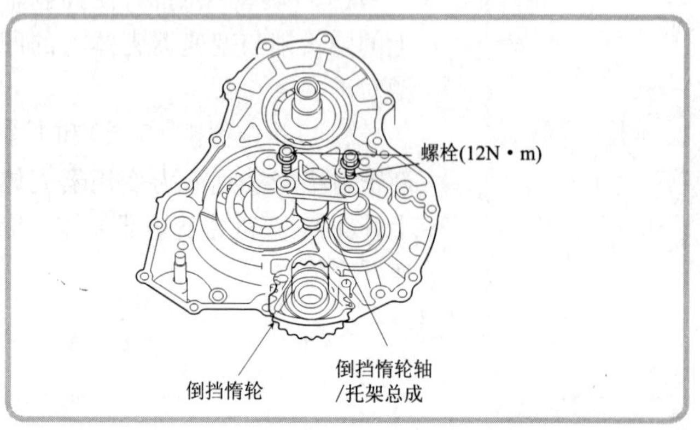

(18)使倒挡惰轮与中间轴倒挡齿轮及主轴倒挡齿轮啮合,然后将倒挡惰轮轴/托架总成安装到变速器壳体上。

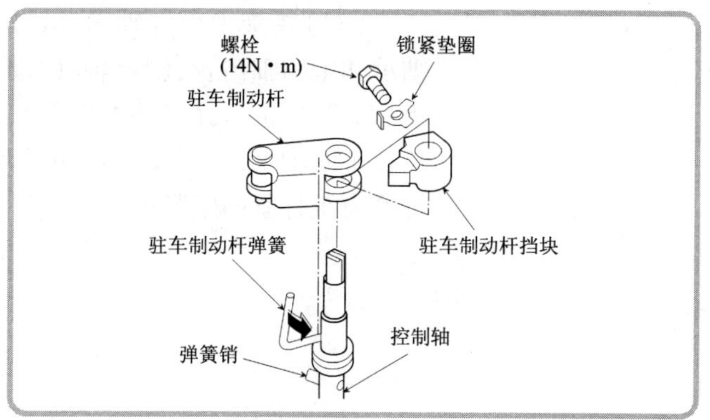

(19)将驻车制动杆安装到控制轴上,然后安装新锁紧垫圈(暂不弯折锁紧垫圈上的锁片)和锁紧螺栓。

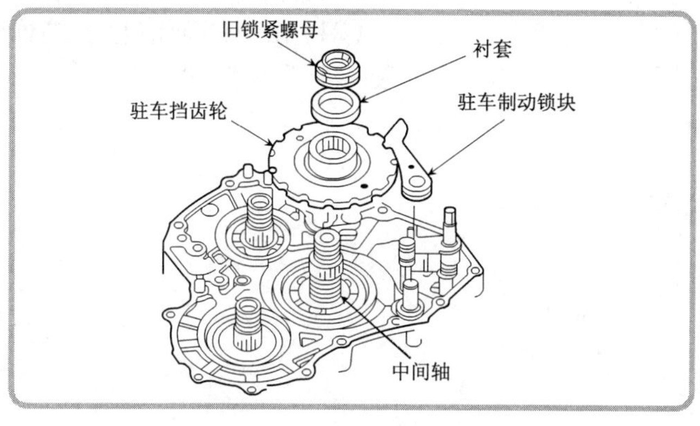

(20)在中间轴、驻车挡齿轮和旧锁紧螺母上的花键,中间轴和旧锁紧螺母上的螺纹,旧锥形弹簧垫圈涂抹一层 ATF 油。使用旧锁紧螺母和衬套安装驻车挡齿轮并使之与驻车制动锁块啮合,然后拧紧旧锁紧螺母,直到中间轴上的花键从驻车挡齿轮花键上露出少许为止。

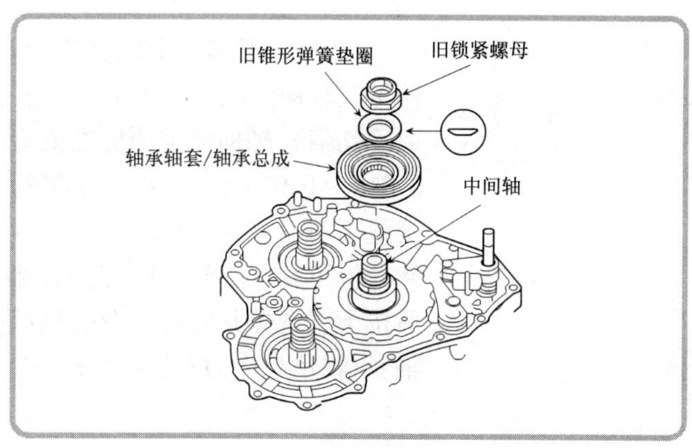

(21)拆下旧锁紧螺母和衬套,安装上中间轴轴套/轴承总成,并使用旧锥形弹簧垫圈和旧锁紧螺母紧固驻车挡齿轮,然后拆下旧锁止螺母和旧锥形弹簧垫圈。**注意:**不要使用冲击式套筒扳手,应使用扭矩扳手拧紧锁紧螺母。

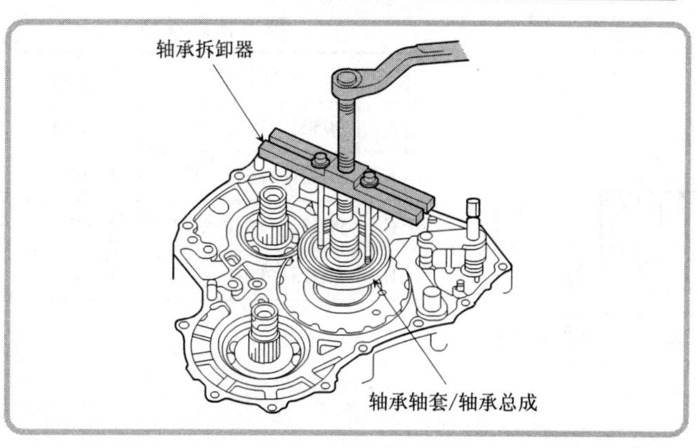

(22)用轴承拆卸器拆下轴承轴套/轴承总成。

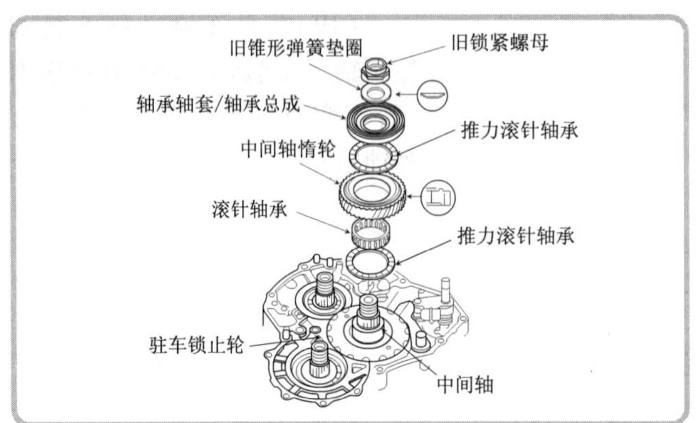

(23)将推力滚针轴承、滚针轴承和中间轴惰轮、轴承轴套/轴承总成和旧锥形弹簧垫圈等依次装在中间轴上,并以 167N·m 的拧紧力矩拧紧旧锁紧螺母。

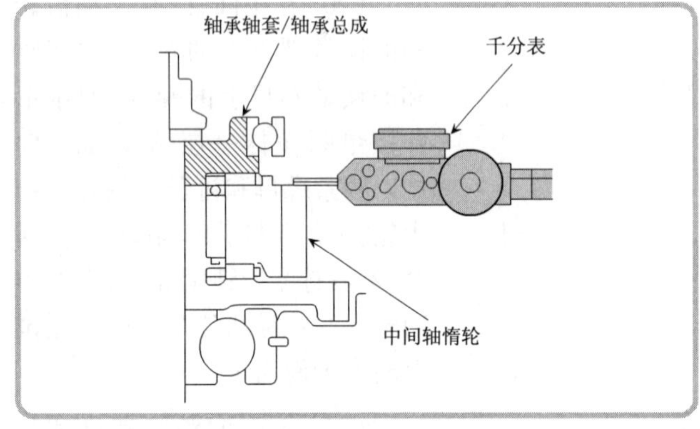

(24)在中间轴惰轮上端面安装一个千分表。

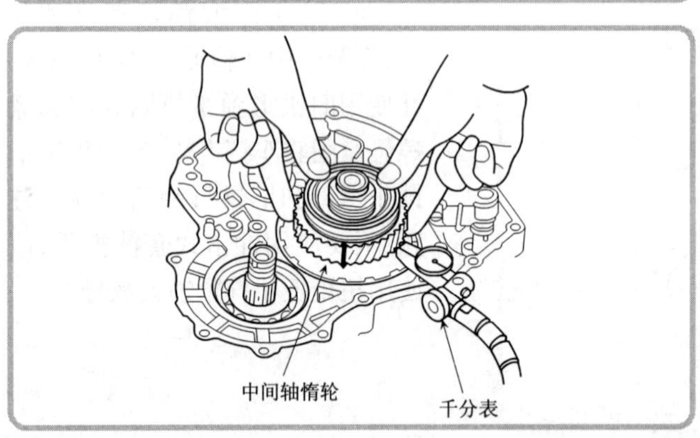

(25)上下移动中间轴惰轮,测量其轴向间隙(至少测量 3 处,取平均值),轴向间隙的标准值为 0.015 ~ 0.045mm。如果所测间隙值不符合要求,则使用轴承拆卸器拆下轴承轴套/轴承总成,然后按下表选择并安装一新的轴承轴套/轴承总成,并重新检查。

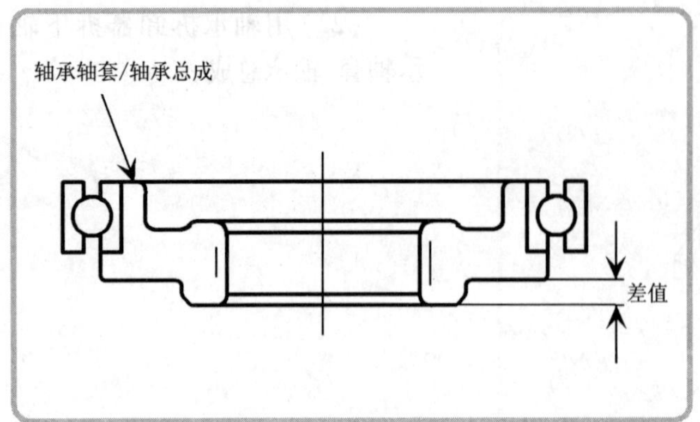

轴承轴套规格

标记	零部件号	差值(mm)
A	90520—P6H—000	3.503
B	90521—P6H—000	3.490
C	90522—P6H—000	3.477
D	90523—P6H—000	3.464

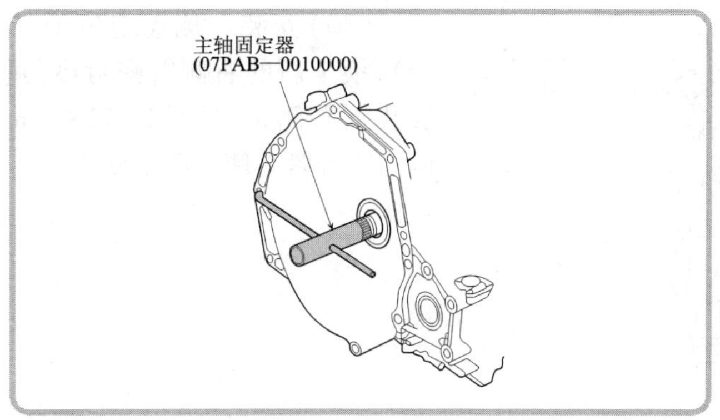

(26)确认上述间隙正常后，从中间轴上拆下旧锁紧螺母和旧锥形弹簧垫圈。将专用工具主轴固定器(07PAB—0010000)安装到主轴上。

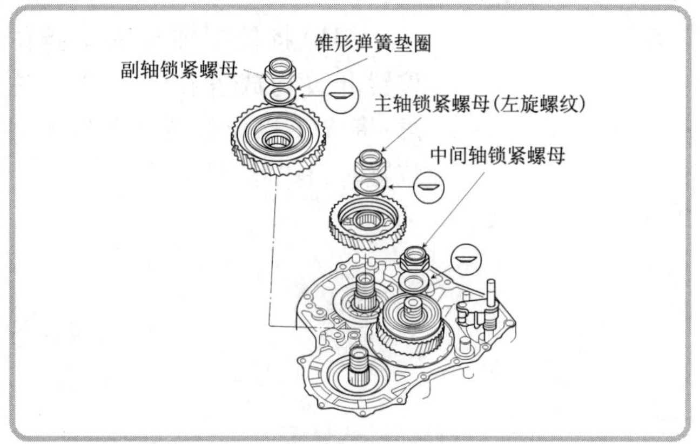

(27)在主轴、副轴及其惰轮的花键，主轴、副轴及新锁紧螺母的螺纹，新锥形弹簧垫圈涂抹一层 ATF 油。分别将新锥形弹簧垫圈和新锁紧螺母安装到主轴、中间轴和副轴上。**注意：**应按照图中所示的方向安装新锥形弹簧垫圈，同时以 167N · m 拧紧力矩拧紧锁紧螺母。

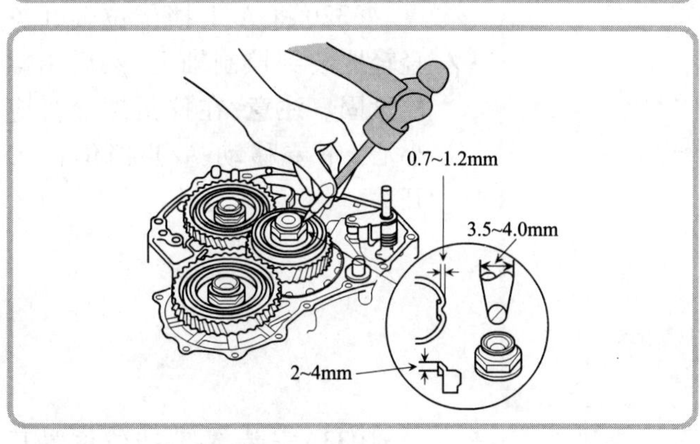

(28)使用 3.5mm 的冲头，按图中所示的方法将各锁紧螺母固定。

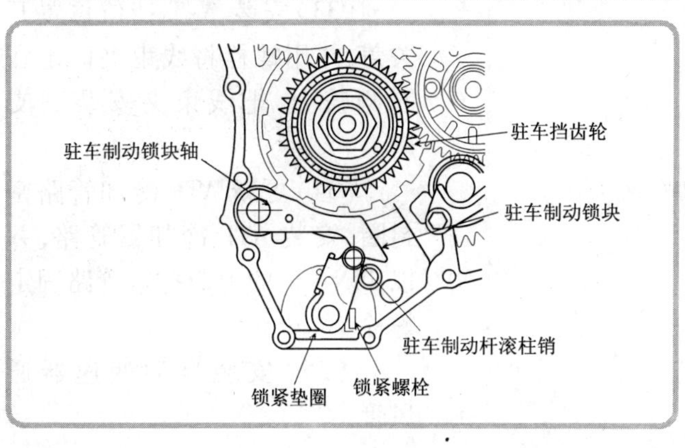

(29)将驻车制动杆置于 P 位置，然后检查并确认驻车制动锁块与驻车挡齿轮啮合良好(必要时换用不同规格的驻车制动杆锁块予以调整)拧紧驻车制动杆的锁紧螺栓，然后将锁紧垫圈的锁片向螺栓头方向弯折。

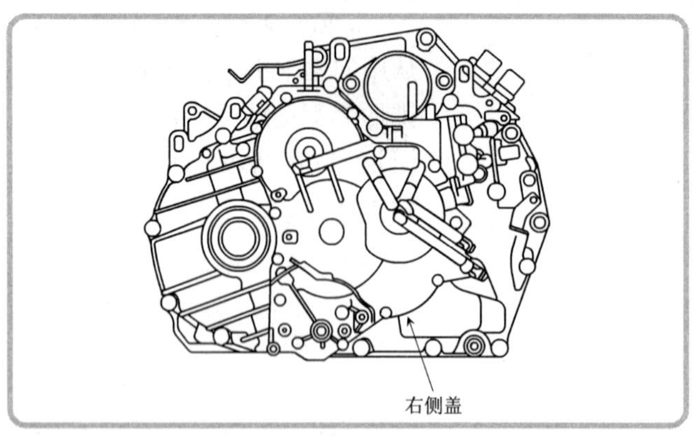

(30)安装右侧盖定位销(2个),换上新的右侧盖密封垫,并安装上右侧盖,然后以12N·m的力矩拧紧右侧盖固定螺栓。

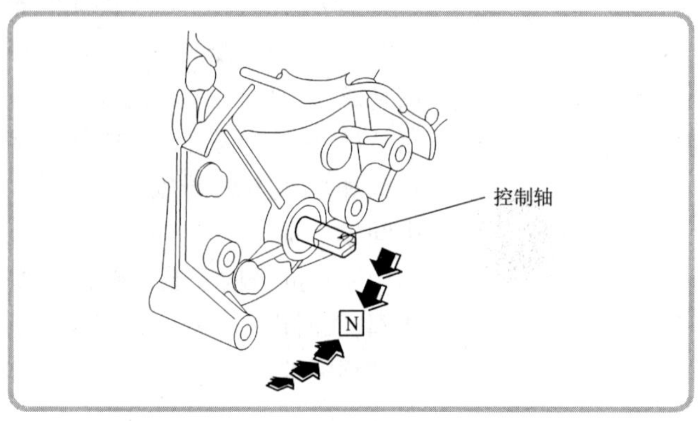

(31)将控制轴与A/T挡位位置开关均放置在N位置。**注意:**将A/T挡位位置开关置于N位置时,有"咔嗒"响声。

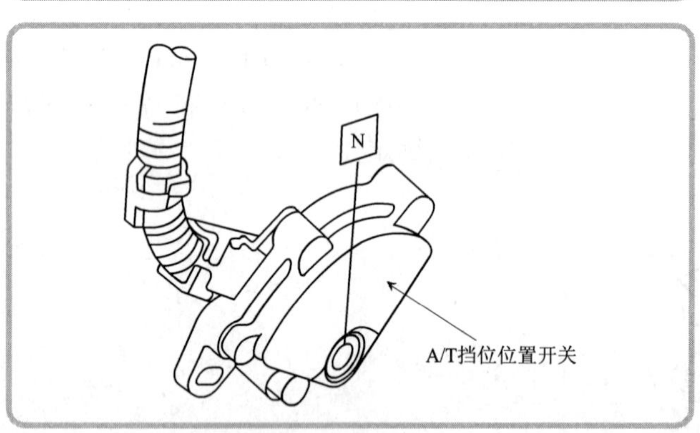

(32)将A/T挡位位置开关轻轻地装到控制轴上,然后用螺栓紧固。**注意:**在拧紧螺栓时应小心,不要移动A/T挡位位置开关。

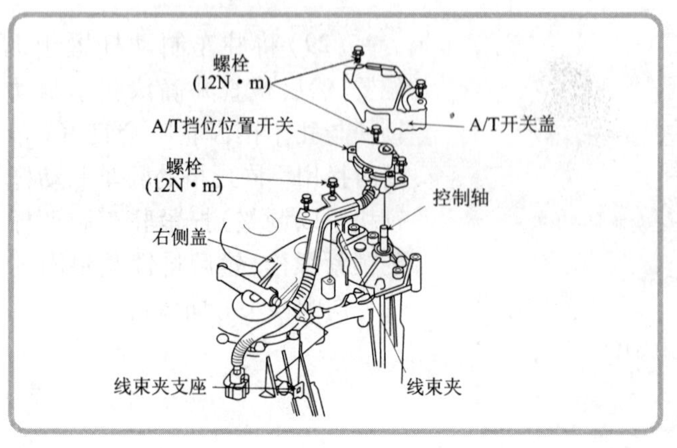

◀(33)安装A/T挡位位置开关盖,并用螺栓将线束夹固定在右侧盖上,把线束夹安装到支座上。

(34)更新ATF冷却管路密封圈,安装ATF冷却器管路,并以28N·m的力矩拧紧管路固定螺栓。

(35)安装自动变速器通风管。

(36)安装 ATF 油尺。

四、自动变速器的安装

自动变速器的安装与其拆卸时的顺序相反,同时应注意下列事项:

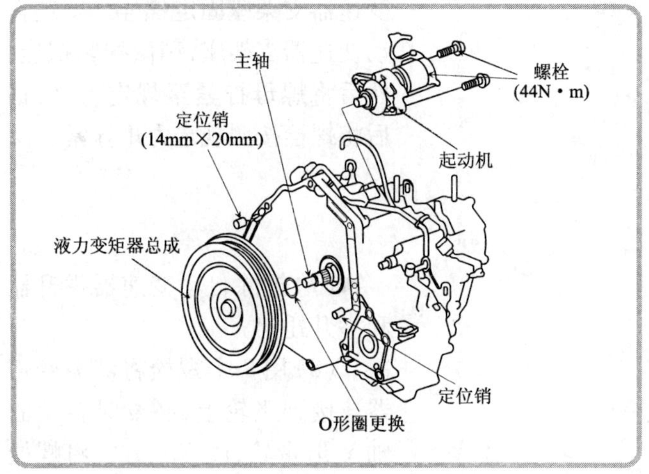

(1)更新所有的密封圈、O 形圈和锁紧螺母。

◀(2)使用新的 O 形圈将液力变矩器总成安装到主轴上。将 14mm 定位销安装到液力变矩器壳体中。将起动机装到液力变矩器壳体上。

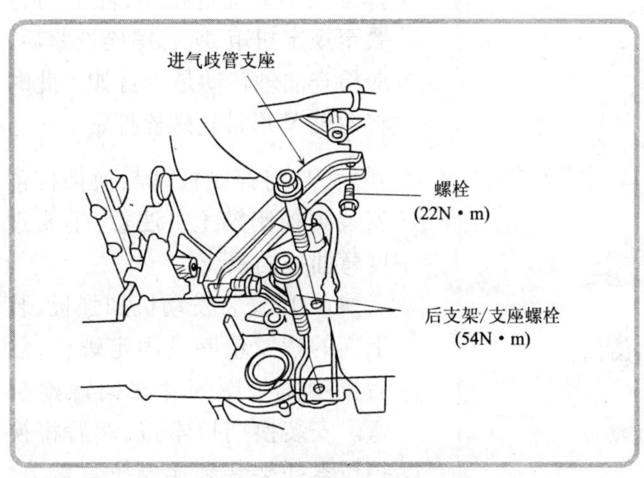

(3)将自动变速器放在举升器上,并将其举升至发动机的高度。

◀(4)将自动变速器与发动机连接,然后安装后支架/支座螺栓和进气歧管支座螺栓。

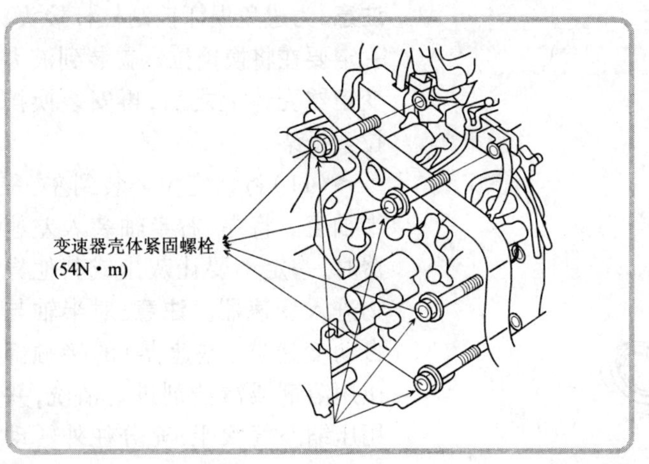

(5)安装自动变速器壳体的紧固螺栓。

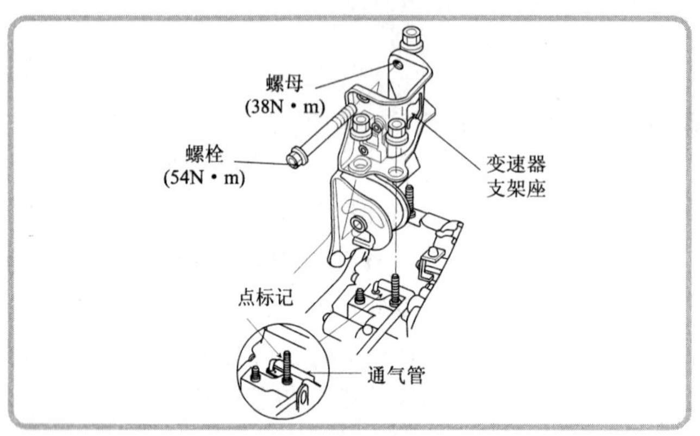

(6)使自动变速器通气管上的点标记朝上并将其安装在变速器上,然后按图中所示力矩拧紧变速器支架座固定螺栓。安装自动变速器支架座,稍微拧紧螺栓,然后将螺母拧紧至规定力矩,最后将螺栓按照规定力矩拧紧。

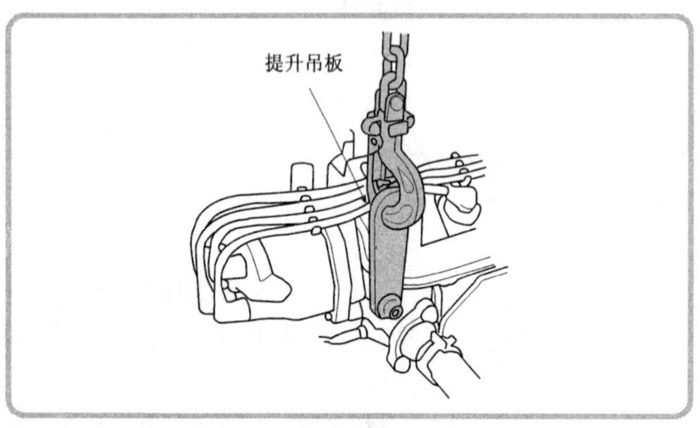

◀(7)拆除自动变速器举升器和举升托架。

(8)用 8 个螺栓将液力变矩器连接到飞轮上,必要时转动曲轴 V 形带轮,以交叉方式将螺栓拧紧至 1/2 规定扭矩,然后再拧紧至规定扭矩,所有螺栓拧紧后,应检查曲轴转动是否自如。此时将曲轴 V 形带轮螺栓拧紧。

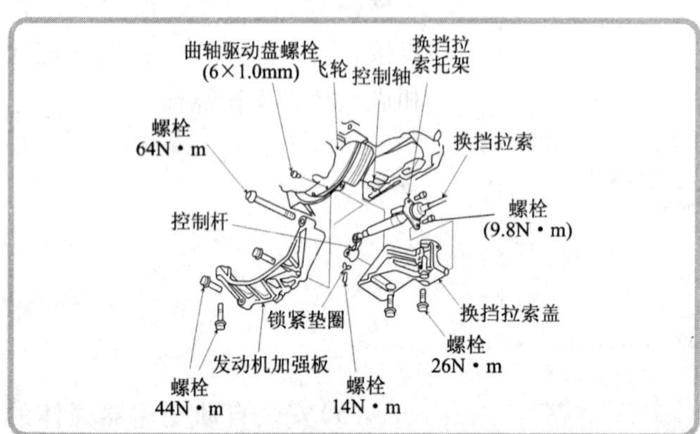

(9)将控制杠杆与换挡拉索安装到控制轴上。**注意:**不要过度弯曲换挡拉线。

◀(10)安装发动机加强板,装上新的锁紧垫圈及固定螺栓,然后将锁紧垫圈锁片靠向螺栓折弯。安装换挡拉索盖,然后将换挡拉索托架装到换挡拉索盖上。**注意:**为避免损坏控制杠杆接头,一定要在将换挡拉索盖装到液力变矩器壳体上之后,再安装换挡拉索托架。

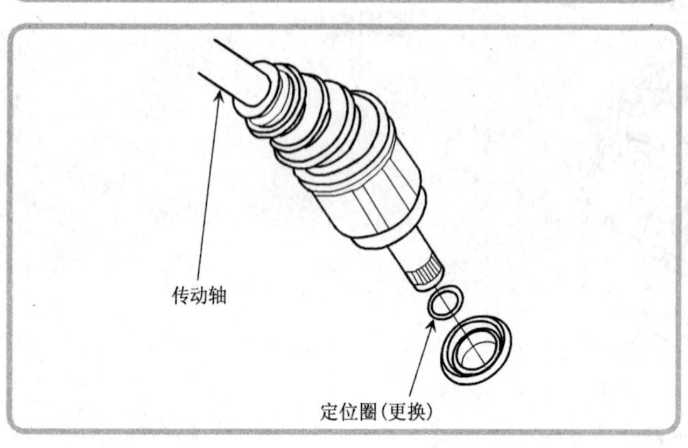

◀(11)将新定位环装到左、右半轴上。将左、右半轴装入差速器时,一定不要让灰尘或其他异物进入变速器。**注意:**对半轴与自动变速器(差速器)的接触部位用溶剂或清洁剂进行清洗,并用压缩空气吹干;充分往外转动左、右转向节，并将半轴滑入差速器中直到感觉到半轴簧环与半轴齿轮侧接合上。

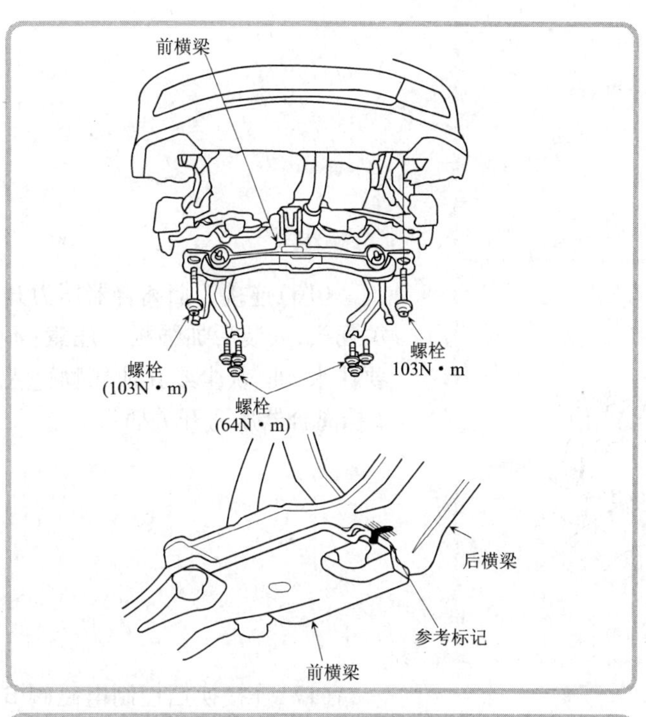

◀(12)对准前、后横梁拆卸时所做的参考标记，安装上前横梁。

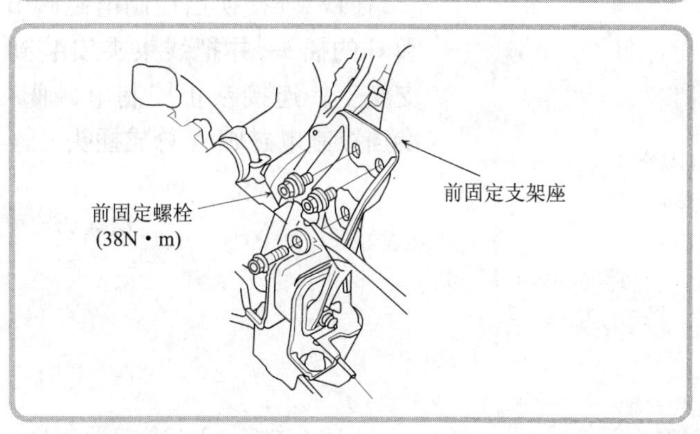

(13)安装自动变速器前固定支架座。

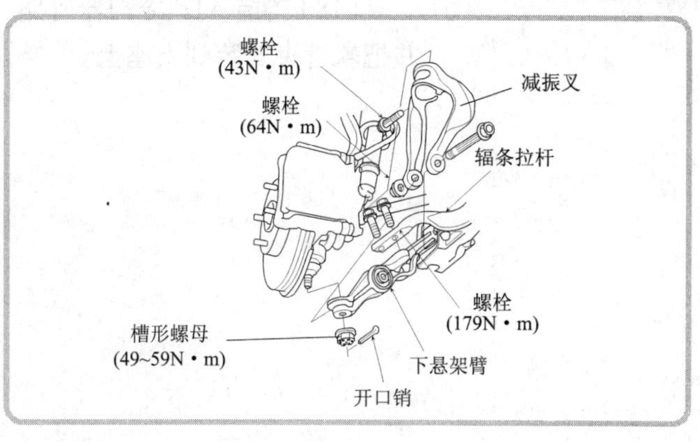

(14)安装减振叉，然后用槽形螺母和新的开口销将球头安装到下悬架臂上。将辐条拉杆安装在下悬架臂上。

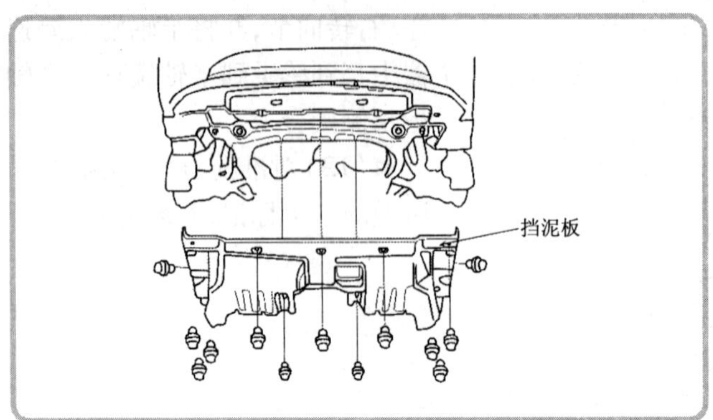

(15)安装车底挡泥板。

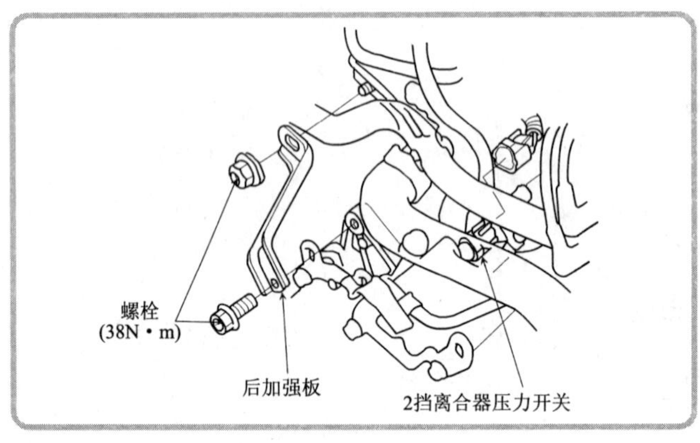

(16)连接2挡离合器压力开关插头,安装后加强板。**注意:**不要让水、油、灰尘或其他异物进入2挡离合器压力开关插头。

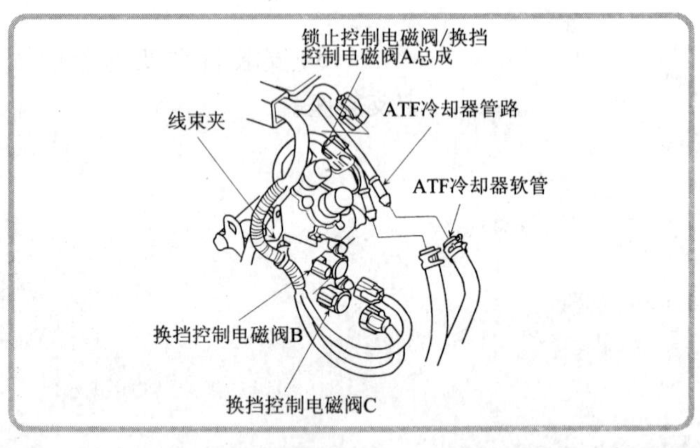

(17)连接换挡控制电磁阀B和C的插头,并把线束夹安装到支座上。连接锁止控制电磁阀/换挡控制电磁阀A总成插头。

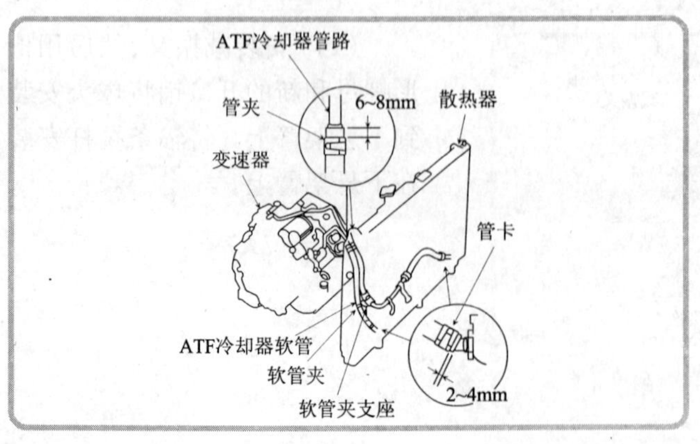

(18)连接ATF冷却器管路,并把软管夹安装到支座上。

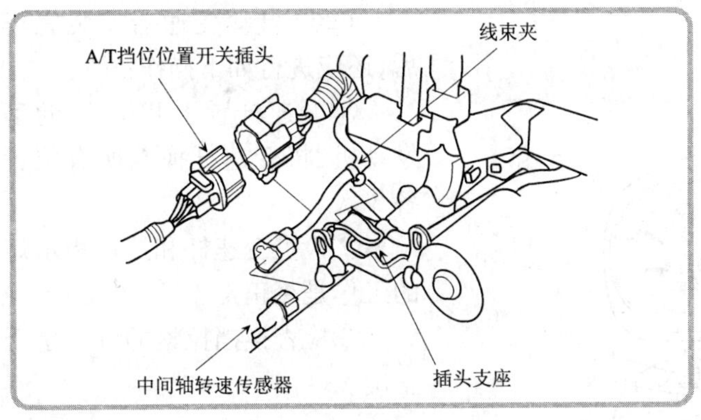

(19)连接中间轴转速传感器和A/T挡位位置开关插头。将线束夹安装到支座上,并把A/T挡位位置开关插头安装在插头支座上。

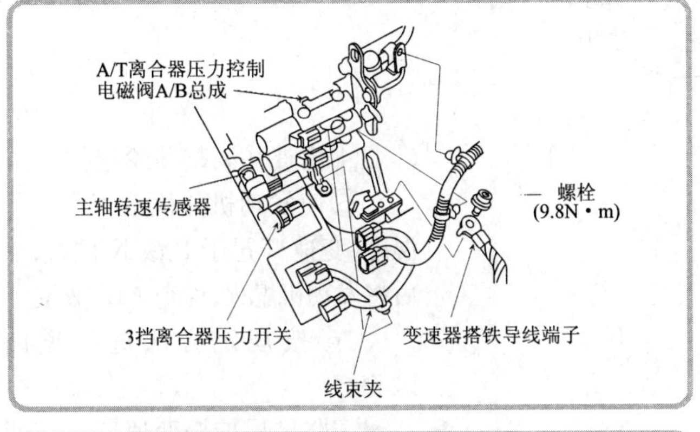

(20)安装变速器搭铁导线端子、主轴转速传感器、A/T离合器压力控制电磁阀A/B总成及3挡离合器压力开关的插头等,并将线束夹安装到支座上,然后按规定力矩拧紧变速器搭铁导线端子的固定螺栓。**注意:**不要让水、油、灰尘或其他异物进入2挡离合器压力开关插头。

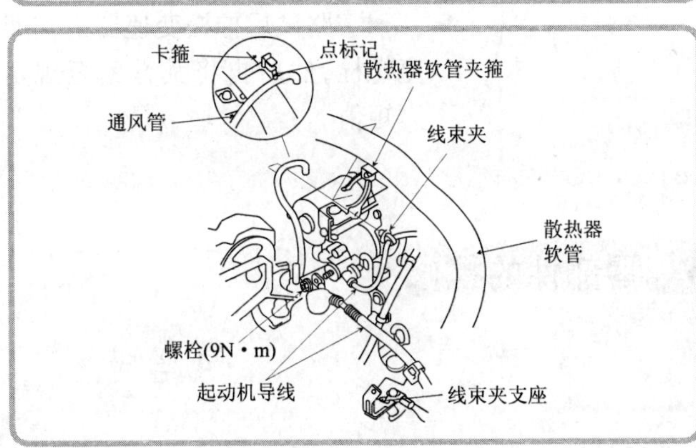

(21)安装起动机导线,使环形端子的折弯侧朝外。将线束夹安装到支座上。将散热器软管装到夹箍上。使通风管上的点标记朝上,将其安装在卡箍上。

(22)安装蓄电池座,将蓄电池电缆夹装到蓄电池座上。安装蓄电池托架和蓄电池,然后用蓄电池固定架锁紧蓄电池。

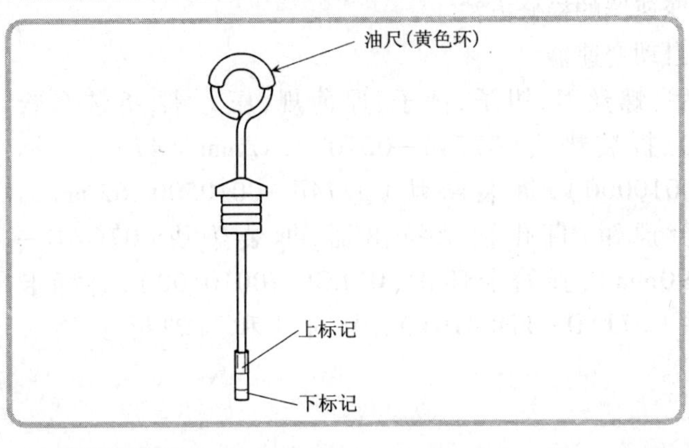

(23)安装进气导管和空气滤清器总成。

◀(24)向自动变速器中重新注入自动变速器油(ATF)。

(25)连接蓄电池正极接线柱,再连接蓄电池负极接线柱。

（26）自动变速器安装完毕后，还应进行如下操作：

①变速杆置于P位置，起动发动机，将变速杆换至所有位置各3次。

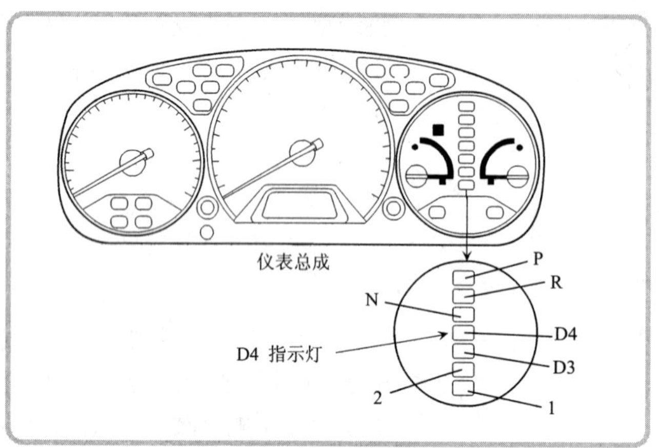

◀②检查变速杆和挡位指示灯的工作是否正常。

③检查换挡拉索的调整是否正确。

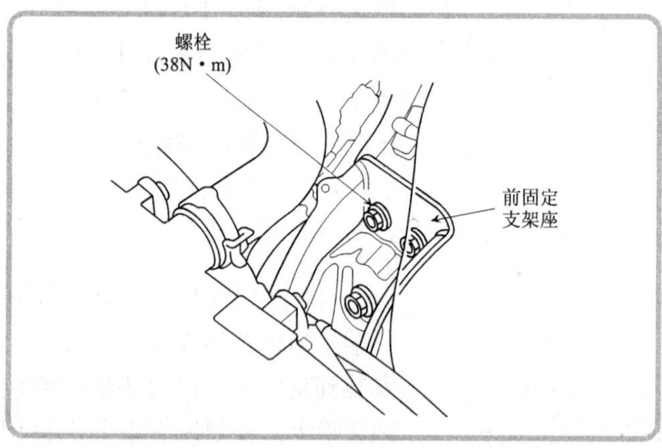

④检查并调整前轮定位。

⑤使发动机热机至正常工作温度，变速杆置于P或N位置，然后将发动机熄火，检查ATF液位。

⑥按规定方法进行道路试验。

◀⑦路试后拧松变速器前支架座螺栓，然后再将其拧紧至规定力矩值。

项目6　零部件的检修

·4学时·

目　　　的：学习MAXA型自动变速器的检修方法。

自动变速器型号：广州本田MAXA型自动变速器。

设 备 与 工 具：组合扳手，扭力扳手，螺丝刀，钳子，锤子，厚薄规，压力机，拆装套管(07746—0030100)，拆装垫块(07746—001030，42mm×47mm)，拆装导柱(07749—0010000)，拆装垫块(07746—0010500，62mm×68mm)，百分表，台虎钳，盲孔轴承拉出器，拆装垫块(07GAD—SD40101，78mm×90mm)，弹簧卡环钳(07LGC—0010100)，游标卡尺，主轴拆装垫块(07JAD—PH80101)，中间轴和副轴拆装垫块(07746—0010600)。

一、主阀体的检修

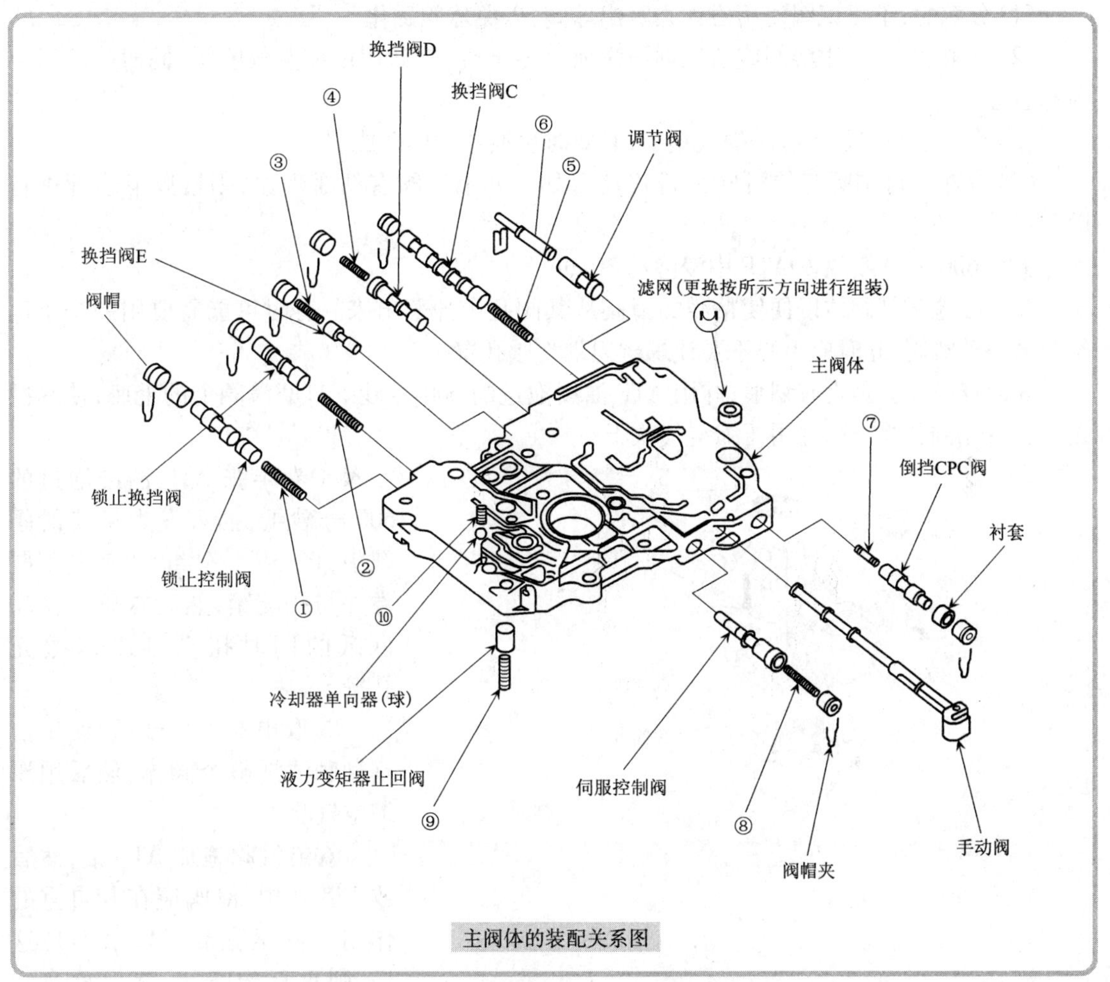

主阀体的装配关系图

主阀体各弹簧的技术要求

图中编号	弹簧名称	标准值(新)			
		簧丝直径(mm)	弹簧外径(mm)	自由长度(mm)	总匝数(匝)
①	锁止控制阀弹簧	0.7	6.6	42.9	14.2
②	锁止换挡阀弹簧	0.9	7.6	63.0	22.4
③	换挡阀 E 弹簧	0.7	6.6	32.2	13.4
④	换挡阀 D 弹簧	0.7	6.6	35.7	17.2
⑤	换挡阀 C 弹簧	0.8	6.6	49.1	21.7
⑥	调节阀弹簧	1.6	10.4	33.5	9.8
⑦	倒挡 CPC 阀弹簧	0.7	6.1	17.8	7.9
⑧	伺服控制阀弹簧	0.7	6.6	35.7	17.2
⑨	液力变矩器止回阀弹簧	1.1	8.4	38.2	14.0
⑩	冷却器止回阀弹簧	0.6	5.8	14.5	6.8

只有当阀体中一个或几个滑阀在阀孔中滑动不顺畅时,才有进行主阀体的检修。

(1)分解时,不可试图使用磁铁去吸出球阀,以免球阀磁化。

(2)分解后,应使用溶剂或清洗剂清洗所有零部件,然后用压缩空气吹干,同时吹净所有内部通道。

(3)检查主阀体是否有磨损或划痕,必要时更换主阀体总成。

(4)检查主阀体所有的滑阀是否移动自如。如果滑阀有粘滞现象,则按以下步骤进行操作:

①将600号砂纸放入ATF中浸泡约30min。

②小心地敲打阀体以便使粘滞的滑阀从其阀孔中掉落出来。有时可能需要用一个小螺丝刀来撬动滑阀,此时应小心不要让螺丝刀划伤阀孔壁。

③检查滑阀上是否有划痕,并用ATF油浸泡过的600号砂纸打磨滑阀上的毛刺,使其抛光,然后在溶剂中清洗,并用压缩空气吹干。

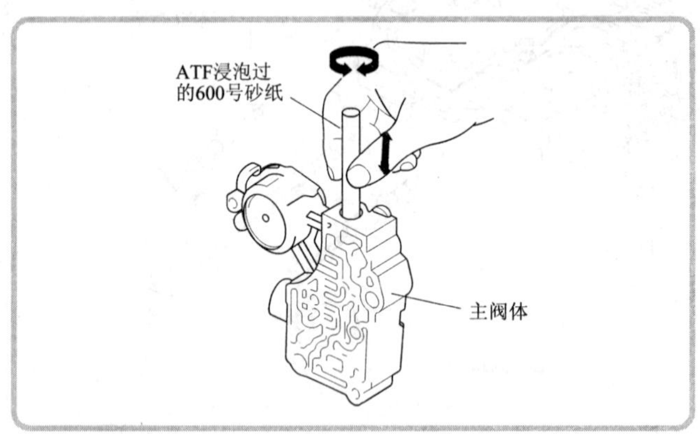

◄④卷半张ATF油浸泡过的600号砂纸,插入发生粘滞的阀孔中,轻轻搓捻砂纸,以使其不散卷并与孔配紧,然后在里外拉动砂纸的同时扭动砂纸以抛光孔壁。

⑤取出600号砂纸,使用溶剂彻底清洗整个阀体,然后用压缩空气吹干。

⑥给滑阀施加ATF油,然后放入其孔中,滑阀应在其自重的作用下降至孔底。如果不是这样,则重复步骤④,然后重新检查,如果滑阀仍然粘滞,则应更换阀体。

⑦拆下滑阀,用溶剂彻底清洗滑阀和阀体,并用压缩空气吹干所有零件。

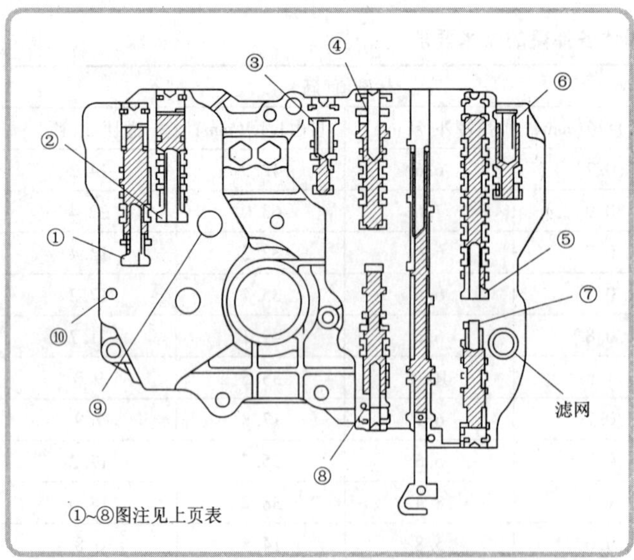

①~⑧图注见上页表

◄(5)检查各滑阀和球阀弹簧的技术状况应满足上页表中的要求。否则,应予以更换。

(6)装配前,应对所有零部件施加ATF,更换滤网(注意安装方向)。

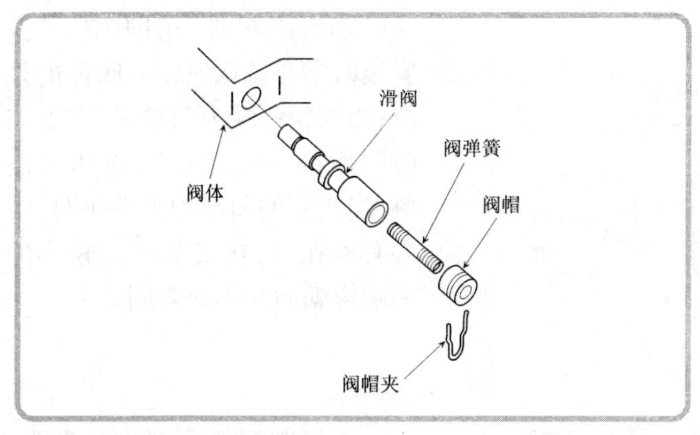

(7)组装滑阀有两种类型：

◀①将滑阀、阀弹簧和阀帽装入阀体，然后使用阀帽夹将其固定。

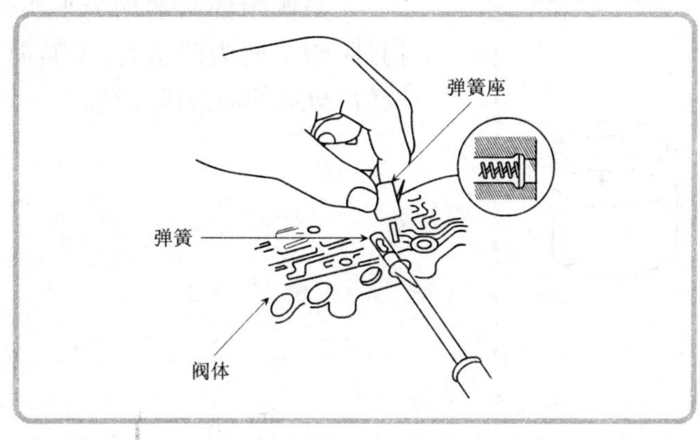

②将弹簧装入滑阀，然后将两者一起装入阀体。用螺丝刀推入弹簧，然后安装弹簧座。

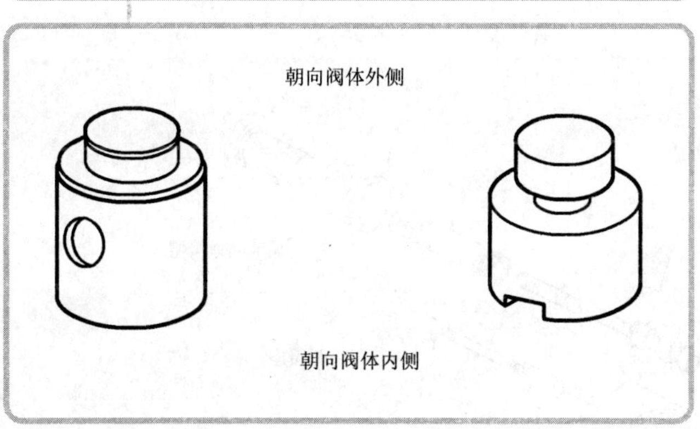

(8)安装阀帽时注意以下事项：

①当阀帽的一端为凸头，另一端为平头时，安装时平头的一端应朝向阀体内侧；当阀帽的两端均为凸头时，安装时较小凸头的一端应朝向阀体的内侧，小凸头端是弹簧的导槽。

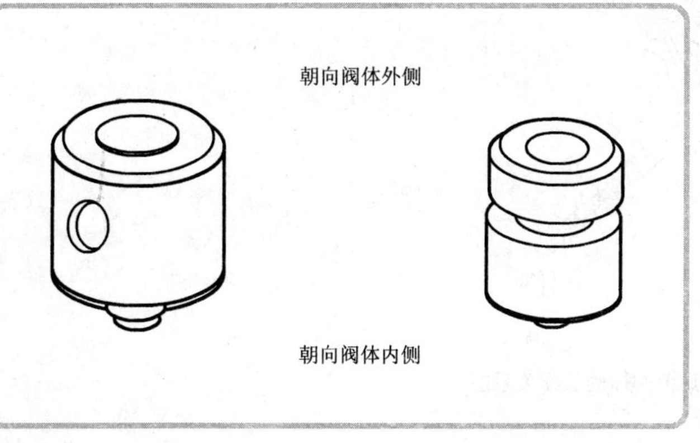

②当阀帽的一端为凸头，另一端为空心时，安装时凸头的一端应朝向阀体内侧，凸头端是弹簧的导槽；当阀帽的一端为凸头，另一端为凹槽时，安装时凸头的一端应朝向阀体内侧，凸头端是弹簧的导槽，凹槽部分是阀帽夹导槽。

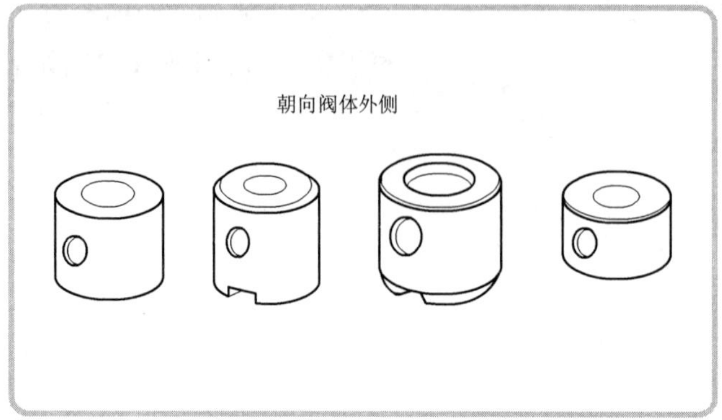

③当阀帽的一端为空心时，安装时空心端均应朝向阀体的外侧；当阀帽一端为凹槽时，在安装时凹槽的一端应朝向阀体的内侧；当阀帽的两端均为平头时，中心有通孔时，在安装时孔较小的一端应朝向阀体的内侧。

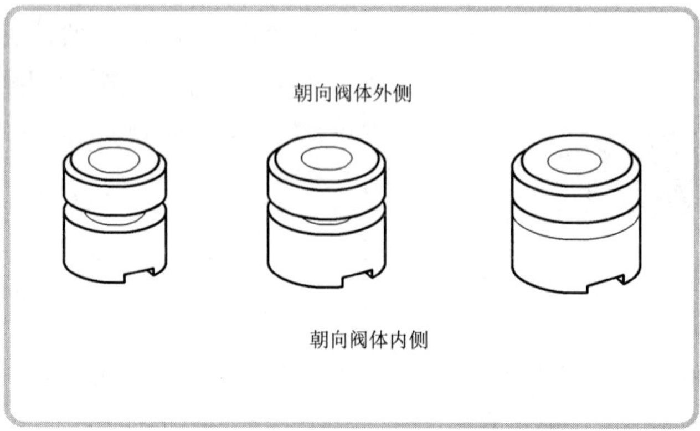

④当阀帽的两端均为平头、并且阀帽中间为凹槽时，安装时凹槽部分应朝向阀体外侧。

二、调节阀体的检修

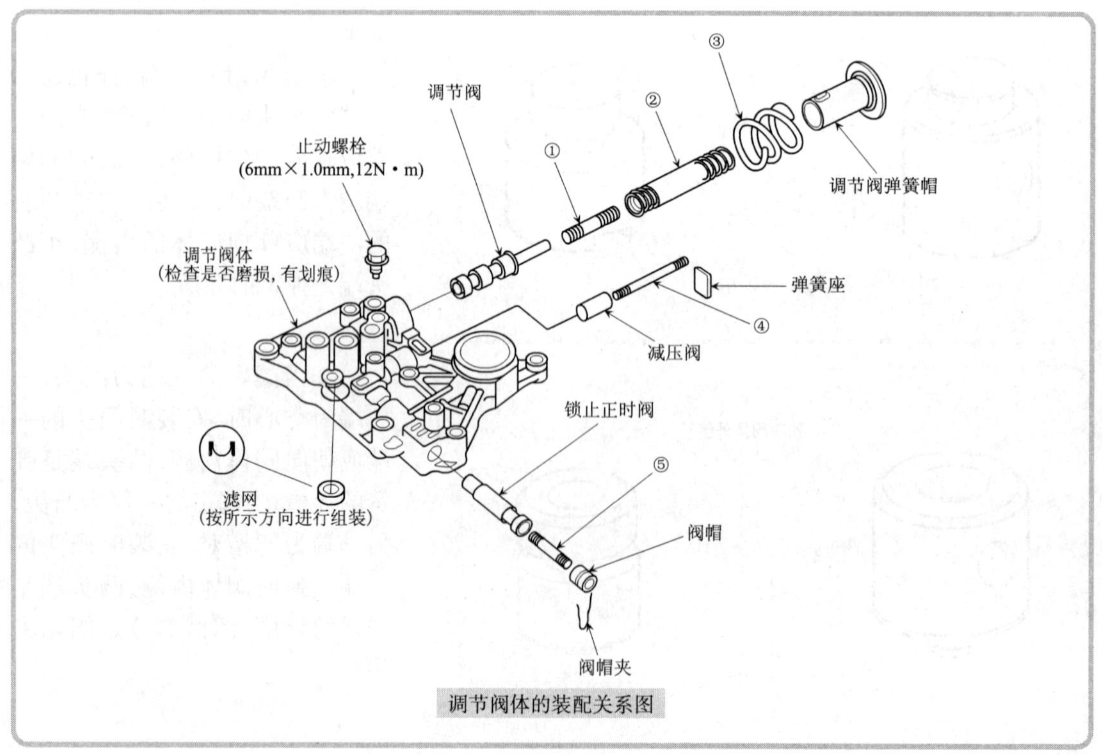

调节阀体的装配关系图

调节阀体各弹簧的技术要求

图中编号	弹簧名称	标准值(新)			
		簧丝直径(mm)	弹簧外径(mm)	自由长度(mm)	总匝数(匝)
①	调节阀弹簧 B	1.6	9.2	44.0	12.5
②	调节阀弹簧 A	1.9	14.7	77.4	15.2
③	导轮反作用弹簧	4.5	35.4	30.3	1.92
④	减压阀弹簧	0.9	6.6	39.8	20.4
⑤	锁止正时阀弹簧	0.65	6.6	34.8	15.6

(1)用溶剂或清洗剂彻底清洗所有的零部件,然后用压缩空气吹干、吹净所有通道。

(2)检查调节阀体所有的滑阀是否能移动自如,如果有任何粘滞现象,应进行修理。

(3)如果有零部件磨损或损坏,则更换调节阀体总成。

(4)分解时,需先拆下调节阀止动螺栓。在拧出止动螺栓时,应在调节阀弹簧帽不动的情况下进行。止动螺栓拆下后,应慢慢松退弹簧帽以免其突然弹出。

(5)按与主阀体相同的方法清洗、吹干及检修零部件。

(6)检查各弹簧的技术状况,应满足上表中的要求。否则,应予以更换。

(7)按照拆卸相反的顺序组装调节阀体,同时应**注意**:对所有零部件施加 ATF;更换滤网,并按照规定方向安装;将弹簧帽与阀体上的止动螺栓孔对正,再压入弹簧帽,然后以 12N · m 的力矩拧紧止动螺栓。

ATF 的更换周期是多少?

使用说明书和维修手册内规定的 ATF 更换周期往往不明确。根据厂商和车型区别,其更换周期从 3 万 ~10 万 km 不等,也有些标明营运车辆 5 万 km,一般用车 10 万 km 进行更换。私家车更换周期如规定为 10 万 km,其实就等同于免更换了,即使咨询销售商也很难获得满意的答案。

车辆厂商要求对 ATF 进行检查、补充,但并不积极推荐进行更换。这是因为很多 ATF 故障都被认为是在更换时产生疏漏而引起的。

一般推荐以 2 万 km 或 2 年的周期进行检查或更换。并不是说 2 万 km 时必须进行更换。车辆销售商、维修店等也基本上以此为标准。

进行检查,如果 ATF 略带红褐色、有一定透明度、稍有一点发黑,是因氧化导致的劣化,可通过更换恢复其性能。如果是黑色或乳白色、没有透明度,即使更换也没有什么意义。如果是红色、透明则不需要更换。使用齿轮油的 CVT 推荐以 2 万 ~3 万 km 的周期进行更换。

换挡时间有很大变化时,应拆下油底壳进行检查。

三、蓄能器的检修

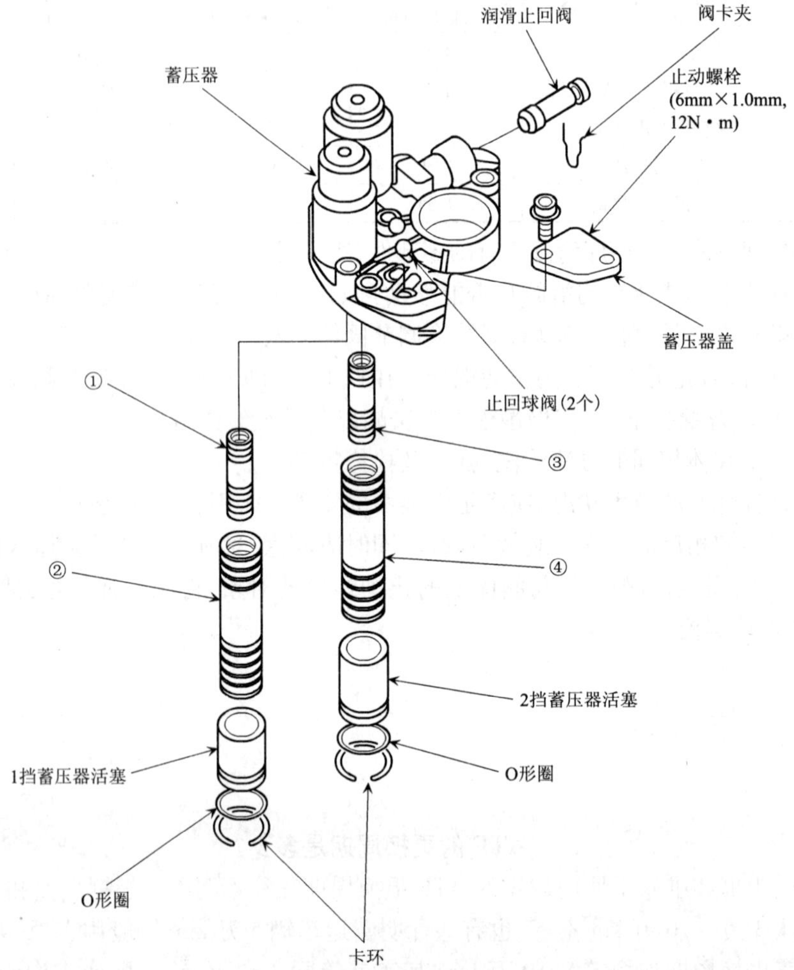

蓄压器的装配关系图

蓄能器各弹簧的技术要求

图中编号	弹簧名称	标准值(新)			
		簧丝直径(mm)	弹簧外径(mm)	自由长度(mm)	总匝数(匝)
①	1 挡蓄能器弹簧 B	2.6	19.6	69.7	10.8
②	1 挡蓄能器弹簧 A	2.5	12.8	49.5	8.5
③	2 挡蓄能器弹簧 B	2.6	21.6	73.2	10.0
④	2 挡蓄能器弹簧 A	2.7	14.8	51.0	9.6

(1)拆下卡环,拆出 1、2 挡蓄压器活塞及其他零部件。

(2)按与主阀体相同的方法清洗、吹干和检修零部件。

(3)检查蓄压器是否有划痕和磨损,必要时更换蓄能器总成。

(4)检查各弹簧的技术状况,应满足上表中的要求。否则,应予以更换。

(5)按照与拆卸时相反的顺序组装蓄能器,**注意**:对所有的零部件施加ATF。

四、伺服器的检修

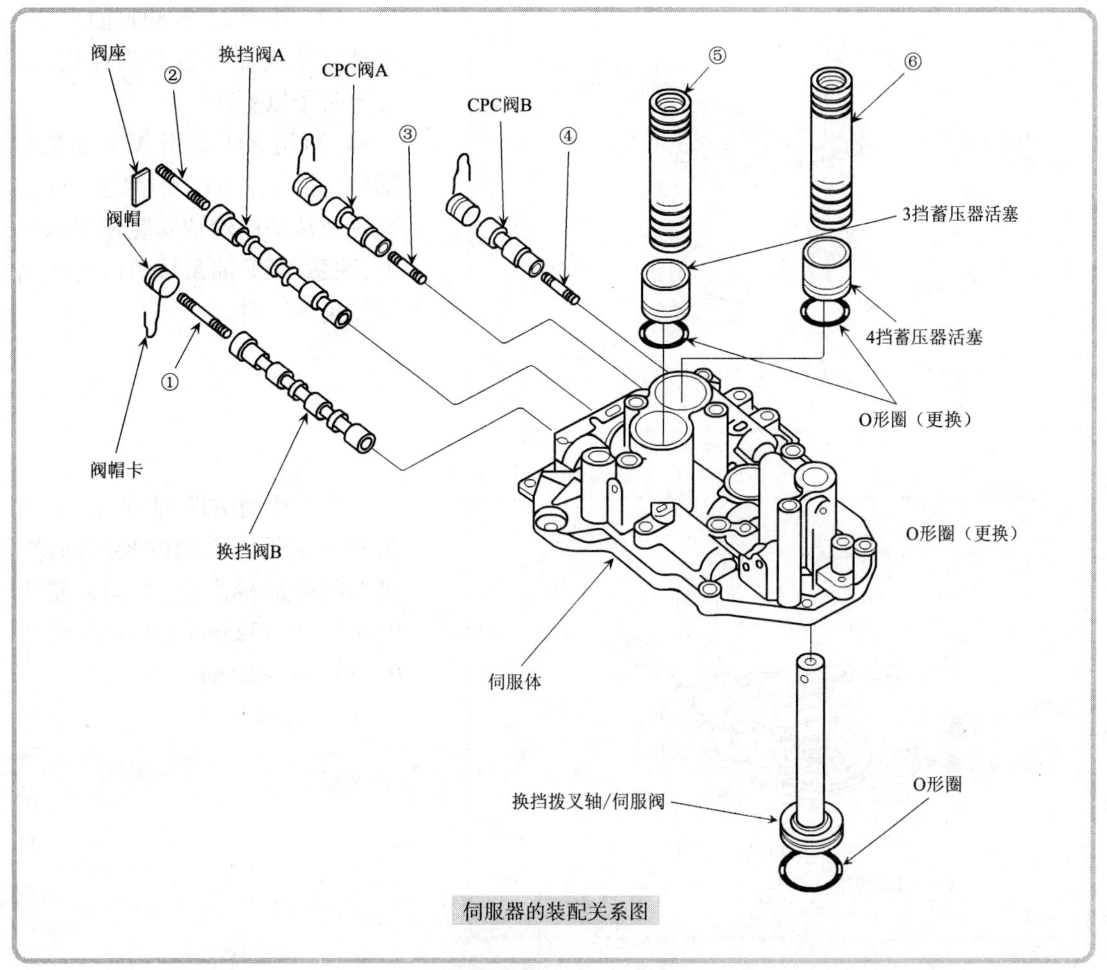

伺服器的装配关系图

主阀体各弹簧的技术要求

图中编号	弹簧名称	标准值(新)			
		簧丝直径(mm)	弹簧外径(mm)	自由长度(mm)	总匝数(匝)
①	换挡阀A弹簧	0.8	7.1	40.9	16.9
②	换挡阀B弹簧	0.8	7.1	40.4	16.9
③	CPC阀A弹簧	0.7	6.1	17.8	7.9
④	CPC阀B弹簧	0.7	6.1	17.8	7.9
⑤	3挡蓄能器弹簧	3.8	19.6	59.8	7.8
⑥	4挡蓄能器弹簧	3.8	19.6	59.8	7.8

(1)伺服器的拆装及检修与主阀体的基本相同,同时应**注意**:如果需要更换CPC阀弹簧A或B其中之一,则必须同时更换CPC阀弹簧A或B以及离合器压力控制电磁阀A/B总成。

(2)检查各弹簧的技术状况,应满足上表中的要求。否则,应予以更换。

(3)按照与拆卸时相反的顺序组装伺服器,**注意**:对所有的零部件施加 ATF。

五、ATF 油泵的检修

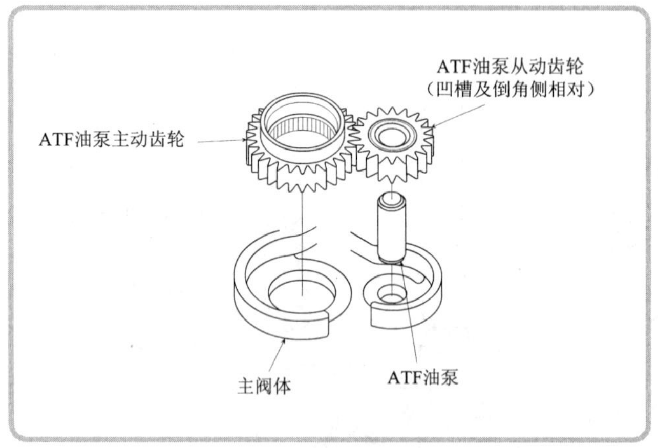

(1)外观检查 ATF 油泵主、从动齿轮齿面是否磨损或损坏,必要时予以更换。

◀(2)用 ATF 润滑 ATF 油泵零部件,然后将 ATF 油泵主、从动齿轮及从动齿轮轴安装在主阀体上,**注意**:ATF 油泵从动齿轮凹槽与倒角侧相对。

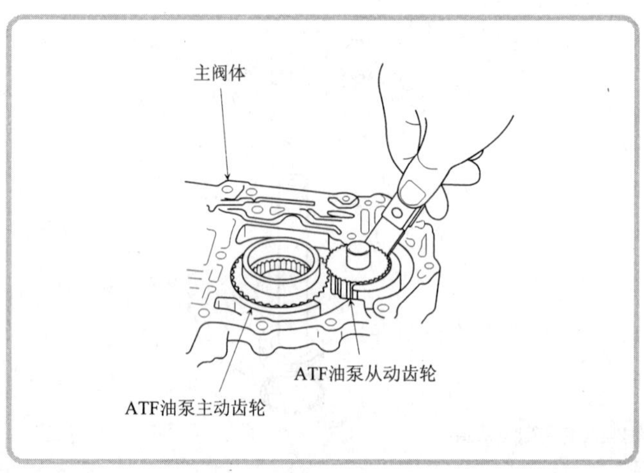

(3)检测 ATF 油泵主、从动齿轮与主阀体之间的径向间隙。径向间隙的标准值:主动齿轮为 0.105 ~ 0.1325mm;从动齿轮为 0.035 ~0.0625mm。

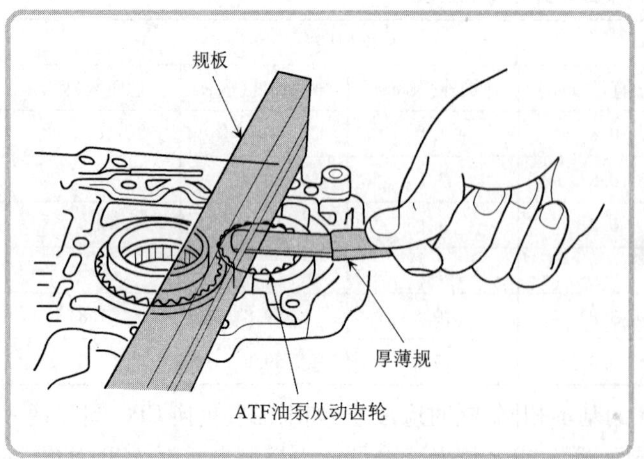

(4)拆下 ATF 油泵从动齿轮轴,检测 ATF 油泵主、从动齿轮与主阀体之间的轴向间隙。轴向间隙的标准值为0.03 ~0.05mm,极限值为 0.05mm。

六、主轴分总成的检修

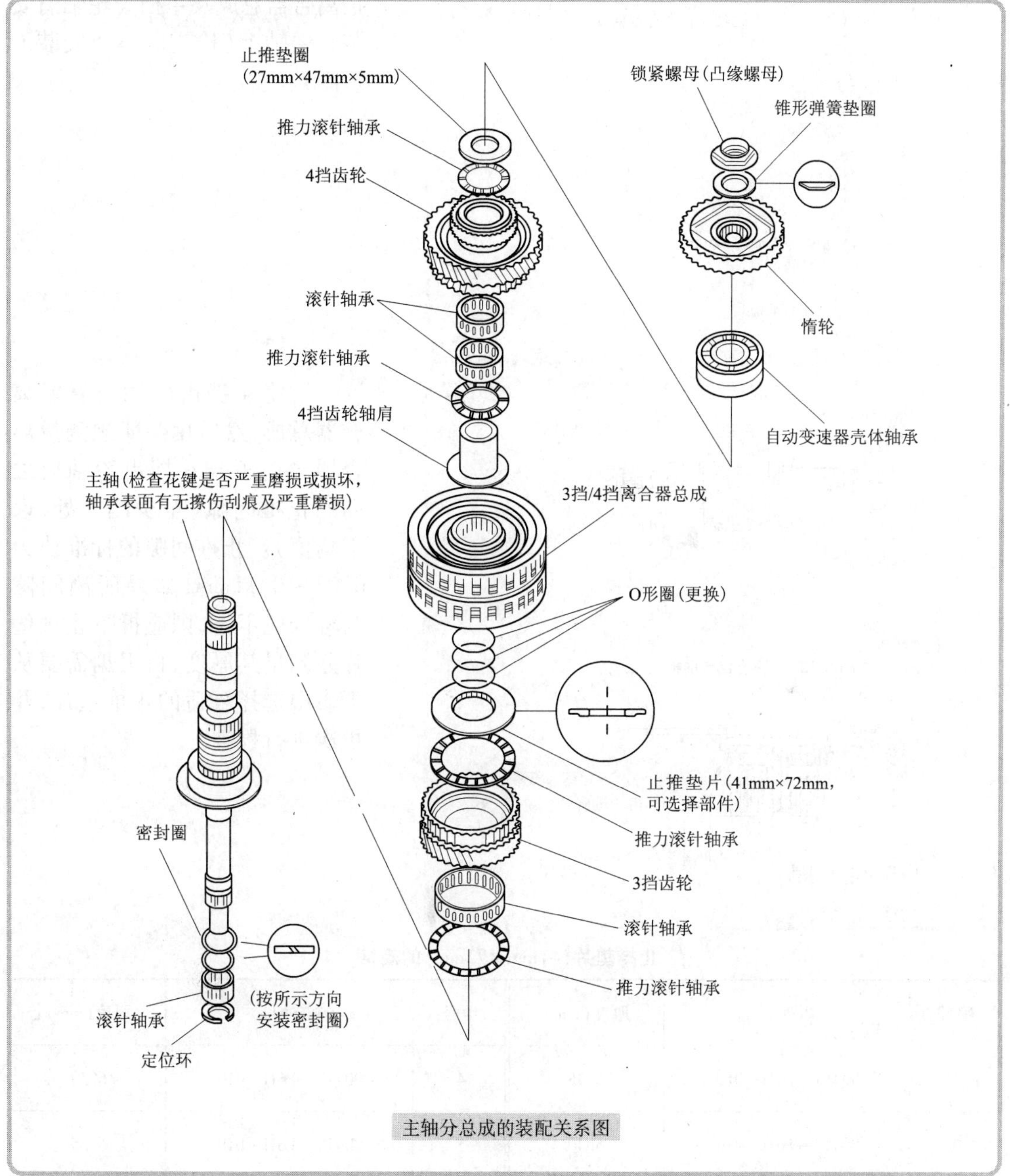

主轴分总成的装配关系图

(1)拆下主轴锁紧螺母(左旋螺纹)和定位环,依次拆下推力滚针轴承、4挡齿轮及3挡/4挡离合器总成等零部件。

(2)检查推力滚针轴承和滚针轴承是否磨损或转动不自如,必要时进行更换。

(3)检查主轴花键及轴承轴颈是否磨损或损坏,必要时更换主轴。

(4)检查密封圈的技术状况,如有磨损变形或损坏现象,则将其更换。

(5)检查离合器导向板与4挡齿轮轴肩之间的止推间隙:

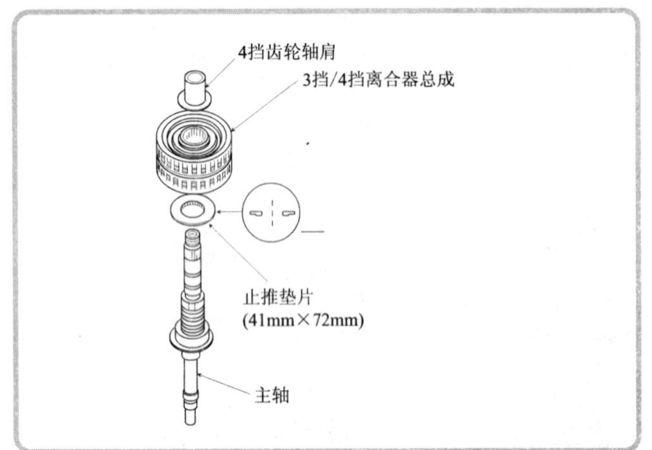

①将主轴止推垫片、3 挡/4 挡离合器总成及 4 挡齿轮轴肩安装在主轴上(检查时不要安装 O 形圈)。

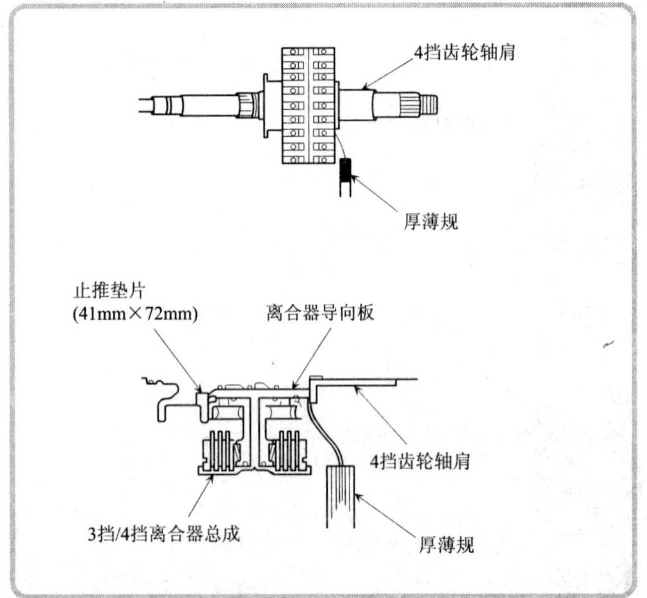

②将 4 挡齿轮轴肩靠紧离合器总成,然后用厚薄规测量离合器导向板与 4 挡齿轮轴肩之间的止推间隙(至少测 3 处,取平均值)。止推间隙的标准值为 0.03 ~ 0.11mm,如果所测间隙与标准值不符,则应拆下止推垫片并测量其厚度,再根据需要从下表中选择合适的止推垫片,并再次进行检查。

止推垫片(41mm×72mm)的规格

编号	零件号	厚度(mm)	编号	零件号	厚度(mm)
1	90414—P6H—010	6.35	4	90417—P6H—010	6.50
2	90415—P6H—010	6.40	5	90418—P6H—010	6.55
3	90416—P6H—010	6.45	6	90419—P6H—010	6.60

(6)组装时,给所有零部件施加 ATF。

(7)安装 O 形圈之前,应使用胶带包扎主轴花键齿,以免损坏 O 形圈。

(8)检查主轴密封圈(合成树脂)是否有磨损、变形或损坏等现象。如有,则应按下述方法进行更换:

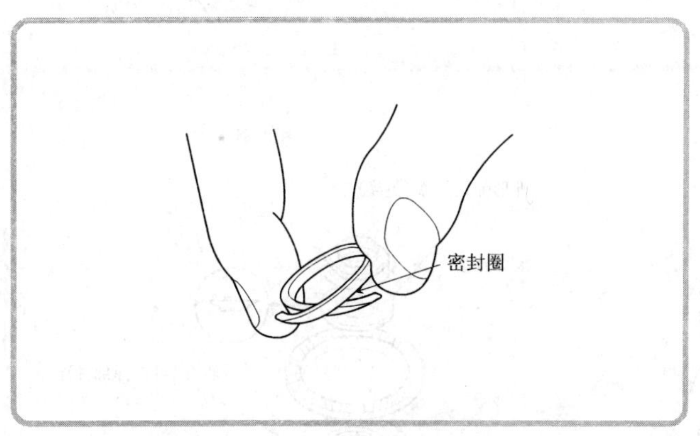

◀①为了更好地配合,在安装前将新密封圈轻轻地挤压。

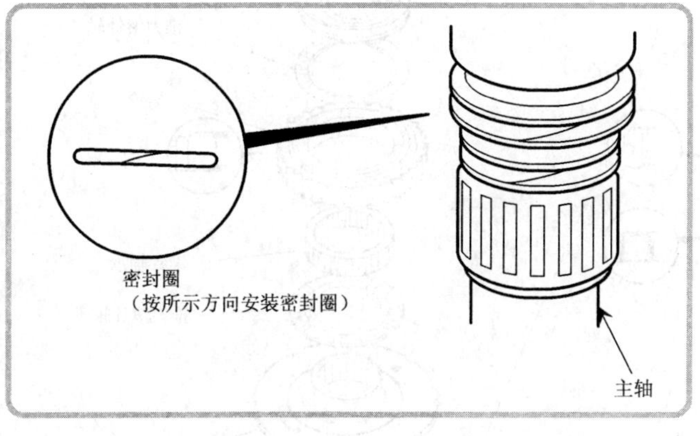

②将新密封圈安装在主轴上,**注意:**密封圈在主轴环槽内正确就位,不得扭曲;密封圈开口斜面应良好贴合。

ATF 变质的原因

ATF 的变质是因液力变矩器、油压装置和齿轮等的搅拌发热和离合器滑动产生的发热等导致的氧化变质。其他还包括多片离合器摩擦剂的剥离、齿轮和制动带的摩擦和金属锈等。在 ATF 中添加的各种添加剂中,摩擦系数调整剂的消耗也会引发 ATF 性能变化,所以也属于变质。另外还可能因外界的水分和灰尘等混入造成变质。

使用 ATF 更换器或市售的机油检测器取样检查外观。此方法在更换 ATF 时可有效预测机油变质程度。

检测 ATF 的变质程度

颜色	透明度	外观	原因	更换 ATF 是否有效
红褐色	有	略带黑色	因受热产生劣化	○
褐色	无	混入摩擦粉末	可能是离合器磨耗	×
黑褐色	无	像泥水一样	可能是制动带磨耗	×
乳白色	无	黏度降低	混入冷却水	×

七、中间轴分总成的检修

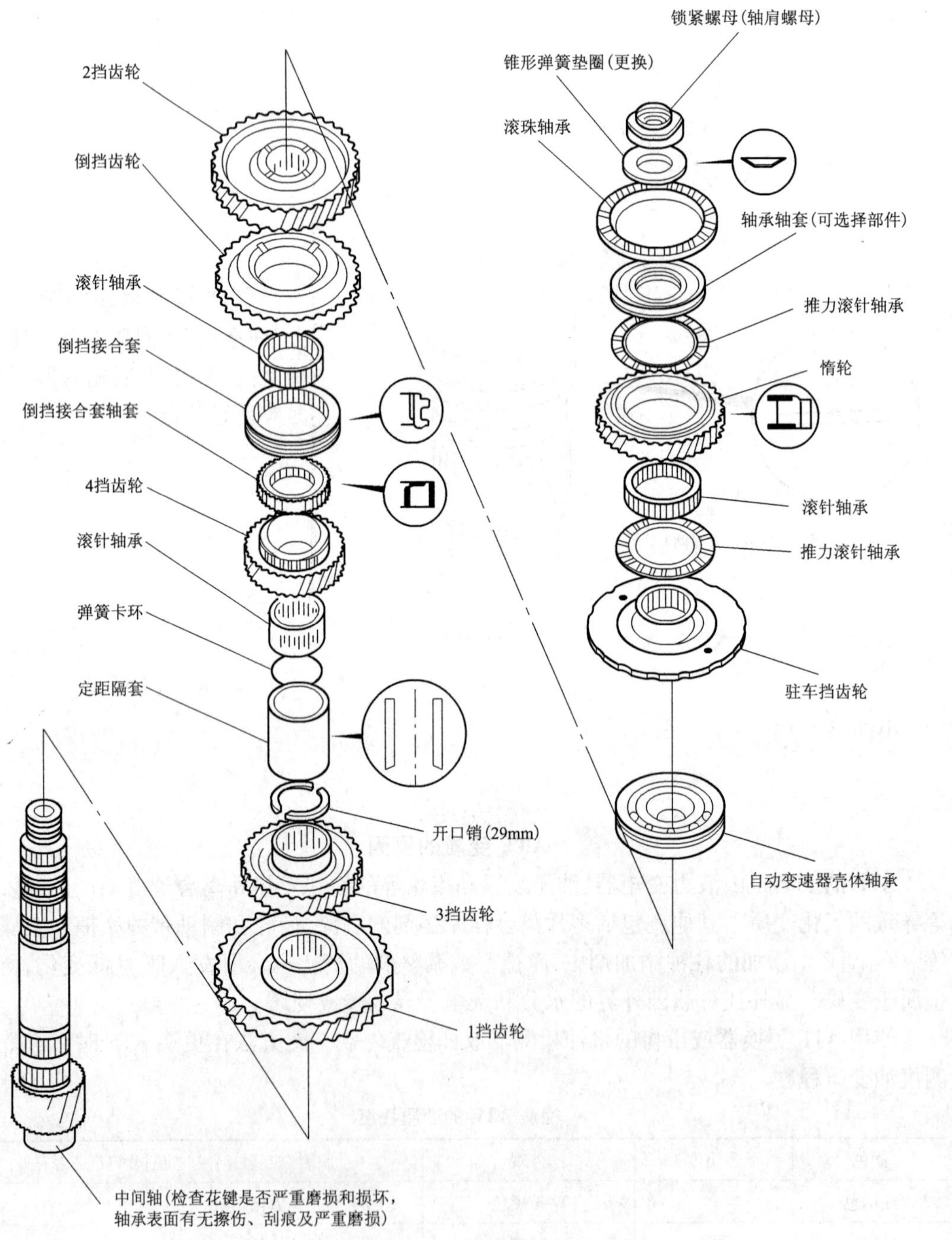

中间轴分总成的装配关系图

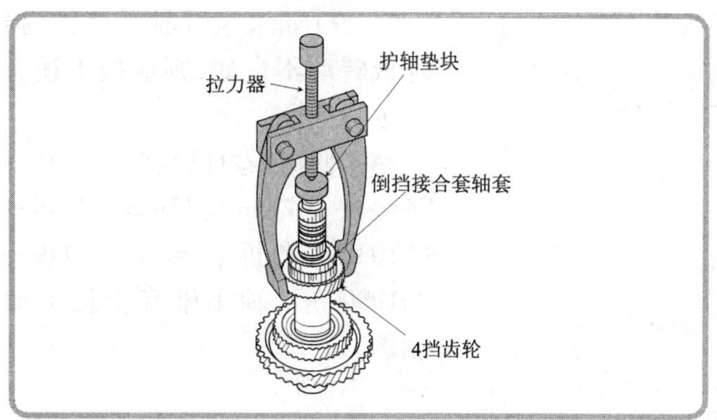

◀(1)在拉力器和中间轴之间放置一个护轴垫块(以免损坏中间轴),用拉力器拆卸倒挡接合套轴套和4挡齿轮。

(2)从中间轴上拆下滚针轴承、弹簧卡环、定距隔套和29mm开口销。

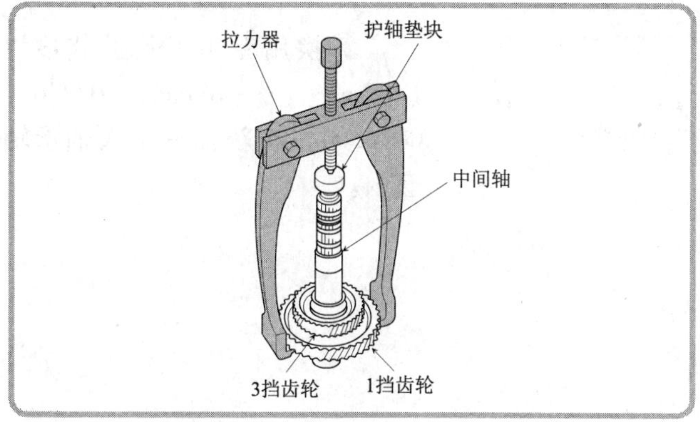

◀(3)在拉力器和中间轴之间放置一个护轴垫块(以免损坏中间轴),用拉力器拆卸1挡齿轮和3挡齿轮。

(4)用检修主轴分总成相同的方法,检修中间轴分总成。

(5)使用ATF润滑所有零部件。

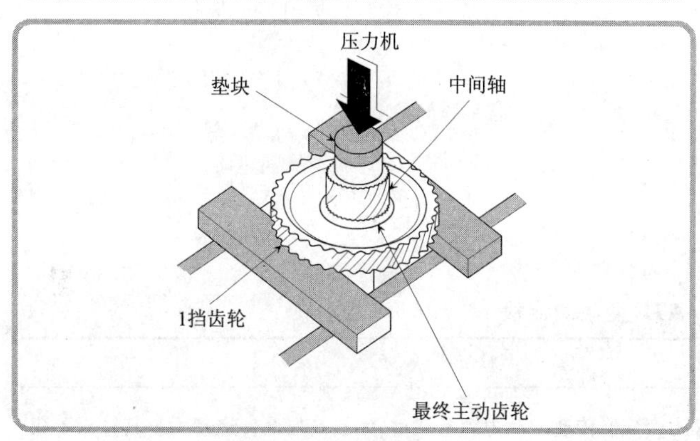

◀(6)在压力机与中间轴之间放置一垫块,将中间轴花键与1挡齿轮花键对准,然后用压力机将中间轴压入1挡齿轮。当1挡齿轮碰到最终主动齿轮时,应立即停止施压。

(7)用安装1挡齿轮同样的方法安装3挡齿轮,然后装上开口销、定距隔套、弹簧卡环、滚针轴承和4挡齿轮。

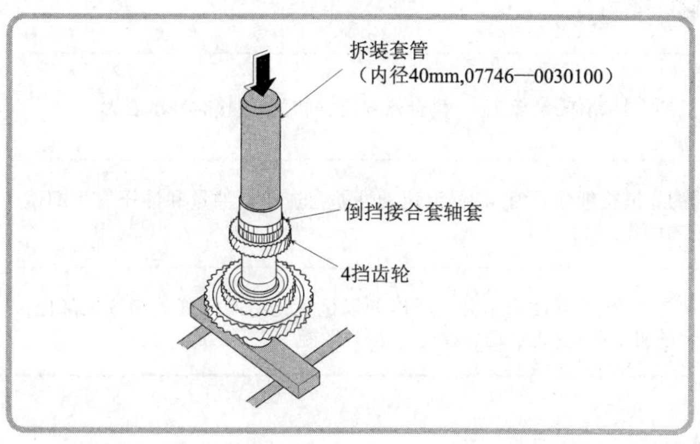

◀(8)装上倒挡接合套轴套,然后用专用工具拆装套管(07746—0030100)和压力机压下倒挡接合套轴套。

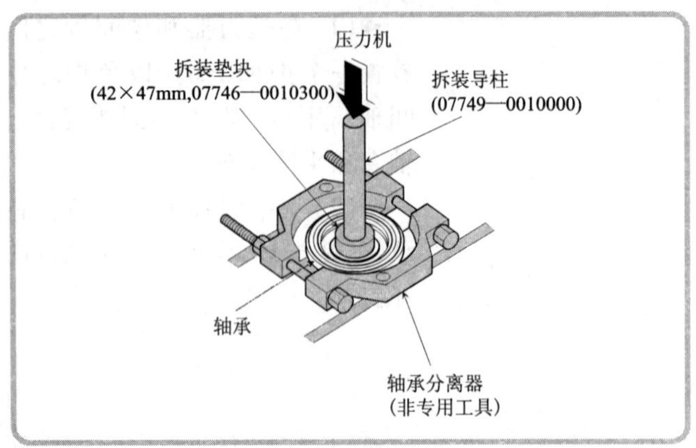

(9)如果滚针轴承磨损、损坏或转动不自如,则应按下述方法进行更换:

◀①使用压力机及专用工具拆装垫块(42mm × 47mm,07746—0010300)和拆装导柱(07749—0010000)从轴承轴套上拆下旧轴承。

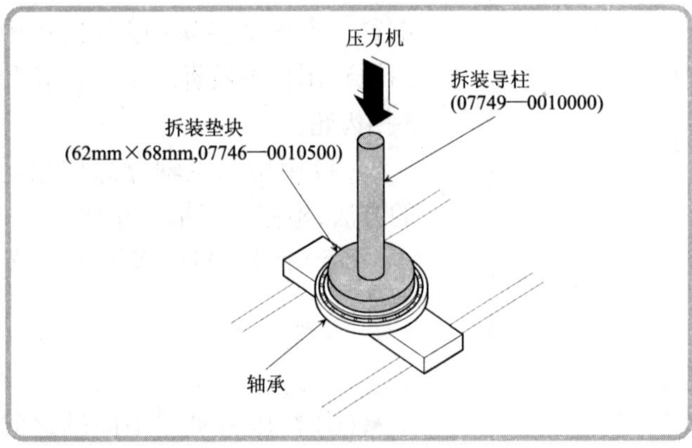

②换用专用工具拆装垫块(62mm × 68mm, 07746—0010500),将新轴承压入轴承轴套内。

ATF 变质的症状

原　因	症　状
黏度、黏度指数的变化	黏度变化剧烈、液力变矩器传递的动力容易波动,无法高效地传递动力。其结果不仅妨碍稳定行驶还影响燃油消耗
摩擦系数变化	离合器部分浸入机油保持动作,摩擦消失,离合器发滑,同时在连接时冲击变大
低温流动性变化	AT 的结构中机油的通道很细而且复杂,低温流动性差会造成机油量和油压发生细微变化,无法获得稳定的动作
抗氧化性变化	ATF 承受的负载非常大,机油温度会上升。所以如果抗氧化用的抗氧化剂效果降低,容易产生因氧化导致的机油劣化,无法维持稳定的 ATF 性能

八、副轴分总成的检修

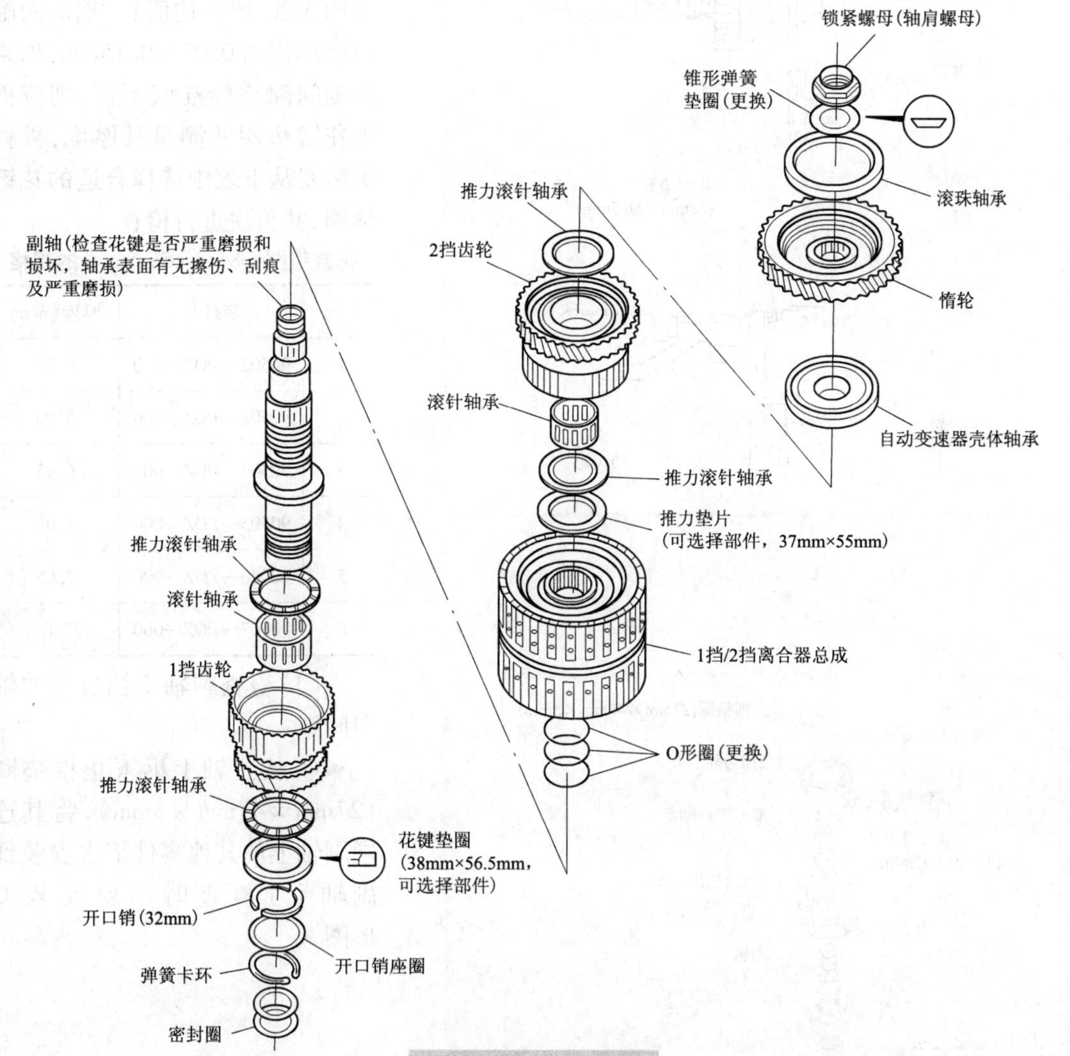

锁紧螺母(轴肩螺母)
锥形弹簧垫圈(更换)
滚珠轴承
惰轮
自动变速器壳体轴承
推力滚针轴承
2挡齿轮
滚针轴承
推力滚针轴承
推力垫片(可选择部件，37mm×55mm)
1挡/2挡离合器总成
O形圈(更换)
副轴(检查花键是否严重磨损和损坏，轴承表面有无擦伤、刮痕及严重磨损)
推力滚针轴承
滚针轴承
1挡齿轮
推力滚针轴承
花键垫圈(38mm×56.5mm，可选择部件)
开口销(32mm)
开口销座圈
弹簧卡环
密封圈

副轴分总成的装配关系图

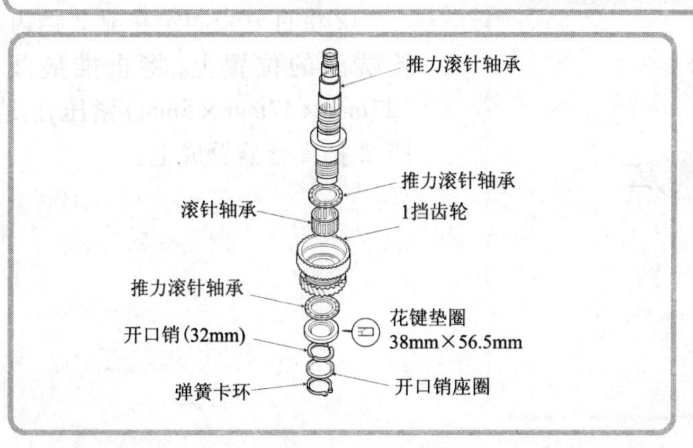

(1)分解副轴后，清洗各零部件并施加ATF。

(2)检查副轴花键垫圈与开口销之间的轴向间隙：

◀①依次将推力滚针轴承、滚针轴承和1挡齿轮等零件安装到副轴上。

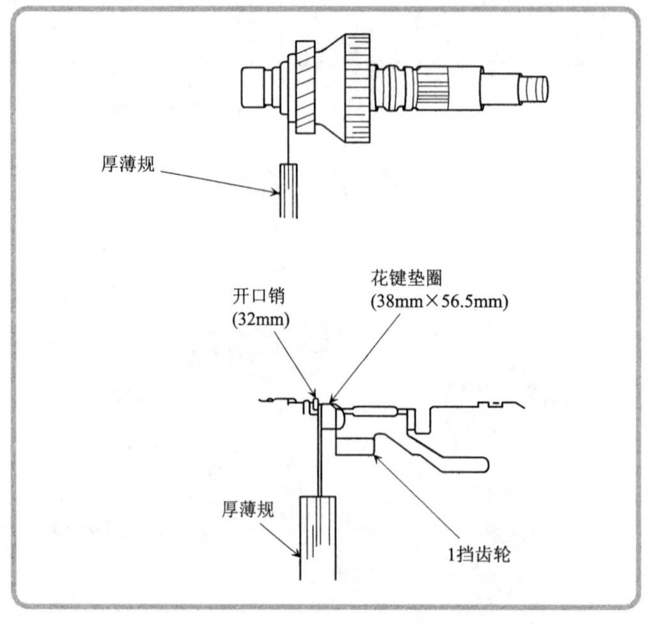

②用厚薄规测量副轴花键垫圈与开口销之间的轴向间隙(至少测3处,取平均值)。轴向间隙的标准值为0.07~0.15mm,如果所测间隙与标准值不符,则应拆下花键垫圈并测量其厚度,再根据需要从下表中选择合适的花键垫圈,并再次进行检查。

花键垫圈(38mm×56.5mm)的规格

编号	零件号	厚度(mm)
1	90502—POZ—000	6.85
2	90503—POZ—000	6.90
3	90504—POZ—000	6.95
4	90505—POZ—000	7.00
5	90506—POZ—000	7.05
6	90507—POZ—000	7.10

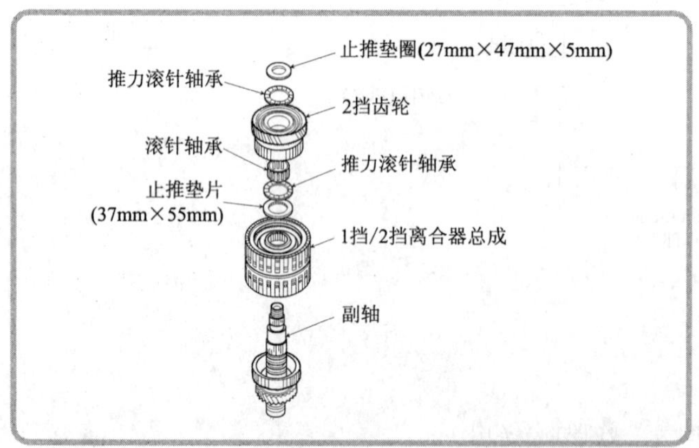

(3)检查副轴2挡齿轮的轴向间隙:

◀①从主轴上拆下止推垫圈(27mm×47mm×5mm),将其连同副轴上的其他零件依次安装到副轴上(检查时不要安装O形圈)。

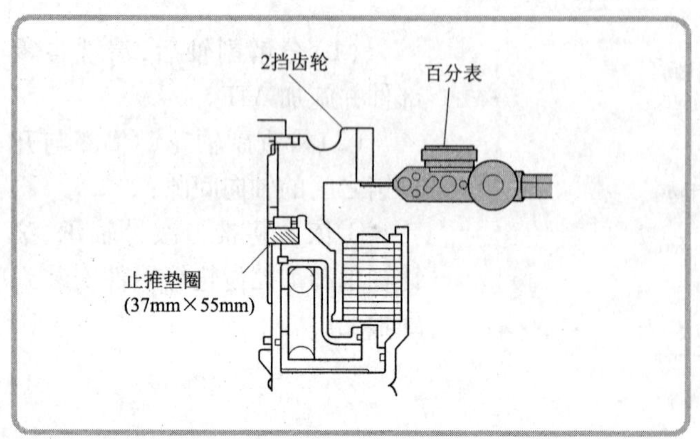

②将百分表固定在靠2挡齿轮端面的位置上,将止推垫圈(27mm×47mm×5mm)紧压在1挡/2挡离合器总成上。

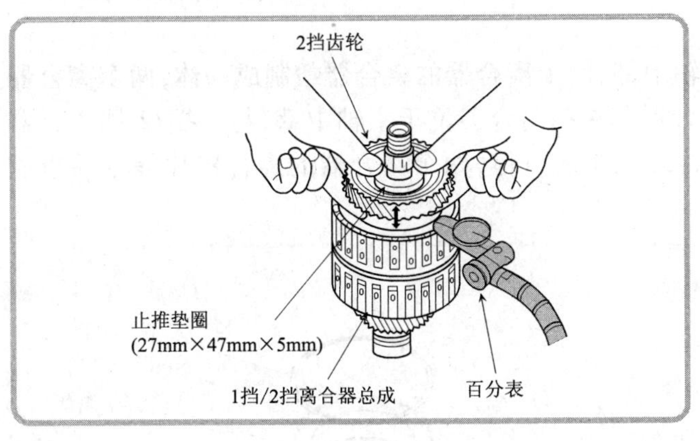

◀③一边转动2挡齿轮一边测量其轴向间隙(至少测3处,取平均值)。轴向间隙的标准值为0.04～0.12mm,如果所测间隙值与标准值不符,则应拆下止推垫圈并测量其厚度,再根据需要从下表中选择合适的止推垫圈,并再次进行检查。

④确认间隙正常后,应将止推垫圈(27mm×47mm×5mm)重新安装到主轴上。

止推垫片(27mm×47mm×5mm)的规格

编号	零件号	厚度(mm)	编号	零件号	厚度(mm)
1	90406—POZ—000	4.90	5	90410—POZ—000	5.10
2	90407—POZ—000	4.95	6	90411—POZ—000	5.15
3	90408—POZ—000	5.00	7	90412—POZ—000	5.20
4	90409—POZ—000	5.05			

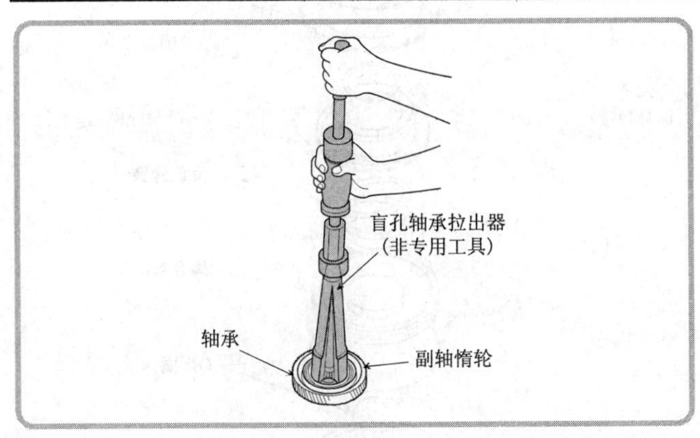

(4)如果滚针轴承磨损、损坏或转动不自如,则应按下述方法进行更换。

①在台虎钳钳口上垫放软垫,然后夹紧副轴惰轮。

◀②使用盲孔轴承拉出器拆下副轴惰轮旧滚针轴承。

③用压力机及专用工具拆装垫块(07GAD—SD40101 78mm×90mm)和拆装导柱(07749—0010000)将新滚针轴承压入副轴惰轮内。

九、离合器的检修

1 挡离合器和 2 挡离合器位于副轴中部,两个离合器的离合器毂制成一体,两个离合器的离合器片等零件相背安装。3 挡离合器和 4 挡离合器位于主轴中部,与 1 挡/2 挡离合器的结构相同,3 挡/4 挡离合器的离合器毂也制成一体,两个离合器的离合器片等零件也相背安装。

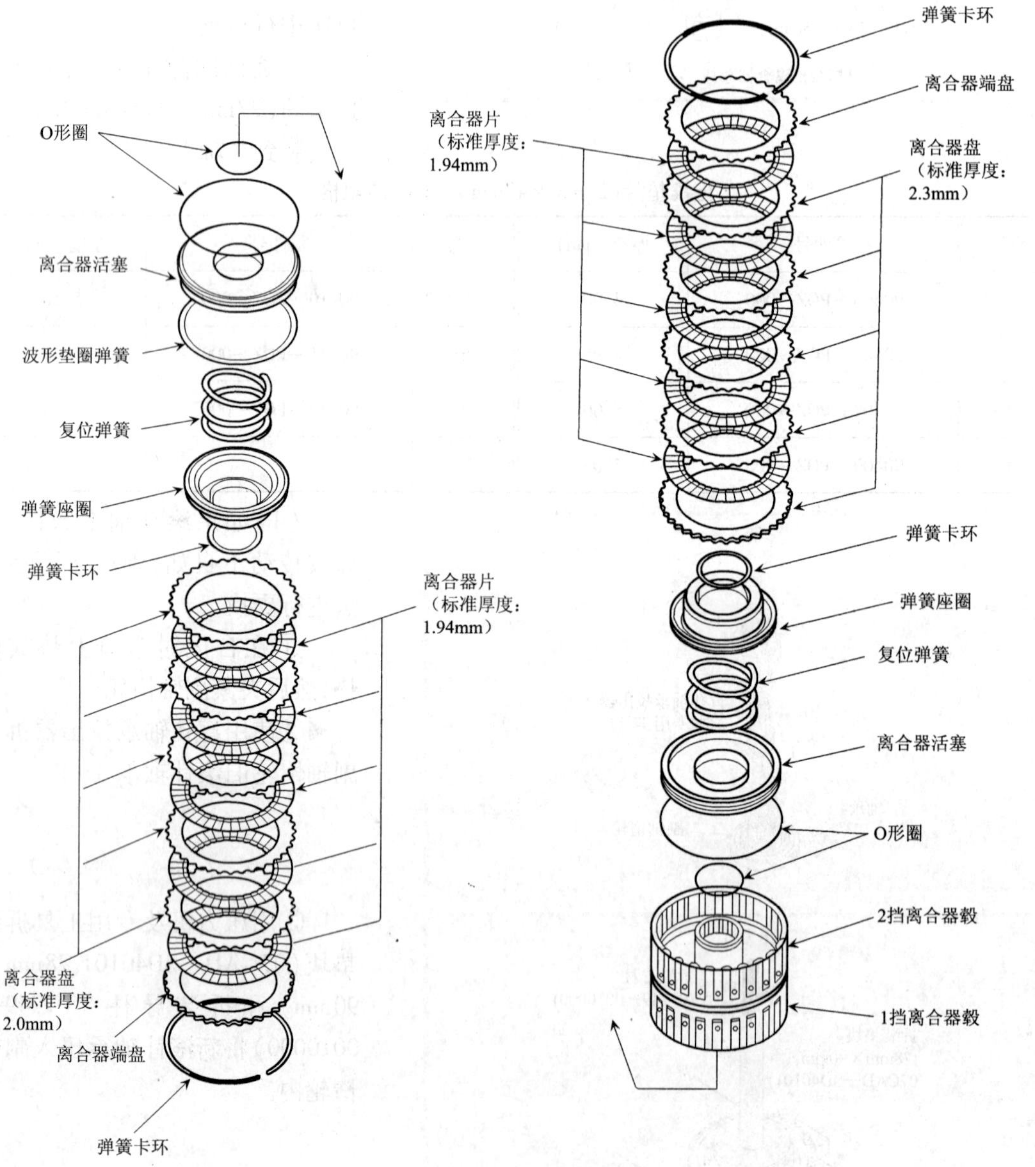

O形圈
离合器活塞
波形垫圈弹簧
复位弹簧
弹簧座圈
弹簧卡环
离合器片
(标准厚度:
1.94mm)
离合器盘
(标准厚度:
2.0mm)
离合器端盘
弹簧卡环

弹簧卡环
离合器端盘
离合器片
(标准厚度:
1.94mm)
离合器盘
(标准厚度:
2.3mm)
弹簧卡环
弹簧座圈
复位弹簧
离合器活塞
O形圈
2挡离合器毂
1挡离合器毂

1 挡/2 挡离合器的装配关系图

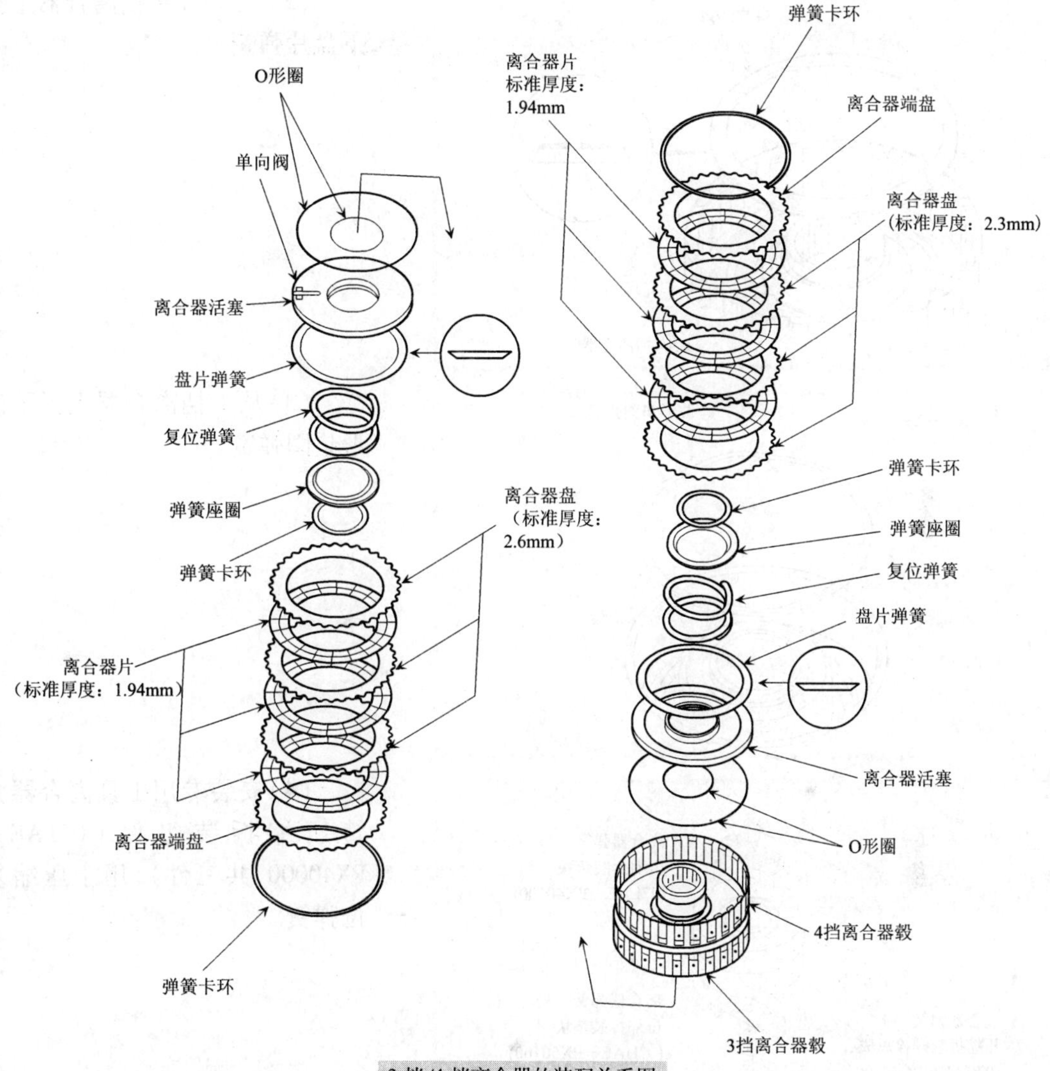

O形圈
单向阀
离合器活塞
盘片弹簧
复位弹簧
弹簧座圈
弹簧卡环
离合器盘
（标准厚度：
2.6mm）
离合器片
（标准厚度：1.94mm）
离合器端盘
弹簧卡环
弹簧卡环
离合器片
标准厚度：
1.94mm
离合器端盘
离合器盘
（标准厚度：2.3mm）
弹簧卡环
弹簧座圈
复位弹簧
盘片弹簧
离合器活塞
O形圈
4挡离合器毂
3挡离合器毂

3 挡/4 挡离合器的装配关系图

1　分解离合器

螺丝刀
弹簧卡环

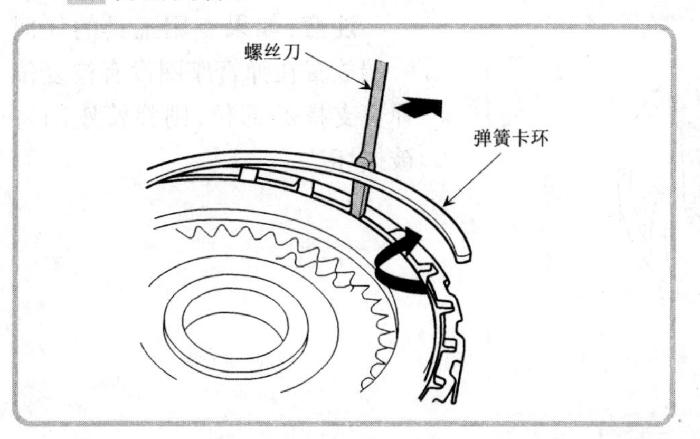

（1）卸下弹簧卡环，然后拆下离合器端盘、离合器片和离合器盘。

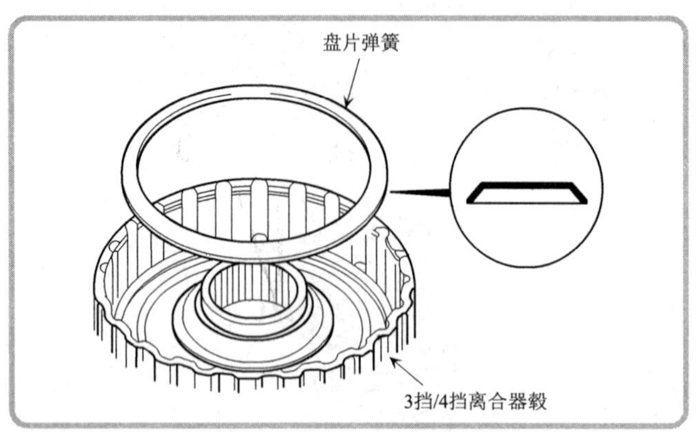

(2)从3挡/4挡离合器上拆下盘片弹簧。

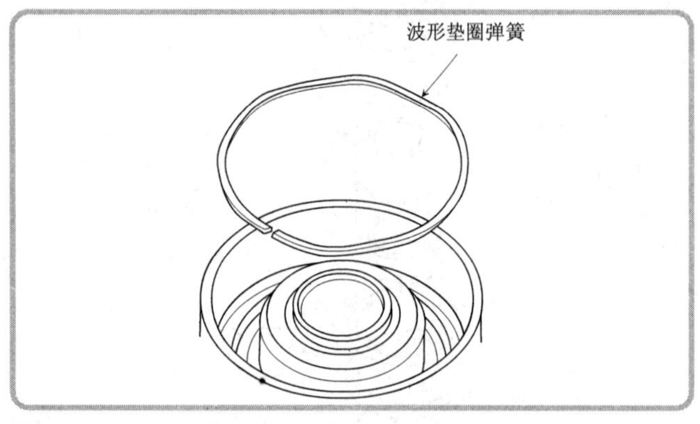

(3)从1挡离合器上拆下波形垫圈弹簧。

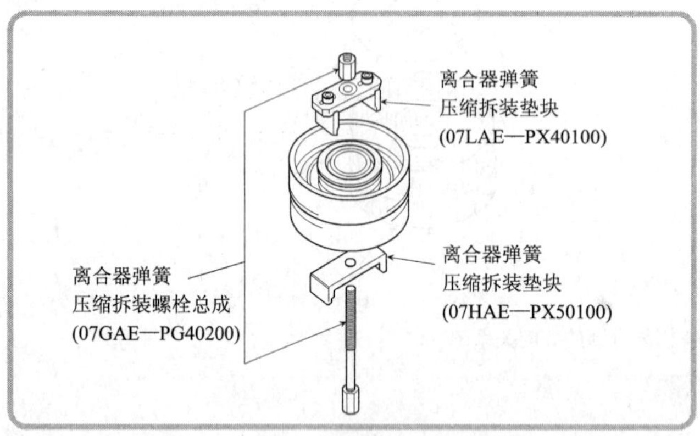

(4)安装专用工具离合器弹簧压缩拆装组件(07LAE—PX40000,共三件),用于压缩复位弹簧。

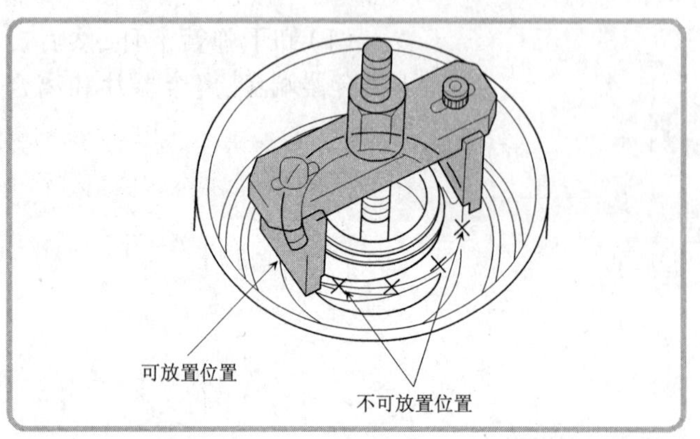

注意:如果专用工具的任何一端放置在弹簧座圈没有被复位弹簧支撑的部位,则弹簧座圈将被损坏。

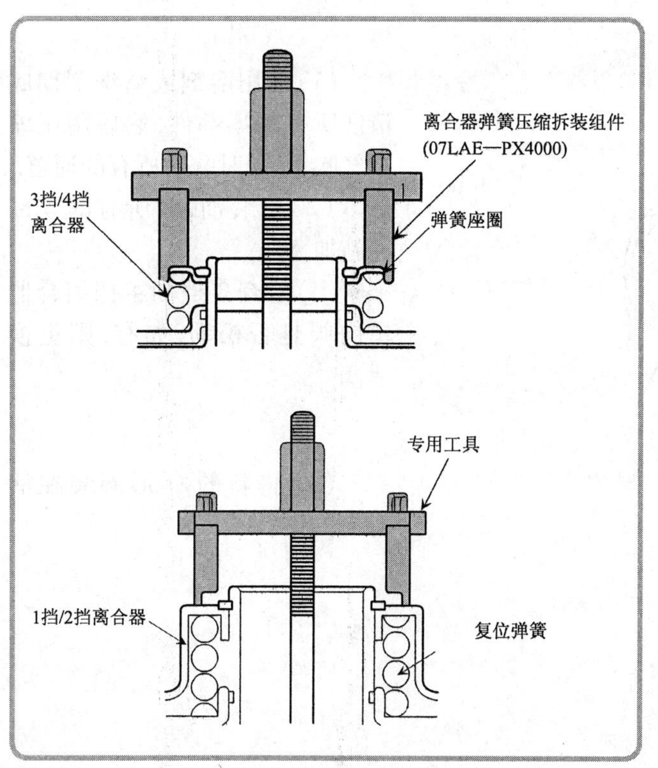

(5)确认离合器弹簧压缩拆装组件(07LAE—PX40000)已被调节到与离合器弹簧座圈完全接触,然后施加作用力压缩复位弹簧。

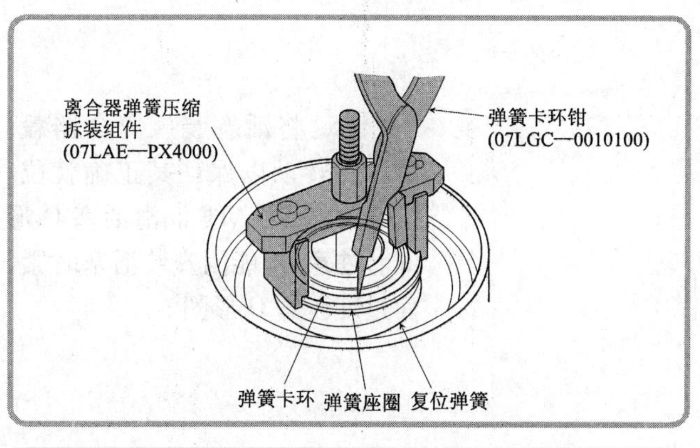

(6)用专用工具弹簧卡环钳(07LGC—0010100)拆下中部的弹簧卡环,然后拆下专用工具、弹簧座圈和复位弹簧等。

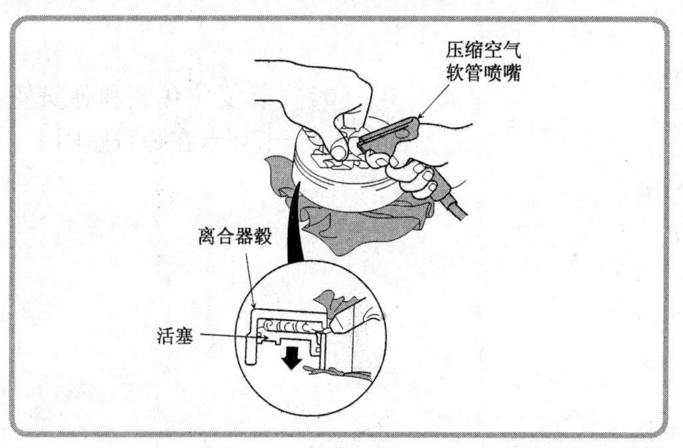

◀(7)用布从中孔包住离合器毂,再用压缩空气吹通油液通道以拆下离合器活塞。

(8)用游标卡尺检查各离合器片和离合器盘的厚度,如不符合要求,应进行更换。

2 组装

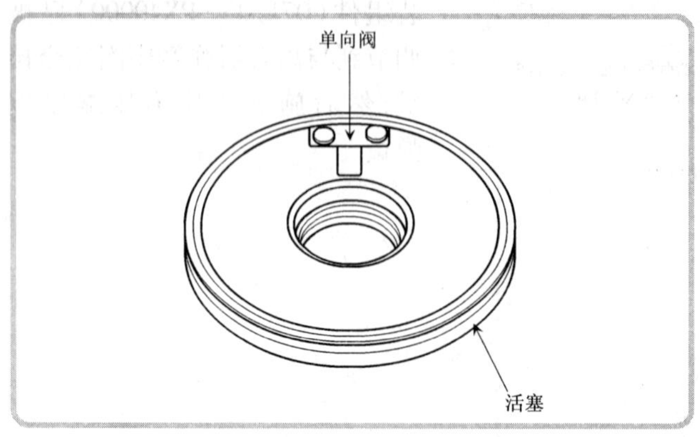

(1)使用溶剂或清洗剂彻底清洗所有的零部件,然后用压缩空气吹干,同时吹通所有的通道。

(2)安装前,对所有的零部件施加 ATF。

◀(3)检查 3 挡和 4 挡离合器单向阀是否松动,如有,则更换活塞。

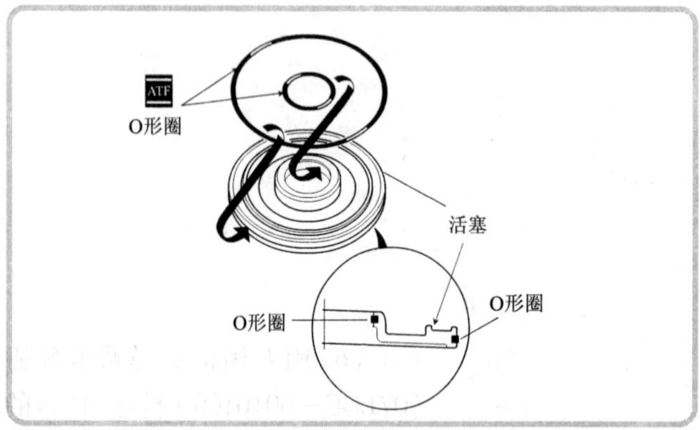
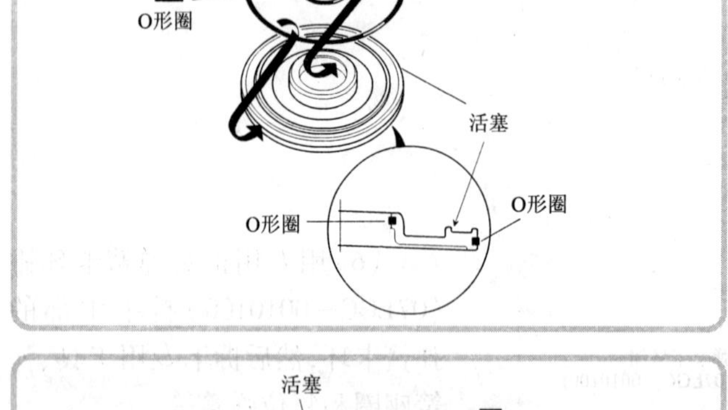

(4)将新的 O 形圈装在活塞上。

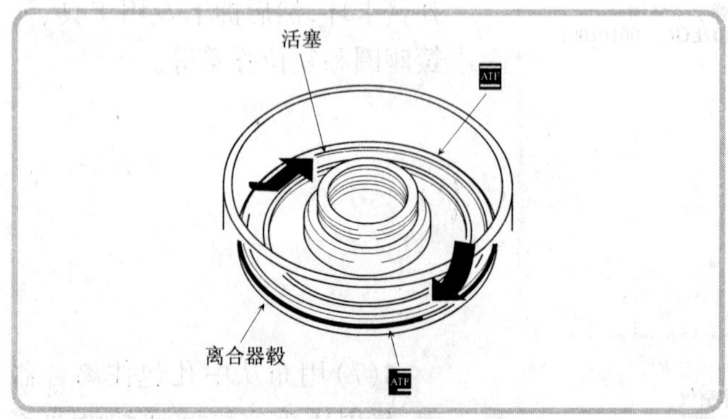

(5)将活塞装入离合器毂,加压并转动以保证其正确就位。安装前,应用 ATF 润滑活塞 O 形圈。**注意**:不能因安装活塞时紧,而过度压紧 O 形圈。

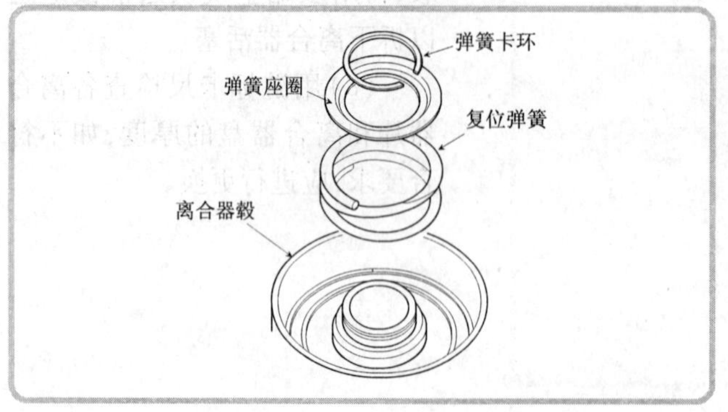

(6)安装复位弹簧和弹簧座圈,将弹簧卡环卡在弹簧座圈上。

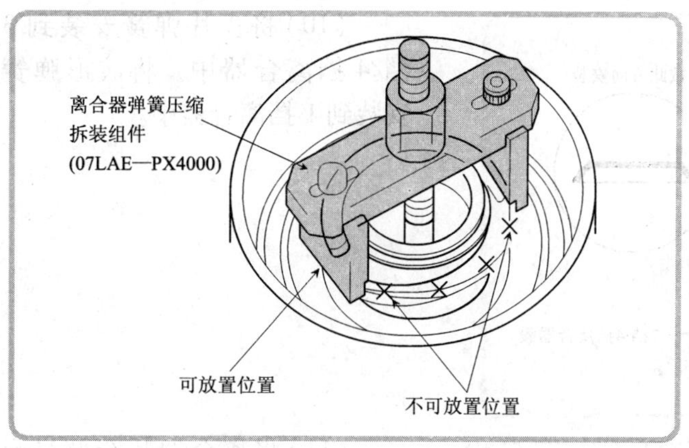

(7)安装专用工具离合器弹簧压缩拆装组件(07LAE—PX40000,共三件),**注意:**如果专用工具的任何一端放置在弹簧座圈没有被复位弹簧支撑的部位,则弹簧座圈将被损坏。

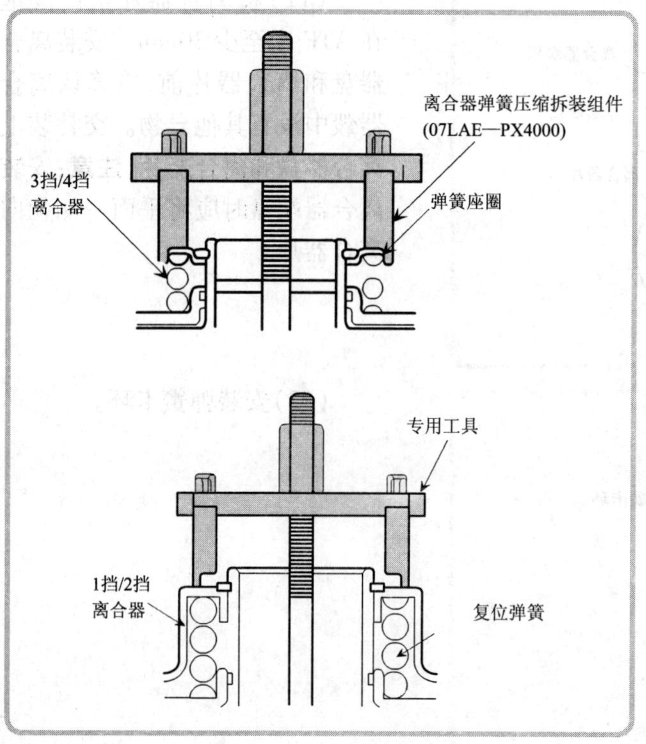

(8)确认离合器弹簧压缩拆装组件(07LAE—PX40000)已被调节到与离合器弹簧座圈完全接触。

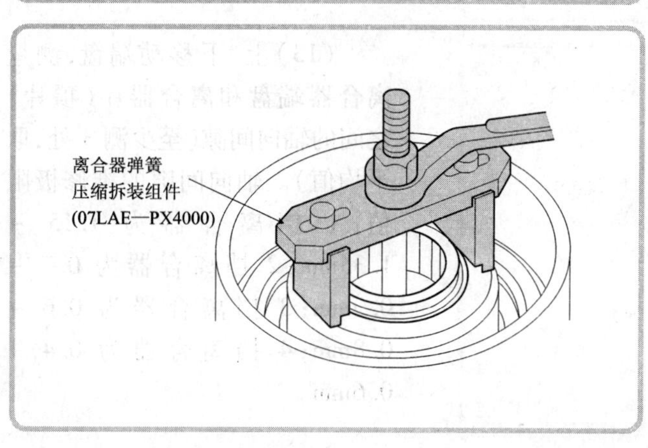

(9)压缩复位弹簧,安装中部的弹簧卡环,然后取下离合器弹簧压缩拆装组件(07LAE—PX40000)。

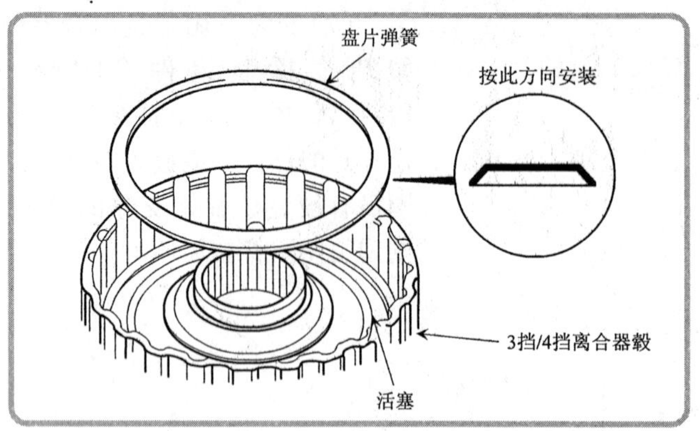

（10）将盘片弹簧安装到3挡/4挡离合器中。将波形弹簧安装到1挡离合器中。

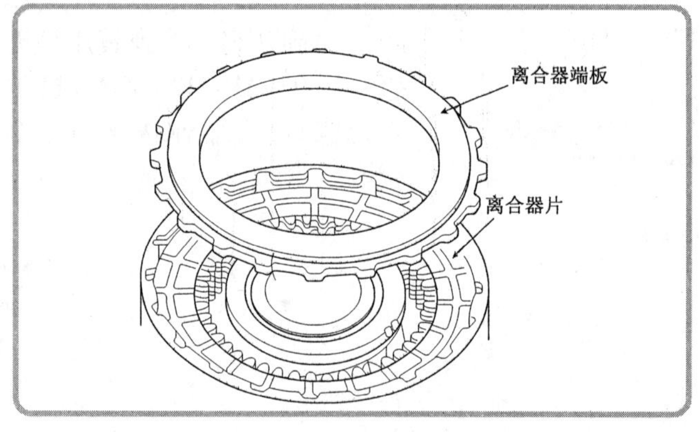

（11）将离合器片全部浸泡在ATF中至少30min。安装离合器盘和离合器片前，应确认离合器毂中没有其他异物。交替装上离合器盘和离合器片，**注意：**安装离合器端盘时应将平面一侧朝向离合器片。

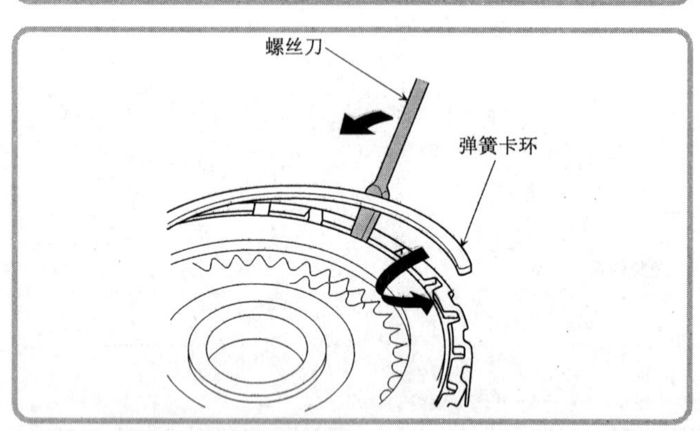

（12）安装弹簧卡环。

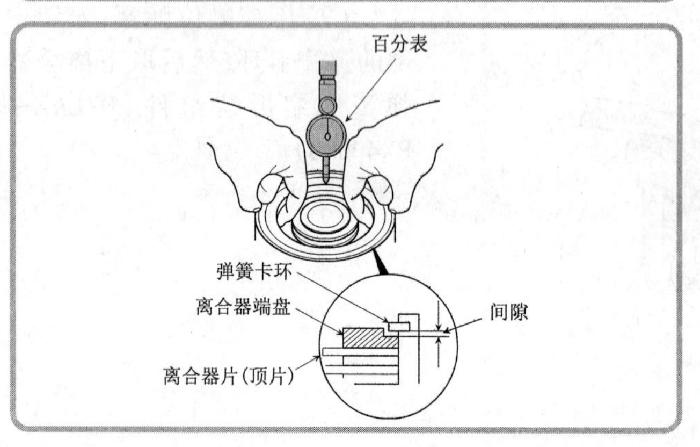

（13）上、下移动端盘，测量离合器端盘和离合器片（顶片）之间的轴向间隙（至少测3处，取平均值）。轴向间隙的维修极限值：1挡离合器为1.15～1.35mm；2挡离合器为0.7～0.9mm；3挡离合器为0.6～0.8mm；4挡离合器为0.4～0.6mm。

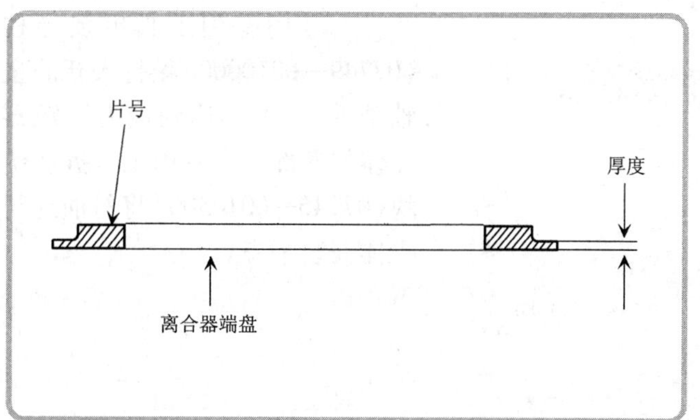

如果所测间隙超过维修极限值，则可从下两个表中选择合适的新离合器端盘进行更换，并重复上述检查。如果使用最厚的离合器端盘仍不能满足要求，则需要更换离合器片和离合器盘。

1挡与2挡离合器端盘的规格

片号	零件号	厚度(mm)	片号	零件号	厚度(mm)
0	22555—P6H—003	3.0	6	22551—P6H—003	2.6
1	22556—P6H—003	3.1	7	22552—P6H—003	2.7
2	22557—P6H—003	3.2	8	22553—P6H—003	2.8
3	22558—P6H—003	3.3	9	22554—P6H—003	2.9
4	22559—P6H—003	3.4	16	22561—PCT—003	3.6
5	22560—PCT—003	3.5	17	22562—PCT—003	3.7

3挡与4挡离合器端盘的规格

片号	零件号	厚度(mm)	片号	零件号	厚度(mm)
1	22551—PX4—003	2.1	6	22556—PX4—003	2.6
2	22552—PX4—003	2.2	7	22557—PX4—003	2.7
3	22553—PX4—003	2.3	8	22558—PX4—003	2.8
4	22554—PX4—003	2.4	9	22559—PX4—003	2.9
5	22555—PX4—003	2.5			

十、液力变矩器壳体轴承的更换

1 更换主轴轴承/油封

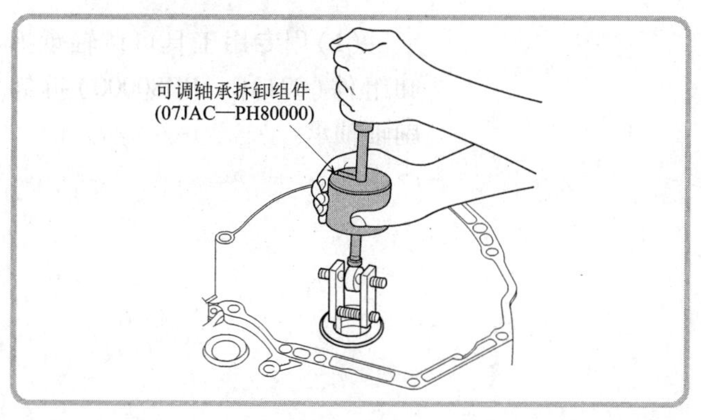

(1)用专用工具可调轴承拆卸组件(07JAC—PH80000)拆卸主轴轴承和油封。

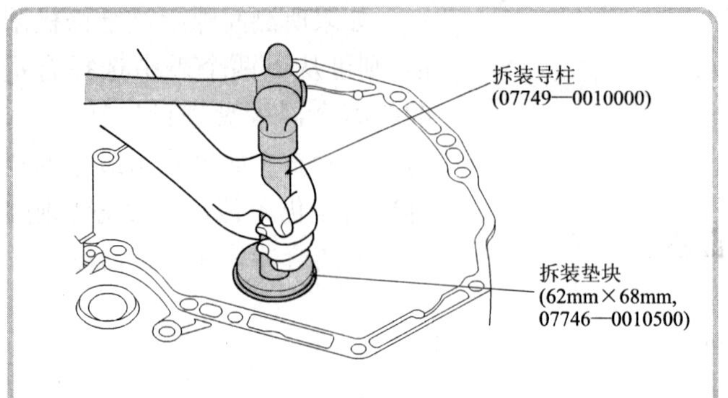

(2)用专用工具拆装导柱(07749—0010000)敲打入新的主轴轴承,直到其达到液力变矩器壳体的底部。用专用工具拆装垫块(07746—0010500)将新油封与壳体安装平齐。

2 更换中间轴轴承

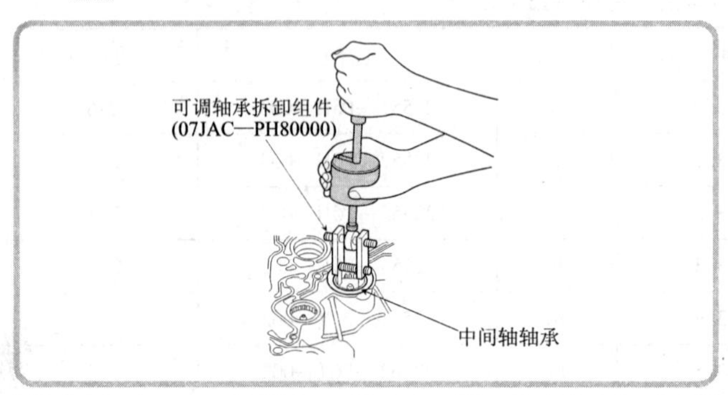

◀(1)用专用工具可调轴承拆卸组件(07JAC—PH80000)拆卸中间轴轴承。

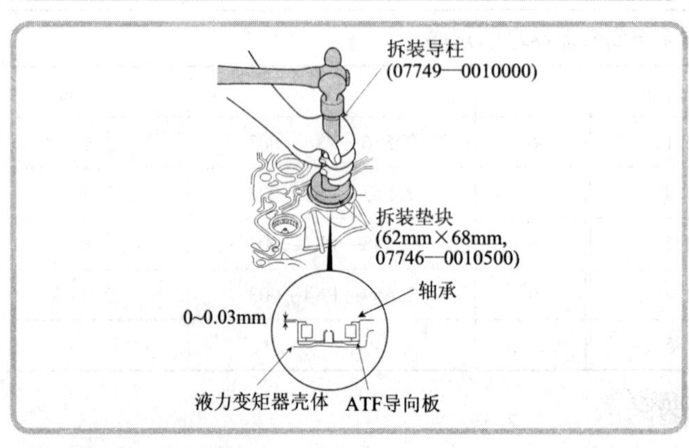

(2)装上ATF导向板。用专用工具拆装导柱(07749—0010000)和拆装垫块(00746—0010500)将新中间轴轴承装入液力变矩器壳体。

3 更换副轴轴承

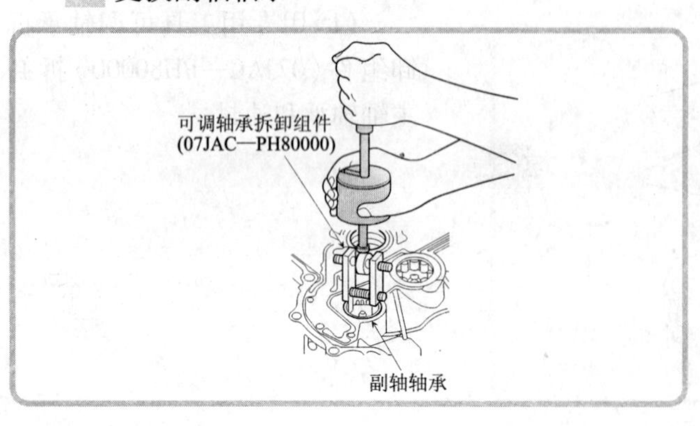

(1)用专用工具可调轴承拆卸组件(07JAC—PH80000)拆卸副轴轴承。

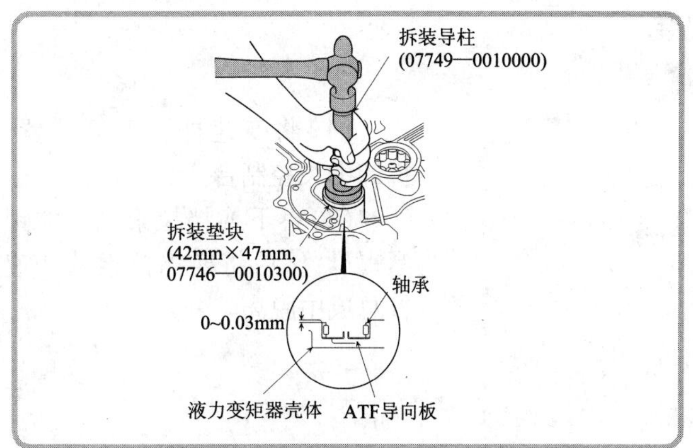

(2)装上ATF导向板。用专用工具拆装导柱(07749—0010000)和拆装垫块(07746—0010300)将新副轴轴承装入液力变矩器壳体。

十一、变速器壳体轴承的更换

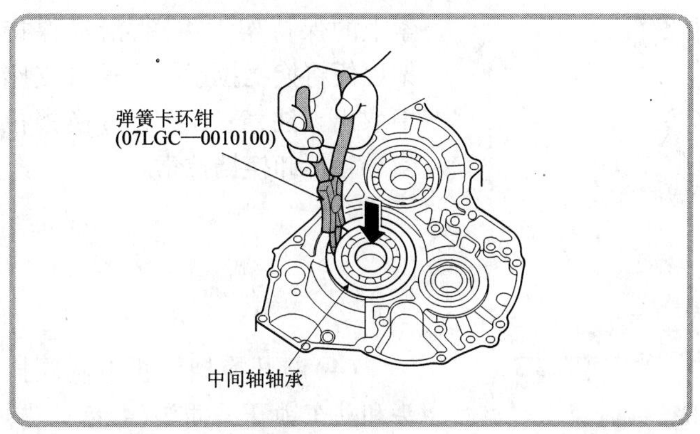

(1)从自动变速器壳体上拆下主轴、中间轴和副轴的轴承时,用弹簧卡钳(07LGC—0010100)将每个弹簧卡环张开,然后使用专用工具(与拆装导柱07749—0010000配用的:主轴拆装垫块07JAD—PH80101,58mm;中间轴和副轴拆装垫块07746—0010600,72mm×75mm)和压力机将轴承压出。**注意**:不要将弹簧卡环拆下,除非有必要清洗壳体中的弹簧卡环槽。

(2)在组装前,给所有的零部件施加ATF。

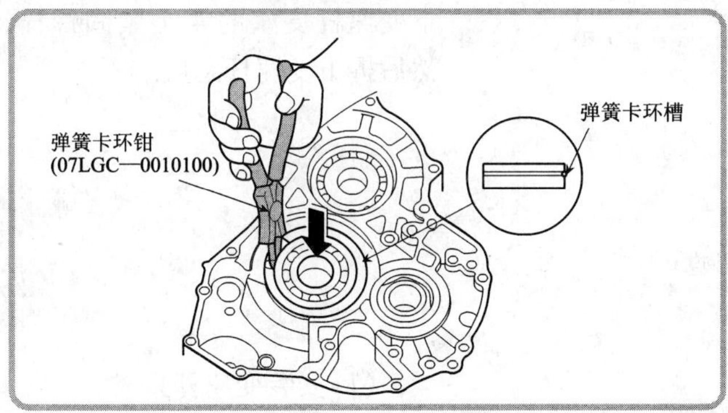

◀(3)用弹簧卡钳(07LGC—0010100)将每个弹簧卡环张开,并用专用工具及压力机将轴承的一部分压入变速器壳体中。

(4)松开弹簧卡钳,然后将轴承往变速器壳体里面推,直到弹簧卡环在轴承四周就位。

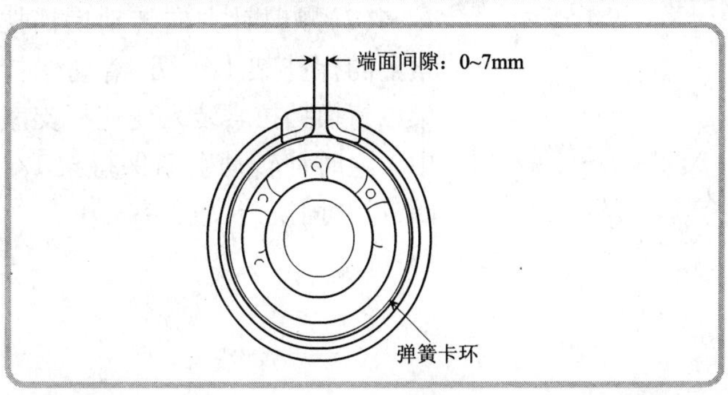

◀(5)轴承安装后应保证:弹簧卡环靠在轴承上并落在壳体环槽内;弹簧卡环的端面间隙为0~7mm。

十二、变速杆总成的拆卸与安装

1 拆卸杆

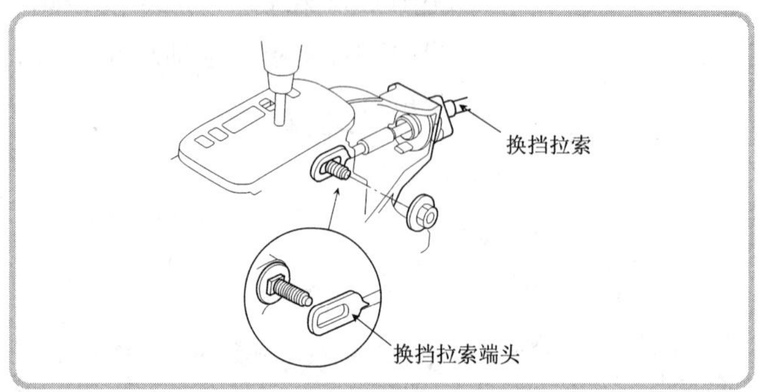

(1)将变速杆置于 P 位置,拆卸中央控制台。

◀(2)拆下换挡拉索端头的锁紧螺母,然后将换挡拉索从变速杆总成中脱离。

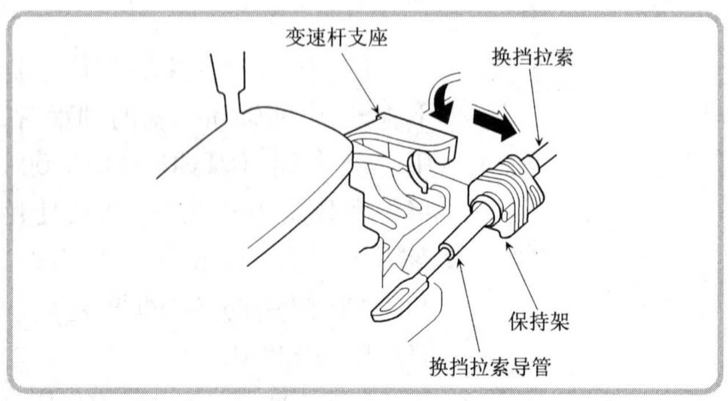

(3)逆时针方向转动换挡拉索上的保持架 1/4 圈,滑动保持架以便将换挡拉索从变速杆支座中取出。**注意:**不要通过换挡拉索导管拆卸换挡拉索。

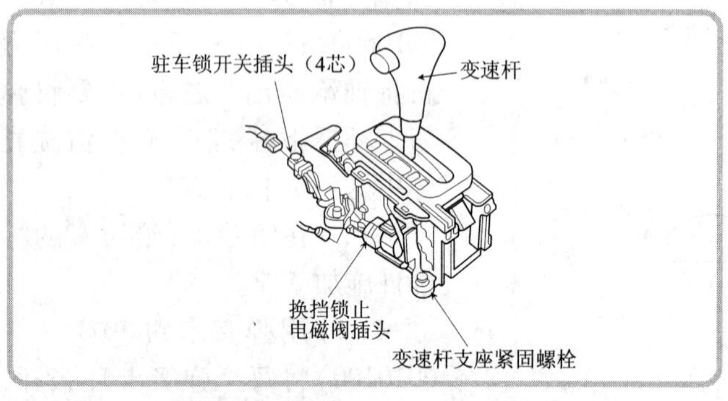

(4)断开换挡锁止电磁阀插头和驻车锁开关插头(4 芯)。拆下变速杆支座的 4 个紧固螺栓,然后拆下变速杆总成。

2 安装换挡杆

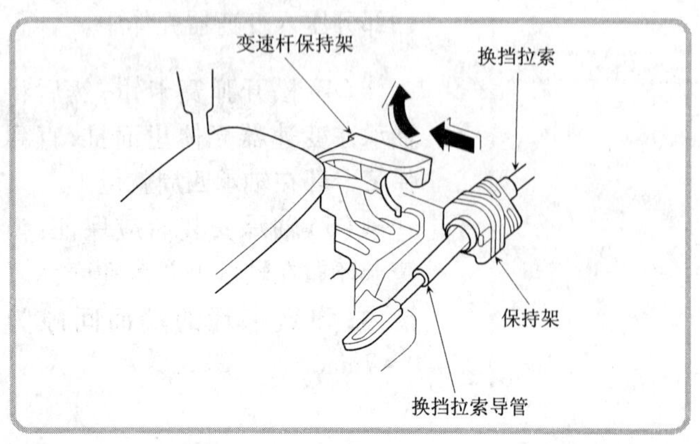

(1)安装变速杆总成。

◀(2)顺时针方向转动换挡拉索上的保持架 1/4 圈,滑动保持架以将换挡拉索装入变速杆支座中。逆时针转动套筒保持架 1/4 圈,以紧固换挡拉索。

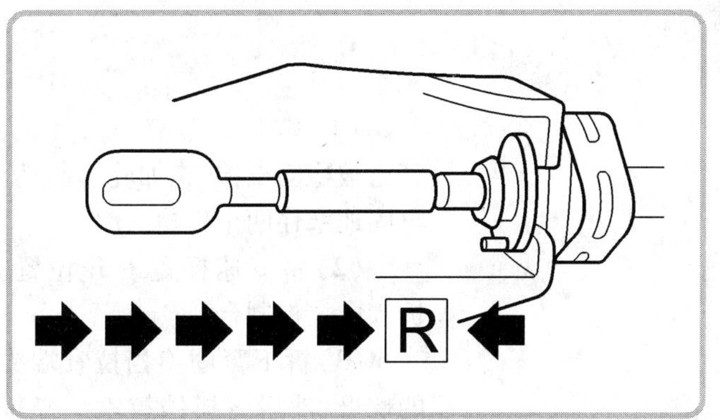

(3)接通点火开关,确认仪表板上的R指示灯亮。如果指示灯不亮,将换挡拉索推到极限位置,然后把手松开,将换挡拉索往回拉一挡,以使挡位设置在R位置。

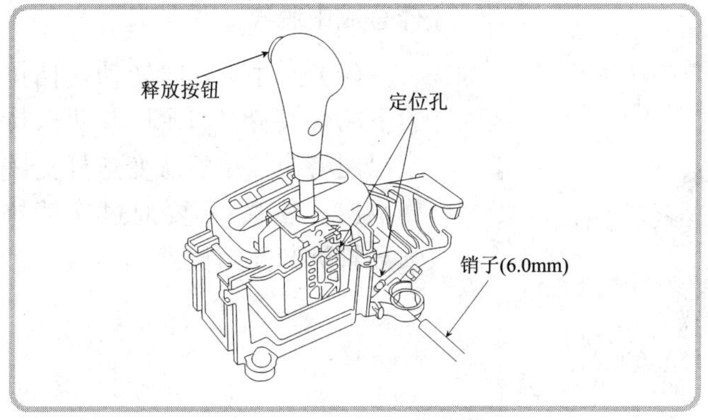

(4)穿过变速杆总成的定位孔,将1个6.0mm的销子插入变速杆支座的定位孔中。

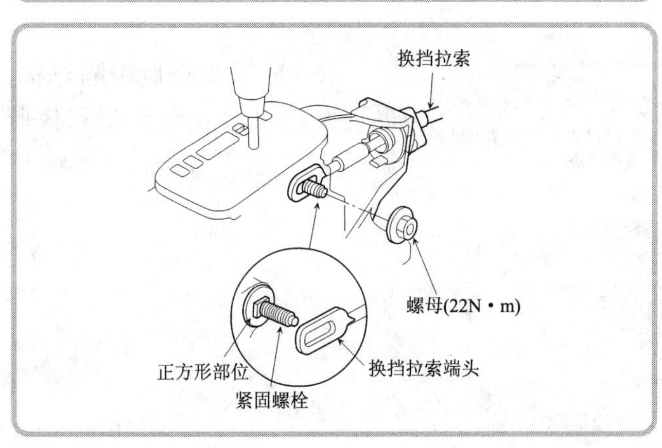

(5)将换挡拉索端头装到紧固螺栓上,并使其平面部分与紧固螺栓底部的正方形部位对准,装上螺母并将其拧紧至规定扭矩。

(6)拆下用于固定变速杆的6.0mm销子。

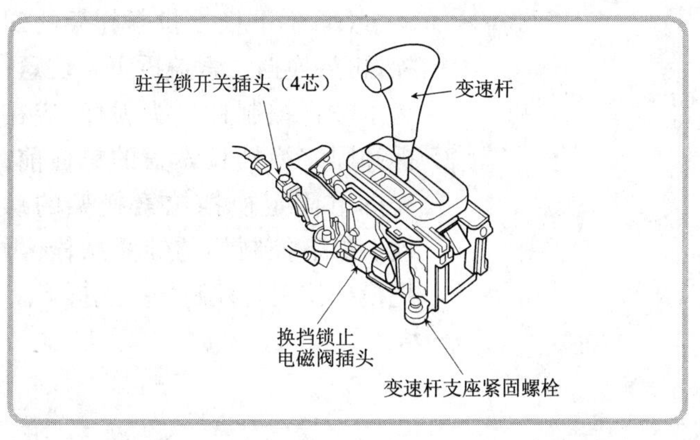

◀(7)连接换挡锁止电磁阀插头和驻车锁开关插头(4芯)。

(8)移动变速杆至每一挡位,以确认挡位位置指示灯随挡位位置开关正确点亮。

(9)按动变速杆上的释放按钮,然后确认换挡锁止已被解除。

十三、换挡拉索的更换与调节

1 更换

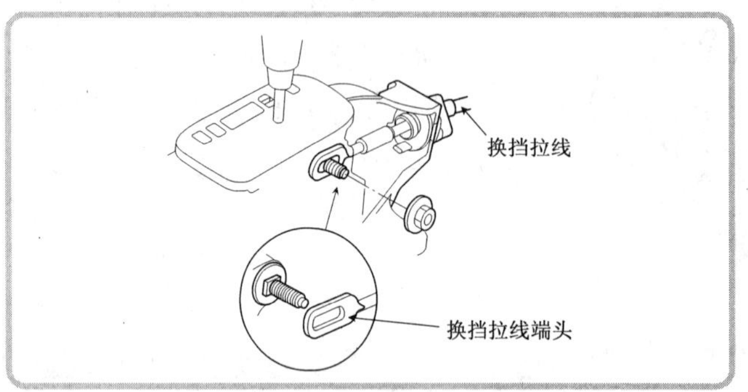

(1)举升起车前部,并确认其已被稳固支撑,施加驻车制动,牢固地塞住两个后轮。

(2)将变速杆置于R位置,拆卸中央控制台。

◀(3)拆下紧固换挡拉索端头的螺母,然后将换挡拉索从变速杆总成中脱离。

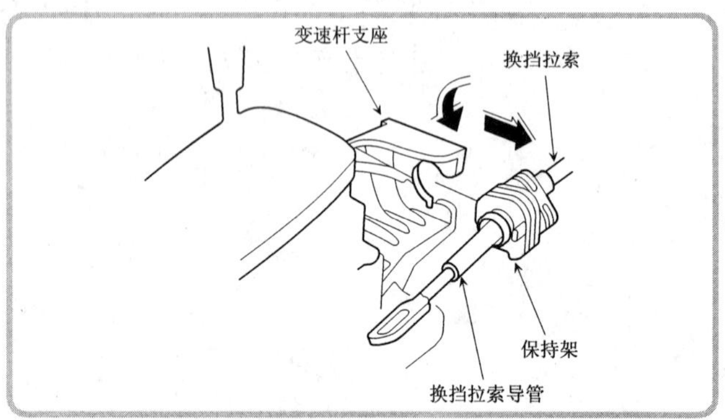

(4)逆时针方向转动换挡拉索上的保持架1/4圈,滑动保持架以便将换挡拉索从变速杆支座中取出。**注意:**不要通过换挡拉索导管拆卸换挡拉索。

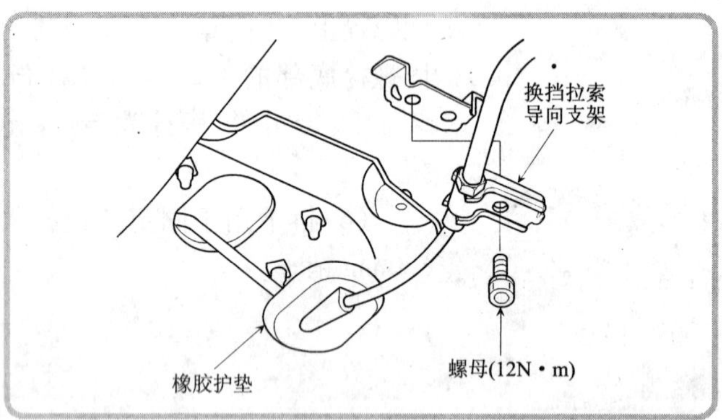

(5)拆下车身地板隔热板,拆下换挡拉索导向支架和橡胶护垫。

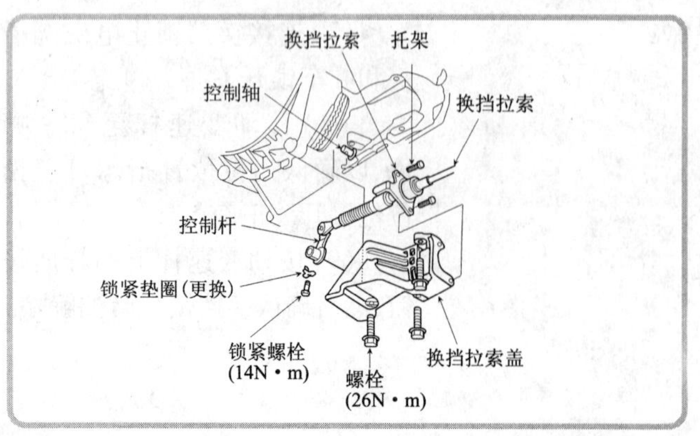

(6)拆下换挡拉索托架的螺栓,再将换挡拉索盖拆下。**注意:**为了防止控制杆接头损坏,应在拆卸固定换挡拉索盖的螺栓前,先拆下固定换挡拉索托架的螺栓。拆下控制杆的锁紧螺栓,再把换挡拉索与控制杆一起拆下。

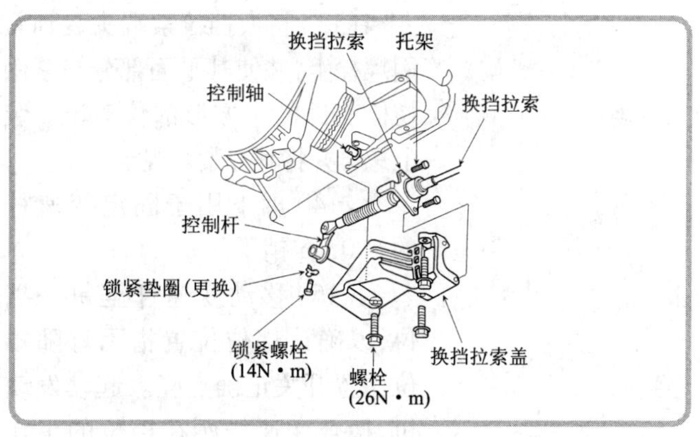

(7)将新换挡拉索穿过橡胶护垫孔,然后安装换挡拉索导向支架。

◀(8)确认变速器控制轴处于R位置。将控制杆与换挡拉索一起装到控制轴上,不要弯折换挡拉索。安装锁紧螺母并换上新锁紧垫圈,将锁紧垫圈的锁片靠向螺栓折弯。安装换挡拉索盖,并将换挡拉索托架安装在换挡拉索盖上。为了防止控制杆接头损坏,应在安装换挡拉索盖后,再安装换挡拉索托架。

(9)安装车身地板隔热板。

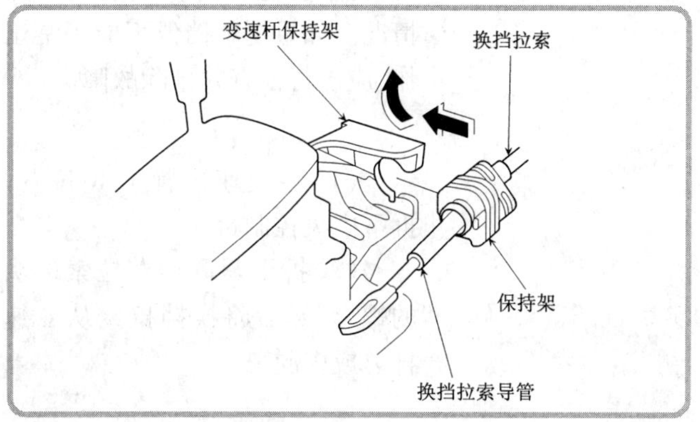

◀(10)顺时针方向转动换挡拉索上的保持架1/4圈,滑动保持架以将换挡拉索装入变速杆支座中。

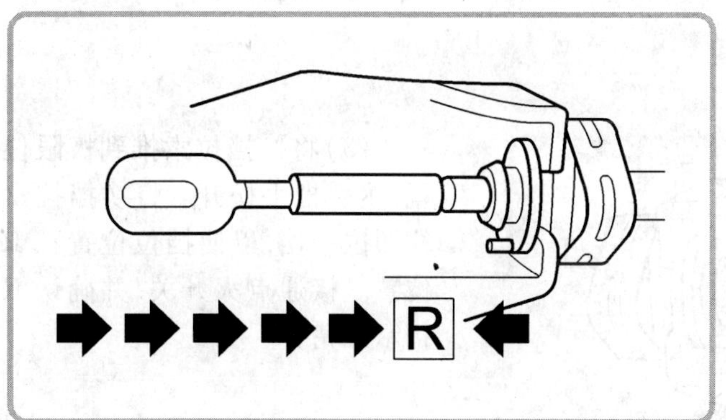

(11)接通点火开关,并确认仪表板上的R指示灯亮。如果指示灯不亮,将换挡拉索推到极限位置,然后把手松开,将换挡拉索往回拉一挡,以使挡位位置在R位置。

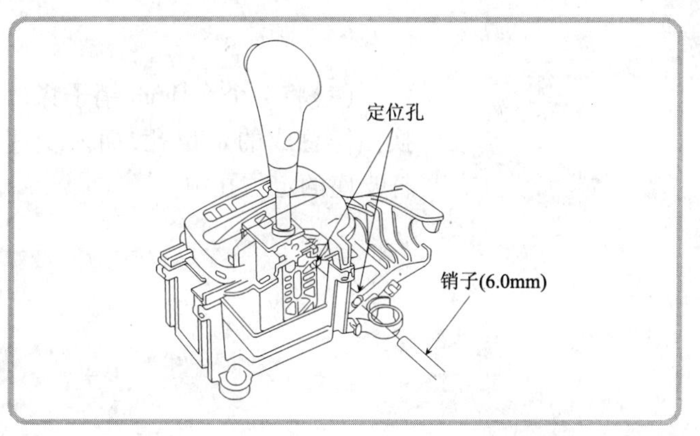

(12)穿过变速杆总成的定位孔,将1个6.0mm销子插入变速杆支座的定位孔中。

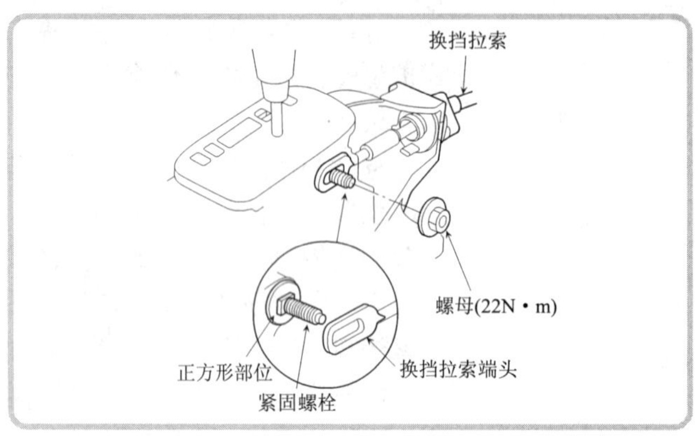

◀(13)将换挡拉索端头装到紧固螺栓上,并使其平面部分与紧固螺栓底部的正方形部位对准。装上螺母并将其拧紧至规定扭矩。

(14)拆下用于固定变速杆的6.0mm销子。

(15)移动变速杆至每一挡位,以确认挡位位置指示灯随挡位位置开关正确点亮。起动发动机,检查变速杆所在挡位的工作情况。如果哪个挡位不能正常工作,应进行检查并排除故障。

2 调节

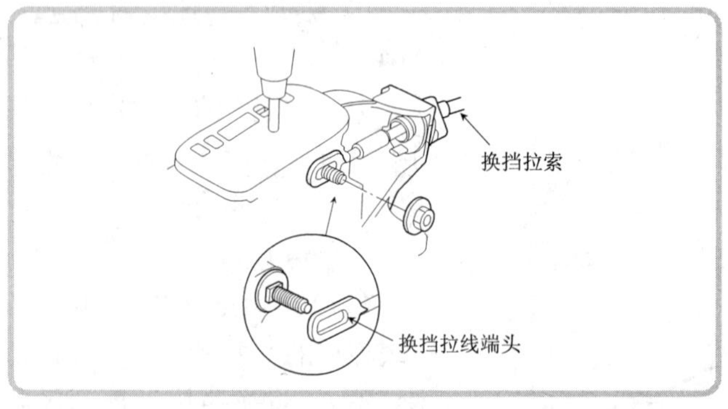

(1)将变速杆置于R位置。拆下中央控制台。

◀(2)拆下紧固换挡拉索端头的螺母,然后将换挡拉索从变速杆总成中脱离。

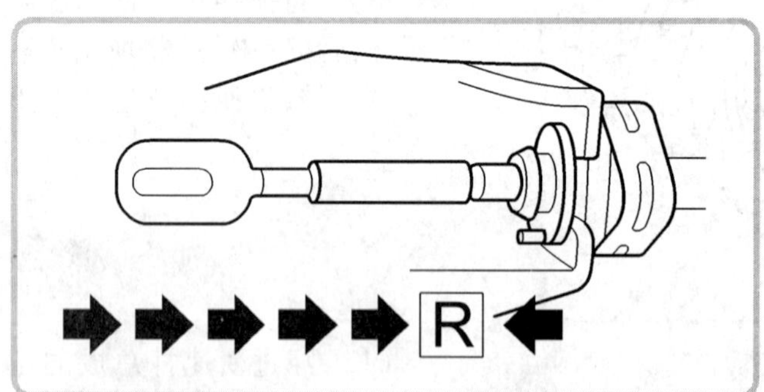

(3)将换挡拉索推到极限位置,然后把手松开。将换挡拉索往回拉一挡,以使挡位位置在R位置。接通点火开关,并确认R指示灯亮。

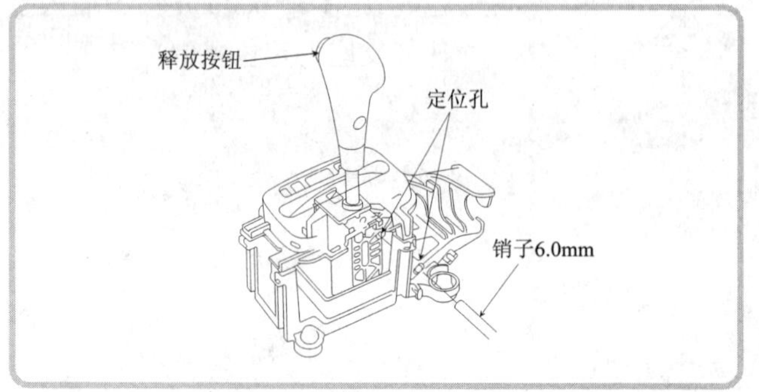

(4)将1个6.0mm销子穿过换挡杆总成的定位孔,插入变速杆支座的定位孔中。

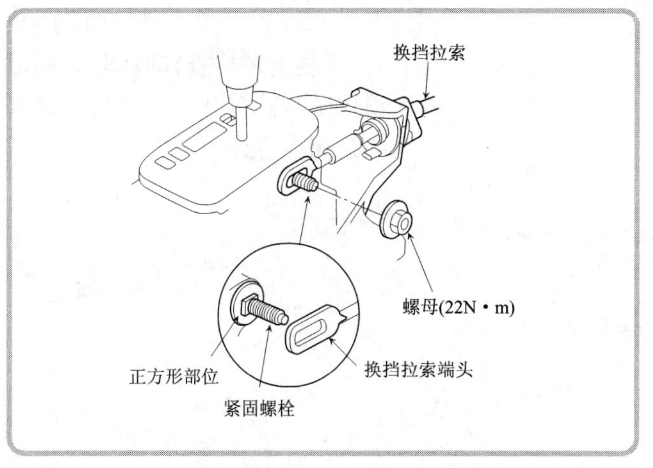

(5)将换挡拉索端头装到紧固螺栓上,并使其平面部分与紧固螺栓底部的正方形部位对准。装上螺母并将其拧紧至规定扭矩。

(6)拆下用于固定变速杆的6.0mm销子。

(7)移动换挡杆至每一挡位,以确认挡位位置指示灯随挡位位置开关正确点亮。

(8)按动变速杆上的释放按钮,然后确认换挡锁止已被解除。

十四、驻车制动杆挡块的检查与调节

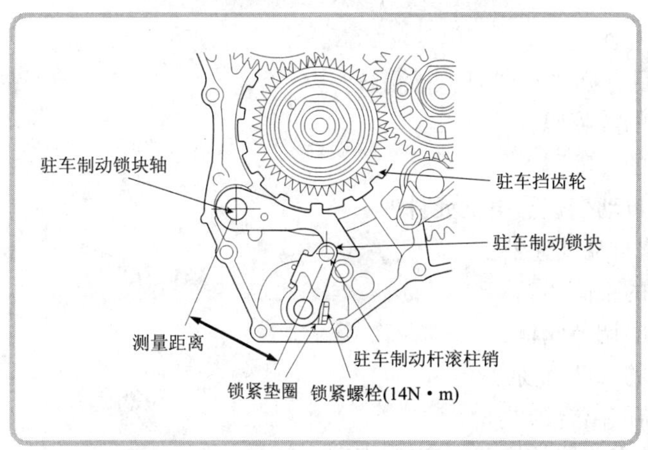

(1)将驻车制动杆置于P位置。测量驻车制动锁块轴与驻车制动杆滚柱销之间的距离,标准值为69.5~70.5mm。

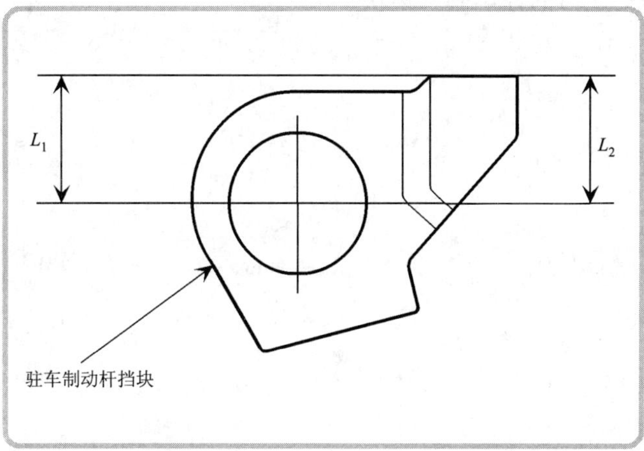

(2)如果所测距离不符合上述要求,应从下表中选择并更换一合适规格的驻车制动杆挡块。

标记	零部件号	L_1(mm)	L_2(mm)
1	24537—PA9—003	11.00	11.00
2	24538—PA9—003	10.80	10.65
3	24539—PA9—003	10.60	10.30

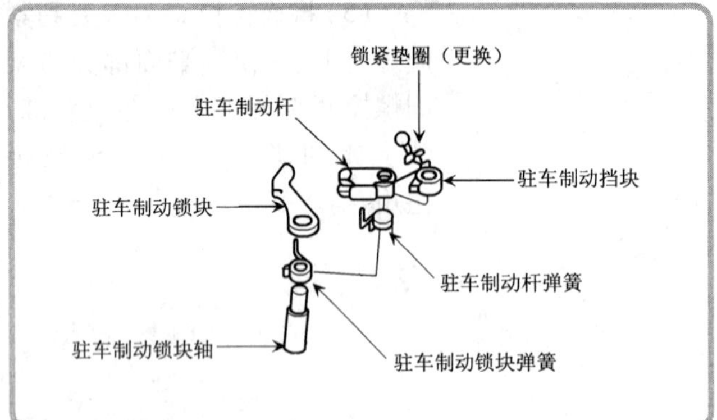

（3）更换驻车制动杆挡块后，重复上述检查，确认驻车制动锁块轴与驻车制动杆滚柱销之间的距离在容许值范围内。

单元3思考题

1. 如何检查 MAXA 型自动变速器油面高度。
2. MAXA 型自动变速器的测试项目有哪些？如何进行测试？
3. 如何读取 MAXA 型自动变速器的故障码？
4. 如何清除 MAXA 型自动变速器的故障码？
5. 如何检测诊断与更换 MAXA 型自动变速器电器元件？
6. 如何拆卸、分解和组装 MAXA 型自动变速器？
7. 如何检修 MAXA 型自动变速器的主阀体？
8. 如何检修 MAXA 型自动变速器的调节阀体？
9. 如何检修 MAXA 型自动变速器的 ATF 油泵？
10. 如何检修 MAXA 型自动变速器的离合器？
11. 如何更换与调节 MAXA 型自动变速器的换挡拉索？
12. 如何检查与调节 MAXA 型自动变速器的驻车制动锁块？

单元4 无级变速器

项目1 一般故障检修

·1学时·

目　　　的:学习无级变速器一般故障检修方法。
自动变速器型号:广州飞度轿车无级变速器(CVT)。
设备与工具:本田PGM检测仪或本田诊断系统(HDS),数字万用表,锥形头探针。

一、故障码(DTC)的检查

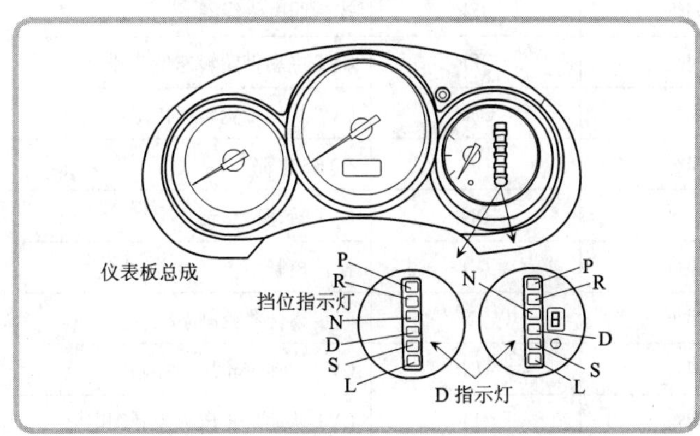

当动力系统控制模块(PCM)检测到输入或输出系统出现异常时,通常仪表板总成上的D指示灯将闪烁。

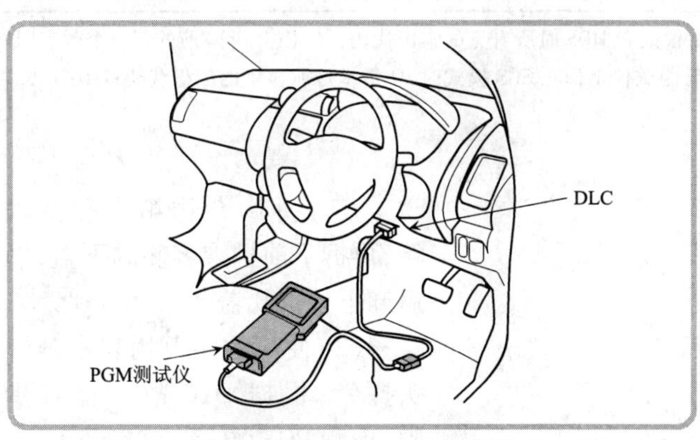

将数据传输插接器(DLC)(位于驾驶员侧仪表板下方)连接到本田PGM测试仪或者本田诊断系统(HDS)上。当将点火开关置于ON(Ⅱ)位置时,数据传输插接器就会显示出故障码(DTC)。

如果D指示灯和故障指示灯(MIL)亮,或者怀疑驾驶性能出现问题,则按以下程序进行:

(1)将本田PGM测试仪或者HDS连接到DLC上。

(2)将点火开关置于ON(Ⅱ)位置,在测试仪屏幕上选择A/T(自动变速器)系统,并观察

DTCs MENU(故障码菜单)上的 DTC。

(3)记录下所有燃油和排放的 DTC、A/T DTC 冻结数据。

(4)如果燃油和排放的 DTC 存在,则应先按 DTC 的显示,对燃油和排放系统进行检查。DTC P0700 除外,因为 DTC P0700 意味着有一个或多个自动变速器故障码存在,而 PCM 的燃油和排放电路没有任何问题。

(5)在 CLEAR MENU(清除菜单)上,将 DTC 和数据清除。

(6)按照与冻结数据相同的工况进行试车,行驶几分钟后,重新检查 DTC。如果 A/T DCT 重新出现,则参照下表检测和排除故障;如果 DTC 消除,则表明电路中存在间歇性故障。确认电路中的所有插接器和端子全部紧固。

DTC　表

DTC SAE 代码(本田代码)	D 指示灯	故障指示灯(MIL)	检　测　项　目
P1705(5-1)	闪烁	ON	变速器挡位开关(对搭铁短路)
P1706(6-1)	不闪烁	ON	变速器挡位开关(断路)
P1879(32-1)	闪烁	ON	起步离合器压力控制阀
P1882(33-1)	闪烁	OFF	控制阀电磁线圈
P1885(34-1)	闪烁	OFF	CVT 主动带轮转速传感器
P1886(35-1)	闪烁	OFF	CVT 从动带轮转速传感器
P1887(53-1)	闪烁	ON	VABS 电路
P1888(36-1)	闪烁	ON	CVT 转速传感器
P1890(42-1)	闪烁	ON	换挡控制系统
P1891(43-1)	闪烁	ON	起步离合器控制系统
P1894(38-1)	闪烁	ON	CVT 主动带轮压力控制阀电路
P1895(39-1)	闪烁	OFF	CVT 从动带轮压力控制阀电路

注:表中圆括号内的 DTC 是使用本田 PGM 测试仪或者 HDS 时所看见的本田代码;“-”(连字符)前的第一个数字,是 DLC 与本田 PGM 测试仪或 HDS 连接,而且测试仪工作在 SCS 模式时,D 指示灯所显示的闪烁代码;DTC P1887(53-1)适用于装备有 ABS 的车型。

二、PCM 电路的检修

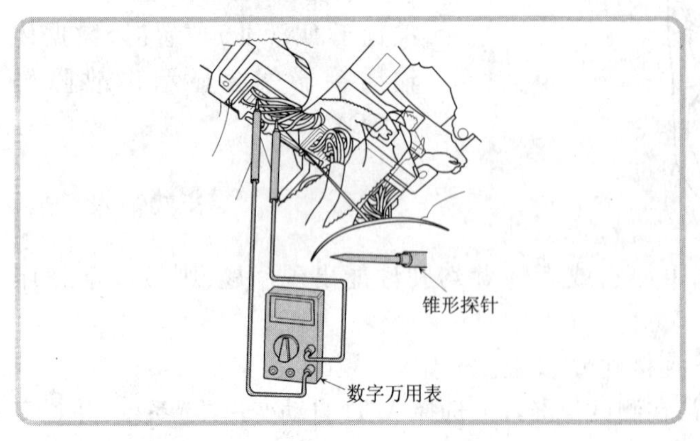

(1)拆卸杂物箱盖和杂物箱,再拆下前排乘客侧的下盖,然后卸下检修孔盖。

◀(2)使用数字万用表和锥形头探针,根据 DTC 故障检修步骤,检测 PCM 电路。

(3)如果无法使用插接器接线侧或者接线侧被密封,可断开插接器,使用探针从端子检测插接器。**注意**:不要将探针强行插入插接器。

三、清除 A/T DTC

(1)记录所有冻结数据,并记录无线电台预置频率。

(2)将点火开关置于 OFF 位置。

(3)将本田 PGM 测试仪或者 HDS 连接到 DLC 上。

(4)将点火开关置于 ON(Ⅱ)位置。

(5)在测试仪屏幕上选择 A/T 系统,然后选择 CLEAR(清除)。

(6)清除 CLEAR MENU(清除菜单)上的 DTC 或重置 PCM。

四、结束检查

(1)将点火开关置于 OFF 位置。

(2)从 DLC 上断开本田 PGM 测试仪。

(3)重置 PCM。

(4)为了起步离合器的控制,校准反馈信号。

(5)将点火开关置于 ON(Ⅱ)位置。

(6)按照与冻结数据相同的工况进行试车,行驶几分钟,确认故障已消除。

项目2 测 试

·3 学时·

目　　　　的:学习无级变速器测试方法。
自动变速器型号:广州飞度轿车无级变速器。
设 备 与 工 具:组合扳手,螺丝刀,钳子,扭力扳手,本田 PGM 测试仪或本田诊断系统(HDS),转速表,A/T 机油压力表装置(07406—0020004),A/T 低压表(07406—0070001),举升器,万用表。

一、路试

(1)将发动机热机到正常工作温度(散热器风扇转动)。

(2)拉起驻车制动杆,并塞住两个后轮。起动发动机,踩下制动踏板,换挡至 D 位置。踩下加速器踏板,然后突然释放,发动机不应该失速。

(3)变速杆在 P 位置进行测试:将车辆停在一个大约 16°的斜坡上,使用驻车制动器,换挡至 P 位置。释放驻车制动器,车辆不应该移动。

(4)将本田 PGM 测试仪或 HDS(本田诊断系统)连接到 DLC(数据传输插接器)上,然后转到 CVT(无级变速器)数据列表。

(5)换挡杆分别置于 D、S、L 位置时(见下面三个表),在平坦路面上进行试车。检查发动机转速是否在表中节的数据范围内,节气门位置传感器的电压值是借助 PGM 测试仪或 HDS 监测的。

D 位 置 路 试

节气门位置传感器电压(V)	车速(km/h)	发动机转速(r/min)
0.75	40	1050~1450
2.0	40	2050~2650
	60	2200~2800
	100	2650~3250
4.5	40	4000~4600
	60	4300~4900
	100	4750~5350

S 位 置 路 试

节气门位置传感器电压(V)	车速(km/h)	发动机转速(r/min)
0.75	40	1550~1950
	60	1900~2500
	100	2800~3400
2.0	40	2650~3250
	60	2850~3450
	100	3350~3950
4.5	40	4450~5050
	60	4800~5400
	100	5200~5800

L 位 置 路 试

节气门位置传感器电压(V)	车速(km/h)	发动机转速(r/min)
0.75	40	2700~3300
	60	3400~4000
	100	4100~4700
2.0	40	3450~4050
	60	4050~4650
	100	4650~5250
4.5	40	4450~5050
	60	4800~5400
	100	5200~5800

二、失速测试

(1)拉起驻车制动杆,并塞住前轮。

(2)将转速表连接到发动机上,并起动发动机。

(3)确认 A/C(空调)开关置于 OFF 位置。

(4)在发动机热机到正常工作温度(散热器风扇转动)后,换挡至 D 位置。

(5)将制动踏板和加速器踏板完全踩下,并持续6~8s,读取发动机转速。**注意**:在提高发动机转速时,不要移动变速杆。

(6)发动机冷却2min,然后在 S、L 和 R 位置重复测试。注意:一次失速测试千万不要超过10s;进行失速测试应当只用于诊断目的;D、S、L 和 R 位置的失速应该相同;安装 A/T 压力表后,千万不要测试失速。

①在 D 和 R 位置失速转速,技术要求为2500r/min,维修极限为2350~2650r/min。

②在 S 和 L 位置失速转速,技术要求为3000r/min,维修极限为2800~3100r/min。

(7)如果测量结果超出维修极限,则故障和引起故障的可能原因见下表。

失速转速不合格的故障原因

故　障	故障原因
在 D、S、L 和 R 位置时,失速转速过高	(1)油位过低或 ATF 油泵输出过低 (2)ATF 滤清器堵塞 (3)PH 调节阀卡滞 (4)前进挡离合器故障 (5)起步离合器故障
在 R 位置时,失速转速过高	(1)倒挡离合器打滑 (2)起步离合器故障
在 D、S、L 和 R 位置时,失速转速过低	(1)发动机输出过低 (2)起步离合器故障 (3)CVT 主动或从动带轮控制阀卡滞

三、压力测试

(1)在进行测试之前,确认变速器油已加注到合适位置。

(2)举升车辆前部,确认车辆支撑可靠。

(3)拉起驻车制动杆,并可靠地塞住后轮。

(4)拆除挡泥板。

(5)让前轮能够自由转动。

(6)发动机热机到正常温度(散热器风扇转动),然后停机,接上转速表。

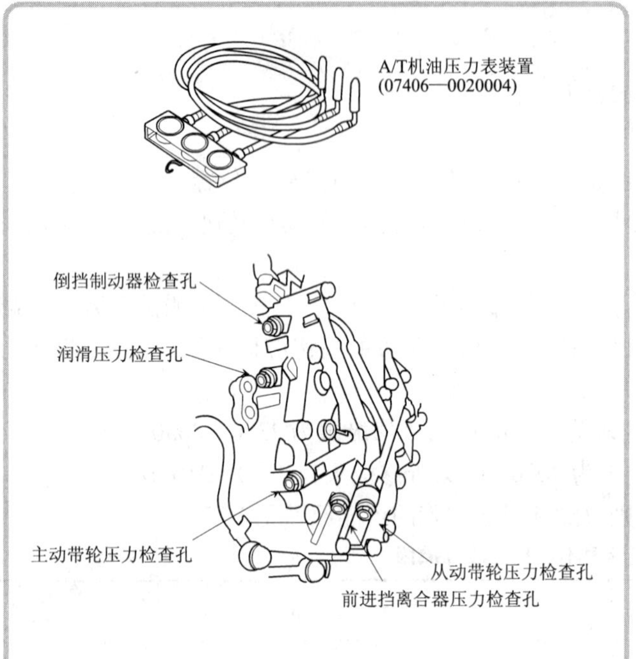

◀(7)将专用工具 A/T 机油压力表装置(07406—0020004)连接到前进挡离合器压力检查孔上、倒挡制动器检查孔上、主动带轮压力检查孔上和从动带轮压力检查孔上。

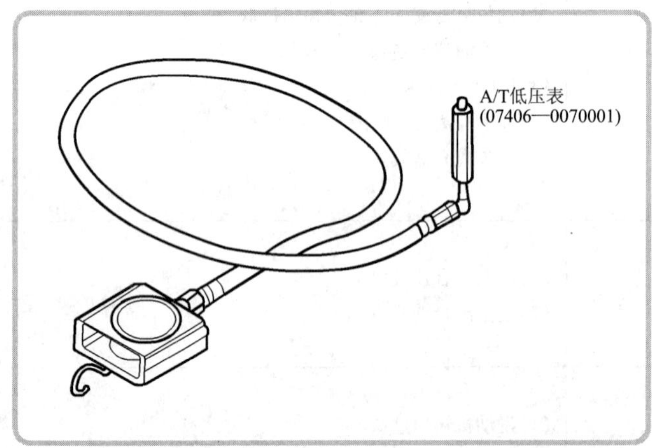

◀(8)将专用工具 A/T 低压表(07406—0070001)连接到润滑压力检查孔。

(9)起动发动机。至 D 位置,测量 1700r/min 时前进挡离合器的压力;至 R 位置,测量 1700r/min 时倒挡制动器的压力;至 N 位置,测量 1700r/min 时主动带轮的压力和从动带轮的压力;测量 2500r/min 时润滑压力。

变速器油压力

部　　件	维修极限(MPa)	部　　件	维修极限(MPa)
前进挡离合器	1.44~1.71	从动带轮	0.43~0.91
倒挡制动器	1.44~1.71	润滑	0.27~0.40
主动带轮	0.31~0.58		

(10)压力测试完毕后,拆下专用工具。

(11)使用新的密封垫圈,安装密封螺栓,螺栓拧紧力矩为 18N·m。**注意:**千万不要重新使用旧的密封垫圈。

(12)如果测量结果超出维修极限,则故障和引起故障的可能原因见下表。

压力测试不合格的故障原因

故障	故障原因
无前进挡离合器压力或压力太低	前进挡离合器
无倒挡制动器压力或太低	倒挡制动器
无主动带轮压力或太低	(1)ATF 油泵 (2)PH 调节阀 (3)CVT 主动带轮控制阀 (4)CVT 从动带轮控制阀
主动带轮压力太高	(1)PH 调节阀 (2)CVT 主动带轮控制阀 (3)CVT 从动带轮控制阀 (4)CVT 主动带轮压力控制阀
无从动带轮压力或太低	(1)ATF 油泵 (2)PH 调节阀 (3)主动带轮控制阀 (4)CVT 从动带轮控制阀 (5)CVT 从动带轮压力控制阀
从动带轮压力太高	(1)PH 调节阀 (2)CVT 主动带轮控制阀 (3)CVT 从动带轮控制阀 (4)CVT 主动带轮压力控制阀
无润滑压力或太低	(1)ATF 油泵 (2)润滑阀

四、起步离合器压力控制阀的测试

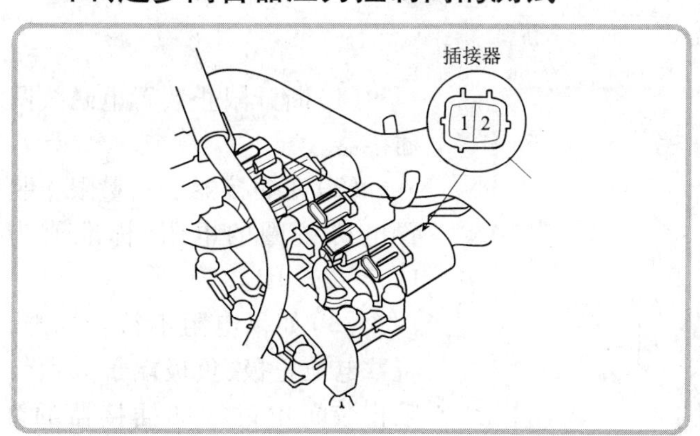

(1)拆下空气滤清器壳体和进气导管。

◀(2)断开起步离合器压力控制阀插接器。

(3)在插接器上测量起步离合器压力控制阀的电阻,标准值为3.8~6.8Ω。

(4)如果电阻不符合标准值,将蓄电池正极、负极端子分别与起步离合器压力控制阀插接器的1号、2号端子相连接,此时应该听到“咔哒”声。若听不到任何声音,则拆下控制阀,用清洁剂彻底清洗相关的零件,然后重新检查。

五、CVT 主动带轮压力控制阀的测试

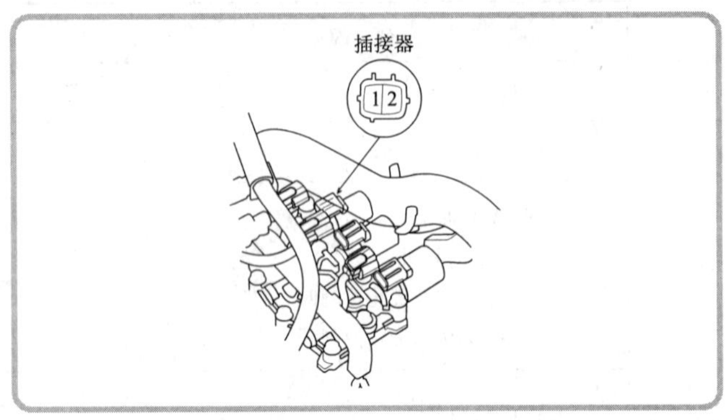

(1)拆下空气滤清器壳体和进气导管。

◀(2)断开 CVT 主动带轮压力控制阀插接器。

(3)在插接器上测量 CVT 主动带轮压力控制阀的电阻,标准值为 3.8 ~6.8Ω。

(4)如果电阻不符合标准值,将蓄电池正极、负极端子分别与 CVT 主动带轮压力控制阀插接器的 1 号、2 号端子相连接,此时应该听到“咔哒”声。若听不到任何声音,则拆下控制阀,用清洁剂彻底清洗相关的零件,然后重新检查。

六、CVT 从动带轮压力控制阀的测试

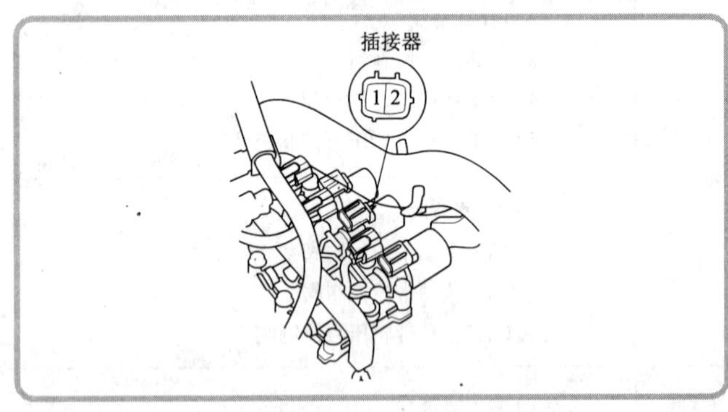

(1)拆下空气滤清器壳体和进气导管。

◀(2)断开 CVT 从动带轮压力控制阀插接器。

(3)在插接器上测量 CVT 从动带轮压力控制阀的电阻,标准值为 3.8 ~6.8Ω。

(4)如果电阻不符合标准值,将蓄电池正极、负极端子分别与 CVT 从动带轮压力控制阀插接器的 1 号、2 号端子相连接,此时应该听到“咔哒”声。若听不到任何声音,则拆下控制阀,用清洁剂彻底清洗相关的零件,然后重新检查。

七、限止装置电磁线圈的测试

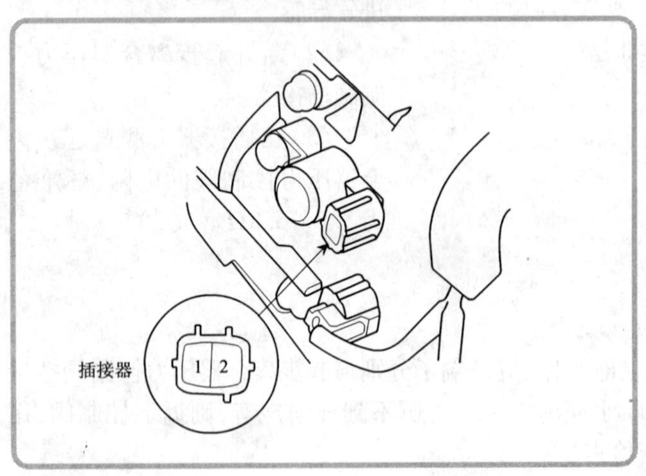

◀(1)断开限止装置电磁线圈插接器。

(2)在插接器上测量限止装置电磁线圈的电阻,标准值为 11.7 ~21.0Ω。

(3)如果电阻不符合标准,将蓄电池正极、负极端子分别与限止装置电磁线圈插接器的 2 号、1 号端子相连接,此时应该听到“咔哒”声。若听不到任何声音,则更换限止装置电磁线圈。

八、起步离合器的校准

在车辆停止和行驶时,有两种方法来校准起步离合器控制,选用其中一种方法。

1 注意事项

出现以下任何情况下,PCM(动力系统控制模块)中用于起步离合器控制的反馈信号记忆将被清除。

(1)断开蓄电池端子。

(2)拆下仪表板下熔断丝/继电器盒内的20号ECU(15A)熔断丝。

(3)更换起步离合器。

(4)更换控制阀体。

(5)大修变速器总成。

(6)更换变速器总成。

(7)大修发动机总成。

(8)更换发动机总成。

2 车辆停止时的校准步骤

(1)拉起驻车制动杆,并牢固地塞住4个车轮。

(2)将发动机热机到正常工作温度(散热器风扇转动)。

(3)确认故障指示灯(MIL)没有亮,D指示灯没有闪烁。

(4)如果MIL亮或D指示灯闪烁,检查燃油和排放系统或A/T控制系统。

(5)将点火开关置于OFF位置。

(6)将本田PGM测试仪或HDS(本田诊断系统)连接到DLC(数据传输插接器)上。

(7)使用本田PGM测试仪或HDS跨接SCS线路。

(8)踩下制动踏板,一直踩住踏板,直到校准结束。

(9)在无负载条件下,起动发动机,然后打开前照灯。在校准过程中,前照灯必须亮着。

(10)将变速杆换至N位置,并换至D、S和L位置,在20s内换回S、D和N位置。变速杆应停在每个挡位上,重复换挡2次。

(11)检查变速杆在N位置时,D指示灯是否亮1min,然后熄灭。如果D指示灯闪烁而没有亮,或者D指示灯常亮(1min后没有熄灭),将点火开关置于OFF位置,从第(6)步开始,重新执行上述步骤。

(12)换挡至D位置,检查D指示灯是否亮2min,然后熄灭。如果D指示灯闪烁而没有亮,或者D指示灯常亮(1min后没有熄灭),将点火开关置于OFF位置,从第(6)步开始,重新执行上述步骤。

(13)将点火开关置于OFF位置,直到校准结束。

(14)进行试车,确认起步离合器控制系统没有故障。

3 车辆行驶时的校准步骤

(1)将发动机热机到正常工作温度(散热器风扇转动)。

(2)在无负载条件下,起动发动机,然后打开前照灯。

(3)将变速杆换至D位置,车辆行驶直到速度达到60km/h,不要踩下制动踏板,在超过5s的时间使车辆减速,直到校准结束。

(4)进行试车,确认起步离合器控制系统没有故障。

项目3　挡位指示灯的检修

·1学时·

目　　　　的:学习无级变速器A/T挡位指示灯的检修方法。
自动变速器型号:广州飞度轿车无级变速器。
设 备 与 工 具:组合扳手,螺丝刀,钳子,扭力扳手,万用表,厚薄规。

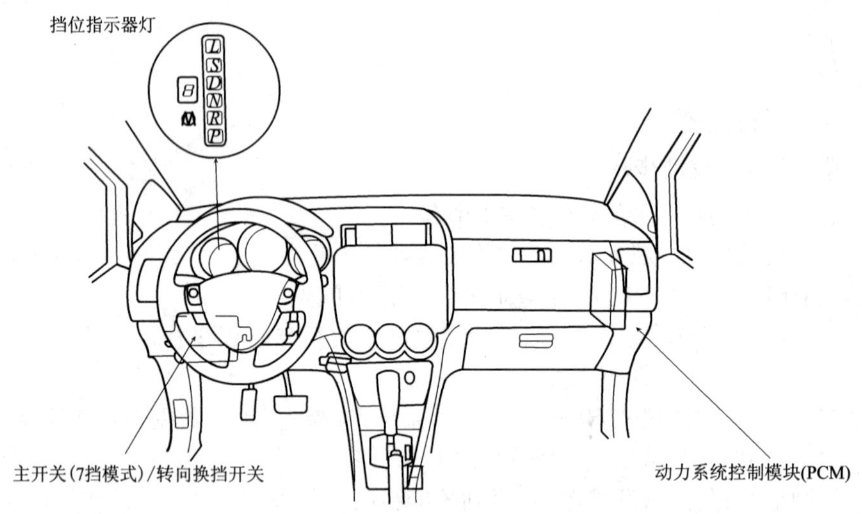

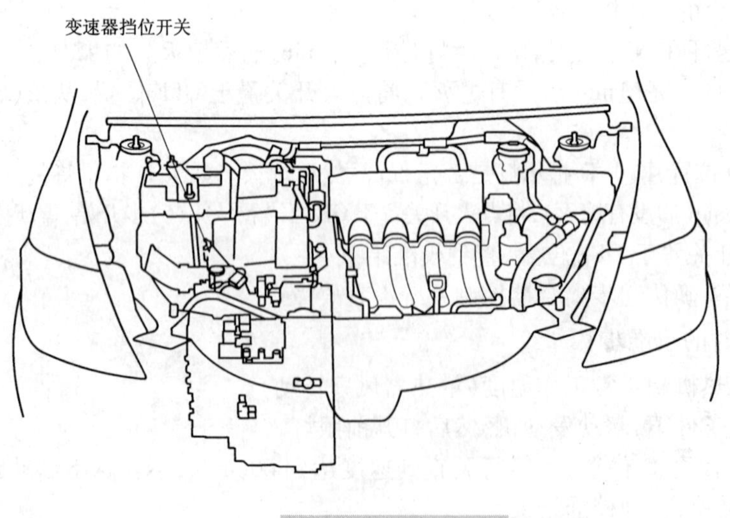

挡位指示灯组件的位置

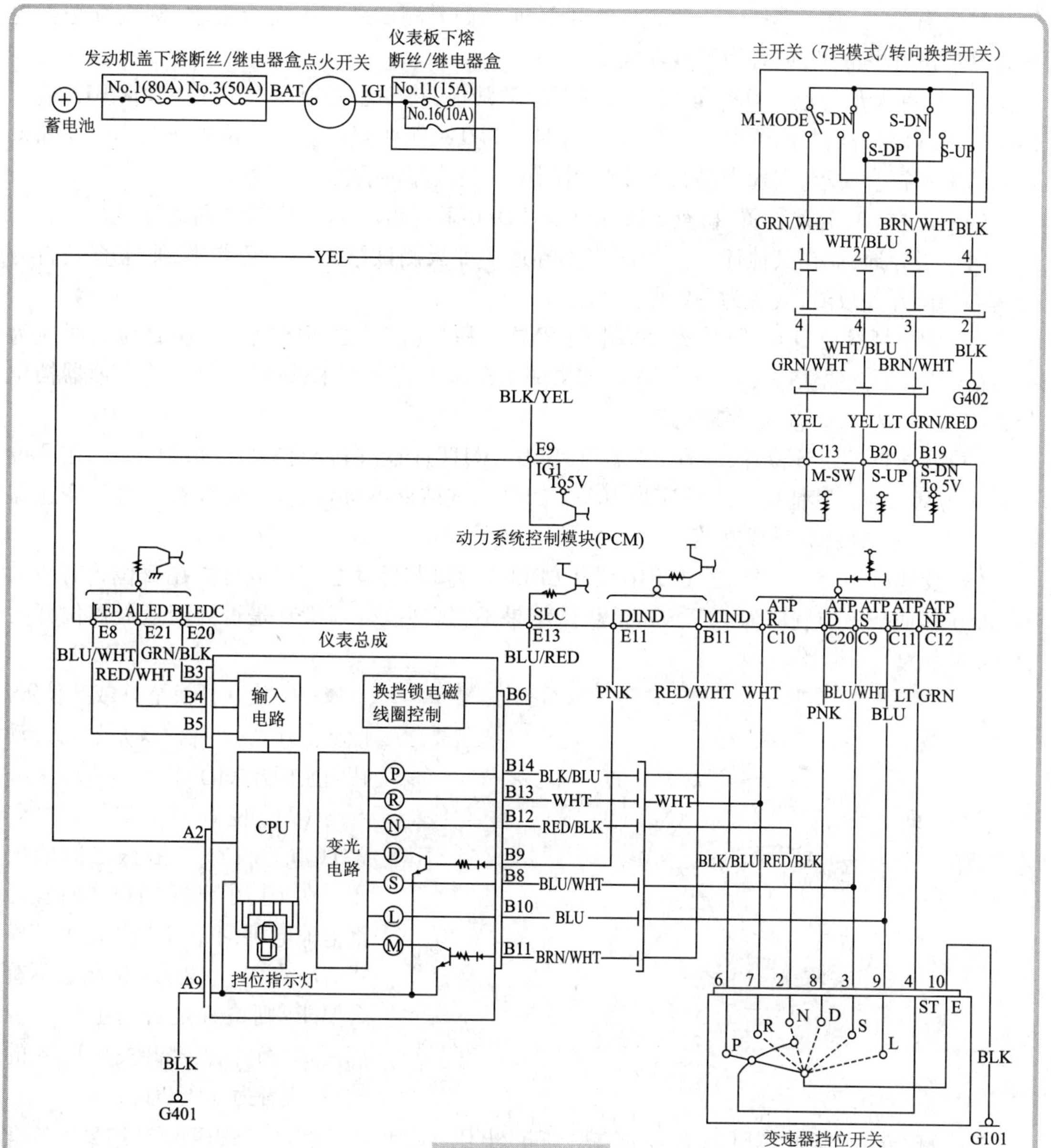

挡位指示灯电路图

一、指示灯输入的测试(6 挡无级变速器 +7 挡模式车型)

(1)如果 D 指示灯或 MIL(故障指示灯)亮,则检查 DTC(故障码),并根据 DTC 的指示维修系统。

(2)如果 D 指示灯和挡位指示灯不亮,或者挡位指示灯不能正常工作,则从仪表板上拆下仪表总成,然后断开仪表总成插接器 A(20P)和 B(14P)。

(3)检查插接器和插座端子,确认其接触良好。如果端子弯曲、松动或锈蚀,根据需要进行维修,然后重新检查系统。

(4)变速杆换至 P 位置,检查 B14 端子(BLK/BLU)(黑/蓝)与搭铁之间的导通性。在 P

位置时应当导通,而在其他任一位置应当不导通。如果测试结果不符合要求,则检查是否为变速器挡位开关故障,或者为导线断路。

(5)将点火开关置于ON(Ⅱ)位置,踩下制动踏板,将变速杆换至R位置,检查B13端子(WHT)(白)与搭铁之间的电压。在R位置时应为0V,而在其他任何一位置应为10V。如果测试结果不符合要求,则检查是否为变速器挡位开关故障,或者为导线断路。

(6)变速杆换至N位置,检查B12端子(RED/BLK)(红/黑)与搭铁之间的导通性。在N位置时应当导通,而在其他任一位置应当不导通。如果测试结果不符合要求,则检查是否为变速器挡位开关故障,或者为导线断路。

(7)变速杆换至D位置,检查B9端子(PND)(粉)与搭铁之间的电压。在D位置时应为蓄电池电压,而其他任一位置应为0V。如果测试结果不符合要求,则检查是否为变速器挡位开关和PCM故障,或者为导线断路。

(8)变速杆换至S位置,检查B8端子(BLU /WHT)(蓝/白)与搭铁之间的电压。在S位置时应为0V,而在其他任一位置应当10V。如果测试结果不符合要求,则检查是否为变速器挡位开关故障,或者为导线断路。

(9)变速杆换至L位置,检查B10端子(BLU)(蓝)与搭铁之间的电压。在L位置时应为0V,而在其他任一位置应为10V。如果测试结果不符合要求,则检查是否为变速器挡位开关故障,或者为导线断路。

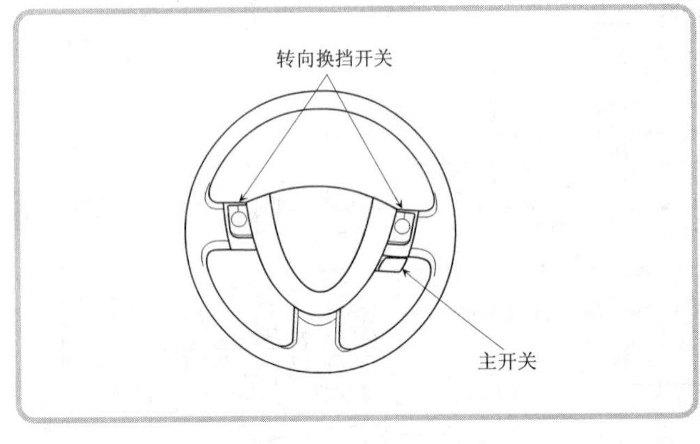

◀(10)变速杆换至D或S位置,推动主开关(7挡模式),然后推动转向换挡开关的加(+)和减(-)。

(11)检查B11端子(BRN/WHT)(棕/白)与搭铁之间的电压。在7挡手动换挡模式时应为蓄电池电压,不在7挡手动换挡模式时应为0V。如果测试结果不符合要求,则检查是否为主开关(7挡模式)/转向换挡开关和PCM的故障,或者为导线断路故障。

(12)检查A2端子(YEL)(黄)与搭铁之间的电压,应为蓄电池电压。如果测试结果不符合要求,则检查是否为仪表板下熔断丝/继电器盒内的16号(7.5A)熔断丝熔断,或者为导线断路。

(13)检查A9端子(BLK)(黑)与搭铁之间的导通性,在任何情况都应当导通。如果测试结果不符合要求,则检查是否为G501搭铁不良,或者为导线断路。

(14)将点火开关置于OFF位置,连接仪表总成插接器A(20P)和B(14P)。

(15)起动发动机,变速杆换至D或S位置。推动主开关(7挡模式),然后推动转向换挡开关的加(+),挡位指示灯会显示1。

(16)检查B5端子(BLU/WHT)(蓝/白)与搭铁(LED A)之间的电压,检查B4端子(RED/WHT)(红/白)与搭铁(LED B)之间的电压,均应为5V。检查B3端子(GRN/BLK)(绿/黑)与搭铁(LED C)之间的电压,应为0.3V。

(17)如果输入测试正常,而挡位指示灯故障,则更换仪表总成。

二、变速器挡位开关的测试

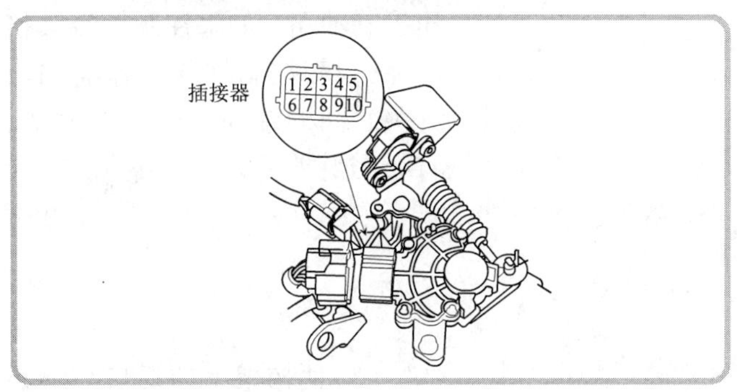

(1)拆下空气滤清器壳体和进气导管。

◀(2)断开变速器挡位开关插接器,插接器各端子对应的信号见下表。

插接器各端子对应的信号

插接器端子	信 号	插接器端子	信 号
1	—	6	P
2	N	7	R
3	S	8	D
4	ST	9	L
5	—	10	GND

(3)检查插接器端子之间的导通性。对于每个开关位置,端子之间的导通情况见下表。

检查端子之间的导通性

变速杆位置	端子									
	1	2	3	4	5	6	7	8	9	10
P				○		○				○
R							○			○
N		○		○						○
D								○		○
S			○							○
L									○	○

(4)如果任一端子之间不导通,则调整变速器挡位开关的安装位置。若开关安装正常,则更换变速器挡位开关。

三、变速器挡位开关的更换

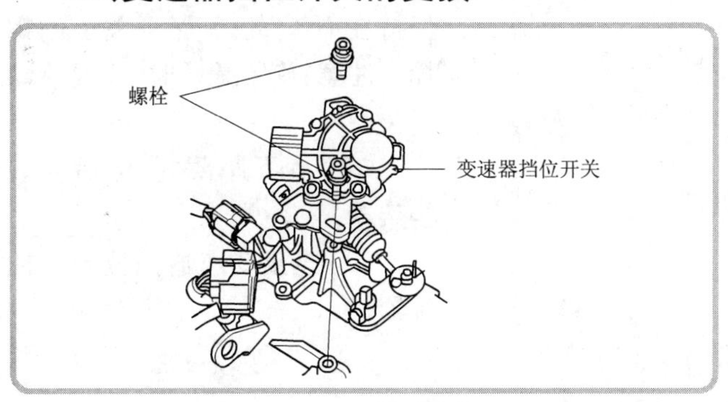

(1)拆下空气滤清器壳体和进气导管。

◀(2)变速杆换至N位置。

(3)断开变速器挡位开关插接器。拆下旧的变速器挡位开关,更换一个新开关。

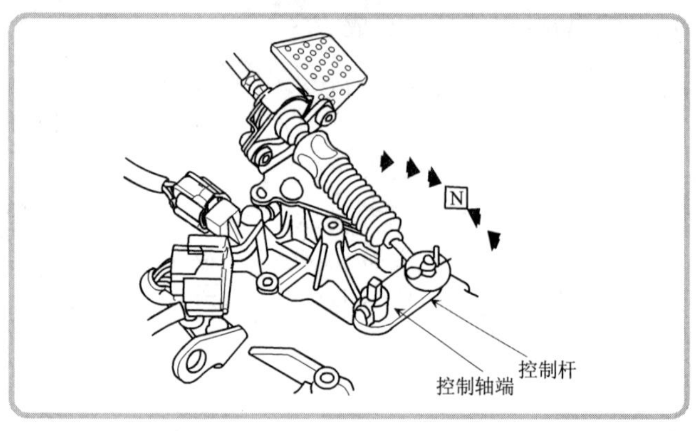

(4)确认控制杆处于N位置,**注意:**换至N位置时,不要挤压控制轴端。如果控制轴端被挤压在一起,控制轴与变速器挡位开关之间的轴向间隙发生改变,将会产生错误的信号或挡位。

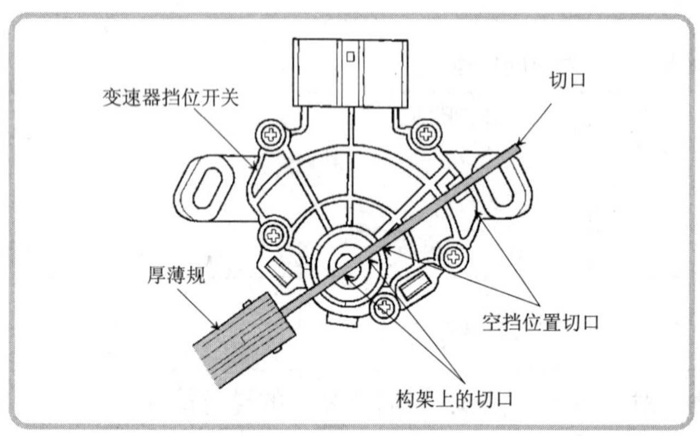

(5)使构架上的切口与新的变速器挡位开关上的空挡位置切口对准,然后在切口内放置2.0mm厚的厚薄规片,保持开关在N位置。

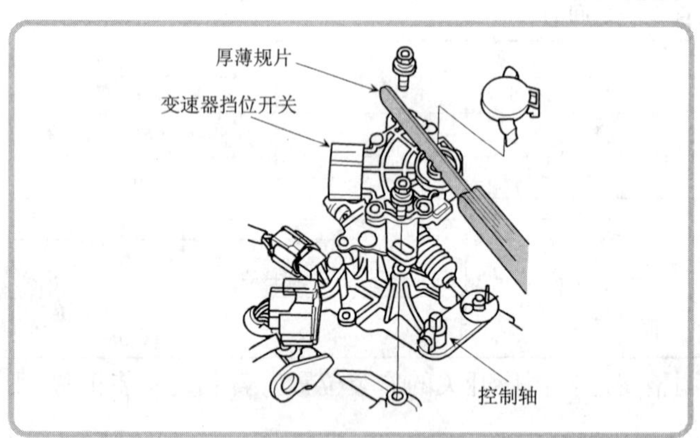

(6)用2.0mm厚的厚薄规片,使变速器挡位开关保持在N位置,轻轻地将开关插到控制轴上。

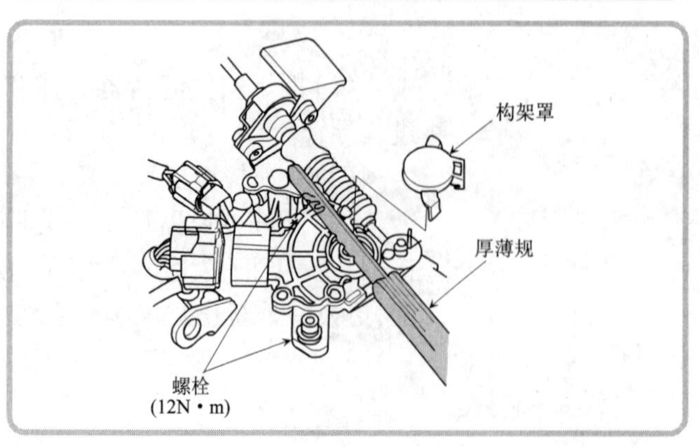

◀(7)继续将变速器挡位开关保持在N位置,旋紧开关上的螺栓。**注意:**旋紧螺栓时,不要移动开关。

(8)拆下厚薄规,然后安装构架罩。

(9)连接变速器挡位开关插接器。

仪表板总成
P
R
挡位指示灯
N
D
S
L
D指示灯
N
P
R
D
S
L

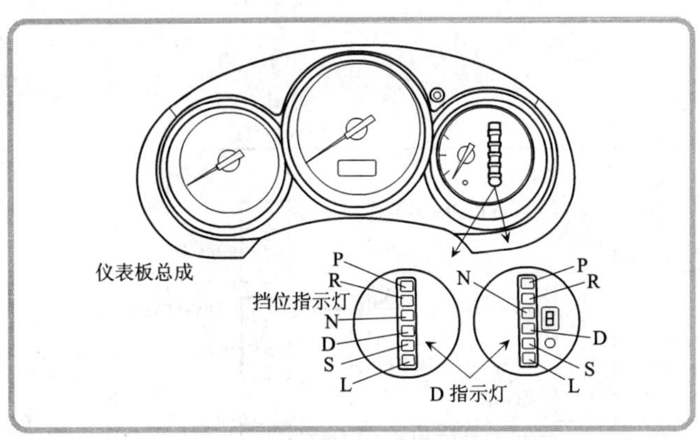

◀(10)将点火开关置于ON(Ⅱ)位置。将变速杆换至各个位置，检查变速器挡位开关与挡位指示灯的同步情况。

(11)确认发动机只有在变速杆置于P或N位置时才能起动，在其他任何位置时都不能起动；确认变速杆位于R位置时，倒车灯亮。

(12)允许车轮自由转动，然后起动发动机，检查变速杆的操作情况。

(13)安装空气滤清器壳体和进气导管。

项目4 换挡锁系统的检修

·1学时·

目　　　　的： 学习无级变速器A/T换挡锁系统的检修方法。

自动变速器型号： 广州飞度轿车无级变速器。

设 备 与 工 具： 组合扳手，螺丝刀，钳子，扭力扳手，万用表。

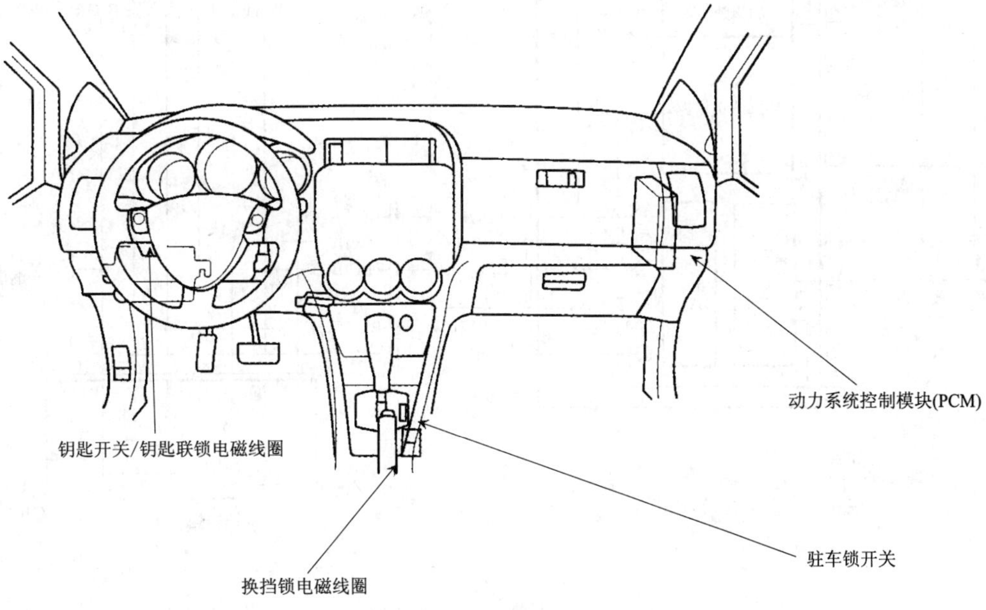

动力系统控制模块(PCM)
钥匙开关/钥匙联锁电磁线圈
驻车锁开关
换挡锁电磁线圈

换挡锁组件的位置

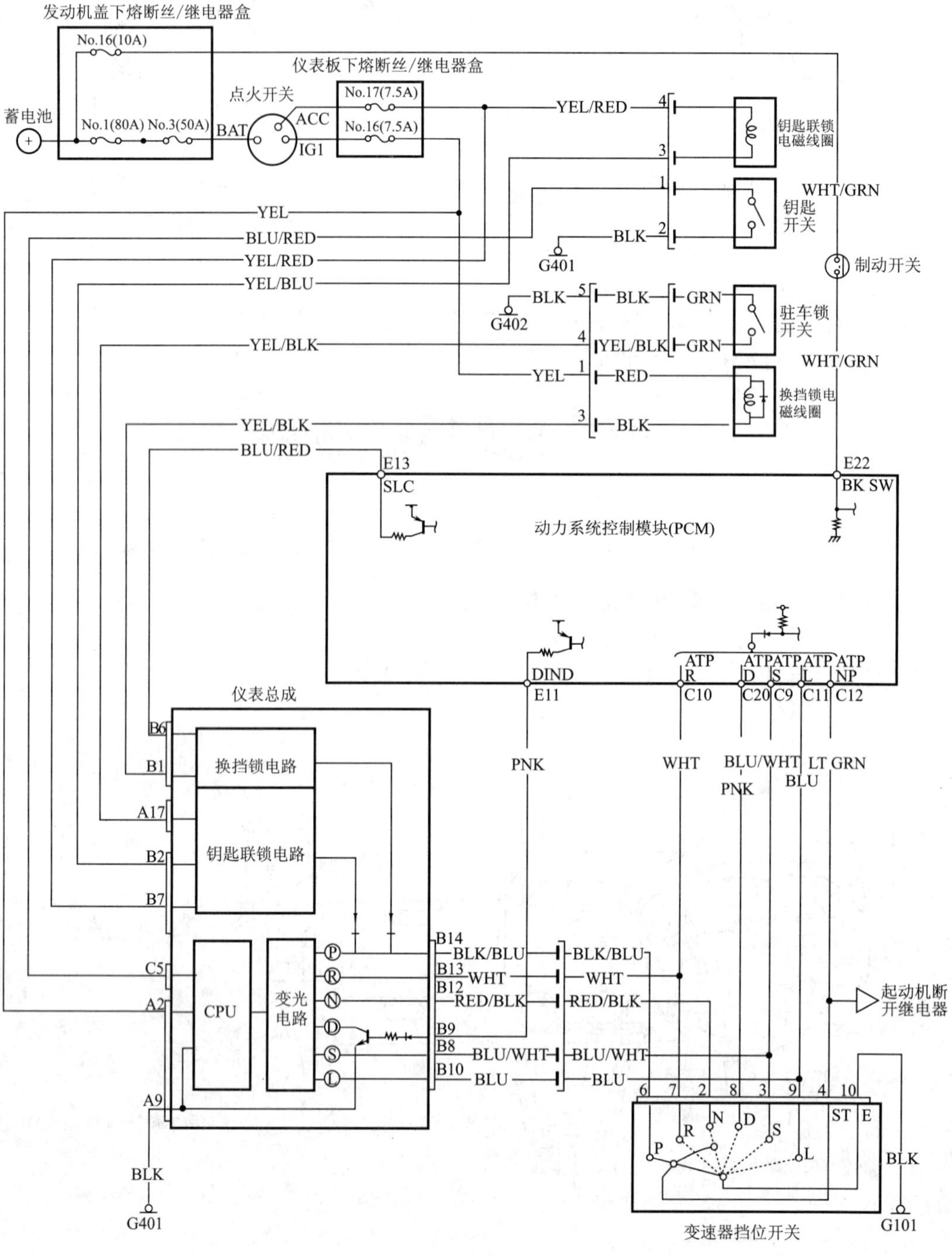

发动机盖下熔断丝/继电器盒
No.16(10A)
仪表板下熔断丝/继电器盒
点火开关
No.17(7.5A)
蓄电池
No.1(80A) No.3(50A) BAT ACC IG1 No.16(7.5A)
YEL/RED
钥匙联锁电磁线圈
WHT/GRN
钥匙开关
YEL
BLU/RED
YEL/RED
YEL/BLU
BLK
G401
制动开关
BLK BLK GRN
G402
驻车锁开关
YEL/BLK YEL/BLK GRN
WHT/GRN
YEL RED
换挡锁电磁线圈
YEL/BLK BLK
BLU/RED
E13 SLC
E22 BK SW
动力系统控制模块(PCM)
DIND E11
ATP R C10
ATP D C20
ATP S C9
ATP L C11
ATP NP C12
仪表总成
B6 B1 换挡锁电路
A17 B2 钥匙联锁电路
B7
PNK
WHT
BLU/WHT PNK
LT GRN BLU
C5 A2 CPU 变光电路
B14 BLK/BLU BLK/BLU
B13 WHT WHT
B12 RED/BLK RED/BLK
B9
B8 BLU/WHT BLU/WHT
B10 BLU BLU
A9
起动机断开继电器
6 7 2 8 3 9 4 10
ST E
P R N D S L
BLK
G401
BLK
G101
变速器挡位开关

换挡锁组件电路图

一、换挡锁电磁线圈的测试

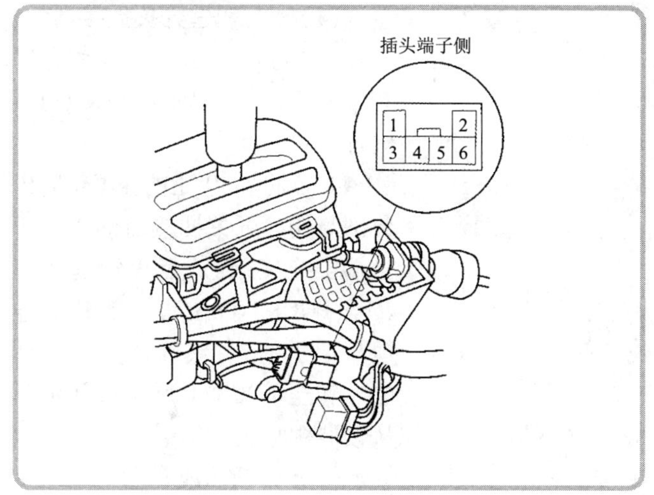

(1)拆下中央控制台。

◀(2)从变速杆托架底座上拆下换挡锁电磁线圈/驻车锁开关插接器,然后断开插接器。

(3)将蓄电池的正极、负极端子分别与换挡锁电磁线圈/驻车锁开关插接器的1号、3号端子连接,检查变速杆是否可以从P位置移开。断开蓄电池正极、负极端子,将变速杆移回P位置,确认其被锁止。

(4)如果换挡锁电磁线圈工作不正常,应进行更换。

二、换挡锁电磁线圈的更换

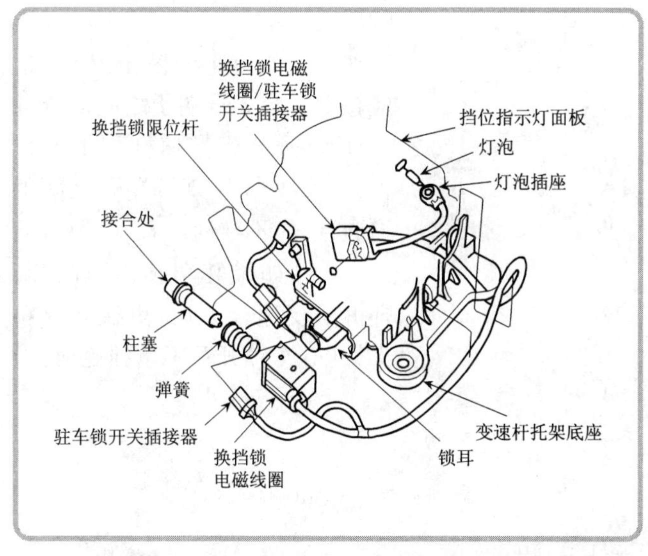

(1)拆下中央控制台。

◀(2)从指示灯面板上拆下灯泡插座,然后从插座上拆下灯泡。从变速杆托架底座上拆下换挡锁电磁线圈/驻车锁开关插接器,然后断开插接器。拆下驻车锁开关插接器。松开紧固换挡锁电磁线圈的锁耳,然后拆下换挡锁电磁线圈。

(3)将换挡锁电磁线圈柱塞和弹簧安装到新的换挡锁电磁线圈内。将换挡电磁线圈柱塞的接合处与换挡锁限位杆的头部对正,安装新的换挡锁电磁线圈。

(4)安装指示灯面板的灯泡插座,然后将灯泡插座安装到挡位指示灯面板上。

(5)连接换挡锁电磁线圈/驻车锁开关插接器,然后安装到托架底座上。

(6)连接驻车锁开关插接器。确认锁耳对换挡锁电磁线圈锁止的可靠性。

(7)安装中央控制台。

三、钥匙联锁电磁线圈的测试

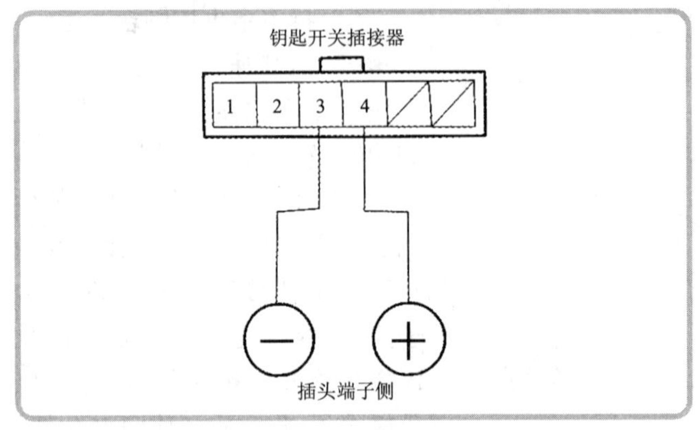

(1)断开钥匙开关插接器。

(2)将点火钥匙插入钥匙锁芯,将点火开关置于 ACC(Ⅰ)位置。

◀(3)将蓄电池的正极、负极分别与钥匙开关插接器的 4 号、3 号端子连接,确认点火钥匙不能转至 LOCK(0)位置。断开蓄电池与端子的连接,确认点火钥匙能够转至 LOCK(0)位置,并可以从锁芯中拔出。

(4)如果钥匙联锁电磁阀的工作不正常,应更换点火钥匙锁芯/转向锁总成。

四、驻车销开关的测试与更换

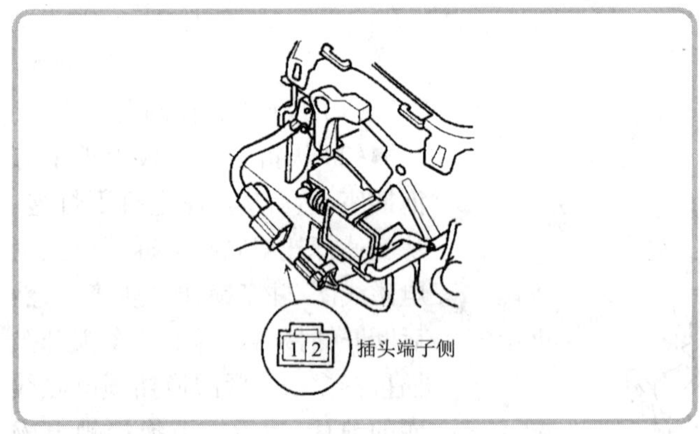

(1)拆下中央控制台。

(2)断开驻车销开关插接器(2P)。

◀(3)将变速杆换至 P 位置,检查 1 号与 2 号端子之间的导通性,应导通。将变速杆移出 P 位置,检查 1 号与 2 号端子之间的导通性,应不导通。

(4)如果驻车锁出现故障,则拆下变速杆总成,更换驻车锁支架(驻车锁开关不单独更换)。

通用自动变速器型号

通用自动变速器型号主要有 4T60E、4L60E、4T65E 等。其中:第一位阿拉伯数字表示前进挡传动比的个数,如 4 表示 4 速,即有 4 个前进传动比;第二位字母表示驱动方式,如“T”表示变速器为横置,“L”表示变速器为后置后驱动式;第三、四位数字表示变速器的额定驱动转矩;第五位字母表示控制类型,如“E”表示变速器为电子控制。

项目5 变速器的分解和组装

·3学时·

目　　　　　的:学习无级变速器的分解方法。
自动变速器型号:广州飞度轿车无级变速器。
设 备 与 工 具:组合扳手,螺丝刀,钳子,扭力扳手,锤子,起步离合器拆卸装置、安装装置(07TAE—P4VR120、07TAE—P4VR130)、倒挡制动器弹簧压缩机装置(07TAE—P4VR110),百分表,测力计,厚薄规。

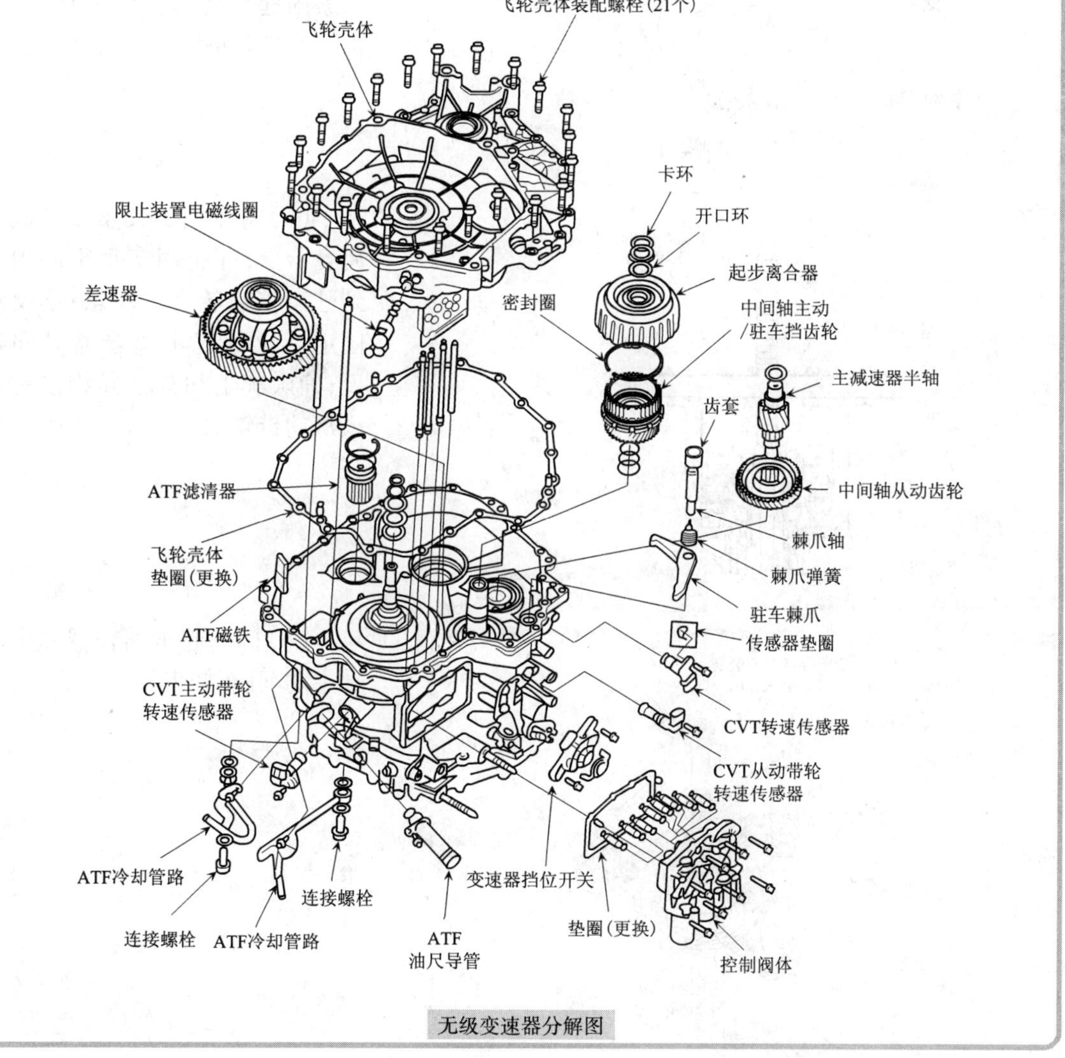

无级变速器分解图

1 分解

(1) 拆下 ATF 冷却管路、ATF 油尺导管、CVT 主动带轮转速传感器。拆下限止装置电磁线圈、变速器挡位开关、CVT 转速传感器和 CVT 从动带轮转速传感器。

(2)拆下控制阀体,并拆下 ATF 管、定位销和垫圈。拆下飞轮壳体的 21 个装配螺栓,然后拆下飞轮壳体、定位销和垫圈。

(3)拆下 ATF 管:11mm×230.5mm(有 O 形密封圈),单管;11mm×134.5mm(有 O 形密封圈),三管;8mm×133.5mm,双管。

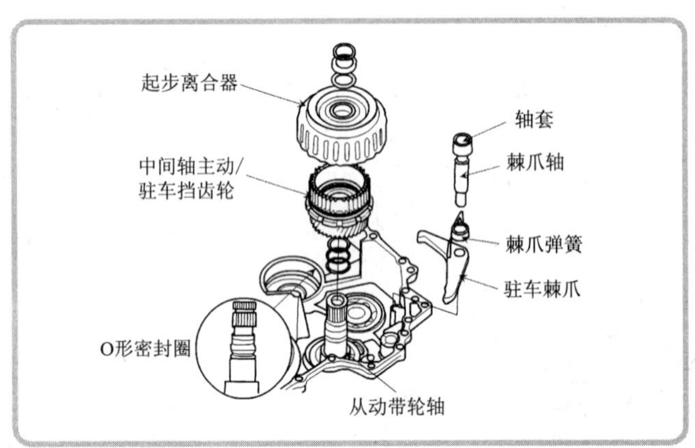

(4)拆下差速器总成。拆下主减速器半轴,然后拆下中间轴从动齿轮。

◀(5)拆下棘爪轴和轴套,然后拆下棘爪弹簧和驻车棘爪。拆下紧固起步离合器的卡环,然后拆下开口环护圈和开口环。

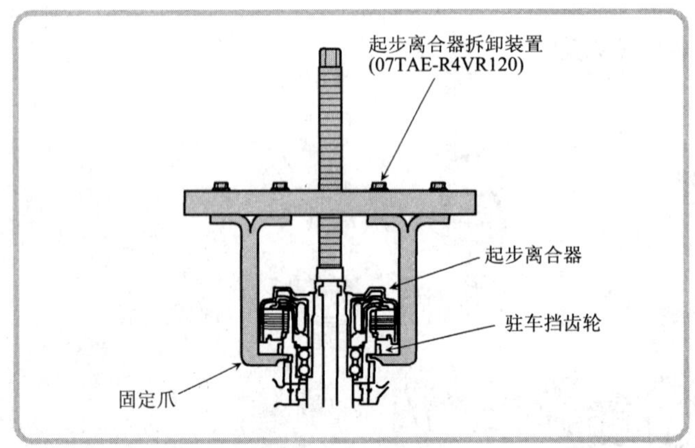

(6)将专用工具安装到起步离合器上,并将固定爪牢固地卡到驻车挡齿轮上。**注意:**不要将固定爪放到起步离合器导向器上;确认灰尘和其他异物没有进入从动带轮轴。

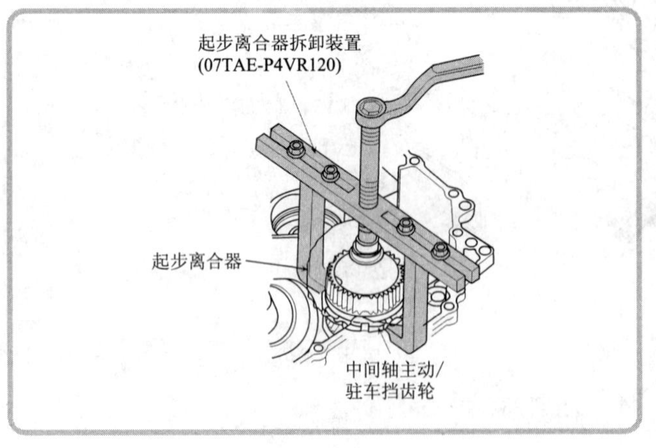

(7)拆下起步离合器和中间轴主动/驻车挡齿轮。

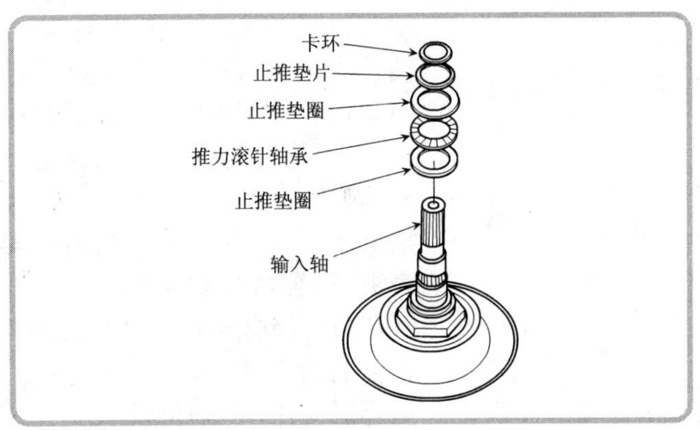

◀(8)拆下紧固输入轴的卡环,然后从输入轴上拆下止推垫片、止推垫圈、推力滚针轴承和止推垫圈。

(9)从起步离合器上拆下中间轴主动/驻车挡齿轮。

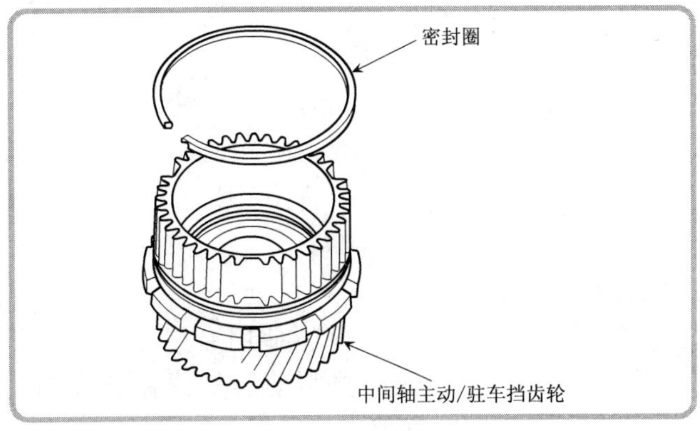

◀(10)从中间轴主动/驻车挡齿轮上拆下密封圈,并将其清洁干净。在组装变速器时,将密封圈重新安装到新的中间轴主动/驻车挡齿轮上。

(11)拆下 ATF 磁铁,然后将其清洁干净,并重新安装到变速器上。

(12)拆下紧固 ATF 滤清器的卡环,并拆下 ATF 滤清器。检查 ATF 滤清器是否被污染,若被过度污染,则予以更换。重新将 ATF 滤清器安装到变速器上。

(13)将变速器端盖朝上放置在工作台上,以防损坏输入轴。拆下紧固端盖的 15 个螺栓,然后拆下端盖、定位销和垫圈。从手动阀体上拆下 ATF 管,拆下手动阀体、锁止弹簧、定位销和隔板。

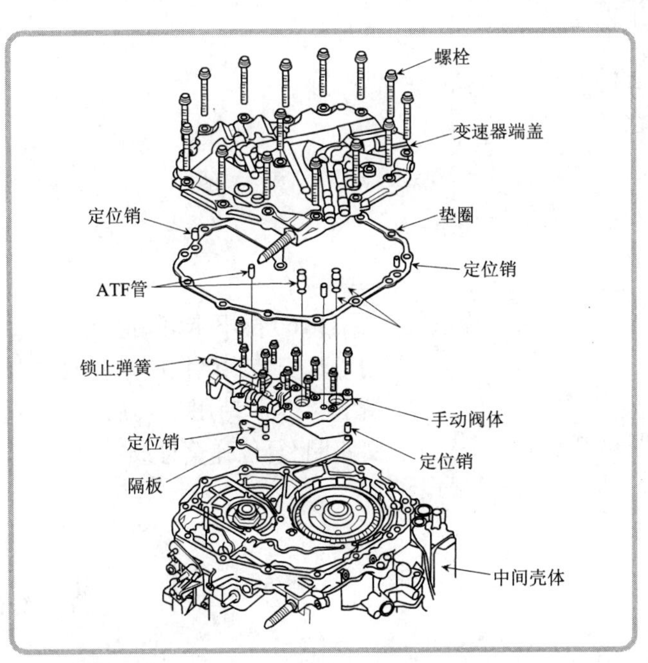

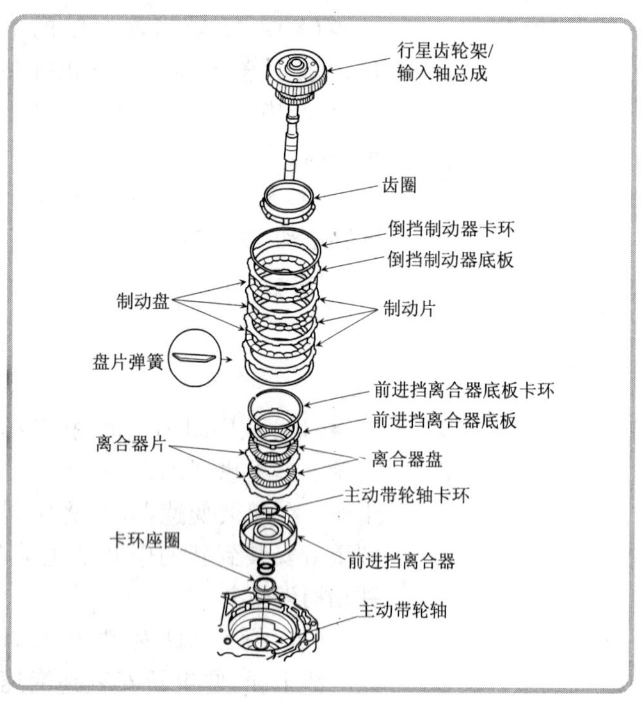

(14)拆下行星齿轮架/输入轴总成,然后拆下齿圈。拆下倒挡制动器卡环和倒挡制动器底板,拆下制动盘和制动片,再拆下盘片弹簧。拆下前进挡离合器底板卡环,然后拆下前进挡离合器底板、离合器盘和离合器片。拆下把前进挡离合器紧固在主动带轮轴上的卡环,然后拆下前进挡离合器,再拆下卡环座圈。

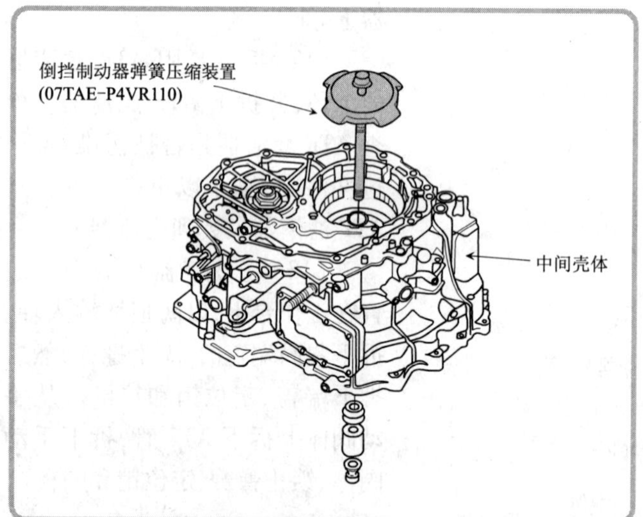

(15)使用专用工具拆下紧固倒挡制动器复位弹簧座圈的卡环。

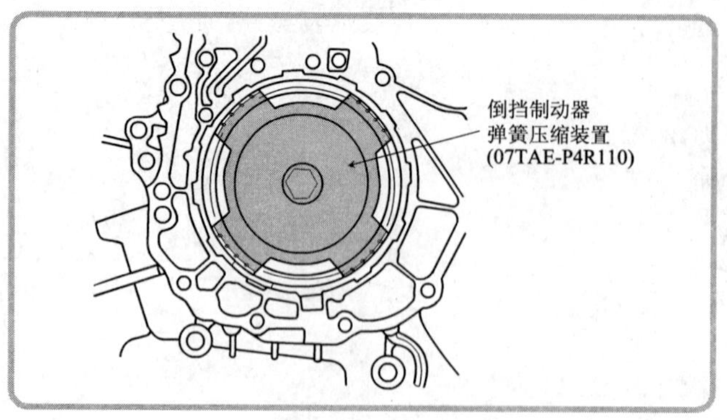

(16)拆下卡环时要确认,专用工具安装到倒挡制动器复位弹簧上。拆下专用工具后,拆下弹簧座圈/复位弹簧总成。

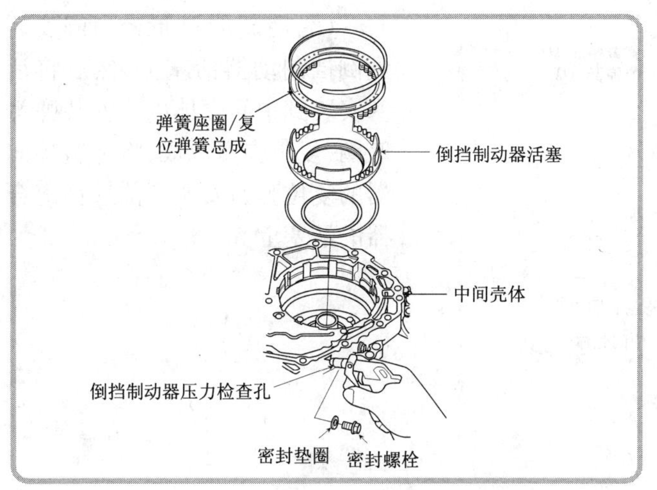

◀(17)从倒挡制动器压力检查孔上拆下密封螺栓，施加压缩空气拆下倒挡制动器活塞。使用新的密封垫圈，重新安装密封螺栓，**注意**：不要重复使用密封垫圈。

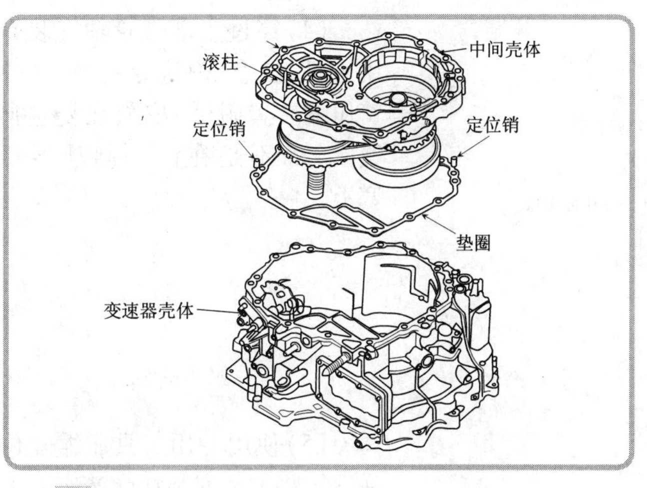

◀(18)拆下滚柱、中间壳体、定位销和垫圈。

(19)检查倒挡制动器的制动盘、制动板和底板是否磨损、损坏和褪色。如果制动盘磨损或损坏，则将制动盘整套更换；如果制动板磨损、损坏或褪色，则将制动板整套更换；如果底板磨损、损坏或褪色，则在重新组装变速器时，检查制动盘底板至制动盘顶盘之间的间隙，并更换底板。

2 组装

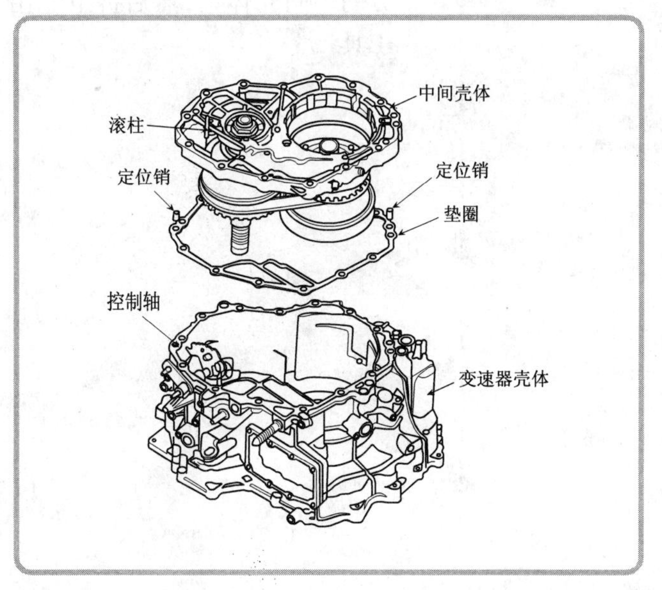

(1)将倒挡制动器完全浸泡在ATF里至少30min。

◀(2)将定位销(2个)和新的垫圈安装到变速器壳体上。将控制轴朝变速器壳体的外侧推，然后安装中间壳体。将控制轴向后推，对准控制轴上的槽，将滚柱安装到中间壳体上。

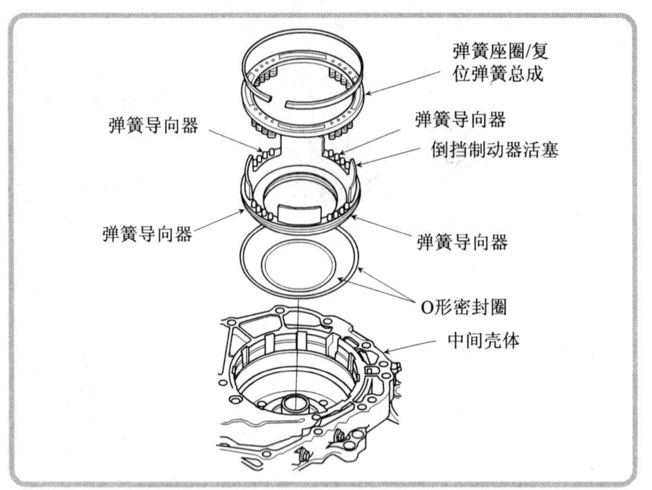

(3)将新的O形密封圈安装到倒挡制动器活塞上，然后将活塞安装到中间壳体内。安装弹簧座圈/复位弹簧总成，将弹簧导向器的复位弹簧安装到前进挡离合器的活塞上。

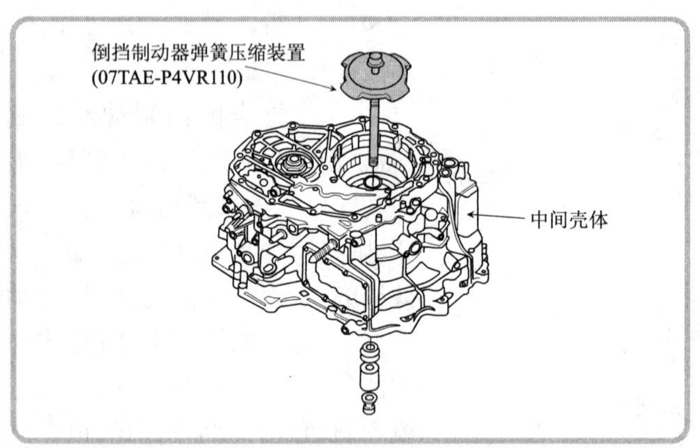

(4)穿过主动带轮轴安装专用工具，**注意：**确认专用工具(弹簧压缩装置附件)安放在复位弹簧上，而不是在倒挡制动器活塞上。

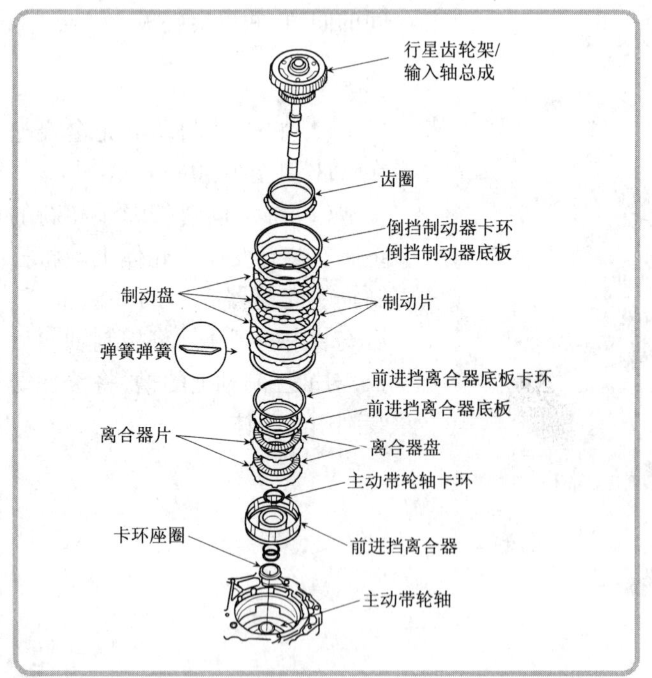

(5)使用专用工具压缩复位弹簧。将卡环安装在弹簧座圈上方的中间壳体内，然后拆下专用工具。

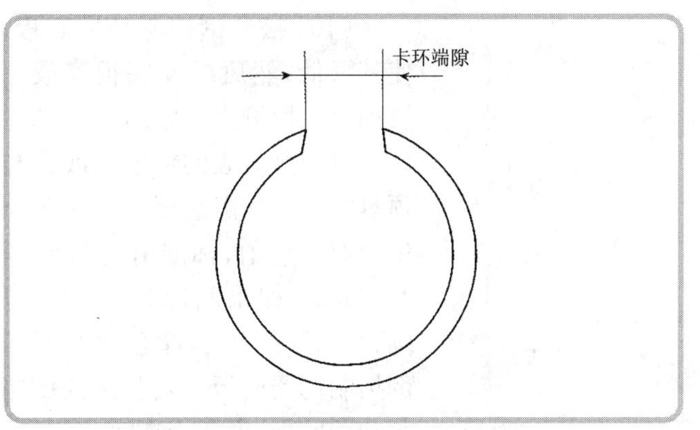

(6)确认卡环的端隙为15mm或以上。

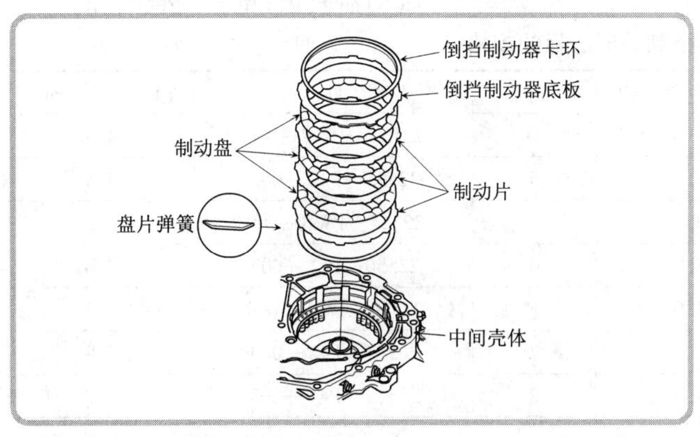

(7)将盘片弹簧安装在倒挡制动器上,交替安装制动片和制动盘。安装倒挡制动器底板,然后安装卡环。

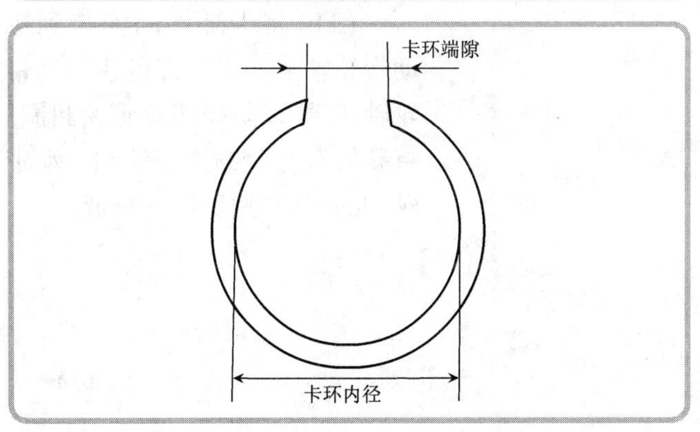

(8)确认卡环的内径为143.5mm或更大,而且卡环的端隙为18mm或以上。

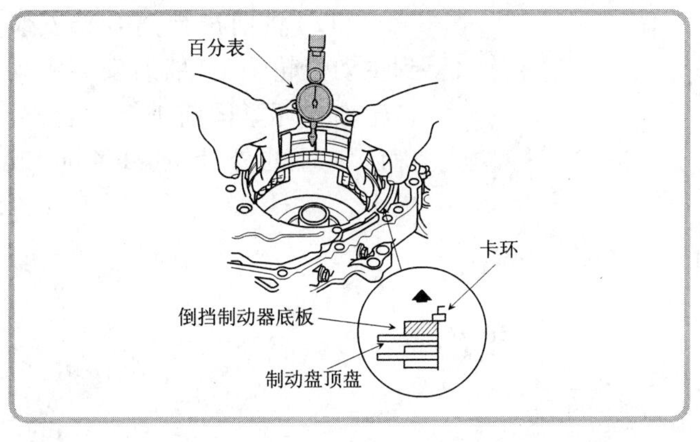

(9)在倒挡制动器底板上放置百分表。向上提制动盘顶盘,使其与倒挡制动器底板接触,并与卡环平齐,将百分表归零。

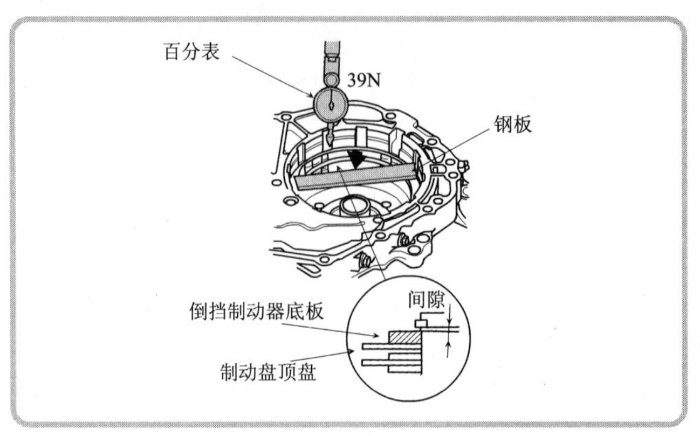

（10）松开倒挡制动器底板，使其降低，然后横穿底板安放一块钢板。用测力计施加39N的力压下钢板百分表的数值为底板与顶盘之间的间隙。至少测量3个位置取平均值，标准值为0.55～0.70mm。如果间隙超出标准范围，则从下表中选择合适厚度的倒挡制动器底板。安装新的倒挡制动器底板，重新检查间隙。

倒挡制动器底板的规格

序　号	零　件　号	厚　度（mm）	序　号	零　件　号	厚　度（mm）
1	22551—P4V—003	3.6	D	22554—PWR—000	4.3
A	22551—PWR—000	3.7	5	22555—P4V—003	4.4
2	22552—P4V—003	3.8	E	22555—PWR—000	4.5
B	22553—PWR—000	3.9	6	22556—P4V—003	4.6
3	22553—P4V—003	4.0	F	22556—PWR—000	4.7
C	22553—PWR—000	4.1	7	22557—P4V—003	4.8
4	22554—P4V—003	4.2	8	22558—P4V—003	5.0

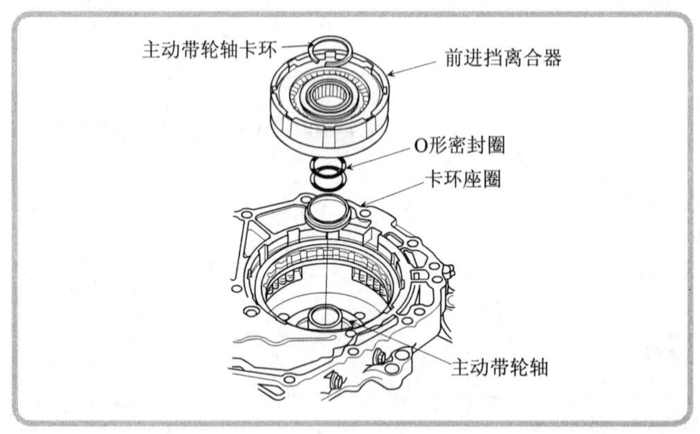

（11）将卡环座圈安装到主动带轮轴上。用胶带包住主动带轮轴花键，以防损坏O形密封圈。将新的O形密封圈安装到主动带轮轴的槽内，然后拆下胶带。

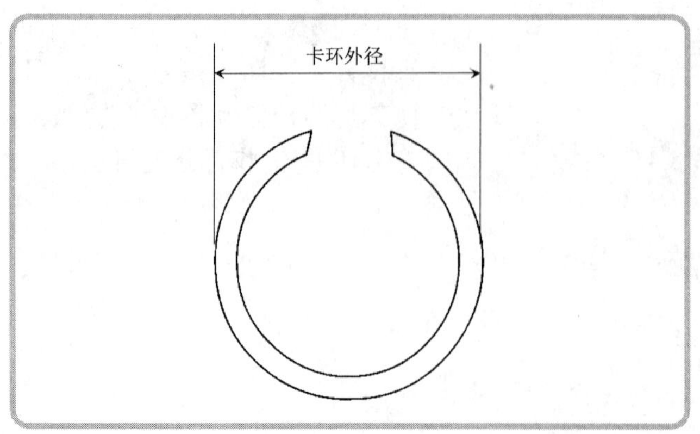

（12）将前进挡离合器安装到主动带轮轴上，然后安装主动带轮轴卡环紧固前进挡离合器。确认卡环的外径为41.4mm或更小。

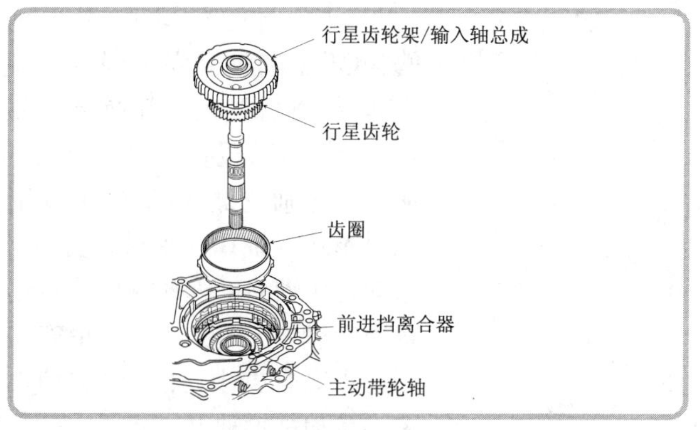

(13)将齿圈安装到前进挡离合器上。将行星齿轮与前进挡离合器盘对齐,行星齿轮架与倒挡制动器盘对齐,穿过主动带轮轴安装行星齿轮架/输入轴总成。

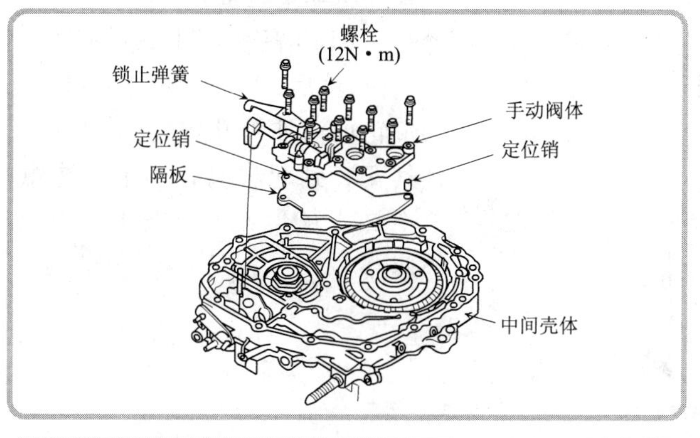

(14)将手动阀体隔板和定位销(2个)安装到中间壳体上,然后安装手动阀体和锁止弹簧。

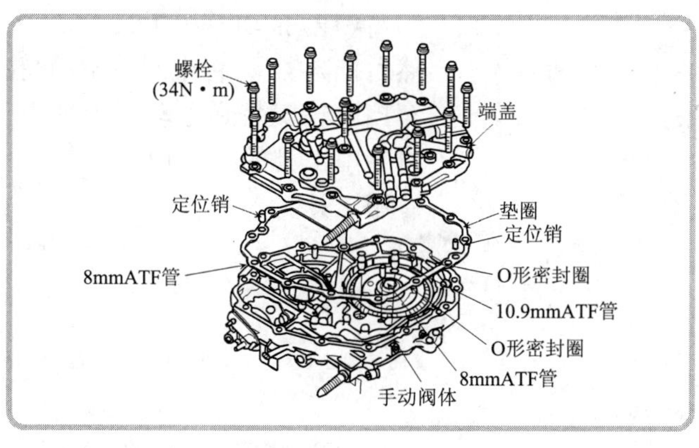

(15)将新的O形密封圈安装到10.9mmATF管(2个)上,然后将ATF管安装到手动阀体上。将8mmATF管(2个)安装到手动阀体上。将定位销(2个)和新的垫圈安装到中间壳体上,然后安装变速器端盖,将端盖翻转朝下。

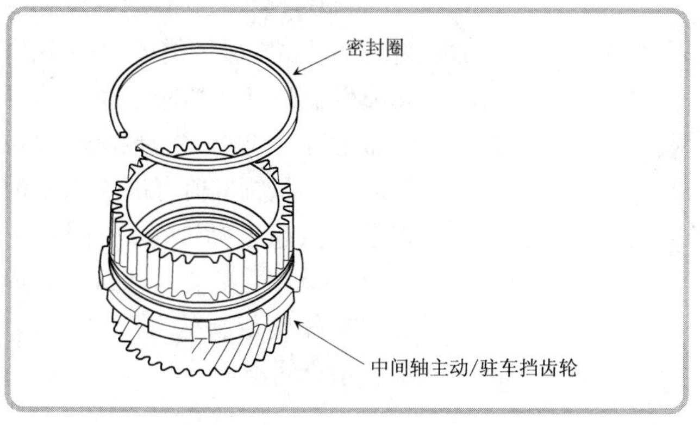

(16)将密封圈安装到新的中间轴主动/驻车挡齿轮上。

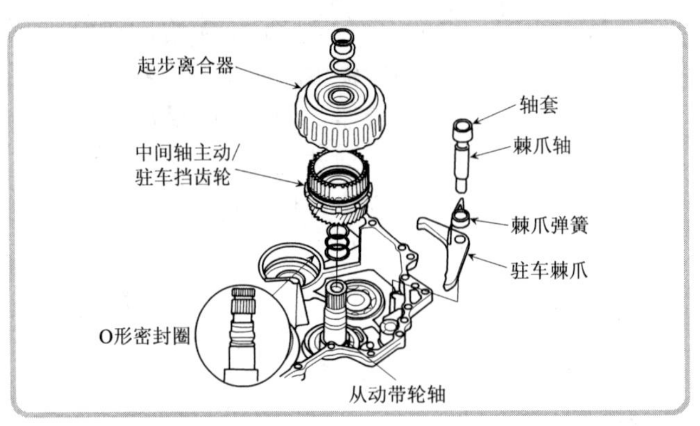

(17)将驻车棘爪、棘爪弹簧、棘爪轴和轴套安装到变速器壳体上,然后将控制杆换至P位置以外的任一位置。用胶带包住从动带轮轴花键,以防损坏O形密封圈。将新O形密封圈安装到从动带轮轴的槽内,并拆下胶带。将中间轴主动/驻车挡齿轮安装到起步离合器上,然后将它们安装到从动带轮轴上。

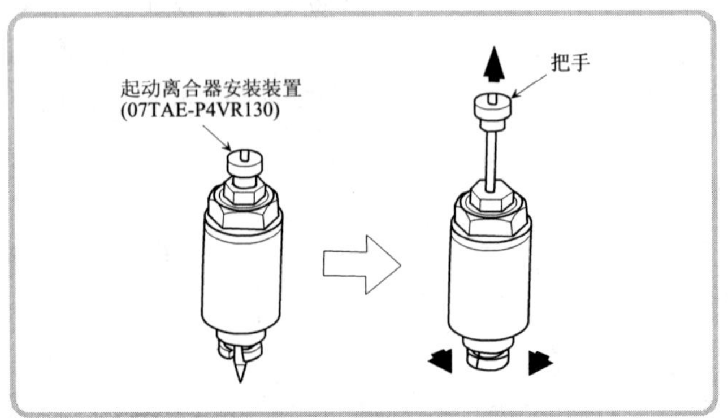

(18)将专用工具的把手向上拉,然后,将其锥头安装到从动带轮轴输油管孔内,并将专用工具安装到起步离合器上。**注意:**不要让灰尘或其他异物进入变速器。

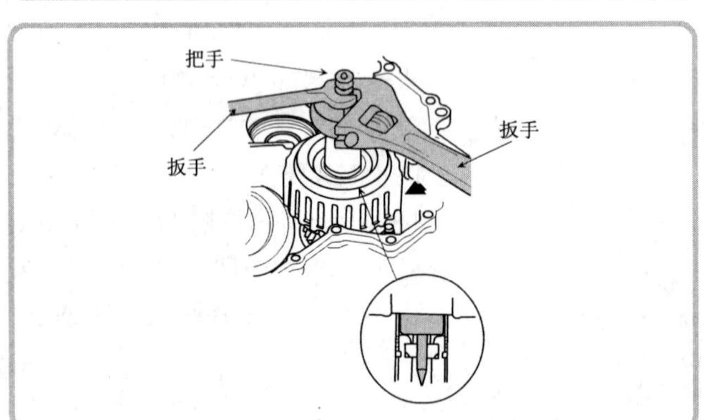

(19)推动专用工具的把手,然后拧紧螺母,将中间轴主动/驻车挡齿轮安装到主动带轮轴上。将专用工具的把手向上拉,拆下专用工具。

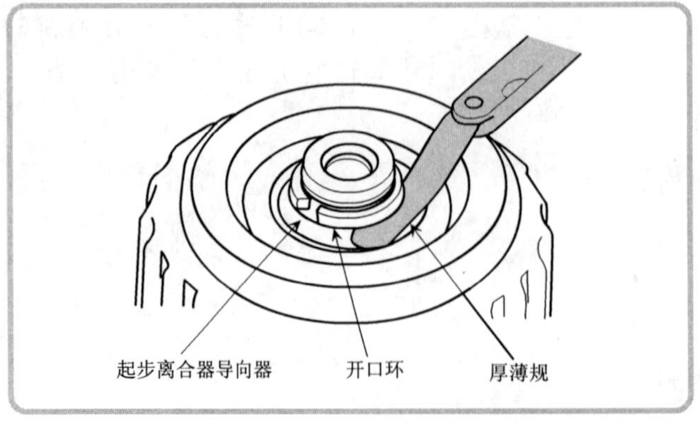

(20)将25.5mm的开口环安装到从动带轮轴的槽内,然后用厚薄规测量开口环与起步离合器导向器之间的间隙。至少测量3个位置取平均值,标准值为0~0.13mm。如果间隙超出标准范围,则从下表中选择合适厚度的开口环。成套选择并安装新的开口环,然后重新检查间隙。

25.5mm 选择开口环的规格

序　号	零 件 号	厚　度(mm)	序　号	零 件 号	厚　度(mm)
A	90429—P4V—000	2.9	C	90431—P4V—000	3.1
B	90430—P4V—000	3.0	D	90432—P4V—000	3.2

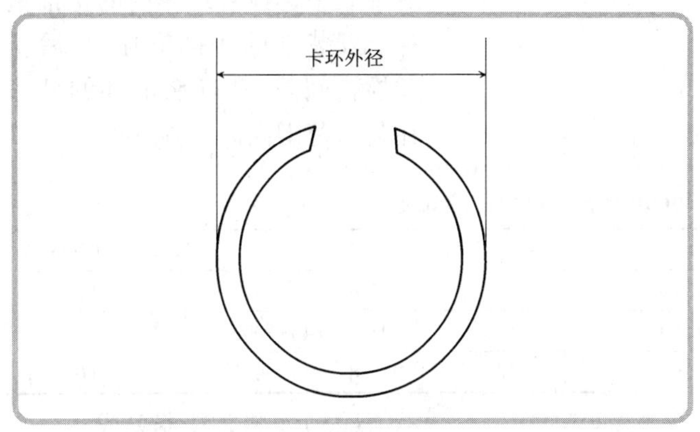

(21)安装开口环座圈和卡环。确认卡环外径为 33.9mm 或更小。

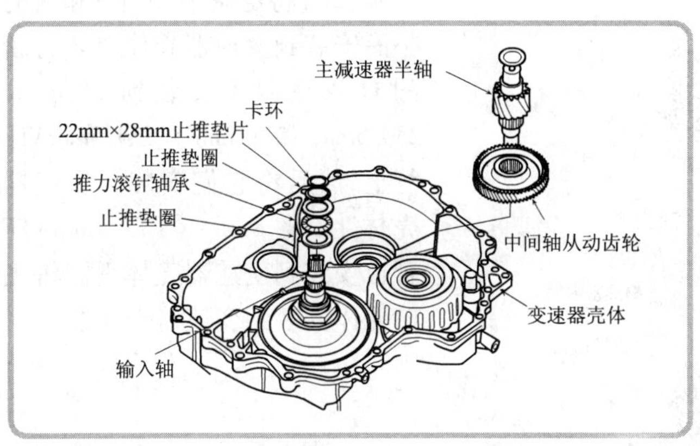

(22)将中间轴从动齿轮安装在变速器壳体内,将其与中间轴主动齿轮对齐,然后将主减速器半轴安装到变速器壳体上。将止推垫圈、推力滚针轴承、止推垫圈和 22mm × 28mm 止推垫片安装到输入轴上,然后安装卡环。

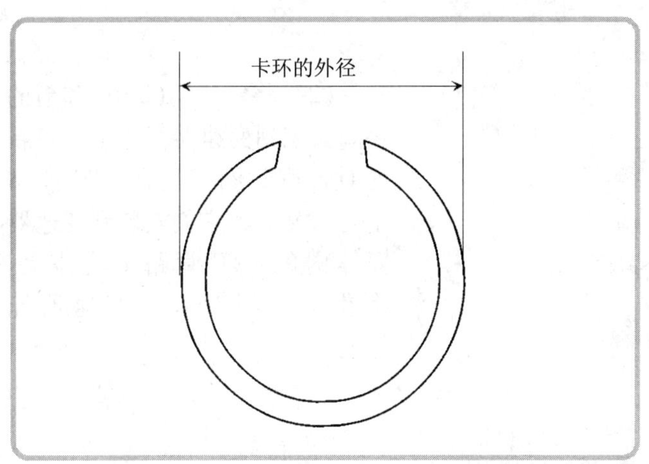

(23)确认卡环的外径为 26.3mm 或更小。

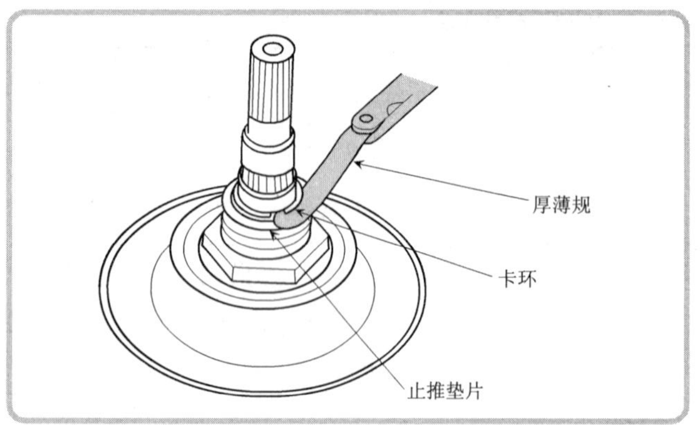

(24)用厚薄规测量22mm×28mm止推垫片和卡环之间的间隙。至少测量3个位置取平均值,标准值为0.37~0.65mm。

如果间隙超出标准范围,则从下表中选择合适厚度的止推垫片。安装新的止推垫片,然后重新检查间隙,并确认卡环的外径在公差范围内。

22mm×28mm选择止推垫片的规格

序　号	零 件 号	厚　度(mm)	序　号	零 件 号	厚　度(mm)
C	90573—P4V—000	1.15	F	90576—P4V—000	1.90
D	90574—P4V—000	1.40	G	90577—P4V—000	2.15
E	90575—P4V—000	1.65	H	90578—P4V—000	2.40

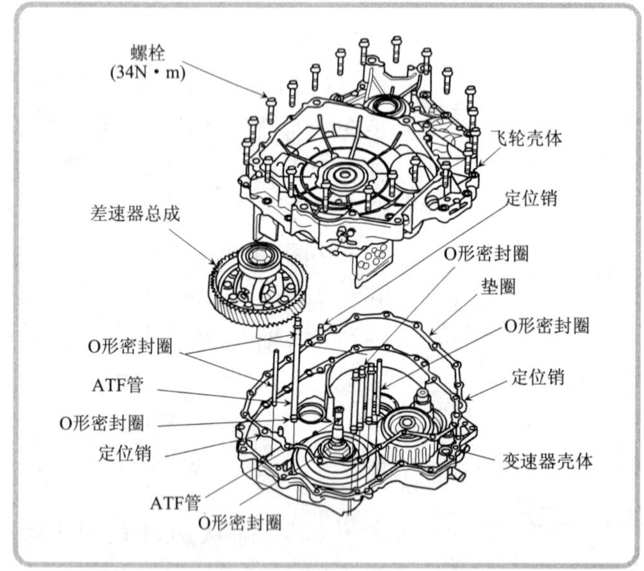

(25)安装差速器总成。

◀(26)将定位销(3个)和新的垫圈安装到变速器壳体上。将新的O形密封圈安装到11mm×230.5mm和11mm×134.5mmATF管上,然后将它们安装到变速器壳体上,将8mm×133.5mmATF管也安装到变速器壳体上。将飞轮壳体安装到变速器壳体上。

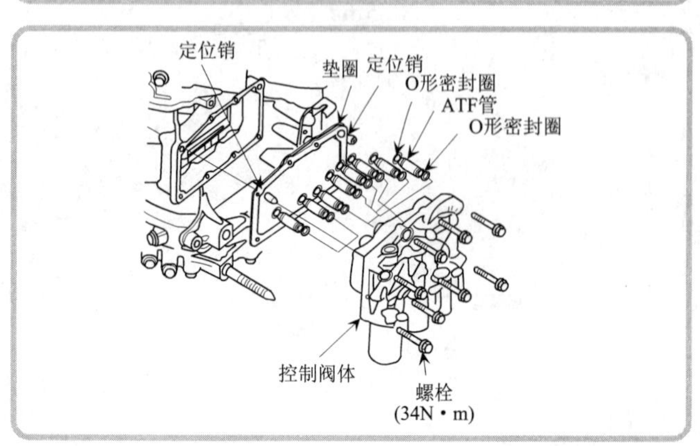

(27)将定位销(2个)和新的垫圈安装到变速器壳体上。将新的O形密封圈安装到ATF管(8个)上,然后将它们安装到变速器壳体内的ATF管路集流体上。将控制阀阀安装到变速器壳体上。

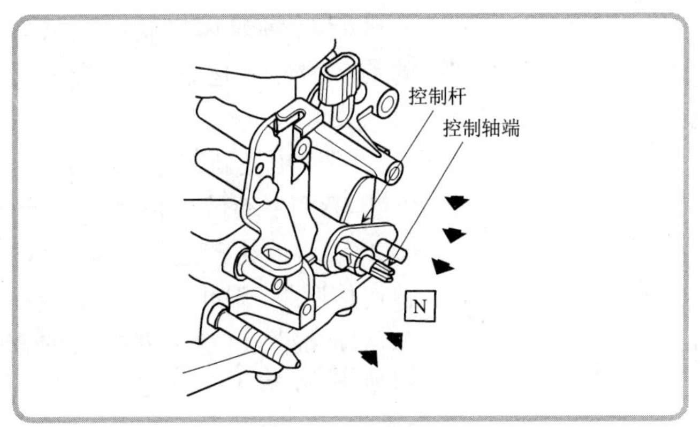

(28)将控制杆换至N位置,**注意:**这时不要挤压控制轴。如果控制轴端被挤压在一起,将会导致错误的信号或挡位。

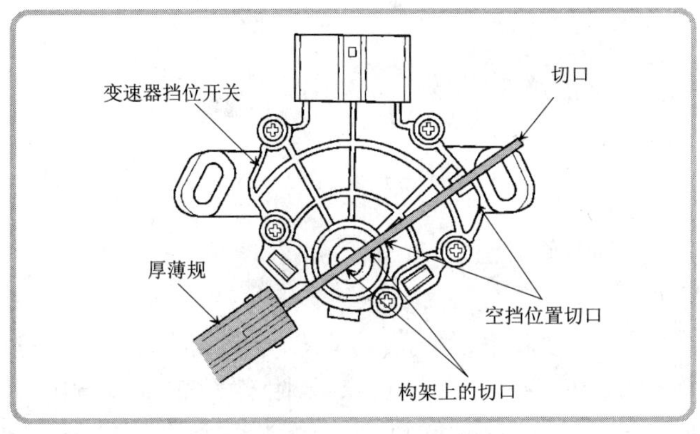

(29)使构架上的切口与变速器挡位开关上的空挡切口对准,然后在切口内放置2.0mm厚主厚薄规片,保持开关在N位置。

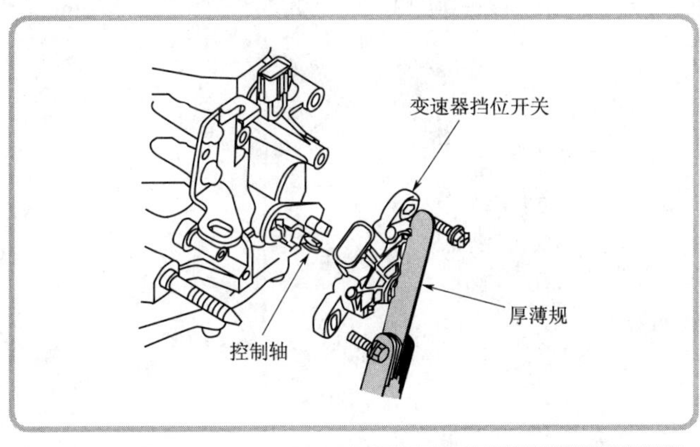

(30)用2.0mm的厚薄规片使变速器挡位开关保持在N位置,小心地将开关插到控制轴上。

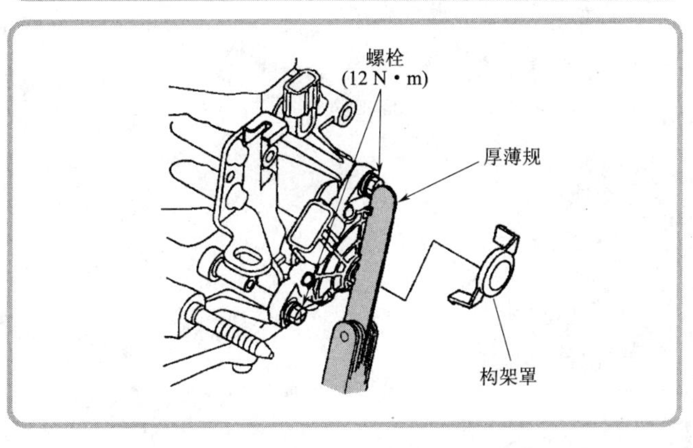

(31)继续将变速器挡位开关保持在N位置,拧紧固定开关的螺栓,**注意:**拧紧螺栓时不要移动开关。拆下厚薄规,然后安装构架罩。

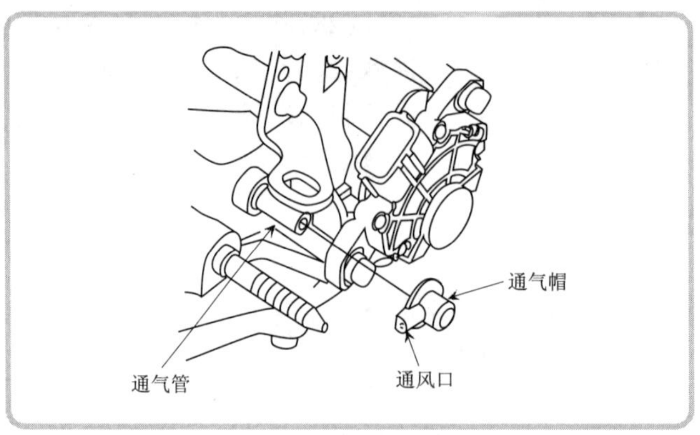

◀(32)将通风口朝向通气管的前侧(与变速器挡位开关相对),安装通气帽。

(33)更换新的O形密封圈,安装CVT主动带轮转速传感器、CVT从动带轮转速传感器、CVT转速传感器、限止装置电磁线圈和ATF油尺导管。更换新的密封垫圈,安装ATF冷却器管路。

项目6 飞轮壳体的检修

·1学时·

目　　　　的:学习无级变速器飞轮壳体的检修方法。

自动变速器型号:广州飞度轿车无级变速器。

设 备 与 工 具:组合扳手,螺丝刀,钳子,扭力扳手,锤子,可调轴承拆卸器(07JAC—PH80000),拆装导柱(07749—0010000),拆装器附件(62mm × 68mm 07746—0010500),拆装导柱(07749—0010000),拆装器附件(37mm × 40mm,07746—0010200)。

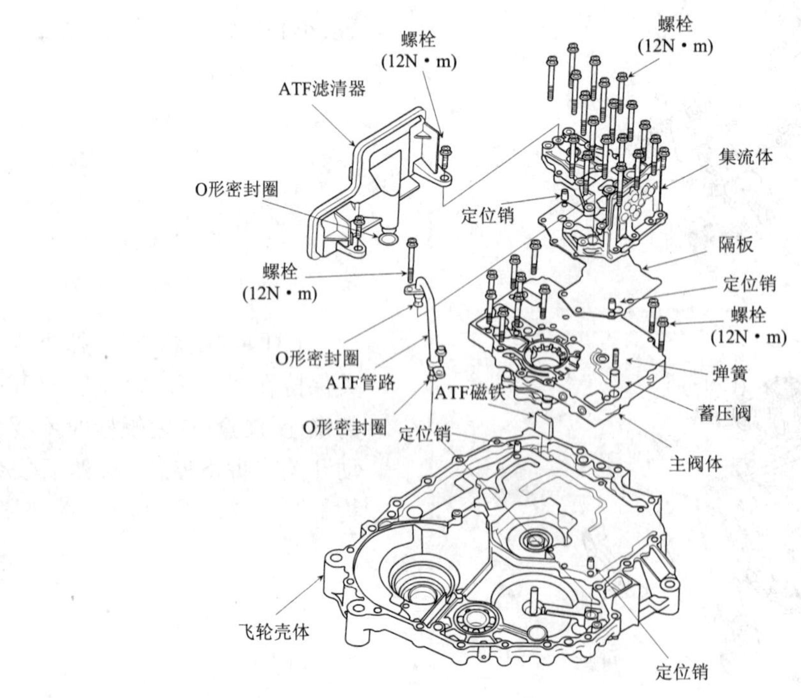

一、ATF 滤清器和主阀体的拆卸

(1)拆下 ATF 管道。

(2)拆下 ATF 滤清器。

(3)拆下 ATF 管路集流体、定位销和隔板。

(4)拆下起步离合器的蓄压阀弹簧和蓄压阀,然后拆下主阀体和定位销。

(5)拆下 ATF 磁铁,并将其清洁干净,然后重新安装到飞轮壳体上。

(6)更换新的 O 形密封圈,并按照与拆卸相反的顺序安装所有零件。

二、ATF 滤清器的检查

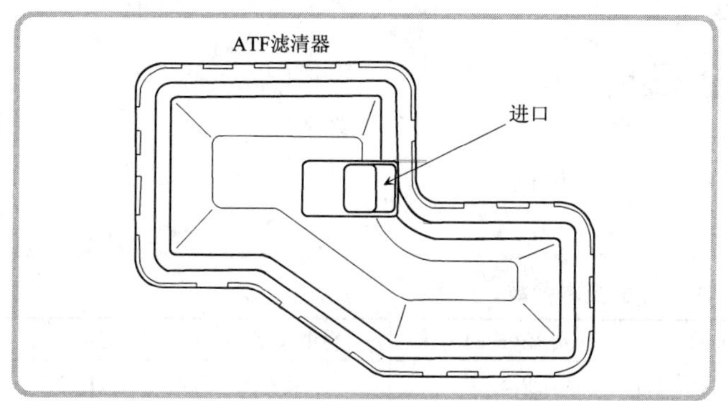

用压缩空气彻底清洁 ATF 滤清器的进口,然后检查进口是否被堵塞。向进口倒入干净的 ATF 测试 ATF 滤清器,如果滤清器堵塞或损坏,则予以更换。

三、ATF 输油管的更换

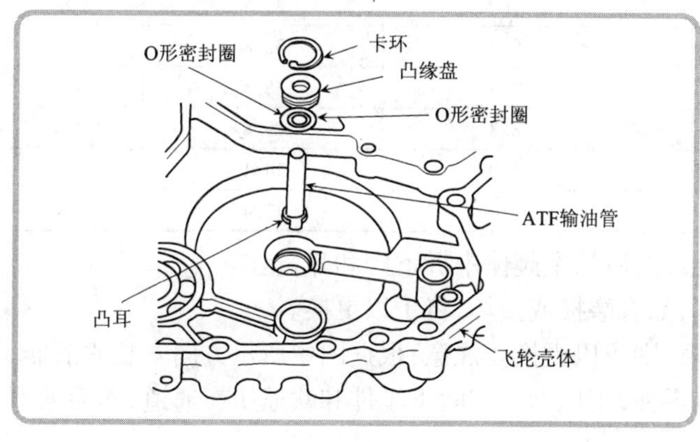

◀(1)拆下卡环,然后拆下 ATF 输油管和凸缘盘。

(2)更换新的 ATF 输油管,将 ATF 输油管的凸耳与正轮壳体上的导管对齐。

(3)将新的 O 形密封圈分别安装到输油管凸缘上,然后将凸缘安装到输油管上。

(4)用卡环将输油管紧固在飞轮壳体上。

四、ATF 油泵的更换

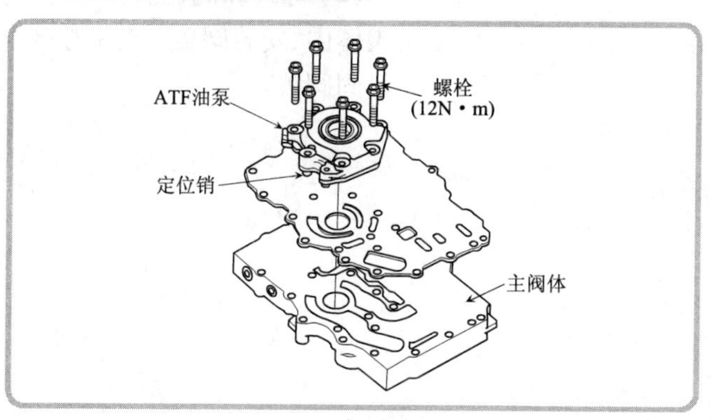

从主阀体上拆下 ATF 油泵。将定位销与主阀体上的孔对齐,安装新的 ATF 油泵。

五、主阀体的分解和组装

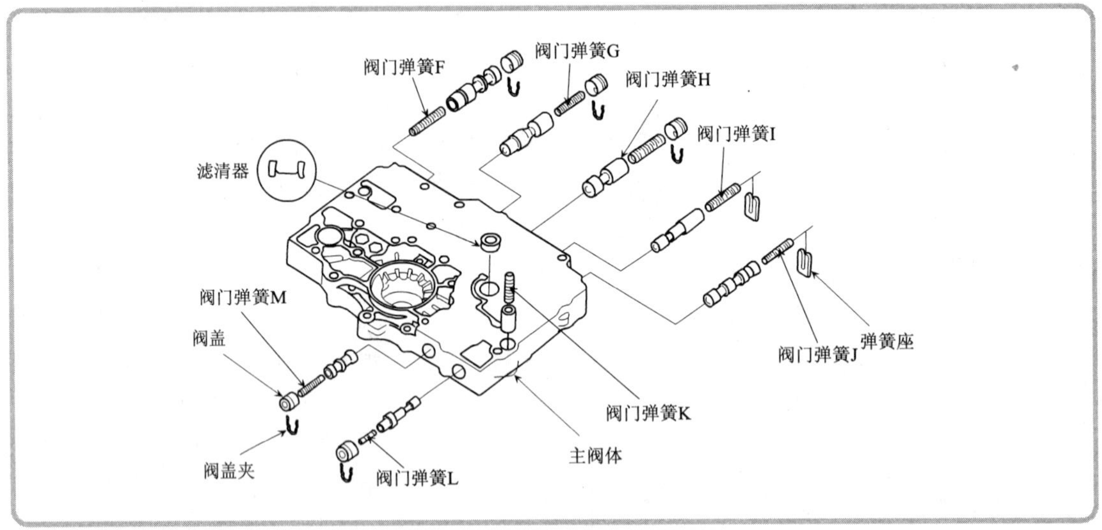

阀门弹簧技术参数

弹簧		弹簧直径(mm)	外径(mm)	自由长度(mm)	圈数
F	润滑阀	1.1	9.5	34.0	12.8
G	PH 调节阀	1.2	9.0	26.7	10.0
H	起步离合器换挡阀	1.4	10.5	29.5	8.8
I	离合器减压阀	1.3	8.9	38.8	13.8
J	换挡限止阀	0.8	7.5	48.5	19.0
K	起步离合器蓄压阀	1.2	8.3	29.8	12.3
L	起步离合器后备阀	0.55	5.0	14.1	8.6
M	PH 控制换挡阀	0.8	7.0	17.4	8.4

(1)拆下阀门弹簧座、阀盖夹和阀盖,然后从主阀体中拆下阀和弹簧。

(2)检查所有部件是否磨损和损坏,如有磨损或损坏,将予以更换。

(3)检查滤清器是否堵塞,如有堵塞,则予以更换。**注意:**根据图中所示方向安装滤清器。

(4)用溶剂或清洗液彻底清洗所有零件,用压缩空气吹干零件和吹通所有通道,然后给所有零件涂上 ATF。

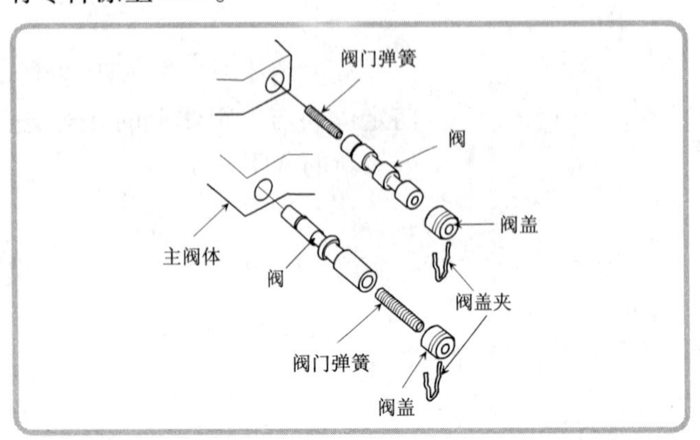

(5)将阀和阀门弹簧安装到主阀体内,安装阀盖,然后用阀盖夹紧固阀盖。

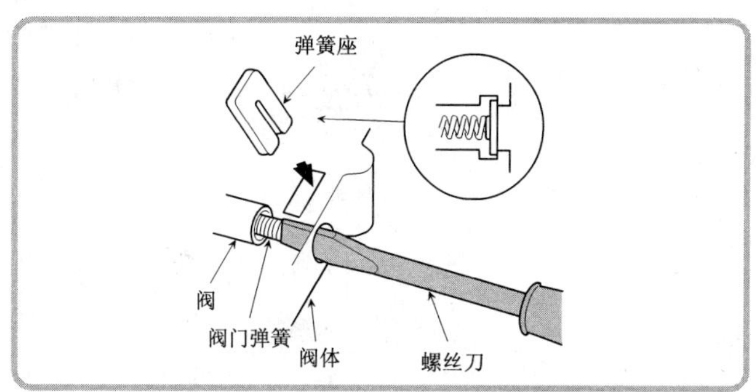

(6)将阀和阀门弹簧安装到主阀体内,用螺丝刀将阀门弹簧推入,然后安装弹簧座。

六、主减速器半轴轴承的更换

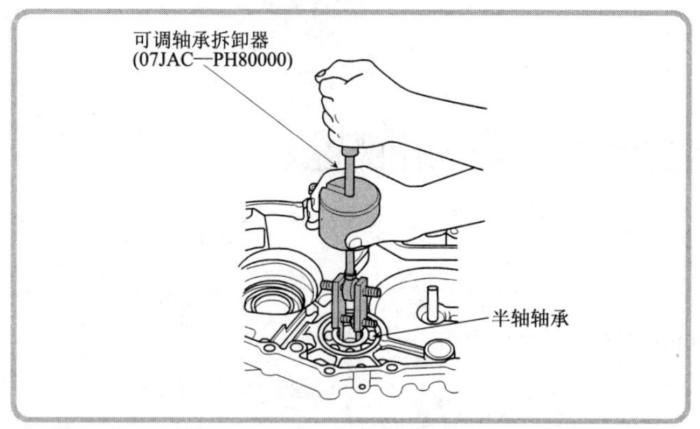

(1)用专用工具将主减速器半轴轴承从飞轮壳体上拆下。

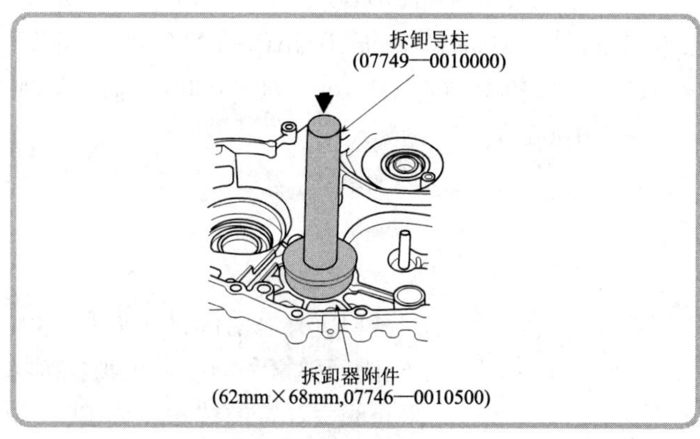

(2)用专用工具安装新的半轴轴承。

七、输入轴油封的更换

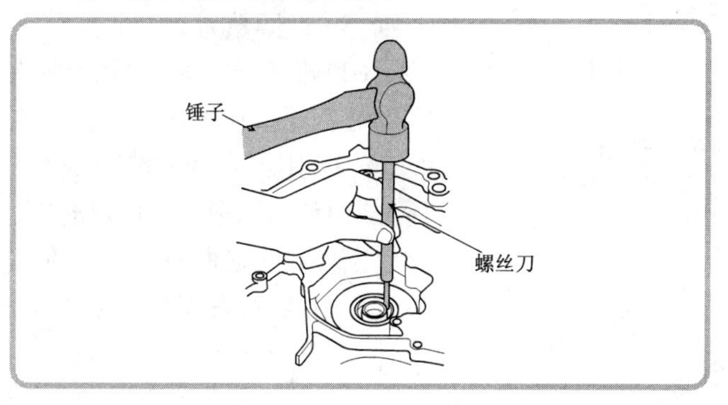

(1)从飞轮壳体上拆除主阀体,从飞轮壳体上拆下油封。

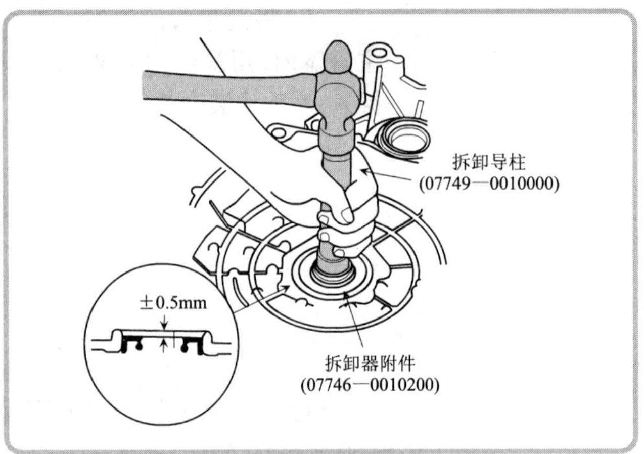

(2)安装新的油封，油封的安装位置可以高于或低于飞轮壳体0.5mm。

项目7　中间壳体/变速器壳体的检修

·1学时·

目　　　　的：学习无级变速器中间壳体/变速器壳体的检修方法。
自动变速器型号：广州飞度轿车无级变速器。
设 备 与 工 具：组合扳手，螺丝刀，钳子，扭力扳手，卡环钳(07LGC—0010100)，拆装导柱(07749—0010000)，拆装器附件(64mm×72mm，07JAD—PN00100)，可调轴承拆卸器(07JAG—PH80000)，拆装导柱(07749—0010000)，拆装器附件(72mm×75mm，07746—0010600)。

一、手动阀体的分解和组装

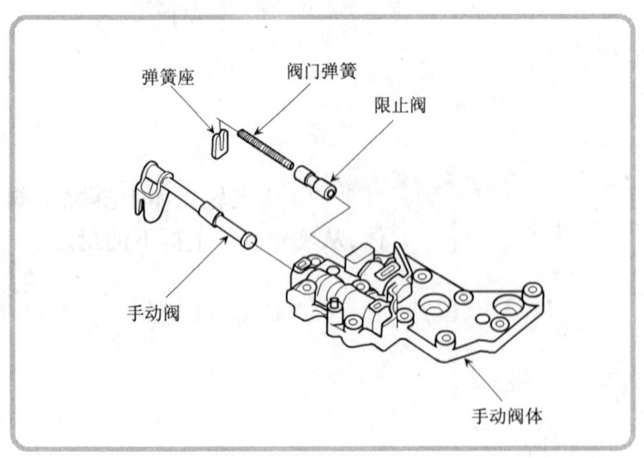

◀(1)从手动阀体上拆除弹簧座、阀门弹簧和倒挡限止阀。倒挡限止阀门弹簧的技术参数：线径为1.1mm，外径为7.0mm，自由长度为46.8mm，圈数为21.4。

(2)拆下手动阀。检查所有零件是否磨损和损坏。

(3)用溶剂或清洁剂彻底清洗所有零件，然后用压缩空气吹干零件和吹通所有通道。在组装过程中，给所有零件涂上ATF。

二、控制轴的拆卸和安装

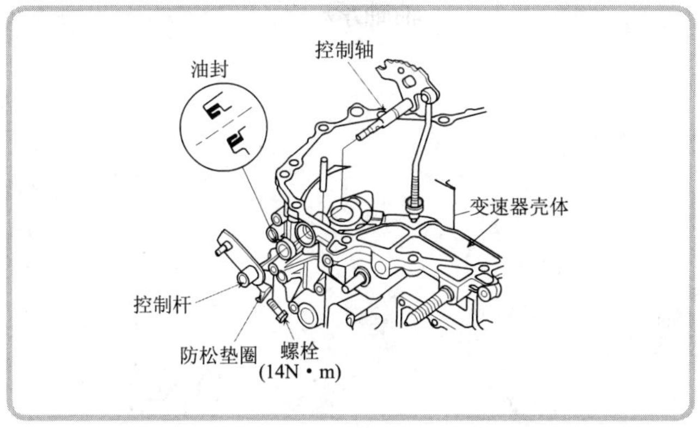

◀(1)拆下螺栓和防松垫圈，然后从控制轴上拆除控制杆，从变速器壳体上拆除控制轴。

(2)检查壳体和油封之间是否漏油，如有漏油，更换新的油封。

(3)将控制轴安装到变速器壳体上，并将控制杆安装到控制轴上，使用新的防松垫圈锁紧螺栓。

三、从动带轮轴轴承的拆卸和安装

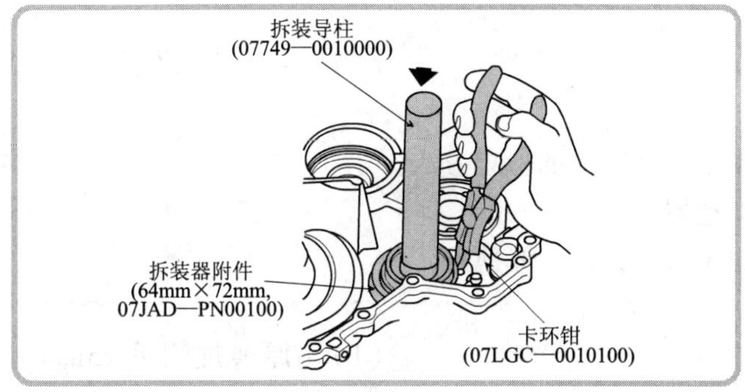

◀(1)用卡环钳将从动带轮轴轴承的卡环张开，然后用专用工具和压力机拆下从动带轮轴轴承。

(2)用卡环钳将从动带轮轴轴承的卡环张开，然后将轴承安装到变速器壳体内。松开卡环钳，将轴承推入壳体，直到卡环就位。

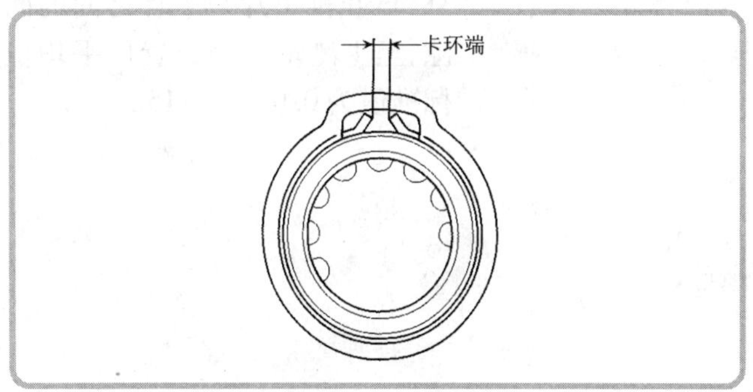

(3)安装轴承后，确认卡环在轴承和变速器壳体的槽内，而且卡环的端隙为0～9mm。

四、主减速器半轴轴承的更换

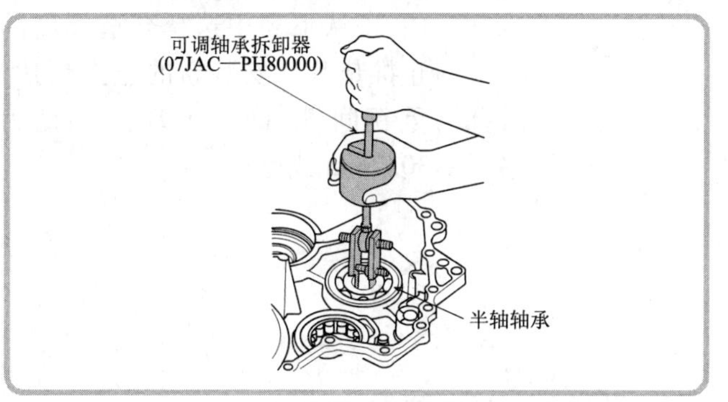

(1)用专用工具将主减速器半轴轴承从变速器壳体内拆下。

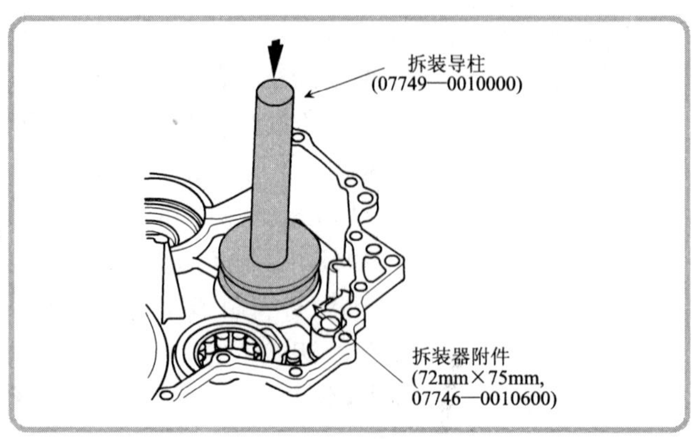

(2)用专用工具安装新的半轴轴承。

项目 8　行星齿轮架间隙的检查

·0.5 学时·

目　　　　的:学习无级变速器行星齿轮架间隙的检查方法。
自动变速器型号:广州飞度轿车无级变速器。
设 备 与 工 具:组合扳手,螺丝刀,钳子,扭力扳手,厚薄规。

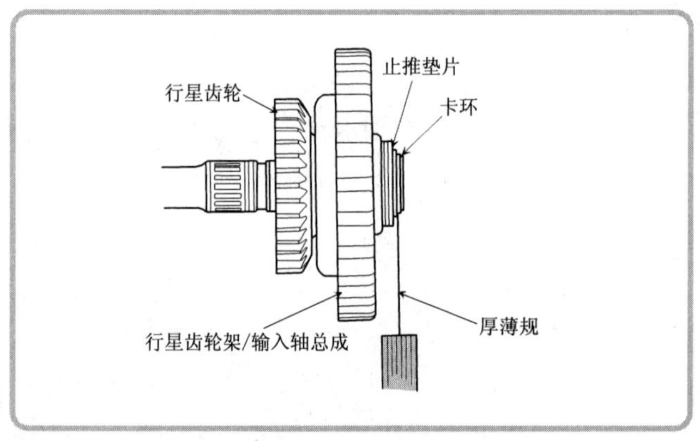

(1)用厚薄规测量 25mm × 31mm 止推垫片与卡环之间的间隙,至少测量 3 个位置取平均值标准值为 0.05 ~0.115mm。

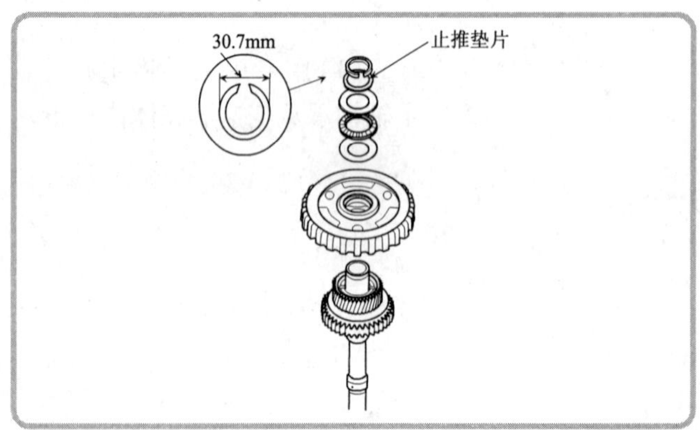

(2)如果间隙超出标准范围内,则从下表中选择合适厚度的止推垫片。安装新的止推垫片,重新间隙,确认卡环的外径为 30.7mm 或更小。

25mm×31mm 选择止推垫片的规格

序　号	部 件 号	厚　度(mm)	序　号	部 件 号	厚　度(mm)
A	90451—P4V—000	1.05	M	90480—P4V—000	1.085
B	90452—P4V—000	1.12	N	90481—P4V—000	1.155
C	90453—P4V—000	1.19	O	90482—P4V—000	1.225
D	90454—P4V—000	1.26	P	90483—P4V—000	1.295
E	90455—P4V—000	1.33	Q	90484—P4V—000	1.365
F	90456—P4V—000	1.40	R	90485—P4V—000	1.435
G	90457—P4V—000	1.47	S	90486—P4V—000	1.505
H	90458—P4V—000	1.54	T	90487—P4V—000	1.575
I	90459—P4V—000	1.61	U	90488—P4V—000	1.645
J	90460—P4V—000	1.68	V	90489—P4V—000	1.715
K	90461—P4V—000	1.75	W	90490—P4V—000	1.785
L	90462—P4V—000	1.82			

项目9　前进挡离合器检查和组装

·0.5 学时·

目　　　　的:学习无级变速器前进挡离合器检查组装的方法。
自动变速器型号:广州飞度轿车无级变速器。
设 备 与 工 具:组合扳手,螺丝刀,钳子,扭力扳手,锤子,离合器压缩工具附件(07ZAE—P4VR100),百分表,测力计。

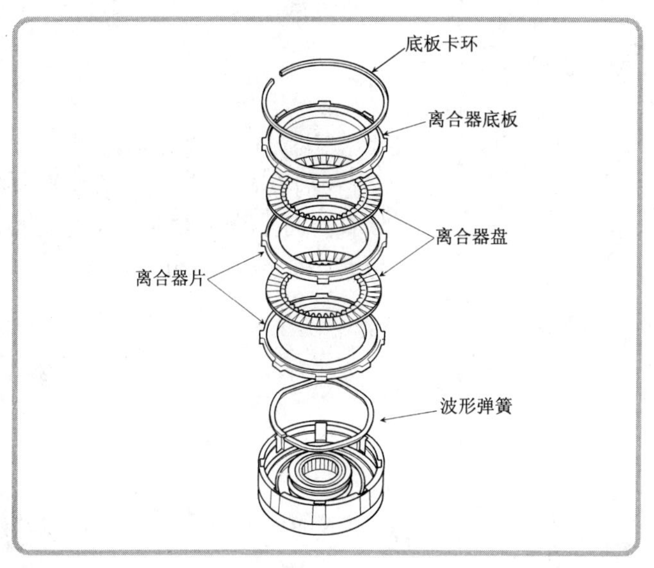

◀(1)拆下底板卡环、离合器底板、离合器盘、离合器片和波形弹簧,检有离合器盘、离合器片和离合器底板是否磨损、损坏和褪色。如果离合器盘磨损或损坏,则成套更换;如果离合器片磨损、损坏或褪色,则成套更换;如果底板磨损、损坏或褪色,检查离合器底板至离合器盘顶盘之间的间隙,然后成套更换。

(2)将离合器盘完全地浸泡在ATF里至少30min。

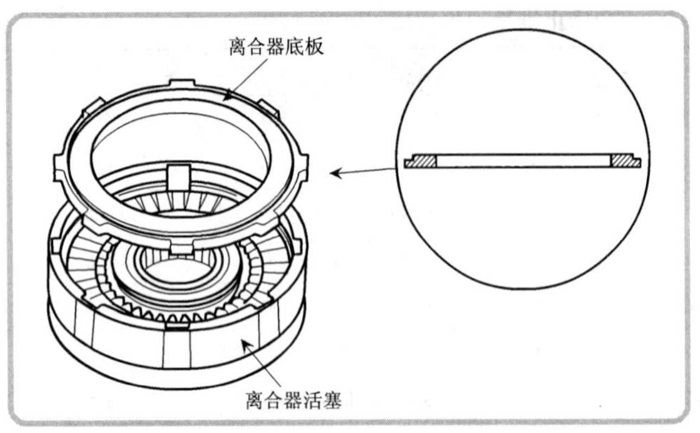

◀(3)将波形弹簧安装到离合器活塞上,然后交替安装离合器片和离合器盘,**注意:**离合器盘的平面端朝向离合器底板。

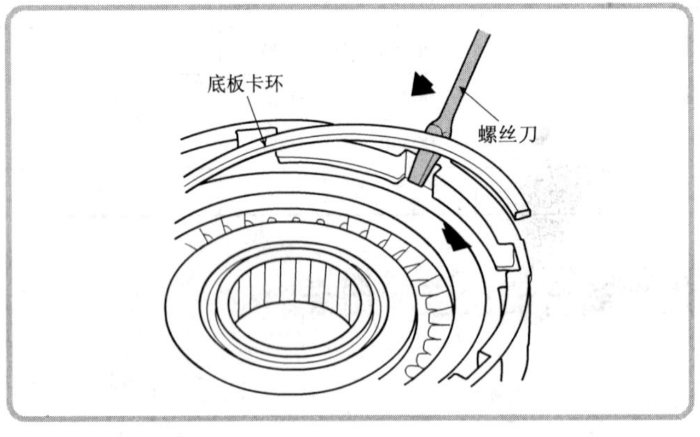

(4)安装底板卡环。

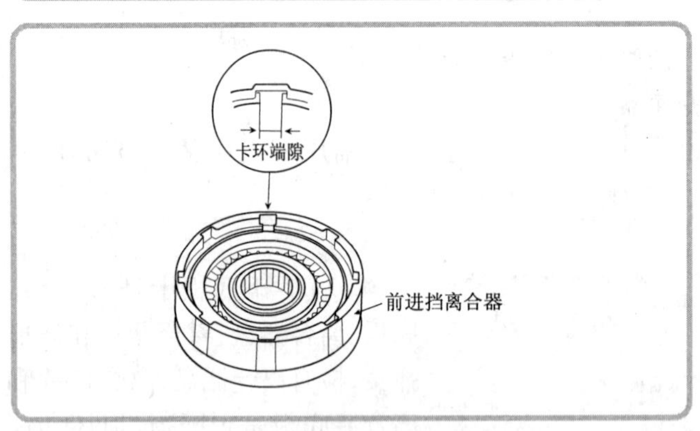

◀(5)确认卡环的端隙为7.9mm或以上。

(6)通过油道施加压缩空气,检查离合器活塞是否啮合。还要检查解除压缩空气后,活塞是否分离。

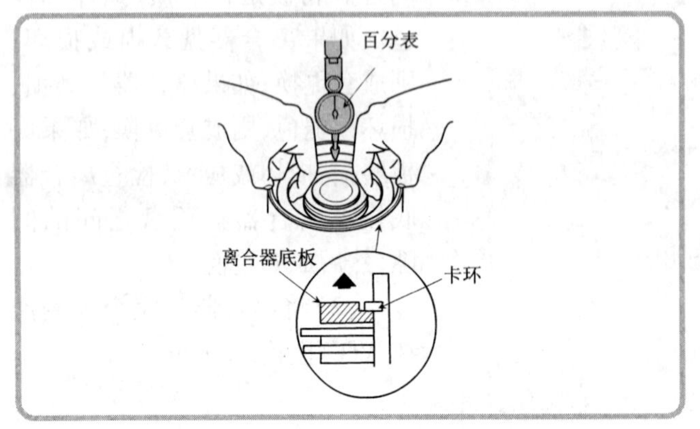

(7)在离合器底板上放置百分表。向上提离合器底板,使其与卡环平齐,将百分表归零。

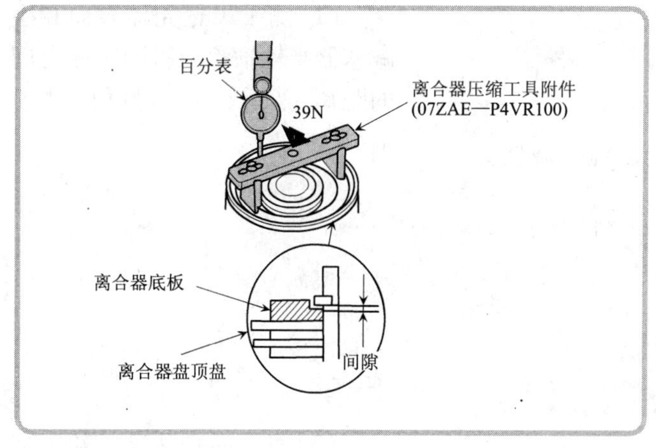

(8)松开离合器底板,使其降低,然后在底板上安放专用工具。测力计施加39N的力压下专用工具。百分表的数值为底板与顶盘之间的间隙。至少测量3个位置取平均值,维修极限值为0.55~0.85mm。如果间隙超出维修极限范围,则从下表中选择合厚度的离合器底板。安装新的离合器底板,重新检测间隙,如果已安装了最厚的离合器底板,但间隙仍然超出维修极限,则更换离合器盘和离合器片。

离合器底板的规格

序　号	部　件　号	厚　度(mm)	序　号	部　件　号	厚　度(mm)
14	22574—P4V—003	3.4	22	22568—P4V—003	4.2
15	22561—P4V—003	3.5	23	22569—P4V—003	4.3
16	22562—P4V—003	3.6	24	22570—P4V—003	4.4
17	22563—P4V—003	3.7	25	22571—P4V—003	4.5
18	22564—P4V—003	3.8	26	22572—P4V—003	4.6
19	22565—P4V—003	3.9	27	22573—P4V—003	4.7
20	22566—P4V—003	4.0	28	22574—PWR—003	4.8
21	22567—P4V—003	4.1			

项目10　主减速器啮合间隙的检查

·0.5学时·

目　　　　的:学习无级变速器啮合间隙的检测和25mm×35mm止推垫片的选择方法。
自动变速器型号:广州飞度轿车无级变速器。
设 备 与 工 具:百分表,厚薄规。

如果变速器壳体、飞轮壳体、主减速器半轴、中间轴从动齿轮或主减速器半轴轴承被更换,则选择合适厚度25mm×35mm止推垫片调整主减速半轴的啮合间隙。

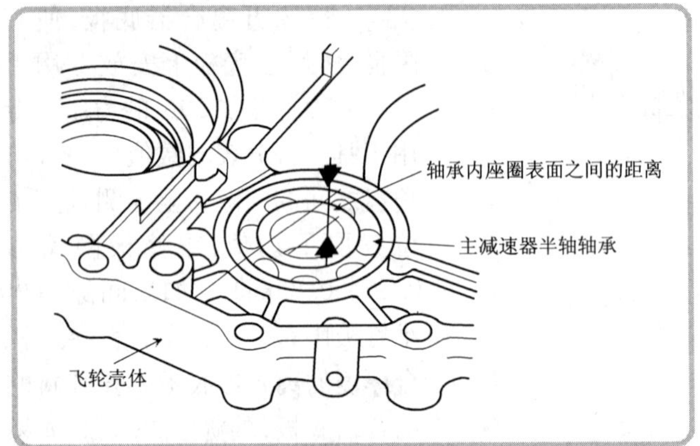

(1)测量飞轮壳体表面和主减速器半轴轴承内座圈表面之间的距离,然后记录测量值(测量值A)。

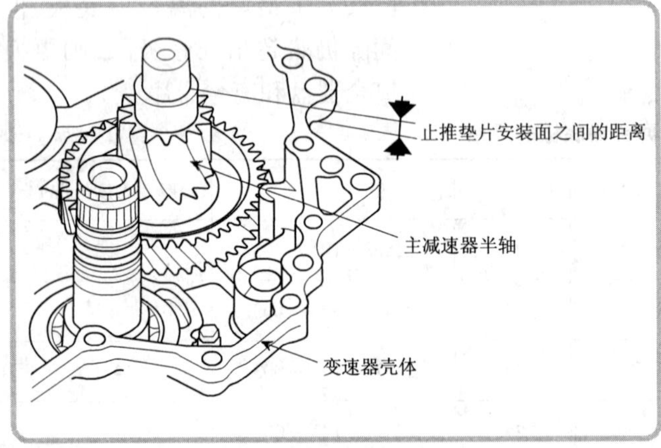

(2)将中间轴从动齿轮安装到主减速器半轴上,然后将主减速器半轴安装到变速器壳体上。测量变速器壳体表面和主减速器半轴上的止推垫片安装面之间的距离,然后记录测量值(测量值B)。

(3)测量25mm×35mm止推垫片的厚度,通过公式进行计算:主减速器半轴的啮合间隙=测量值A－测量值B＋飞轮壳体垫圈的厚度(测量)。

(4)检查主减速器半轴的啮合间隙,标准值为0～0.15mm。如果间隙超出维修极限范围,则从下表中选择合适厚度的止推垫片。

25mm×35mm止推垫片的规格

序　号	部　件　号	厚　度(mm)	序　号	部　件　号	厚　度(mm)
A	90551—P4V—000	2.8	H	90558—P4V—000	3.5
B	90552—P4V—000	2.9	I	90559—P4V—000	3.6
C	90553—P4V—000	3.0	J	90560—P4V—000	3.7
D	90554—P4V—000	3.1	K	90561—P4V—000	3.8
E	90555—P4V—000	3.2	L	90562—PWR—000	3.9
F	90556—P4V—000	3.3	M	90563—PWR—000	4.0
G	90557—P4V—000	3.4			

项目11　差速器的检修

·1学时·

目　　　　的:学习无级变速器差速器的检修方法。
自动变速器型号:广州飞度轿车无级变速器。
设 备 与 工 具:组合扳手,螺丝刀,钳子,扭力扳手,锤子,百分表,拆装器(内径40mm,07746—0330100),压力机,拆装导柱(07749—0010000),拆装器附件(78mm × 80mm,07NAD—PX40100),拆装器附件(58mm,07JAD—PH80101),拆装器(内径40mm,07746—0030100)。

一、零部件的检查

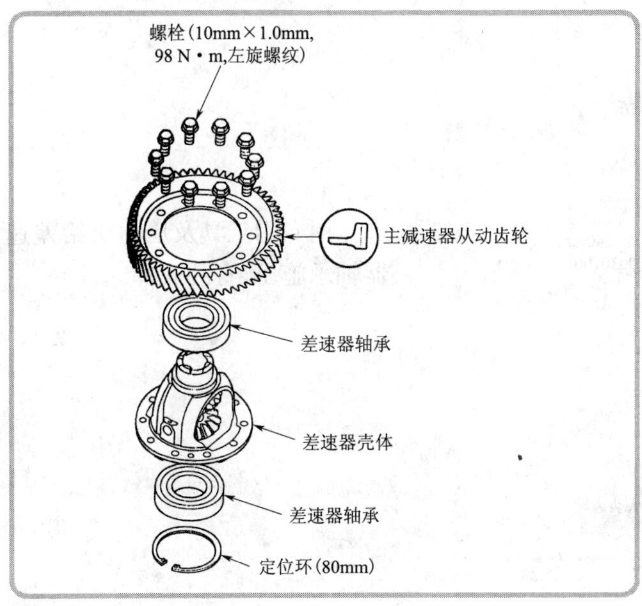

检查主减速器从动齿轮是否磨损和损坏,检查差速器壳体是否磨损和损坏,检查差速器轴承是否运转不顺畅。

二、齿隙的检测

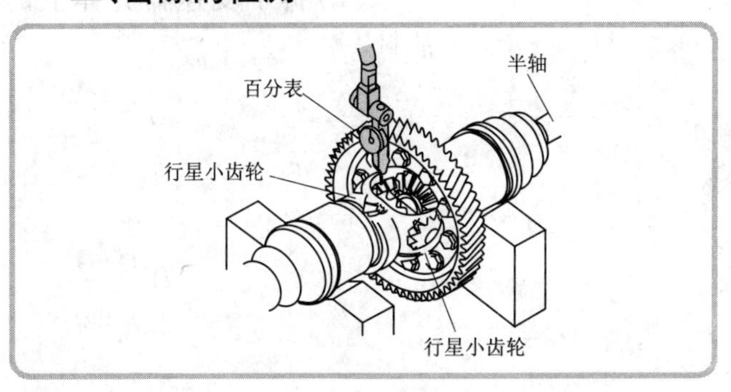

将半轴安装到差速器上,然后将半轴放置在V形块上。用百分表检查行星齿轮的齿隙,标准值为0.05～0.15mm。如果齿隙不在标准范围内,则更换差速器壳体。

三、差速器壳体/主减速器从动齿轮的更换

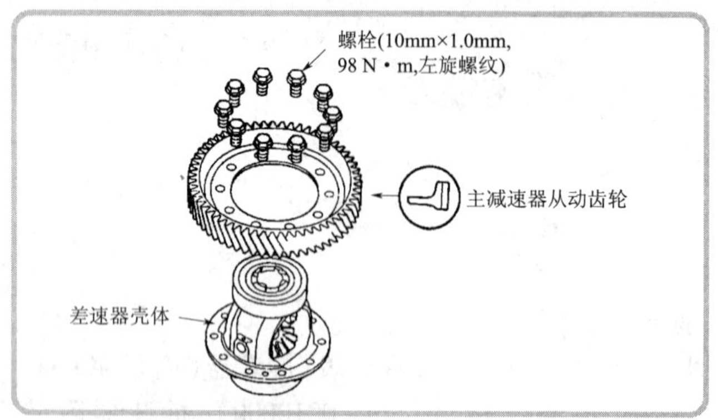

从差速器壳体上拆下主减速器从动齿轮,然后更换差速器座架或主减速器从动齿轮,**注意:**主减速器从动齿轮螺栓为左旋螺纹。按照图中所示方向,将主减速器从动齿轮安装到差速器壳体上。

四、差速器轴承的更换

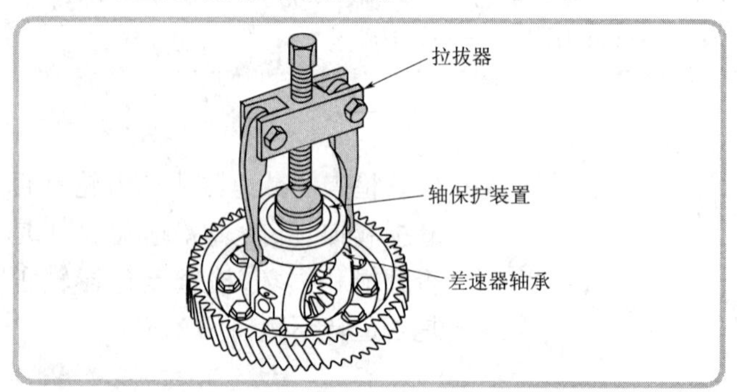

用专用工具和轴保护装置拆下差速器轴承。

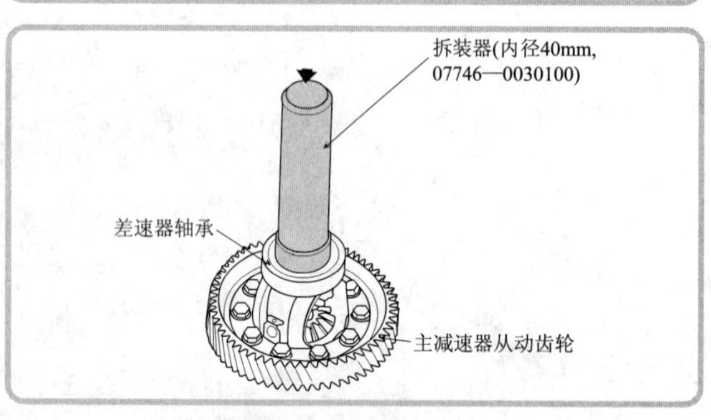

用专用工具及压力机给差速器轴承施压,直到底部。

五、油封的更换

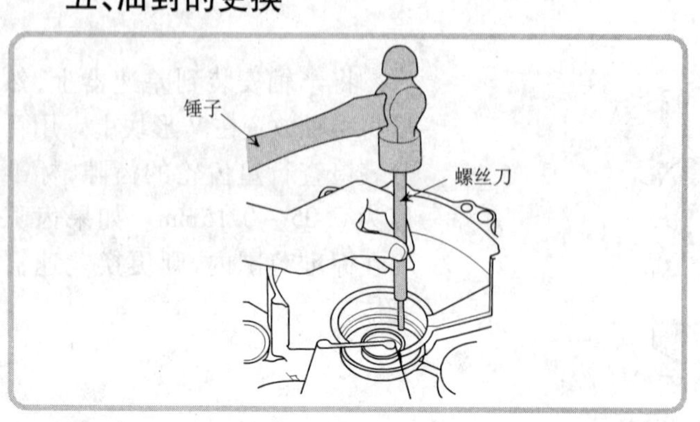

(1)拆下变速器壳体上的油封。

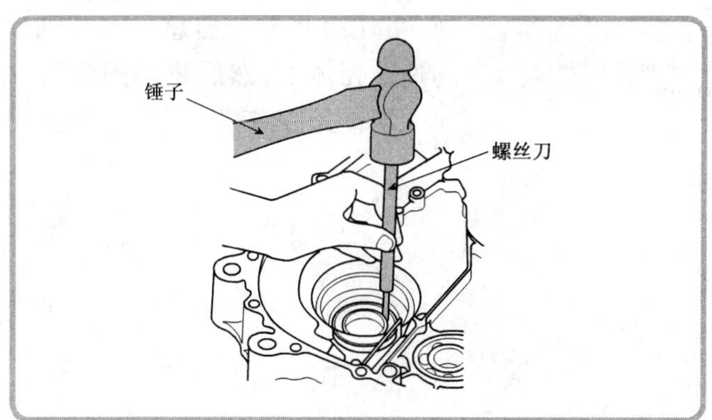

(2)拆下飞轮壳体上的油封。

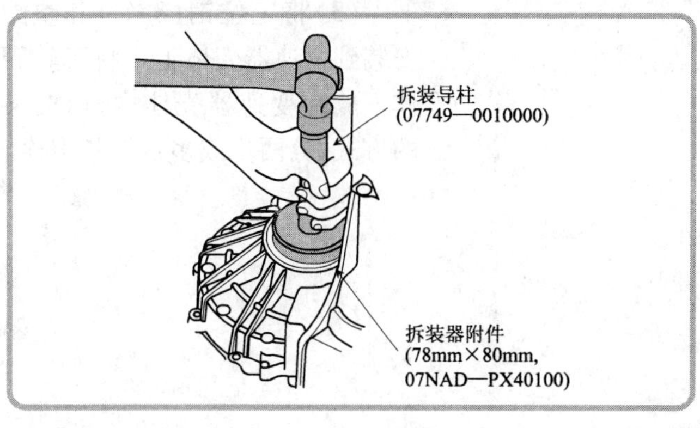

(3)用专用工具安装新的油封,使其与变速器壳体平齐。

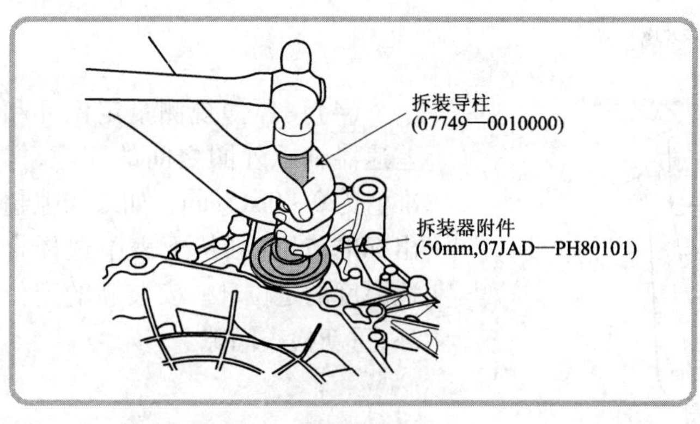

(4)用专用工具安装新的油封,使其与飞轮壳体平齐。

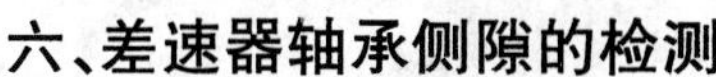

六、差速器轴承侧隙的检测

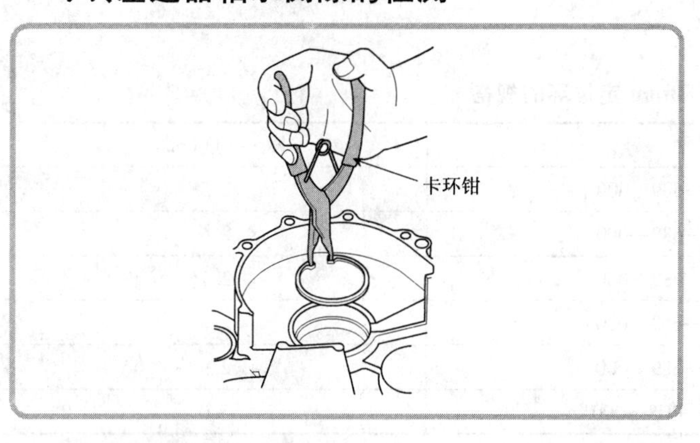

(1)将定位环安装到变速器壳体内。

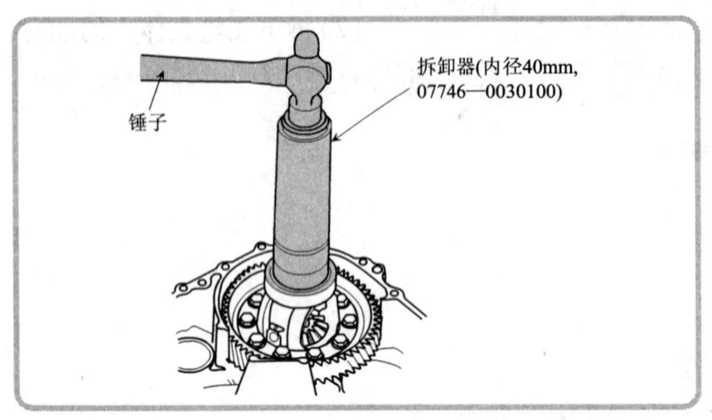

(2)将差速器总成安装到变速器壳体上,然后将差速器打入变速器壳体内。

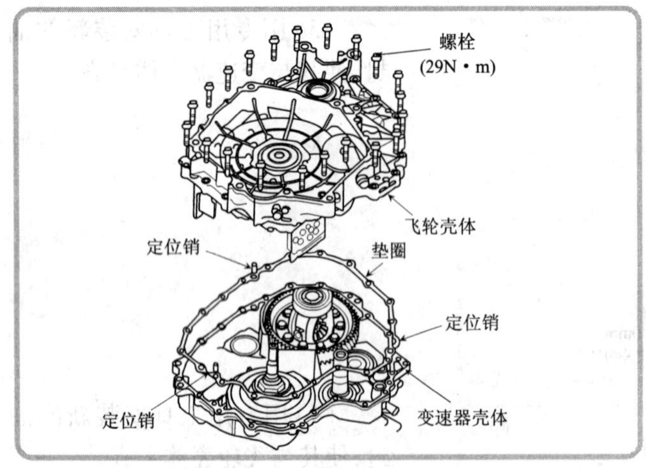

(3)将定位销(3个)和垫圈安装到变速器壳体上。将飞轮壳体安放在变速器壳体内,以交叉的方式,分两步或多步拧紧螺栓。

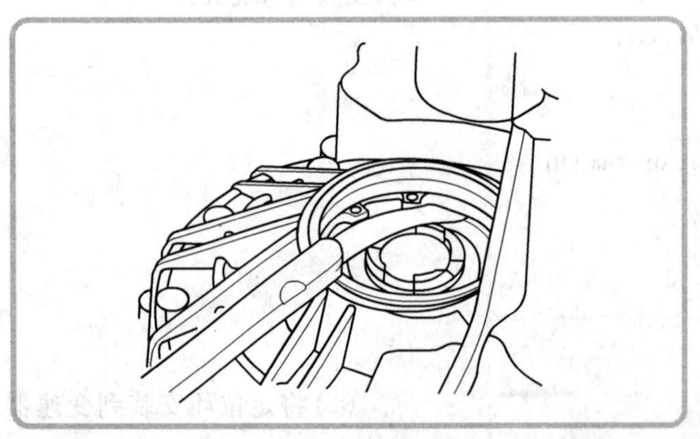

(4)用厚薄规测量定位环和差速器轴承外圈之间的间隙,标准值为0~0.15mm。如果间隙超出标准范围,则从下表中选择合适厚度的定位环。安装新的定位环,重新检查间隙。

80mm定位环的规格

序　号	零　件　号	厚　度(mm)
1	90414—689—000	2.5
2	90415—689—000	2.6
3	90416—689—000	2.7
4	90417—689—000	2.8
5	90418—689—000	2.9
6	90419—PH8—000	3.0

单元 4 思考题

1. 如何调取广州飞度轿车无级变速器的故障码？
2. 广州飞度轿车无级变速器测试项目主要有哪些？如何进行测试？
3. 如何检修广州飞度轿车无级变速器挡位指示灯？
4. 如何检修广州飞度轿车无级变速器换挡锁系统？
5. 如何分解广州飞度轿车无级变速器总成？
6. 如何检修广州飞度轿车无级变速器飞轮壳体？
7. 如何检修广州飞度轿车无级变速器中间壳体/变速器壳体？
8. 如何检查广州飞度轿车无级变速器行星齿轮架间隙？
9. 如何检查和组装广州飞度轿车无级变速器前进挡离合器？
10. 如何检查广州飞度轿车无级变速器主减速器半轴的啮合间隙？
11. 如何检修广州飞度轿车无级变速器差速器？